北大社普通高等教育“十三五”数字化建设规划教材

概率论与数理统计

主　编　黄敢基　韦琳娜

副主编　蒙忠传　冯海珊

内 容 简 介

本书以培养学生的数学素养为目标，重点介绍概率论与数理统计的基本概念、基本理论和基本方法，并强调课程思政与数学文化教育、应用案例和考研训练.

全书共八章，主要内容包括概率论的基本概念、一维随机变量及其分布、多维随机变量及其分布、随机变量的数字特征、大数定律与中心极限定理、数理统计的基本概念、参数估计、假设检验. 本书每章均融入若干课程思政案例和数学文化素材，每节配有分层练习，每章配有总习题，书后附有习题参考答案，在例题和习题中选编了部分历年全国硕士研究生统一招生考试真题，并配有丰富的在线学习和数字化教学资源.

本书可作为高等学校理工类、农林类、经管类等非数学专业的数学基础课教材，也可作为研究生入学考试或科技人员学习概率论与数理统计的参考书.

图书在版编目(CIP) 数据

概率论与数理统计 / 黄敢基，韦琳娜主编. —北京：北京大学出版社，2023.8
ISBN 978-7-301-34238-1

Ⅰ. ①概… Ⅱ. ①黄…②韦… Ⅲ. ①概率论②数理统计 Ⅳ. ①O21

中国国家版本馆 CIP 数据核字(2023) 第 137968 号

书　　名 概率论与数理统计
GAILÜLUN YU SHULI TONGJI
著作责任者 黄敢基　韦琳娜　主编
责任编辑 潘丽娜
标准书号 ISBN 978-7-301-34238-1
出版发行 北京大学出版社
地　　址 北京市海淀区成府路 205 号　100871
网　　址 http://www.pup.cn
新浪微博 @北京大学出版社
电子邮箱 zpup@pup.cn
电　　话 邮购部 010-62752015　发行部 010-62750672　编辑部 010-62752021
印 刷 者 湖南汇龙印务有限公司
经 销 者 新华书店
787 毫米×1092 毫米　16 开本　19.25 印张　492 千字
2023 年 8 月第 1 版　2024 年 6 月第 2 次印刷
定　　价 49.80 元

前　言

党的二十大报告首次将教育、科技、人才工作专门作为一个独立章节进行系统阐述和部署，明确指出："教育、科技、人才是全面建设社会主义现代化国家的基础性、战略性支撑."这让广大教师深受鼓舞，更要勇担"为党育人，为国育才"的重任，迎来一个大有可为的新时代.

"概率论与数理统计"是高等学校理、工、农、经等各类本科专业的一门重要的基础课程.它是学习后续课程的基础，对培养学生的数学素养、创新思维和实践能力有着非常重要的作用，并且对推动"四新"建设和一流学科建设具有基础性的作用.

本书以教育部高等学校大学数学课程教学指导委员会制定的《工科类本科数学基础课程教学基本要求》和《经济和管理类本科数学基础课程教学基本要求》为基本要求，探索将文化教育与立德树人相融合、"四新"建设与教育数字化建设相融合、理论学习与实践应用相融合，借鉴国内外优秀教材的优点并结合编者所在学校教学团队的教学经验编写而成.

本书在内容安排与编写方面具有如下特点：

(1) 融入课程思政.通过梳理课程内容，精心设计课程思政教学案例，将中国优秀传统文化、数学文化、大国工匠和热点时事等素材融入课堂教学，将社会主义核心价值观的教育和培养贯穿在教学过程中，培养学生良好的品德和修养.

(2) 突出应用案例.充分考虑课程理论和方法在各专业中的应用，遴选概率论与数理统计在自然科学和社会科学等领域中的应用案例，以例题和应用案例专题的形式呈现给学生，通过具体案例教学培养学生学习兴趣和科研素养，以期提高学生应用数学思想方法解决实际问题的能力.

(3) 结合线上线下.本教材配备重难点知识讲解微课视频、PPT 课件、在线题库、数学家简介素材等丰富的线上教学资源，这些资源能为教师开展教学改革和学生课后自主学习提供良好的条件，提升线下教学的效率.

(4) 兼顾考研需求.在各章节例题中，加有"*"标记的例题选自历年考研真题，在每一章的总习题中，也编排有考研真题专项训练(除第 8 章外).同时，每小节的习题按难度设置有基础练习和进阶训练两个层次.通过分层设计，满足学生个性化学习需求，帮助学生克服畏难情绪，树立信心.

此外，本书在确保内容完整，达到各非数学专业对该课程的教学和考研基本要求的前提下，遵循通俗易懂、循序渐进的原则，尽可能精简内容，省略一些烦琐的推导与证明，注重以问题或案例式的引入，并在各章节附有释疑解惑和小节要点，帮助学生学习和掌握所学知识.

本书的编写工作由黄敢基主持，全书共八章：黄敢基编写第 1 章和第 2 章，并负责全书的统稿工作；蒙忠传编写第 3 章和第 4 章；韦琳娜编写第 5 章和第 6 章，并负责部分章节的修改工作；冯海珊编写第 7 章和第 8 章.在本书编写过程中，编者参考了众多教材和专著，在此谨向有关作者表示衷心的感谢！

本书是高等学校大学数学教学研究与发展中心教学改革项目及广西高等教育本科教学改革工程项目的一项成果，其出版得到了广西高校大学生学科专业竞赛项目和广西大学优质本科教材倍增计划项目的资助.北京大学出版社的编辑也为本书的出版付出了辛勤劳动，贾华、苏娟、陈平、蔡晓龙构思了全书教学资源的结构配置及版式装帧设计方案，在此向支持和关心本书编写和出版的领导和有关人员表示衷心的感谢！

由于编者水平有限，书中难免存在诸多不足之处，恳请各位专家、同行和广大读者批评指正.

编　　者

2023 年 3 月

目　录

第 1 章　概率论的基本概念 ………………………………………… 1
§1.1　随机事件 ………………………………………… 1
习题 1.1 ………………………………………… 6
§1.2　概率的定义 ………………………………………… 7
习题 1.2 ………………………………………… 16
§1.3　条件概率 ………………………………………… 16
习题 1.3 ………………………………………… 24
§1.4　事件的独立性 ………………………………………… 25
习题 1.4 ………………………………………… 32
§1.5　应用案例 ………………………………………… 33
总习题一 ………………………………………… 36

第 2 章　一维随机变量及其分布 ………………………………………… 39
§2.1　随机变量及其分布函数 ………………………………………… 39
习题 2.1 ………………………………………… 42
§2.2　离散型随机变量及其分布 ………………………………………… 43
习题 2.2 ………………………………………… 51
§2.3　连续型随机变量及其分布 ………………………………………… 52
习题 2.3 ………………………………………… 62
§2.4　随机变量函数的分布 ………………………………………… 63
习题 2.4 ………………………………………… 69
§2.5　应用案例 ………………………………………… 71
总习题二 ………………………………………… 73

第 3 章　多维随机变量及其分布 ………………………………………… 77
§3.1　二维随机变量及其分布 ………………………………………… 77
习题 3.1 ………………………………………… 84
§3.2　边缘分布 ………………………………………… 86
习题 3.2 ………………………………………… 90
§3.3　条件分布 ………………………………………… 91
习题 3.3 ………………………………………… 97
§3.4　随机变量的独立性 ………………………………………… 98

习题 3.4 …… 101
§3.5 两个随机变量函数的分布 …… 102
习题 3.5 …… 109
§3.6 应用案例 …… 110
总习题三 …… 112

第 4 章 随机变量的数字特征 …… 116
§4.1 数学期望 …… 116
习题 4.1 …… 124
§4.2 方差 …… 125
习题 4.2 …… 133
§4.3 协方差与相关系数 …… 134
习题 4.3 …… 139
§4.4 矩、协方差矩阵 …… 139
习题 4.4 …… 142
§4.5 应用案例 …… 143
总习题四 …… 147

第 5 章 大数定律与中心极限定理 …… 150
§5.1 大数定律 …… 150
习题 5.1 …… 155
§5.2 中心极限定理 …… 156
习题 5.2 …… 162
§5.3 应用案例 …… 164
总习题五 …… 166

第 6 章 数理统计的基本概念 …… 170
§6.1 总体与样本 …… 170
习题 6.1 …… 173
§6.2 统计量 …… 173
习题 6.2 …… 178
§6.3 几种重要的分布 …… 179
习题 6.3 …… 185
§6.4 抽样分布 …… 186
习题 6.4 …… 190
§6.5 应用案例 …… 191
总习题六 …… 195

第7章　参数估计 …… 198
§7.1　点估计 …… 198
习题7.1 …… 207
§7.2　估计量的评价标准 …… 208
习题7.2 …… 212
§7.3　区间估计 …… 213
习题7.3 …… 220
§7.4　单侧置信区间 …… 221
习题7.4 …… 224
§7.5　应用案例 …… 224
总习题七 …… 226

第8章　假设检验 …… 230
§8.1　假设检验 …… 230
习题8.1 …… 233
§8.2　正态总体均值的假设检验 …… 234
习题8.2 …… 243
§8.3　正态总体方差的假设检验 …… 244
习题8.3 …… 248
§8.4　分布函数的假设检验 …… 248
习题8.4 …… 252
§8.5　应用案例 …… 253
总习题八 …… 257

附表 …… 260
附表1　几种常用的概率分布 …… 260
附表2　泊松分布表 …… 262
附表3　标准正态分布表 …… 264
附表4　χ^2 分布表 …… 265
附表5　t 分布表 …… 267
附表6　F 分布表 …… 268
附表7　正态总体均值、方差的置信区间与单侧置信限(置信度为 $1-\alpha$) …… 280
附表8　正态总体均值、方差的假设检验 …… 281

习题参考答案 …… 282

第1章 概率论的基本概念

概率论与数理统计是研究随机现象统计规律性的一门基础学科，主要内容包括概率论和数理统计.其中，概率论采用数学语言对随机现象建立数学模型并研究其内在的数量规律性，而数理统计则是以概率论为基础，通过对随机现象进行有效的观察并收集、整理、分析带有随机性的数据来获取随机现象的统计规律，进而对相应问题做出推断或决策.本章主要介绍概率论中的随机事件、概率、独立性等基本概念及相关性质和公式.

§1.1 随机事件

一、随机现象与随机试验

人类在自然界开展实践活动中遇到的各种现象可分为两类：一类是**必然现象**，也称为**确定性现象**，其特点是在一定条件下必然会发生，如水在通常条件下温度达到 100 ℃ 时必然沸腾，向空中抛出一枚硬币必然会下落等；另一类是**随机现象**，也称为**不确定性现象**，其特点是在一定条件下，其发生的结果有多种可能，但事先又不能明确是哪一种结果会出现，如某个路口一天内发生交通事故的次数，明天上午进入某个图书馆的学生人数等.

虽然随机现象某次发生的结果具有不确定性，但是人们经过长期的实践发现，对随机现象进行大量重复观察或实验，其结果会呈现出某种规律性.例如，抛一枚均匀的硬币，当抛掷的次数很多时，出现正面和反面的次数大体上各占一半.随机现象这种在大量重复观察或实验中所呈现的规律性称为**统计规律性**.

一般地，把人们为了研究随机现象的统计规律性而进行的调查、观察或实验称为**试验**.若一个试验具有下列三个特点：

(1) 试验可以在相同的条件下重复进行，

(2) 试验的可能结果不止一个，并且试验前已知所有可能结果，

(3) 每次试验会出现哪一个结果试验前不能确定，

则称这一试验为**随机试验**，简称**试验**，记为 E.

下面列举一些随机试验的例子.

E_1:掷一颗骰子,观察出现的点数 i.

E_2:掷一颗骰子,观察出现的点数的奇偶性.

E_3:抛一枚硬币两次,观察正面 H 和反面 T 出现的情况.

E_4:记录在指定 1 h 内进入某学校教学楼的人数.

E_5:在一批新出的灯泡中任意抽取一个,测试它的寿命 t.

E_6:观察某地区一昼夜的最低温度和最高温度.

二、样本空间与随机事件

随机试验 E 的所有可能结果组成的集合称为**样本空间**,记为 Ω. 样本空间的元素称为**样本点**,记为 ω.

例 1.1.1 试写出上述试验 $E_k(k=1,2,\cdots,6)$ 的样本空间 Ω_k.

解 $\Omega_1=\{i \mid i=1,2,\cdots,6\}$;

$\Omega_2=\{$奇数,偶数$\}$;

$\Omega_3=\{(\mathrm{H},\mathrm{H}),(\mathrm{H},\mathrm{T}),(\mathrm{T},\mathrm{H}),(\mathrm{T},\mathrm{T})\}$;

$\Omega_4=\{0,1,2,\cdots\}$;

$\Omega_5=\{t \mid t \geqslant 0\}$;

$\Omega_6=\{(x,y) \mid T_0 \leqslant x \leqslant y \leqslant T_1\}$,这里 x,y 分别表示最低温度和最高温度,并设这一地区的温度变化介于 T_0 和 T_1 之间.

现考虑上面的试验 E_5. 设该批灯泡的合格标准是使用寿命要超过 3 000 h,任取一个灯泡检测,该灯泡可能是合格品,也可能是次品. 记 $A=\{t \mid t \geqslant 3\,000\}$,有 $A \subset \Omega_5$. 若检测得该灯泡寿命 $t=5\,000$ (h),则它是合格品,且有 $t \in A$;若检测得该灯泡寿命 $t=2\,500$ (h),则它是次品,且有 $t \notin A$. 由特殊到一般,有下面随机事件和事件发生的概念.

随机试验 E 的样本空间 Ω 的子集称为 E 的**随机事件**,简称**事件**,通常用大写字母 $A,B,C,\cdots$ 表示. 在每次试验中,当且仅当这一子集中的一个样本点出现时,称这一**事件发生**.

由一个样本点组成的单点集,称为**基本事件**,而由多个样本点组成的集合,称为**复合事件**. 例如,上面的试验 E_1 有 6 个基本事件 $\{1\},\{2\},\cdots,\{6\}$,设 B 表示事件"掷出奇数点",则 $B=\{1,3,5\}$,它是复合事件.

特别地,在每次试验中必然发生的事件,称为**必然事件**,而在每次试验中都不可能发生的事件,称为**不可能事件**. 例如,在上面的试验 E_1 中,设 B 表示事件"掷出的点数小于 7",C 表示事件"掷出的点数大于 6",则 B 是必然事件,C 是不可能事件.

注意 样本空间 Ω 是它自身的子集,且包含所有的样本点,即 Ω 是一个随机事件,且每次试验中必然发生,故一般用 Ω 表示必然事件. 另外,空集 $\varnothing$ 是样本空间的子集,且不包含任何样本点,即它在每次试验中都不可能发生,故一般用 $\varnothing$ 表示不可能事件.

释疑解惑

(1) 严格地说，事件是指 Ω 中满足某些条件的子集，这主要是基于后续定义事件的概率和事件之间的关系与运算考虑的. 今后，本书所讲的事件都是指满足相应条件的子集.

(2) 基本事件和复合事件是相对试验目标而言的. 例如，用 A 表示事件"掷出的是奇数点"，则它对试验 E_2 而言是基本事件，但对试验 E_1 而言是复合事件.

三、事件之间的关系与运算

类似于高等数学中用基本初等函数经过四则运算或复合运算表示一般的初等函数一样，在概率论中，我们希望能用简单的事件通过适当的关系与运算来表示复杂的事件. 由于事件本质上是一个集合，因此事件之间的关系与运算可以用集合之间的关系与运算来表示.

1. 事件之间的关系与运算

(1) 事件的包含.

若事件 A 发生必然导致事件 B 发生，则称事件 B **包含**事件 A(或称事件 A **包含于**事件 B)，记为 $B \supset A$(或 $A \subset B$). 从集合论的角度看，若 $B \supset A$，则 A 中的每一个样本点都包含在 B 中.

例如，在试验 E_1 中，设 A 表示事件"掷出的点数为5"，B 表示事件"掷出的点数大于3"，则有 $B \supset A$.

$B \supset A$ 的一个等价说法是，若事件 B 不发生，则事件 A 必然不发生.

特别地，若 $B \supset A$ 且 $A \supset B$，则称事件 A 与 B **相等**，记为 $A = B$. 此外，为了方便起见，对于任一事件 A，规定 $\varnothing \subset A \subset \Omega$.

(2) 事件的并.

若事件 A 与 B 中至少有一个发生，则称这样构成的事件为事件 A 与 B 的**并**(或**和**)，记为 $A \cup B$. 从集合论的角度看，$A \cup B$ 表示至少属于事件 A 或 B 中的一个的所有样本点构成的集合.

例如，在试验 E_1 中，设 A 表示事件"掷出的点数大于2小于5"，B 表示事件"掷出的点数大于3"，则 $A \cup B$ 表示事件"掷出的点数大于2". 若掷出的点数为3，则 A 发生 B 不发生；若掷出的点数为5或6，则 B 发生 A 不发生；若掷出的点数为4，则 A 与 B 都发生.

显然，对于任一事件 A，有

$$A \cup \Omega = \Omega, \quad A \cup \varnothing = A.$$

事件的并的定义可以推广到有限个或可列无穷多个事件的情形.

$A = \bigcup\limits_{i=1}^{n} A_i$ 表示事件"n 个事件 $A_1, A_2, \cdots, A_n$ 中至少有一个发生".

$A = \bigcup\limits_{i=1}^{\infty} A_i$ 表示事件"可列无穷多个事件 $A_1, A_2, \cdots, A_n, \cdots$ 中至少有一个发生".

(3) 事件的交.

若事件 A 与 B 同时发生，则称这样构成的事件为 A 与 B 的**交**(或**积**)，记为 $A \cap B$(或 AB). 从集合论的角度看，$A \cap B$ 表示同时属于事件 A 和 B 的所有样本点构成的集合.

例如，在试验 E_1 中，设 A 表示事件"掷出的点数大于2小于5"，B 表示事件"掷出的点数大于3"，则 $A \cap B$ 表示事件"掷出的点数为4".

显然，对于任一事件 A，有

$$A \cap \Omega = A, \quad A \cap \varnothing = \varnothing.$$

事件的交的定义也可以推广到有限个或可列无穷多个事件的情形.

$A = \bigcap_{i=1}^{n} A_i$ 表示事件"n 个事件 $A_1, A_2, \cdots, A_n$ 同时发生".

$A = \bigcap_{i=1}^{\infty} A_i$ 表示事件"可列无穷多个事件 $A_1, A_2, \cdots, A_n, \cdots$ 同时发生".

(4) 事件的差.

若事件 A 发生而 B 不发生,则称这样构成的事件为 A 与 B 的**差**,记为 $A-B$. 从集合论的角度看,$A-B$ 表示属于 A 但不属于 B 的所有样本点构成的集合.

例如,在试验 E_1 中,设 A 表示事件"掷出的点数大于 2 小于 5",B 表示事件"掷出的点数大于 3",则 $A-B$ 表示事件"掷出的点数为 3".

显然,对于任意事件 A 和 B,有

$$A - B = A - AB, \quad A - A = \varnothing, \quad A - \varnothing = A, \quad A - \Omega = \varnothing.$$

(5) 互不相容事件.

若两个事件 A 与 B 不能同时发生,则称 A 与 B 为**互不相容事件**(或**互斥事件**),记为 $AB = \varnothing$. 从集合论的角度看,$AB = \varnothing$ 表示 A 和 B 没有公共的样本点.

例如,在试验 E_2 中,设 A 表示事件"掷出的点数为奇数",B 表示事件"掷出的点数为偶数",则 A 与 B 为互不相容事件. 显然,基本事件是两两互不相容的.

(6) 对立事件.

若在一次试验中,事件 A 与 B 有且仅有一个发生,则称事件 A 与 B 互为**对立事件**(或**逆事件**),A 的对立事件记为 $\overline{A}$. 从集合论的角度看,$\overline{A}$ 表示不属于 A 的所有样本点构成的集合.

由事件发生的定义知,$\overline{A}$ 表示事件 A 不发生. 例如,在试验 E_2 中,设 A 表示事件"掷出的点数为奇数",B 表示事件"掷出的点数为偶数",则 A 与 B 互为对立事件.

显然,若事件 A 与 B 互为对立事件,则

$$A \cup B = \Omega \quad 且 \quad A \cap B = \varnothing.$$

对于任意事件 A 和 B,有

$$\overline{A} = \Omega - A, \quad \overline{\overline{A}} = A, \quad A - B = A\overline{B}.$$

为了方便理解,将样本空间看作全集,利用集合论中的维恩图来直观表示事件之间的关系与运算. 其中,样本空间 Ω 用平面上一个矩形表示,矩形内的点表示样本点,事件 A 与 B 分别用两个圆表示. 于是,事件 A 与 B 的各种关系与运算如图 1.1 ~ 图 1.6 所示.

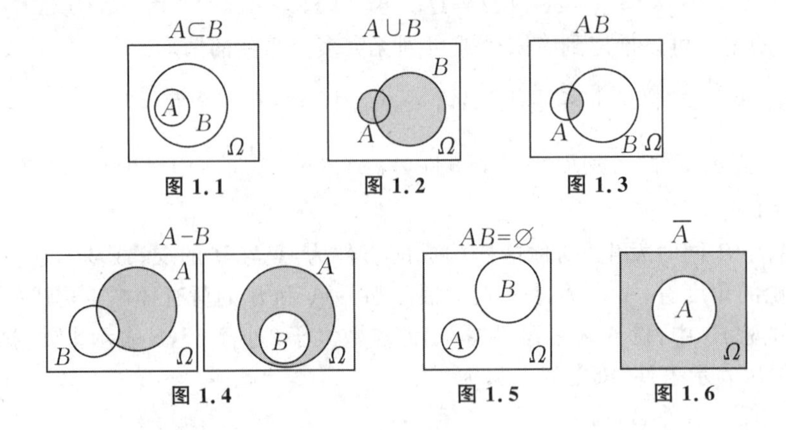

图 1.1　图 1.2　图 1.3

图 1.4　图 1.5　图 1.6

2. 事件的运算法则

由集合之间的运算规律容易得到事件之间的运算满足如下规律:

(1) 交换律 $A \cup B = B \cup A, A \cap B = B \cap A$.

(2) 结合律 $A \cup (B \cup C) = (A \cup B) \cup C, A \cap (B \cap C) = (A \cap B) \cap C$.

(3) 分配律 $A \cup (B \cap C) = (A \cup B) \cap (A \cup C)$,

$A \cap (B \cup C) = (A \cap B) \cup (A \cap C)$.

(4) 吸收律 若 $A \subset B$,则 $A \cap B = A, A \cup B = B$.

(5) 对偶律 $\overline{A_1 \cup A_2} = \overline{A_1} \cap \overline{A_2}, \overline{A_1 \cap A_2} = \overline{A_1} \cup \overline{A_2}$.

分配律和对偶律可以推广到有限个或可列无穷多个事件的情形,即

$$A \cup \left(\bigcap_{i=1}^{n} A_i\right) = \bigcap_{i=1}^{n} (A \cup A_i), \quad \overline{\bigcup_{i=1}^{n} A_i} = \bigcap_{i=1}^{n} \overline{A_i};$$

$$A \cup \left(\bigcap_{i=1}^{\infty} A_i\right) = \bigcap_{i=1}^{\infty} (A \cup A_i), \quad \overline{\bigcup_{i=1}^{\infty} A_i} = \bigcap_{i=1}^{\infty} \overline{A_i};$$

$$A \cap \left(\bigcup_{i=1}^{n} A_i\right) = \bigcup_{i=1}^{n} (A \cap A_i), \quad \overline{\bigcap_{i=1}^{n} A_i} = \bigcup_{i=1}^{n} \overline{A_i};$$

$$A \cap \left(\bigcup_{i=1}^{\infty} A_i\right) = \bigcup_{i=1}^{\infty} (A \cap A_i), \quad \overline{\bigcap_{i=1}^{\infty} A_i} = \bigcup_{i=1}^{\infty} \overline{A_i}.$$

释疑解惑

(1) 对立事件必为互不相容事件,反之,互不相容事件未必为对立事件. 例如,在试验 E_1 中,设 A 表示事件"掷出的点数为 2",B 表示事件"掷出的点数为 3",则事件 A 与 B 满足 $A \cap B = \varnothing$,即它们是互不相容事件,但 A 与 B 不满足 $A \cup B = \Omega$,故它们不是对立事件.

(2) 事件是一个集合,很明显在事件的运算中,一个实数与一个事件是不能进行运算的,如 $A = 1 - \overline{A}$ 的表示方式是错误的.

下面列举几个事件之间关系与运算的例子.

例 1.1.2 设 A, B, C 分别表示甲、乙、丙通过了"概率论与数理统计"课程考试的事件,试用 A, B, C 的运算式表示下列事件:

(1) 三人都通过了考试;

(2) 甲和乙都通过了考试而丙未通过考试;

(3) 三人中只有一个人通过了考试;

(4) 三人中至少有一个人通过了考试;

(5) 甲和乙至少有一个通过了考试而丙未通过考试.

解 (1) ABC.

(2) $AB\overline{C}$ 或 $AB - C$.

(3) $A\overline{B}\,\overline{C} \cup \overline{A}B\overline{C} \cup \overline{A}\,\overline{B}C$.

(4) $A \cup B \cup C$.

(5) $(A \cup B)\overline{C}$ 或 $(A \cup B) - C$.

例1.1.3　设 A 表示事件“甲种产品畅销，乙种产品滞销”，求其对立事件 $\overline{A}$.

解　设 B 表示事件“甲种产品畅销”，C 表示事件“乙种产品滞销”，则 $A=BC$，故

$$\overline{A}=\overline{BC}=\overline{B}\cup\overline{C},$$

即 $\overline{A}$ 表示事件“甲种产品滞销或乙种产品畅销”.

例1.1.4　(2000，数三) 在电炉上安装四个温控器，其显示温度的误差是随机的. 在使用过程中，只要有两个温控器显示的温度不低于临界温度 t_0，电炉就断电. 设 A 表示事件“电炉断电”，$T_{(1)}\leqslant T_{(2)}\leqslant T_{(3)}\leqslant T_{(4)}$ 分别为四个温控器按递增顺序排列显示的温度值，则事件 $A=($　　$)$.

A. $\{T_{(1)}\geqslant t_0\}$　　B. $\{T_{(2)}\geqslant t_0\}$　　C. $\{T_{(3)}\geqslant t_0\}$　　D. $\{T_{(4)}\geqslant t_0\}$

解　因事件 A 发生时，至少要有两个温控器的温度显示值大于或等于 t_0，此时必有事件 $\{T_{(3)}\geqslant t_0\}$ 发生. 反之，若事件 $\{T_{(3)}\geqslant t_0\}$ 发生，则 $\{T_{(4)}\geqslant t_0\}$ 也发生，即事件 A 发生. 故选 C.

小节要点

了解随机试验、样本空间和随机事件的概念；能写出简单随机试验的样本空间；熟练掌握事件之间的关系与运算；会将事件(特别是复合事件)用简单事件表示，既有助于我们正确认识随机现象的本质，也为后续计算事件的概率打下基础.

习　题　1.1

基础练习

1. 写出下列随机试验的样本空间：

(1) 从一批含有正品和次品的产品中任取 1 件，检查取到产品的情况；

(2) 将一枚硬币抛 3 次，观察其正面出现的次数；

(3) 对一个目标进行射击直到击中 5 次为止，记录射击的总次数；

(4) 公共汽车站每隔 10 min 有一趟车到达，设某人到达车站的时刻是任意的，记录他需等待的时间.

2. 设一位工人生产了三件产品，用 A_i 表示事件“生产的第 i 件产品是合格品”$(i=1,2,3)$. 试用 A_1,A_2,A_3 的运算式表示下列事件：

(1) 三件都是不合格品；

(2) 只有第 2 件是合格品；

(3) 三件中至少有一件是不合格品；

(4) 三件中仅有一件是合格品；

(5) 三件中至多有两件是不合格品.

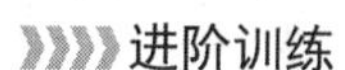
进阶训练

1. 写出下列随机试验的样本空间：

(1) 将一枚硬币抛 3 次，观察其正面和反面出现的情况；

(2) 对工厂某日生产的产品进行抽检，用 1 表示合格品，0 表示次品，如果连续检查出 2 件次品或者检查了 4 件产品就停止检查，记录检查的结果.

2. 设 A，B，C 是三个事件，试用至少两种方式表示事件"A，B，C 中不多于一个发生".

3. 试用事件之间的关系与运算证明：$B=(AB)\cup(\overline{A}B)$，且 AB 与 $\overline{A}B$ 互不相容.

§1.2 概率的定义

除了必然事件和不可能事件外，随机事件在一次试验中可能发生，也可能不发生，其结果的出现具有不确定性. 但是，人们在实践中发现，随机事件的发生具有内在的统计规律性，有些事件发生的可能性大，有些事件发生的可能性小. 我们希望能知道随机事件在一次试验中发生的可能性究竟有多大，并以此来指导生产实践. 为此，需要能找到一个合适的数来表示随机事件发生的可能性大小，这个数通常称为随机事件发生的概率.

下面首先介绍概率论发展过程中几种常见的概率定义，进而给出概率的公理化定义及相关性质.

一、概率的统计定义

1. 频率及其性质

定义 1.2.1 设在相同的条件下，进行了 n 次试验. 若随机事件 A 在 n 次试验中发生了 n_A 次，则称比值 $\frac{n_A}{n}$ 为事件 A 在这 n 次试验中发生的**频率**，记为 $f_n(A)=\frac{n_A}{n}$.

由定义 1.2.1 容易推知，频率具有以下性质.

性质 1.2.1 对于任一事件 A，有 $0\leqslant f_n(A)\leqslant 1$.

性质 1.2.2 对于不可能事件 $\varnothing$ 和必然事件 Ω，有 $f_n(\varnothing)=0$，$f_n(\Omega)=1$.

性质 1.2.3 对于 m 个两两互不相容的事件 $A_1,A_2,\cdots,A_m$，有 $f_n\left(\bigcup\limits_{i=1}^{m}A_i\right)=\sum\limits_{i=1}^{m}f_n(A_i)$.

性质 1.2.3 也可以推广到可列无穷多个事件的情形.

事件发生的频率大小体现了其发生的频繁程度，频率越大，事件发生得就越频繁. 因而，自然会想到能否用 $f_n(A)$ 表示事件 A 在一次试验中发生的可能性大小，即 A 发生的概率. 基于这一想法，我们得到概率的统计定义.

2. 概率的统计定义

由于试验结果具有随机性，因此事件发生的频率一般不是确定的值. 但大量试验证实，随着重复试验次数 n 的增加，频率会逐渐稳定于某个常数附近，这一性质称为频率的**稳定性**. 表 1.1 给出了几位数学家所做大量抛硬币试验的结果.

表 1.1

试验者	抛硬币次数	出现正面次数	出现正面的频率
德·摩根	2 048	1 061	0.518 1
蒲丰	4 040	2 048	0.506 9
皮尔逊	12 000	6 019	0.501 6
皮尔逊	24 000	12 012	0.500 5

由表 1.1 可见，随着试验次数增加，硬币出现正面的频率稳定在常数值 0.5 附近，这个 0.5 反映了正面出现的可能性大小. 由频率的稳定性知，每个事件都存在一个这样的稳定值，将这个稳定值定义为事件 A 发生的概率，这就是概率的统计定义.

定义 1.2.2 设事件 A 在大量重复试验中发生的频率稳定在某一个常数 p 附近，则称该常数 p 为事件 A 发生的**概率**，记为 $P(A)=p$.

释疑解惑

(1) 频率具有稳定性这一事实，说明了刻画事件 A 发生可能性大小的数 —— 概率的确是客观存在的，而且在一定的条件下，我们可以用频率的稳定值作为相应事件概率的近似.

(2) 在实际中，不是每一个事件都能方便地进行大量的试验，而且无法确定试验次数 n 取多大时，得到的频率稳定值才算较准确. 因此，概率的统计定义既有其实用性的优点，也存在着概率计算有误差甚至没办法获得频率稳定值的不足.

二、概率的古典定义与几何定义

在概率论的发展历史上，研究最早的是一类较简单的概率模型，它对应的随机试验具有等可能性，即每个可能结果出现的机会相等. 根据样本空间包含的样本点是有限还是可列无穷多个，相应地产生了概率的古典定义与几何定义.

1. 古典概型

只有有限个样本点的样本空间称为有限样本空间. 对于有限样本空间中任何事件 A 的概率 $P(A)$，定义为 A 中各样本点的概率之和. 设有限样本空间 $\Omega=\{\omega_1,\omega_2,\cdots,\omega_n\}$，则易知 $P(\Omega)=1, 0\leqslant P(A)\leqslant 1$. 下面介绍的古典概型即是一种特殊的有限样本空间.

定义 1.2.3 若一个随机试验 E 满足条件：

(1) 试验的基本事件总数是有限的，

(2) 试验中每个基本事件的发生是等可能的，

则称此试验为**古典概型**，或称为**等可能概型**.

古典概型和几何概型

下面介绍古典概型中事件概率的计算方法.

设试验 E 的样本空间为 $\Omega=\{\omega_1,\omega_2,\cdots,\omega_n\}$，由等可能性，有

$$P(\{\omega_1\})=P(\{\omega_2\})=\cdots=P(\{\omega_n\}),$$

又由

$$1=P(\Omega)=P(\{\omega_1\}\cup\{\omega_2\}\cup\cdots\cup\{\omega_n\})=P(\{\omega_1\})+P(\{\omega_2\})+\cdots+P(\{\omega_n\}),$$

得

$$P(\{\omega_i\})=\frac{1}{n}\quad(i=1,2,\cdots,n).$$

设事件 A 包含 k 个基本事件,即 $A=\{\omega_{i_1},\omega_{i_2},\cdots,\omega_{i_k}\}$,其中 $i_1,i_2,\cdots,i_k$ 是 $1,2,\cdots,n$ 中 k 个不同的数,则有

$$P(A)=P(\{\omega_{i_1}\}\cup\{\omega_{i_2}\}\cup\cdots\cup\{\omega_{i_k}\})=P(\{\omega_{i_1}\})+P(\{\omega_{i_2}\})+\cdots+P(\{\omega_{i_k}\})=\frac{k}{n}.$$

由此,得到概率的古典定义.

定义 1.2.4 设随机试验 E 为古典概型,其样本空间 Ω 包含 n 个样本点,事件 A 包含 k_A 个样本点,则事件 A 的概率为

$$P(A)=\frac{k_A}{n}=\frac{A\text{ 包含的样本点数}}{\Omega\text{ 包含的样本点总数}}. \tag{1.1}$$

称式(1.1)为**古典概率**.由概率的古典定义知,事件概率的计算主要归结为样本点数的计算.在实际应用中,往往要借助排列或组合的相关知识计算 k_A 和 n,进而求得相应的概率.

例 1.2.1 将一枚硬币抛掷 3 次,求恰好出现两次正面的概率.

解 设试验 E 为将一枚硬币抛掷 3 次,易知其基本事件是有限的,且由对称性知每个基本事件发生的可能性相等,故这是古典概型.相应的样本空间为

$$\Omega=\{\mathrm{HHH},\mathrm{HHT},\mathrm{HTH},\mathrm{THH},\mathrm{HTT},\mathrm{THT},\mathrm{TTH},\mathrm{TTT}\}.$$

设 A 表示事件“恰好出现两次正面”,则 $A=\{\mathrm{HHT},\mathrm{HTH},\mathrm{THH}\}$.易知 Ω 的样本点总数为 $n=8$,A 包含的样本点数为 $k_A=3$.故由式(1.1),得

$$P(A)=\frac{k_A}{n}=\frac{3}{8}.$$

当 Ω 中的样本点数较多时,一般不用将它们一一列出,只需分别求出 Ω 与 A 中包含的样本点数,再由式(1.1)求出 A 的概率.

例 1.2.2 设有 10 个电阻,其电阻值分别为 $1,2,\cdots,10$(单位:Ω),现从中任取 3 个,要求所取 3 个电阻的电阻值一个小于 5 Ω,一个等于 5 Ω,另一个大于 5 Ω,求只用取一次就满足要求(记为事件 A)的概率.

解 易知这是古典概型.样本空间包含的样本点总数为 $n=\mathrm{C}_{10}^3$.因电阻值小于 5 Ω 的电阻可以在电阻值为 1 Ω,2 Ω,3 Ω,4 Ω 的 4 个电阻中选取,等于 5 Ω 的电阻只能取电阻值为 5 Ω 的电阻,大于 5 Ω 的电阻可以在电阻值为 6 Ω,7 Ω,8 Ω,9 Ω,10 Ω 的 5 个电阻中选取,故由乘法原理知 A 包含的样本点数为 $k_A=\mathrm{C}_4^1\mathrm{C}_1^1\mathrm{C}_5^1$.于是,所求概率为

$$P(A)=\frac{k_A}{n}=\frac{\mathrm{C}_4^1\mathrm{C}_1^1\mathrm{C}_5^1}{\mathrm{C}_{10}^3}=\frac{1}{6}.$$

例 1.2.3 一个箱子中装有 10 件产品,其中有 7 件正品,3 件次品.现从箱中随机地抽取两件产品,每次取一件.考虑两种抽取方式:

(a) 第一次取一件产品,检查完产品质量后放回箱中,搅匀后再取下一件产品.这种抽取方式称为**有放回抽样**.

(b) 第一次抽取的产品检查完产品质量后不放回箱中,再从剩余的产品中抽取下一件.这种抽取方式称为**不放回抽样**.

试分别就上面两种情形,求:

(1) 取到的两件产品都是正品的概率;

(2) 取到的两件产品中至少有一件是次品的概率.

解 设A表示事件"取到的两件产品都是正品",B表示事件"取到的两件产品中至少有一件是次品",C表示事件"取到一件正品一件次品",D表示事件"取到的两件产品都是次品",则$B=C\cup D$且$CD=\varnothing$.

(a) 有放回抽样的情形:因第一次和第二次从箱中取一件产品时都有10件产品可供抽取,故由乘法原理知样本点总数为$n=C_{10}^{1}C_{10}^{1}=100$.

(1) 事件A包含的样本点数为$k_A=C_7^1C_7^1=49$,于是

$$P(A)=\frac{k_A}{n}=\frac{49}{100}.$$

(2) 事件C和事件D包含的样本点数分别为$k_C=C_7^1C_3^1+C_3^1C_7^1=42$,$k_D=C_3^1C_3^1=9$,于是

$$P(B)=P(C\cup D)=P(C)+P(D)=\frac{k_C}{n}+\frac{k_D}{n}=\frac{51}{100}.$$

(b) 不放回抽样的情形:与有放回抽样的分析类似,易知样本点总数为$n=C_{10}^{1}C_9^1=90$.

(1) 事件A包含的样本点数为$k_A=C_7^1C_6^1=42$,于是

$$P(A)=\frac{k_A}{n}=\frac{7}{15}.$$

(2) 事件C和事件D包含的样本点数分别为$k_C=C_7^1C_3^1+C_3^1C_7^1=42$,$k_D=C_3^1C_2^1=6$,于是

$$P(B)=P(C\cup D)=P(C)+P(D)=\frac{k_C}{n}+\frac{k_D}{n}=\frac{8}{15}.$$

释疑解惑

(1) 在例1.2.3中,对于不放回抽样情形,若将10件产品编上号码,把每次抽取得到的两件产品看作一个基本事件,而不管它们被抽到的顺序如何,则试验相应的基本事件总数是有限的,共为C_{10}^{2}个,且每个基本事件发生的可能性相等,因而是古典概型.也就是说,在不放回抽样中,一次取一个,一共取m次,可看作一次性取m个.故例1.2.3中对于不放回抽样情形下的问题(1),也可以采用以下方法求解:

$$P(A)=\frac{k_A}{n}=\frac{C_7^2}{C_{10}^2}=\frac{7}{15}.$$

(2) 在实际问题中,当产品的总数很大,而抽取的样本数相对于总数较少时,可以把不放回抽样近似看作有放回抽样处理.

例1.2.4 一个盒子中装有a只白球,b只黑球,它们除了颜色不同外,其他方面没有差别.

(1) 求任取m只,其中恰有d只白球的概率($d\leqslant m\leqslant a+b,d\leqslant a$).

(2) 现做不放回抽样,求 l 个人依次取一只球,第 $i(i=1,2,\cdots,l)$ 个人取到的是白球的概率($l\leqslant a+b$).

解 从 $a+b$ 只球中任取若干只球,易知这是古典概型问题.

(1) 设 A 表示事件"任取 m 只,其中恰有 d 只白球".从 $a+b$ 只球中任取 m 只,总取法有 $n=\mathrm{C}_{a+b}^{m}$ 种.而 A 包含 $k_A=\mathrm{C}_a^d\mathrm{C}_b^{m-d}$ 种取法.于是,所求概率为

$$P(A)=\frac{k_A}{n}=\frac{\mathrm{C}_a^d\mathrm{C}_b^{m-d}}{\mathrm{C}_{a+b}^{m}}. \tag{1.2}$$

式(1.2)即为所谓的超几何分布的概率公式.

(2) 设 B 表示事件"l 个人依次取一只球,第 $i(i=1,2,\cdots,l)$ 个人取到的是白球".l 个人各取一只球,总取法有 $n=(a+b)(a+b-1)\cdots(a+b-l+1)=\mathrm{A}_{a+b}^{l}$ 种.而第 i 个人取到白球,该白球可以是 a 只白球中任一只,有 a 种不同的取法,其余的 $l-1$ 个人可以在余下的 $a+b-1$ 只球中任意取,共有 $(a+b-1)(a+b-2)\cdots[a+b-1-(l-1)+1]=\mathrm{A}_{a+b-1}^{l-1}$ 种取法,则由乘法原理知 B 包含 $k_B=a\mathrm{A}_{a+b-1}^{l-1}$ 种取法.于是,所求概率为

$$P(B)=\frac{k_B}{n}=\frac{a\mathrm{A}_{a+b-1}^{l-1}}{\mathrm{A}_{a+b}^{l}}=\frac{a}{a+b}.$$

注意 例1.2.4中 $P(B)$ 与 $i(i=1,2,\cdots,l)$ 无关,即虽然每个人取球的顺序不同,但各人取到白球的概率都是一样的.因此,在日常生活中,当用抽签来决定某件事情时,不用争先恐后,每个人中签的机会是一样的.

例1.2.5 将 a 个人分配到 $N(a\leqslant N)$ 间房中,设每个人分配到任一间房是等可能的,求下列事件的概率:

(1) 指定的 a 间房各有一个人住;

(2) 恰好有 a 间房,每间各住一个人.

解 因每个人都可分到 N 间房中的任一间,这是可重复的排列,故总分法有 $n=N^a$ 种.

(1) 设 A 表示事件"指定的 a 间房各有一个人住",则 A 包含 $k_A=a!$ 种分法.于是,所求概率为

$$P(A)=\frac{k_A}{n}=\frac{a!}{N^a}.$$

(2) 设 B 表示事件"恰好有 a 间房,每间各住一个人".因为没有指定是哪 a 间房,所以先选出 a 间房,有 C_N^a 种选法.对于每一种选定的 a 间房,每间房各住一人共有 $a!$ 种分法,由乘法原理知 B 包含 $k_B=\mathrm{C}_N^a a!$ 种分法.于是,所求概率为

$$P(B)=\frac{k_B}{n}=\frac{\mathrm{C}_N^a a!}{N^a}.$$

例1.2.5是古典概型中一个很典型的问题,不少实际问题,虽然背景不同,但是都可归结为相同的概率模型.

例如，若把房间换为相空间中的小区域，则该问题便对应于统计物理学中的麦克斯韦-玻尔兹曼统计.

又如，若把 N 间房换作一年 365 天，则该问题便是颇为有趣的生日问题：假设每人的生日在一年 365 天中的任一天是等可能的，那么随机选取 $a(a \leqslant 365)$ 个人，他们的生日各不相同的概率为

$$p=\frac{C_{365}^{a} a!}{365^{a}}.$$

当 $a=40$ 时，$p \approx 0.11$，而当 $a=50$ 时，$p \approx 0.03$. 这表示即使一个班仅有 50 人，"至少有两个人生日相同" 的概率也达到约 0.97. 这个结果出人意料，而这种意外在研究随机现象中时常遇见. 因此，有时"直觉" 并不可靠，我们需要研究随机现象的统计规律去揭示事物的本质.

例 1.2.6 (2016，数三) 设一袋中有红、白、黑球各 1 个，从中有放回地取球，每次取一个，直到三种颜色的球都取到时停止，则取球次数恰好为 4 的概率为________.

解 设 A 表示事件"取球次数恰好为 4"，易知 4 次取球共有 $n=3^{4}=81$ 种可能. 因要取 4 次，故前三次只取到两种颜色的球，且最后一次取得球的颜色不能在前面出现过. 最后一次取得球的颜色可以是三种颜色中的一种，共有 C_{3}^{1} 种可能，而前三次取得球的颜色有两次是同一种颜色的，共有 $C_{3}^{2}+C_{3}^{2}$ (两种颜色可选) 种可能. 由乘法原理知 A 包含 $k_{A}=C_{3}^{1}(C_{3}^{2}+C_{3}^{2})=18$ 种可能，故所求概率为

$$P(A)=\frac{k_{A}}{n}=\frac{18}{81}=\frac{2}{9}.$$

2. 几何概型

概率的古典定义只适用于试验具有等可能性，且试验的可能结果有限的情形，从而具有一定的局限性. 在实际中，经常会遇到具有等可能性，但有无穷多种可能结果的随机试验，此类试验所对应事件的概率计算问题可通过几何方法来求解，其关键是将试验结果对应为某个几何区域中的一个点. 由此，得到概率的几何定义.

定义 1.2.5 若一个随机试验 E 的可能结果可以用一个可度量的几何区域 Ω (如线段、平面区域、空间立体等) 中的一个点表示，且每个点落在 Ω 内任一点处都是等可能的，或者说落在 Ω 中的某区域 A 内的可能性与 A 的度量成正比，而与 A 的位置和形状无关，则称此试验为**几何概型**.

类似于古典概型，可得几何概型中事件概率的计算方法.

定义 1.2.6 设随机试验 E 为几何概型，其样本空间 Ω 的几何度量为 $m(\Omega)$ (如长度、面积、体积等)，事件 A 的几何度量为 $m(A)$，则事件 A 的概率为

$$P(A)=\frac{m(A)}{m(\Omega)}. \tag{1.3}$$

称式(1.3) 为**几何概率**.

例 1.2.7 某人去地铁站乘坐地铁,假设每隔 6 min 有一趟地铁经过该站,求此人等待时间不超过 4 min 的概率.

解 设上一趟地铁到站时刻为 0,此人到达的时刻为 x,则样本空间可对应于数轴上的区间$[0,6]$,即

$$\Omega=\{x \mid 0 \leqslant x \leqslant 6\}.$$

设 A 表示事件"等待时间不超过 4 min",对应于数轴上的区间

$$A=\{x \in \Omega \mid 2 \leqslant x \leqslant 6\}.$$

用 $m(\Omega)$ 和 $m(A)$ 分别表示 Ω 和 A 对应的长度,则所求概率为

$$P(A)=\frac{m(A)}{m(\Omega)}=\frac{4}{6}=\frac{2}{3}.$$

例 1.2.8 两人相约周六上午 9:00 ～ 10:00 在某个预定的地点见面,先到的人等候另一人 20 min,超过时间则离去. 假设每人在这指定的 1 h 内任一时刻到达是等可能的,求这两人能见到面的概率.

解 设 9:00 为 0 时刻,x,y 分别为两人到达预定地点的时刻,则样本空间对应于平面上边长为 60 的正方形区域,即

$$\Omega=\{(x,y) \mid 0 \leqslant x \leqslant 60, 0 \leqslant y \leqslant 60\}.$$

设 A 表示事件"两人能见到面",对应于平面上的区域

$$A=\{(x,y) \in \Omega \mid |x-y| \leqslant 20\}.$$

样本空间 Ω 和 A 对应的区域如图 1.7 所示,用 $m(\Omega)$ 和 $m(A)$ 分别表示 Ω 和 A 对应的面积,则所求概率为

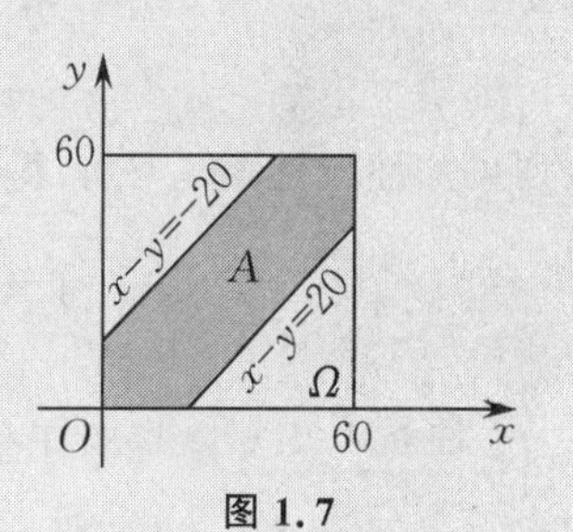

图 1.7

$$P(A)=\frac{m(A)}{m(\Omega)}=\frac{60^2-40^2}{60^2}=\frac{5}{9}.$$

三、概率的公理化定义

由前面的介绍可知,概率的统计定义需要做大量的试验求出频率的稳定值,而概率的古典定义和几何定义则需要试验满足等可能性. 因此,这三种概率定义都存在一定的局限性. 如何对一般的随机试验明确地定义事件的概率及其性质,在概率论发展的早期成了一个突出的问题. 这个问题随着相关数学理论特别是测度和积分理论的发展,对事件和概率的研究不断深入而得到解决,并由数学家柯尔莫哥洛夫于 1933 年提出了概率的公理化结构.

1. 概率的公理化定义

定义 1.2.7 设随机试验 E 的样本空间为 Ω,对于每一个事件 A 赋予一个实数,记作 $P(A)$. 若 $P(A)$ 满足条件:

(1) 非负性:$P(A) \geqslant 0$,

(2) 正则性:$P(\Omega)=1$,

(3) 可列可加性:对于两两互不相容的可列无穷多个事件 $A_1, A_2, \cdots, A_n, \cdots$,有

$$P\left(\bigcup_{n=1}^{\infty} A_n\right)=\sum_{n=1}^{\infty} P(A_n),$$

则称实数 $P(A)$ 为事件 A 的**概率**.

利用概率的公理化定义,可以推出概率的一些常用性质.

2. 概率的性质

性质 1.2.4 不可能事件的概率为零,即 $P(\varnothing)=0$.

证明 设 $A_1=\Omega, A_i=\varnothing(i=2,3,\cdots)$,则

$$\Omega=\Omega \cup \varnothing \cup \varnothing \cup \cdots,$$

且 $A_iA_j=\varnothing(i \neq j; i,j=1,2,\cdots)$. 由概率的可列可加性,得

$$P(\Omega)=P(\Omega)+P(\varnothing)+P(\varnothing)+\cdots,$$

因此 $P(\varnothing)=0$.

性质 1.2.5 (**有限可加性**)对于两两互不相容的事件 $A_1, A_2, \cdots, A_n$,有

$$P\left(\bigcup_{k=1}^{n} A_k\right)=\sum_{k=1}^{n} P(A_k).$$

证明 设 $A_i=\varnothing(i=n+1,n+2,\cdots)$,则有 $A_iA_j=\varnothing(i \neq j; i,j=1,2,\cdots)$,由概率的可列可加性及性质 1.2.4,得

$$P\left(\bigcup_{k=1}^{n} A_k\right)=P\left(\bigcup_{k=1}^{\infty} A_k\right)=\sum_{k=1}^{\infty} P(A_k)=\sum_{k=1}^{n} P(A_k).$$

性质 1.2.6 对于任一事件 A,有

$$P(\overline{A})=1-P(A).$$

证明 因为 $A \cup \overline{A}=\Omega, A\overline{A}=\varnothing$,由性质 1.2.5,得

$$1=P(\Omega)=P(A)+P(\overline{A}), \quad \text{即} \quad P(\overline{A})=1-P(A).$$

性质 1.2.7 对于任意两个事件 A, B,有

$$P(B-A)=P(B)-P(AB). \tag{1.4}$$

证明 因为 $B=(B-A) \cup (AB)$ 且 $(B-A) \cap (AB)=\varnothing$,所以由性质 1.2.5,得

$$P(B)=P((B-A) \cup (AB))=P(B-A)+P(AB),$$

即

$$P(B-A)=P(B)-P(AB).$$

式(1.4)称为概率的**减法公式**. 特别地,当 $A \subset B$ 时,有

$$P(B-A)=P(B)-P(A).$$

又因为 $P(B-A) \geqslant 0$,所以当 $A \subset B$ 时,$P(A) \leqslant P(B)$,即事件的概率具有单调递增性.

性质 1.2.8 对于任一事件 A,有 $P(A) \leqslant 1$.

证明 因为 $A \subset \Omega$,所以由性质 1.2.7,得 $P(A) \leqslant P(\Omega)=1$.

性质 1.2.9 对于任意两个事件 A, B,有

$$P(A \cup B)=P(A)+P(B)-P(AB). \tag{1.5}$$

证明 因为 $A\cup B=A\cup(B-AB)$ 且 $A\cap(B-AB)=\varnothing$,$AB\subset B$,所以由性质 1.2.5 和性质 1.2.7,得

$$P(A\cup B)=P(A\cup(B-AB))=P(A)+P(B-AB)$$
$$=P(A)+P(B)-P(AB).$$

式(1.5)称为概率的**加法公式**.由性质 1.2.9 容易得到

$$P(A\cup B)\leqslant P(A)+P(B),$$
$$P(AB)\geqslant P(A)+P(B)-1.$$

概率的加法公式可推广到有限个事件的情形.例如,对于任意三个事件 A,B,C,有

$$P(A\cup B\cup C)=P(A)+P(B)+P(C)-P(AB)-P(AC)-P(BC)+P(ABC).$$

一般地,对于任意 n 个事件 $A_i(i=1,2,\cdots,n)$,由数学归纳法可得

$$P\left(\bigcup_{i=1}^{n}A_k\right)=\sum_{i=1}^{n}P(A_i)-\sum_{1\leqslant i<j\leqslant n}P(A_iA_j)+\sum_{1\leqslant i<j<k\leqslant n}P(A_iA_jA_k)-\cdots+(-1)^{n-1}P(A_1A_2\cdots A_n).$$

例 1.2.9 设 A,B 为两个事件,且 $P(A)=P(\overline{B})=0.6$,$P(AB)=0.2$,求:

(1) A 发生但 B 不发生的概率;

(2) A,B 至少有一个发生的概率;

(3) A,B 都不发生的概率;

(4) A,B 至少有一个不发生的概率;

(5) A,B 恰有一个发生的概率.

解 由题知 $P(B)=0.4$.

(1) $P(A\overline{B})=P(A-B)=P(A)-P(AB)=0.6-0.2=0.4$.

(2) $P(A\cup B)=P(A)+P(B)-P(AB)=0.6+0.4-0.2=0.8$.

(3) $P(\overline{A}\,\overline{B})=P(\overline{A\cup B})=1-P(A\cup B)=1-0.8=0.2$.

(4) $P(\overline{A}\cup\overline{B})=P(\overline{AB})=1-P(AB)=1-0.2=0.8$.

(5) $P(A\overline{B}\cup\overline{A}B)=P(A\overline{B})+P(\overline{A}B)=(P(A)-P(AB))+(P(B)-P(AB))$
$=0.6-0.2+0.4-0.2=0.6$.

例 1.2.10 设 A,B,C 为三个事件,且 $P(A)=P(B)=P(C)=0.3$,$P(AB)=P(AC)=0.1$,$P(BC)=0$,求 A,B,C 至少有一个发生的概率.

解 因 $ABC\subset BC$,故

$$0\leqslant P(ABC)\leqslant P(BC)=0,\quad 即\quad P(ABC)=0.$$

由概率的加法公式,得

$$P(A\cup B\cup C)=P(A)+P(B)+P(C)-P(AB)-P(AC)-P(BC)+P(ABC)$$
$$=0.3+0.3+0.3-0.1-0.1-0+0=0.7.$$

理解概率的几种定义及其区别和联系;熟练掌握概率的公理化定义的条件和性质,并能利

用它们进行简单的概率计算；理解和掌握古典概率和几何概率的计算方法；会计算实际应用中相关的概率问题.

习 题 1.2

基础练习

1. 在电话号码簿中任取一个电话号码，求该号码的最后 4 个数均不相同的概率(设最后 4 个数中的每一个数等可能地取自 $0,1,2,\cdots,9$).

2. 某油漆公司发出 17 桶油漆，其中白漆 10 桶、黑漆 4 桶、红漆 3 桶，由于在搬运过程中标签脱落，交货人随意将这些标签重新粘贴后交货. 一个顾客定了 4 桶白漆、3 桶黑漆和 2 桶红漆，求他能按原方案收到货的概率.

3. 一袋中装有大小相同的 7 个球，其中 4 个白球、3 个黑球，从袋中一次抽取 3 个球，求至少有 2 个是白球的概率.

4. 在区间 $[0,5]$ 上任意投一点，求该点坐标大于 3 小于 5 的概率.

5. 两个人约定某天上午 9:00 ~ 10:00 在某商场会面，求一人要等候另一人半小时以上的概率.

6. 设 $P(A)=\dfrac{1}{3}$，$P(B)=\dfrac{1}{4}$，$P(A\cup B)=\dfrac{1}{2}$，求 $P(\overline{A}\cup\overline{B})$.

7. 设 $P(A)=0.25$，$P(B)=0.7$，就下列三种情况分别求概率 $P(\overline{A}B)$：

(1) A,B 互不相容；

(2) $A\subset B$；

(3) $P(AB)=0.2$.

进阶训练

1. 将 3 个球随机放入 4 个盒子中，分别求盒子中球的最大个数为 1,2,3 的概率.

2. 在区间 $(0,1)$ 内任取两个数，求这两个数的乘积小于 $\dfrac{1}{4}$ 的概率.

3. 设 A,B 是两个事件，且 $P(A)=0.6$，$P(B)=0.7$. 问：$P(AB)$ 分别在什么条件下能取到最大值和最小值，最大值和最小值各是多少？

§1.3 条件概率

在实际中，我们经常遇到在已经知道一个事件发生的条件下求另外一个事件发生的概率的情况，如在已知银行利率下调的情况下求某个股票价格上涨的概率. 一般地，把在事件 B 已发生的条件下事件 A 发生的概率称为事件 A 的条件概率，记为 $P(A\mid B)$，而把原来的 $P(A)$ 称为无条件概率.

下面先给出条件概率的定义，再介绍与其相关的乘法定理、全概率公式和贝叶斯公式.

一、条件概率

例 1.3.1 假设生男生女的可能性相等，任取一个有两个孩子的家庭. 设 A 表示事件“该家庭的两个小孩为一男一女”，B 表示事件“该家庭至少有一个女孩”，求概率 $P(A \mid B)$.

解 由题意可知，样本空间为 $\Omega=\{(男,男),(男,女),(女,男),(女,女)\}$，且

$$A=AB=\{(男,女),(女,男)\}, \quad B=\{(男,女),(女,男),(女,女)\}.$$

由古典概型知 $P(A)=P(AB)=\frac{1}{2}$，$P(B)=\frac{3}{4}$，$P(A \mid B)=\frac{2}{3}$. 注意到

$$P(A \mid B)=\frac{2}{3}=\frac{\frac{1}{2}}{\frac{3}{4}}=\frac{P(AB)}{P(B)}.$$

容易验证，对于等可能情形，只要 $P(B)>0$，上述的结论都是成立的，由此给出条件概率的定义.

定义 1.3.1 设 A,B 为两个事件，且 $P(B)>0$，则称 $\frac{P(AB)}{P(B)}$ 为在事件 B 已发生的条件下事件 A 发生的**条件概率**，记为 $P(A \mid B)$，即

$$P(A \mid B)=\frac{P(AB)}{P(B)}. \tag{1.6}$$

类似地，当 $P(A)>0$ 时，称 $P(B \mid A)=\frac{P(AB)}{P(A)}$ 为在事件 A 已发生的条件下事件 B 发生的条件概率.

容易验证，条件概率 $P(A \mid B)$ 也满足概率的公理化定义的条件和相关性质. 例如，设 $P(C)>0$，则对于任意事件 A,B，有

$$P(A \mid C)=1-P(\overline{A} \mid C),$$
$$P(A \cup B \mid C)=P(A \mid C)+P(B \mid C)-P(AB \mid C).$$

条件概率 $P(A \mid B)$ 的计算一般有两种方法：一是在原来的样本空间中先分别求 $P(AB)$ 和 $P(B)$，再利用式(1.6)求解；二是直接按条件概率的含义求，即当已知事件 B 发生时，把 B 作为新的样本空间求 $P(A)$.

例 1.3.2 某班有学生 60 人，其中男生 40 人、女生 20 人，男、女生中分别有学生干部 6 人和 4 人. 现从该班中任选一个学生，若已知选出的是女生，求她是班干部的概率.

解 设 A 表示事件“任选一个学生，该生是班干部”，B 表示事件“任选一个学生，该生是女生”.

方法一 在原来的样本空间中计算. 由题意得

$$P(AB)=\frac{4}{60},\quad P(B)=\frac{20}{60},$$

从而所求概率为

$$P(A\mid B)=\frac{P(AB)}{P(B)}=\frac{\frac{4}{60}}{\frac{20}{60}}=\frac{1}{5}.$$

方法二 在缩小后的样本空间中计算.因为已知选出的是女生,所以样本空间由原来的全班60人缩小为全体女生20人.而女生中班干部有4人,故所求概率为

$$P(A\mid B)=\frac{4}{20}=\frac{1}{5}.$$

例1.3.3 一箱子中装有10件商品,其中有6件一等品、4件二等品.现做不放回抽样,每次取1件,连取两次.求在第1次取到一等品的条件下,第2次取到二等品的概率.

解 设A表示事件"第1次取的商品为一等品",B表示事件"第2次取的商品为二等品".

方法一 在原来的样本空间中计算.由题意可知,这里不放回抽样共有$n=C_{10}^1C_9^1$种取法,A包含$k_A=C_6^1C_9^1$种取法,AB包含$k_{AB}=C_6^1C_4^1$种取法,则

$$P(A)=\frac{k_A}{n}=\frac{3}{5},\quad P(AB)=\frac{k_{AB}}{n}=\frac{4}{15},$$

从而所求概率为

$$P(B\mid A)=\frac{P(AB)}{P(A)}=\frac{\frac{4}{15}}{\frac{3}{5}}=\frac{4}{9}.$$

方法二 在缩小后的样本空间中计算.因为已知第1次取的商品为一等品,所以样本空间由原来的10件商品缩小为9件商品,其中有5件一等品,4件二等品,从而所求概率为

$$P(B\mid A)=\frac{4}{9}.$$

二、乘法定理

由条件概率的定义经恒等变形容易求得$P(AB)$,即有以下乘法定理.

定理1.3.1 **(乘法定理)若$P(A)>0$,则有**

$$P(AB)=P(A)P(B\mid A).\tag{1.7}$$

同理,若$P(B)>0$,则有

$$P(AB)=P(B)P(A\mid B).\tag{1.8}$$

称式(1.7)和式(1.8)为**乘法公式**.乘法公式可推广到有限个事件积的情形.例如,设A,B,C为三个事件,且$P(AB)>0$,则有

$$P(ABC)=P(A)P(B\mid A)P(C\mid AB).\tag{1.9}$$

事实上，由条件概率的定义易知

$$P(A)P(B \mid A)P(C \mid AB)=P(A)\cdot\frac{P(AB)}{P(A)}\cdot\frac{P(ABC)}{P(AB)}=P(ABC).$$

释疑解惑

(1) 在式(1.9)中，由概率的单调递增性，$P(AB)>0$ 可推得 $P(A)\geqslant P(AB)>0$.

(2) 根据事件 A,B,C 发生的顺序不同，$P(ABC)$ 可有不同的表示方式，如当 $P(AC)>0$ 时，有

$$P(ABC)=P(A)P(C \mid A)P(B \mid AC).$$

一般地，设 $A_1,A_2,\cdots,A_n$ 为 n 个事件，且 $P(A_1A_2\cdots A_{n-1})>0$，则有

$$P(A_1A_2\cdots A_n)=P(A_1)P(A_2 \mid A_1)P(A_3 \mid A_1A_2)\cdots P(A_n \mid A_1A_2\cdots A_{n-1}).$$

例 1.3.4 设某人第1次在发表学术论文中造假被揭发的概率为0.5；如果第1次造假没有被揭发，第2次继续造假被揭发的概率为0.8；如果前两次造假没有被揭发，第3次继续造假被揭发的概率为0.9. 求此人连续造假3次而没有被揭发的概率.

解 设 A 表示事件“此人连续造假3次而没有被揭发”，A_i 表示事件“第 i 次造假没有被揭发”$(i=1,2,3)$，则有

$$\begin{aligned}P(A)&=P(A_1A_2A_3)=P(A_1)P(A_2 \mid A_1)P(A_3 \mid A_1A_2)\\&=0.5\times0.2\times0.1=0.01.\end{aligned}$$

课程思政

学术造假是指剽窃、抄袭、占有他人研究成果，或者伪造、修改研究数据等的学术腐败行为，这种违背学术道德和科学精神的行为会对国家和社会造成严重的不良影响. 古人云：“修学不以诚，则学杂；为事不以诚，则事败.”意思是，做学问不认真诚信就做不好，做事情不诚心就容易失败. 俗话说，做事先做人. 而诚信是做人的基础，无论在什么时候，只有坚守诚信，才能有所作为. 作为新时代的青年学者，我们应敢于批评和揭发学术造假行为，并自觉遵守学术道德和学术规范，共同营造良好的学术氛围.

例 1.3.5 设某人的手机开机密码由数字0,1,2,…,9构成，现在他忘记了密码的最后一位数字，若他随机输入最后一位数字，求：

(1) 输入3次才成功开机的概率；

(2) 输入不超过3次即可成功开机的概率.

解 (1) 设 A 表示事件“输入3次才成功开机”，A_i 表示事件“第 i 次输入能成功开机”$(i=1,2,3)$，则有

$$P(A)=P(\overline{A}_1\overline{A}_2A_3)=P(\overline{A}_1)P(\overline{A}_2\mid\overline{A}_1)P(A_3\mid\overline{A}_1\overline{A}_2)=\frac{9}{10}\times\frac{8}{9}\times\frac{1}{8}=\frac{1}{10}.$$

(2) 设 B 表示事件“输入不超过 3 次即可成功开机”，A_i 表示事件“第 i 次输入能成功开机”($i=1,2,3$)，则有

$$\begin{aligned}P(B)&=P(A_1\cup\overline{A}_1A_2\cup\overline{A}_1\overline{A}_2A_3)=P(A_1)+P(\overline{A}_1A_2)+P(\overline{A}_1\overline{A}_2A_3)\\&=P(A_1)+P(\overline{A}_1)P(A_2\mid\overline{A}_1)+P(\overline{A}_1)P(\overline{A}_2\mid\overline{A}_1)P(A_3\mid\overline{A}_1\overline{A}_2)\\&=\frac{1}{10}+\frac{9}{10}\times\frac{1}{9}+\frac{9}{10}\times\frac{8}{9}\times\frac{1}{8}=\frac{3}{10}.\end{aligned}$$

例 1.3.6 设一罐中有 a 个红球、b 个白球. 现每次从罐中任取 1 球，观察颜色后放回，同时放入 k 个与所取球同颜色的球. 若连续取 4 次，试求第 1,2 次取到红球且第 3,4 次取到白球的概率.

解 设 A 表示事件“第 1,2 次取到红球且第 3,4 次取到白球”，R_i 表示事件“第 i 次取到红球”($i=1,2,3,4$)，则有

$$\begin{aligned}P(A)&=P(R_1R_2\overline{R}_3\overline{R}_4)=P(R_1)P(R_2|R_1)P(\overline{R}_3|R_1R_2)P(\overline{R}_4\mid R_1R_2\overline{R}_3)\\&=\frac{a}{a+b}\cdot\frac{a+k}{a+b+k}\cdot\frac{b}{a+b+2k}\cdot\frac{b+k}{a+b+3k}.\end{aligned}$$

例 1.3.6 中的模型可以推广到更一般的情形，如连续取 n 次，求前 n_1 次取到红球，后 $n-n_1$ 次取到白球的概率. 该模型曾被波利亚用来研究传染病，故也称之为**波利亚罐子模型**. 特别地，若 $k=0$，则为有放回取球；若 $k=-1$，则为不放回取球.

三、全概率公式和贝叶斯公式

在计算事件的概率时，经常要把一个复杂事件分解为若干个简单事件，再利用相关的公式进行计算，其中全概率公式和贝叶斯公式是两个重要的公式. 为此，下面先介绍样本空间划分的定义.

定义 1.3.2 设 Ω 为随机试验 E 的样本空间，$B_1,B_2,\cdots,B_n$ 为 E 的一组事件. 若满足条件：

(1) $B_iB_j=\varnothing,i\neq j,i,j=1,2,\cdots,n$，

(2) $\bigcup\limits_{i=1}^{n}B_i=\Omega$，

则称 $B_1,B_2,\cdots,B_n$ 为样本空间 Ω 的一个**划分**，或称为**完备事件组**.

由定义 1.3.2 可知，若事件 $B_1,B_2,\cdots,B_n$ 为样本空间 Ω 的划分，则在每次试验中，有且仅有 $B_1,B_2,\cdots,B_n$ 中的一个事件发生.

特别地，两个相互对立的事件构成样本空间最简单的划分.

定理 1.3.2 **(全概率公式) 设 Ω 为随机试验 E 的样本空间，事件 $B_1,B_2,\cdots,B_n$ 为 Ω 的一个划分，且 $P(B_i)>0(i=1,2,\cdots,n)$，则对于试验 E 的任一事件 A，有**

$$P(A)=\sum_{i=1}^{n}P(B_i)P(A\mid B_i).\tag{1.10}$$

称式(1.10)为**全概率公式**.

证明 因 $B_1,B_2,\cdots,B_n$ 为 Ω 的一个划分,故

$$A=A\Omega=A(B_1\cup B_2\cup\cdots\cup B_n)=AB_1\cup AB_2\cup\cdots\cup AB_n$$

且

$$AB_i\cap AB_j=\varnothing,\quad i\neq j;i,j=1,2,\cdots,n.$$

由概率的有限可加性和乘法公式,有

$$\begin{aligned}P(A)&=P(AB_1\cup AB_2\cup\cdots\cup AB_n)=P(AB_1)+P(AB_2)+\cdots+P(AB_n)\\&=P(B_1)P(A\mid B_1)+P(B_2)P(A\mid B_2)+\cdots+P(B_n)P(A\mid B_n)\\&=\sum_{i=1}^{n}P(B_i)P(A\mid B_i).\end{aligned}$$

定理 1.3.3 **(贝叶斯公式)设 Ω 为随机试验 E 的样本空间, A 为试验 E 的任一事件,事件 $B_1,B_2,\cdots,B_n$ 为 Ω 的一个划分,且 $P(A)>0,P(B_i)>0(i=1,2,\cdots,n)$,则有**

$$P(B_i\mid A)=\frac{P(B_i)P(A\mid B_i)}{\sum_{j=1}^{n}P(B_j)P(A\mid B_j)},\quad i=1,2,\cdots,n.\tag{1.11}$$

称式(1.11)为**贝叶斯公式**,也称为**逆概率公式**.

证明 由条件概率的定义、乘法公式和全概率公式,有

$$P(B_i\mid A)=\frac{P(AB_i)}{P(A)}=\frac{P(B_i)P(A\mid B_i)}{\sum_{j=1}^{n}P(B_j)P(A\mid B_j)},\quad i=1,2,\cdots,n.$$

释疑解惑

(1)在定理1.3.2和定理1.3.3中,样本空间的划分 $B_1,B_2,\cdots,B_n$ 可以推广到可列无穷多个事件 $B_1,B_2,\cdots,B_n,\cdots$ 的情形.

(2)全概率公式也可以理解为全因素(或全原因)公式, $B_1,B_2,\cdots,B_n$ 可看作影响事件 A 发生的 n 个原因, A 的发生必然伴随着 $B_1,B_2,\cdots,B_n$ 中的某一个发生,各原因综合影响的结果即为事件 A 发生的概率.贝叶斯公式则可以理解为已知结果求原因, $P(B_i)$ 称为**先验概率**,反映了各种原因发生的可能性大小,一般是以往经验的总结,而 $P(B_i\mid A)$ 称为**后验概率**,反映了试验后对各种原因发生可能性大小的新判断.

例 1.3.7 设某工厂有甲、乙、丙三个车间生产同一种产品,各车间的产量占全厂的份额分别为50%,30%,20%,相应的次品率分别为1%,2%,3%.现把三个车间生产的产品混在一起,从中任取1个,试求取到的是次品的概率.

解 设 A 表示事件"取到的是次品", $B_i(i=1,2,3)$ 分别表示产品来自甲、乙、丙车间的事件,则易知 B_i 是样本空间的一个划分,且有

$$P(B_1)=0.5,\quad P(B_2)=0.3,\quad P(B_3)=0.2,$$

$$P(A\mid B_1)=0.01,\quad P(A\mid B_2)=0.02,\quad P(A\mid B_3)=0.03.$$

于是,由全概率公式得

$$\begin{aligned}P(A)&=\sum_{i=1}^{3}P(B_i)P(A\mid B_i)\\&=P(B_1)P(A\mid B_1)+P(B_2)P(A\mid B_2)+P(B_3)P(A\mid B_3)\\&=0.5\times 0.01+0.3\times 0.02+0.2\times 0.03=0.017.\end{aligned}$$

例 1.3.8 某种乐器每批 100 件,假定每批乐器的次品数不超过 4 件,且每批乐器中含有 0,1,2,3,4 件次品的概率分别为 0.2,0.4,0.2,0.1,0.1. 乐器验收的规则是:从每批中随机取出 10 件来检验,若发现其中有次品,则认为该批乐器不合格. 求一批乐器通过验收的概率.

解 设 A 表示事件"该批乐器通过验收",B_i 表示事件"该批乐器中有 i 件次品"($i=0,1,2,3,4$),则 B_i 是样本空间的一个划分,且有

$$P(B_0)=0.2,\quad P(B_1)=0.4,\quad P(B_2)=0.2,\quad P(B_3)=0.1,\quad P(B_4)=0.1,$$

$$P(A\mid B_0)=1,\quad P(A\mid B_1)=\frac{C_{99}^{10}}{C_{100}^{10}}=0.9,\quad P(A\mid B_2)=\frac{C_{98}^{10}}{C_{100}^{10}}\approx 0.81,$$

$$P(A\mid B_3)=\frac{C_{97}^{10}}{C_{100}^{10}}\approx 0.73,\quad P(A\mid B_4)=\frac{C_{96}^{10}}{C_{100}^{10}}\approx 0.65.$$

于是,由全概率公式得

$$\begin{aligned}P(A)&=\sum_{i=0}^{4}P(B_i)P(A\mid B_i)\\&=0.2\times 1+0.4\times 0.9+0.2\times 0.81+0.1\times 0.73+0.1\times 0.65=0.86.\end{aligned}$$

例 1.3.9 (2005,数一) 从 1,2,3,4 中任取一个数,记为 X,再从 $1,2,\cdots,X$ 中任取一个数,记为 Y,则 $P\{Y=2\}=$ ________.

解 由题知 $\{X=k\}(k=1,2,3,4)$ 构成样本空间的一个划分,且由古典概型知

$$P\{X=k\}=\frac{1}{4},\quad P\{Y=2\mid X=1\}=0,\quad P\{Y=2\mid X=k\}=\frac{1}{k}\quad(k=2,3,4).$$

于是,由全概率公式得

$$P\{Y=2\}=\sum_{k=1}^{4}P\{X=k\}P\{Y=2\mid X=k\}=\frac{1}{4}\times\left(0+\frac{1}{2}+\frac{1}{3}+\frac{1}{4}\right)=\frac{13}{48}.$$

例 1.3.10 试用贝叶斯公式分析《伊索寓言》中"狼来了"的故事中人们对小孩信任度的变化. 假设在最初小孩没有说谎时,人们对小孩的信任度,即人们信任小孩的概率为 0.8,可信的小孩说谎的概率为 0.1,不可信的小孩说谎的概率为 0.6.

解 设 A 表示事件"小孩说谎",B 表示事件"人们信任小孩",则有

$$P(B)=0.8,\quad P(\overline{B})=0.2,\quad P(A\mid B)=0.1,\quad P(A\mid\overline{B})=0.6.$$

小孩第一次说谎时,村民对他的信任度变为

$$P(B\mid A)=\frac{P(B)P(A\mid B)}{P(B)P(A\mid B)+P(\overline{B})P(A\mid \overline{B})}=\frac{0.8\times 0.1}{0.8\times 0.1+0.2\times 0.6}=0.4,$$

即村民对小孩的信任度下降为$P(B)=0.4$,此时$P(\overline{B})=0.6$.如果小孩第二次说谎,则村民对他的信任度变为

$$P(B\mid A)=\frac{P(B)P(A\mid B)}{P(B)P(A\mid B)+P(\overline{B})P(A\mid \overline{B})}=\frac{0.4\times 0.1}{0.4\times 0.1+0.6\times 0.6}=0.1,$$

即村民对小孩的信任度下降为$P(B)=0.1$,此时$P(\overline{B})=0.9$.如果小孩第三次说谎,则村民对他的信任度变为

$$P(B\mid A)=\frac{P(B)P(A\mid B)}{P(B)P(A\mid B)+P(\overline{B})P(A\mid \overline{B})}=\frac{0.1\times 0.1}{0.1\times 0.1+0.9\times 0.6}\approx 0.018.$$

可见,此时村民对小孩的信任度已经所剩无几了,以为小孩又在说谎,所以村民没有上山.

课程思政

例1.3.10的分析说明,村民对小孩的信任度随着小孩说谎次数的增加而不断降低,导致小孩最终承担了说谎的后果.我国的古代文化对诚信有过不少精辟的论述.例如,《论语·为政》中说:“人而无信,不知其可也.”意思是,一个人不讲信用,真不知道怎么可以成事.又如,《墨子·修身》中说:“言不信者行不果.”意思是,言语不诚实的人,做事也不会有成果.因此,我们在工作和生活中要讲诚信、守信用,树立良好的品德修养.

例1.3.11 假定用血清甲胎蛋白法诊断肝病的试验具有如下效果:被诊断者有肝病,试验反应为阳性的概率为0.95;被诊断者没有肝病,试验反应为阴性的概率为0.95.现对自然人群进行普查,设被试验的人群中患有肝病的概率为0.005,求:

(1) 任选一个被诊断者,试验为阳性的概率;

(2) 已知试验反应为阳性,该被诊断者确有肝病的概率.

解 (1) 设A表示事件“被诊断者患有肝病”,B表示事件“试验反应为阳性”,则有

$$P(A)=0.005,\quad P(\overline{A})=0.995,$$

$$P(B\mid A)=0.95,\quad P(B\mid \overline{A})=1-P(\overline{B}\mid \overline{A})=0.05.$$

于是,由全概率公式得

$$\begin{aligned}P(B)&=P(A)P(B|A)+P(\overline{A})P(B|\overline{A})\\&=0.005\times 0.95+0.995\times 0.05=0.0545.\end{aligned}$$

(2) 由贝叶斯公式得

$$\begin{aligned}P(A\mid B)&=\frac{P(AB)}{P(B)}=\frac{P(A)P(B|A)}{P(A)P(B|A)+P(\overline{A})P(B|\overline{A})}\\&=\frac{0.005\times 0.95}{0.0545}\approx 0.087.\end{aligned}$$

例1.3.11表明,若用该试验作为肝病的普查,正确性诊断只有约8.7%,即1 000个具有阳性反应的人中大约只有87人的确患有肝病,主要的原因是先验概率 $P(A)$ 很小.但如果我们检查的是一批在前期普查中遴选出来的甲胎蛋白高含量者,那么此时相应的先验概率会较大.若假设 $P(A)=0.9$,则有

$$P(A \mid B)=\frac{P(AB)}{P(B)}=\frac{P(A)P(B|A)}{P(A)P(B|A)+P(\overline{A})P(B|\overline{A})}$$

$$=\frac{0.9\times 0.95}{0.9\times 0.95+0.1\times 0.05}\approx 0.994,$$

即相应的后验概率会大大提高.在实际普查中正是如此一级级筛查的.

小节要点

理解条件概率的定义;会在原来的样本空间或缩小后的样本空间上计算简单的条件概率;熟练掌握乘法公式、全概率公式和贝叶斯公式,并能利用它们对相关的简单实际问题进行分析求解.

习　题　1.3

基础练习

1.某人有一笔资金,假设他购买基金的概率为0.58,购买股票的概率为0.28,基金和股票都购买的概率为0.19,求:

(1) 已知他购买了基金,他再购买股票的概率;

(2) 已知他购买了股票,他再购买基金的概率.

2.掷两颗均匀的骰子,若已知掷出的两颗骰子点数之和为7,求其中有一颗点数为2的概率.

3.设 $P(A)=\frac{1}{4}$,$P(B \mid A)=\frac{1}{3}$,$P(A \mid B)=\frac{1}{2}$,求 $P(A\cup B)$.

4.假设一个三口之家患某种传染病的概率为:孩子患病的概率为0.6,孩子患病的条件下母亲患病的概率为0.5,母亲和孩子都患病的条件下父亲患病的概率为0.4.求母亲和孩子患病但父亲未患病的概率.

5.某门课程的考核需要学生参加两次考试.设某学生第一次考试及格的概率为 p,若他第一次及格,则第二次及格的概率也为 p;若他第一次不及格,则第二次不及格的概率为 $1-\frac{p}{2}$.求他至少有一次及格的概率.

6.用三台机器加工同一种零件,假设各台机器加工的零件份额分别为30%,45%,25%,且各台机器加工的零件合格率分别为85%,90%,95%,加工的零件混合在一起.现从中任取1个,求取到合格零件的概率.

7.某产品的合格品率为0.96.有一检测系统,合格品检测为合格品的概率为0.98,不合格品检测为合格品的概率为0.05,求该系统发生错检的概率.

8. 按以往概率论考试结果分析，努力学习的学生有 90% 的可能考试及格，不努力学习的学生有 90% 的可能考试不及格. 据调查，学生中有 80% 的人是努力学习的，问：

(1) 考试及格的学生有多大可能是不努力学习的人？

(2) 考试不及格的学生有多大可能是努力学习的人？

9. 某保险公司把被保险人分为三类："谨慎的""一般的""冒失的". 统计资料表明，上述三种人在一年内发生事故的概率依次为 0.05，0.15，0.30. 假设"谨慎的"被保险人占 20%，"一般的"占 50%，"冒失的"占 30%，若某被保险人在一年内出了事故，求他是"谨慎的"概率.

进阶训练

1. 甲、乙、丙三人进行抽签考试，每人抽一次，不重复抽取，抽签顺序为甲先、乙次、丙最后. 已知 10 个签中有 4 个签对应较难的考题，证明：三人抽到难题签的概率相等.

2. 一公司根据以往统计数据得知，一名参加过培训的新员工能完成生产任务的概率为 0.86，而没有参加过培训的新员工能完成生产任务的概率为 0.35. 假设该公司有 80% 的新员工参加过培训，求：

(1) 一名新员工能完成生产任务的概率；

(2) 已知一名新员工完成了生产任务，则他参加过培训的概率.

3. 有两个盒子，1 号盒子中装有 2 个白球、1 个黑球，2 号盒子中装有 1 个白球、2 个黑球. 现从 1 号盒子中任取 1 个球放入 2 号盒子，再从 2 号盒子中任取 1 个球.

(1) 求取到白球的概率.

(2) 若从 2 号盒子中取到的是白球，问：从 1 号盒子中取出放入 2 号盒子的球是哪种颜色的可能性更大？

4. 有两箱相同的零件，第一箱装有 50 个，其中有 10 个一等品；第二箱装有 30 个，其中有 18 个一等品. 现从两箱中任选一箱，从该箱中取零件两次，每次取 1 个，做不放回抽样，求：

(1) 第一次取到的零件是一等品的概率；

(2) 已知第一次取到的零件是一等品，则第二次取到的也是一等品的概率.

事件的独立性

由 §1.3 条件概率的讨论可知，一般情况下 $P(A) \neq P(A \mid B)$，即事件 B 的发生影响事件 A 发生的概率. 若 $P(A)=P(A \mid B)$，则说明事件 B 的发生对事件 A 发生的概率没有影响，这种情形下我们称事件 A 和事件 B 是相互独立的.

本节先介绍两个事件相互独立的定义和性质，再推广到更一般的场合.

一、两个事件的独立性

随机事件的独立性及其应用举例

若事件 A 和事件 B 相互独立，则 $P(A)=P(A \mid B)$ 应成立，注意到该等式中条件概率要求 $P(B)>0$. 为了使独立性的概念包含更广泛的事件，利用两个事件的乘法定理，可得以下两个事件独立性的定义.

定义 1.4.1 若事件 A 与 B 满足

$$P(AB)=P(A)P(B), \tag{1.12}$$

则称事件 A 与 B 是**相互独立**的.

由定义 1.4.1 易知,必然事件 Ω 和不可能事件 $\varnothing$ 与任何事件都是相互独立的.

事件的独立性有以下性质.

性质 1.4.1 设 $P(A)>0$,则事件 A 与 B 相互独立的充要条件是 $P(B)=P(B\mid A)$.

证明 **充分性** 若 $P(B)=P(B\mid A)$,则由乘法公式,有

$$P(AB)=P(A)P(B\mid A)=P(A)P(B),$$

即 A 与 B 相互独立.

必要性 若 A 与 B 相互独立,则 $P(AB)=P(A)P(B)$,从而

$$P(B\mid A)=\frac{P(AB)}{P(A)}=\frac{P(A)P(B)}{P(A)}=P(B).$$

类似地,若 $P(B)>0$,则事件 A 与 B 相互独立的充要条件是 $P(A)=P(A\mid B)$.

性质 1.4.2 若事件 A 与 B 相互独立,则事件 A 与 $\overline{B}$,$\overline{A}$ 与 B,$\overline{A}$ 与 $\overline{B}$ 也分别相互独立.

证明 因事件 A 与 B 相互独立,故 $P(AB)=P(A)P(B)$,从而

$$P(A\overline{B})=P(A-AB)=P(A)-P(AB)=P(A)-P(A)P(B)=P(A)P(\overline{B}),$$

即 A 与 $\overline{B}$ 相互独立. 而利用这一结论,可推出 $\overline{A}$ 与 $\overline{B}$ 相互独立. 进一步,由 $\overline{A}$ 与 $\overline{B}$ 相互独立及 $\overline{\overline{B}}=B$,又可以推出 $\overline{A}$ 与 B 也相互独立.

在实际问题中,可以用定义 1.4.1 或者性质 1.4.1 判断两个事件的独立性,但更多的时候是根据经验事实去判断的. 例如,两人同时进行射击练习,则"甲命中目标"与"乙命中目标"是两个相互独立的事件,这是因为甲是否命中目标与乙是否命中目标两者没有影响.

例 1.4.1 某公司有员工 100 人,其中男性员工 60 人、女性员工 40 人. 该公司每天在所有员工中随机选出一人为当天的值班员,且不考虑该人在前一天中是否值过班. 设 A 表示事件"第一天选出的是男性员工",B 表示事件"第二天选出的是男性员工",问:事件 A 与 B 是否相互独立? 若前一天值过班的员工当天不再参选,则事件 A 与 B 的独立性又如何?

解 若值班人员的选择不考虑其在前一天是否值过班,则由古典概型易知

$$P(A)=\frac{60}{100}=0.6,\quad P(B)=\frac{60}{100}=0.6,$$

$$P(AB)=P(A)P(B\mid A)=\frac{60}{100}\times\frac{60}{100}=0.36.$$

因此 $P(AB)=P(A)P(B)$,即 A 与 B 相互独立.

若前一天值过班的员工当天不再参选,则有

$$P(A)=\frac{60}{100}=0.6,\quad P(AB)=P(A)P(B\mid A)=\frac{60}{100}\times\frac{59}{99},$$

$$P(\overline{A}B)=P(\overline{A})P(B\mid\overline{A})=\frac{40}{100}\times\frac{60}{99},$$

$$P(B)=P(A)P(B\mid A)+P(\overline{A})P(B\mid\overline{A})=\frac{60}{100}\times\frac{59}{99}+\frac{40}{100}\times\frac{60}{99}=0.6.$$

因此 $P(AB) \neq P(A)P(B)$，即 A 与 B 不相互独立.

例 1.4.2 甲、乙两位同学参加全国大学英语四级考试，设两人到达考场的时间是相互独立的. 已知甲和乙准时到达考场的概率分别为 0.9 和 0.95，求：

(1) 两人中至少有一人准时到达考场的概率；

(2) 两人中仅有一人准时到达考场的概率.

解 设 A 表示事件"甲准时到达考场"，B 表示事件"乙准时到达考场".

(1) 由题意知，事件 A 与 B 相互独立，且 $P(A)=0.9$，$P(B)=0.95$，则两人中至少有一人准时到达考场的概率为

$$\begin{aligned} P(A \cup B) &= P(A)+P(B)-P(AB)=P(A)+P(B)-P(A)P(B) \\ &= 0.9+0.95-0.9\times 0.95=0.995. \end{aligned}$$

(2) 由题意知，事件 A 与 $\overline{B}$ 相互独立，$\overline{A}$ 与 B 相互独立，且 $P(\overline{A})=0.1$，$P(\overline{B})=0.05$，则两人中仅有一人准时到达考场的概率为

$$\begin{aligned} P(A\overline{B} \cup \overline{A}B) &= P(A\overline{B})+P(\overline{A}B)=P(A)P(\overline{B})+P(\overline{A})P(B) \\ &= 0.9\times 0.05+0.1\times 0.95=0.14. \end{aligned}$$

释疑解惑

(1) 两个事件相互独立与两个事件互不相容是两个不同的概念. 事实上，一个是用数量关系 $P(AB)=P(A)P(B)$ 判断，而另一个是用事件关系 $AB=\varnothing$ 判断. 故在一般情形下，两者没有必然的联系，两个相互独立的事件既可以相容，也可以不相容.

(2) 当 $P(A)>0$，$P(B)>0$ 时，A 与 B 相互独立和 A 与 B 互不相容不能同时成立. 这是因为若 A 与 B 相互独立，则 $P(AB)=P(A)P(B)>0$，从而 $AB\neq\varnothing$，即 A 与 B 不互不相容；若 A 与 B 互不相容，则 $AB=\varnothing$，从而 $P(AB)=0$，但 $P(A)P(B)>0$，故 $P(AB)\neq P(A)P(B)$，即 A 与 B 不相互独立.

二、多个事件的独立性

在实际生活中，我们经常会遇到多个事件相互独立的问题.

1. 三个事件的独立性

定义 1.4.2 若事件 A,B,C 同时满足等式

$$\begin{cases} P(AB)=P(A)P(B), \\ P(AC)=P(A)P(C), \\ P(BC)=P(B)P(C), \\ P(ABC)=P(A)P(B)P(C), \end{cases} \tag{1.13}$$

则称 A,B,C 是**相互独立**的，简称 A,B,C **独立**.

由两个事件相互独立的定义知，若事件 A,B,C 满足式(1.13)中前三个等式，则称 A,B,C 是**两两独立**的. 由此可知，三个事件 A,B,C 相互独立必有 A,B,C 两两独立，反之不一定成立.

例 1.4.3 考虑一个古典概型,假设试验 E 的样本空间为 $\Omega=\{\omega_1,\omega_2,\omega_3,\omega_4\}$,事件 $A=\{\omega_1,\omega_2\}$,$B=\{\omega_1,\omega_3\}$,$C=\{\omega_1,\omega_4\}$,证明:A,B,C 两两独立但并不相互独立.

证明 易知 $AB=AC=BC=\{\omega_1\}$,且

$$P(A)=P(B)=P(C)=\frac{2}{4}=\frac{1}{2},\quad P(AB)=P(AC)=P(BC)=\frac{1}{4},$$

故事件 A,B,C 两两独立. 而 $ABC=\{\omega_1\}$,有

$$P(ABC)=\frac{1}{4}\neq\frac{1}{8}=P(A)P(B)P(C),$$

因此事件 A,B,C 不相互独立.

例 1.4.4 考虑一个古典概型,假设试验 E 的样本空间为 $\Omega=\{\omega_1,\omega_2,\cdots,\omega_8\}$,事件 $A=\{\omega_1,\omega_2,\omega_3,\omega_4\}$,$B=\{\omega_1,\omega_2,\omega_3,\omega_5\}$,$C=\{\omega_1,\omega_6,\omega_7,\omega_8\}$,证明:$P(ABC)=P(A)P(B)P(C)$,但 A,B,C 并不相互独立.

证明 易知 $AB=\{\omega_1,\omega_2,\omega_3\}$,$ABC=\{\omega_1\}$,且

$$P(A)=P(B)=P(C)=\frac{4}{8}=\frac{1}{2},\quad P(AB)=\frac{3}{8},\quad P(ABC)=\frac{1}{8},$$

故

$$P(ABC)=P(A)P(B)P(C).$$

而

$$P(AB)=\frac{3}{8}\neq\frac{1}{4}=P(A)P(B),$$

因此事件 A,B,C 不相互独立.

2. 有限个事件的独立性

定义 1.4.3 对于 n 个事件 $A_1,A_2,\cdots,A_n(n\geqslant 2)$,若其中任意的 $k(2\leqslant k\leqslant n)$ 个事件的积事件的概率,都等于这 k 个事件概率的乘积,则称 n 个事件 $A_1,A_2,\cdots,A_n$ **相互独立**.

由定义 1.4.3 可知,若 n 个事件相互独立,则从中任取 2 个事件、3 个事件……n 个事件,均要满足积事件的概率等于事件概率的乘积,这样的概率等式总数为

$$\mathrm{C}_n^2+\mathrm{C}_n^3+\cdots+\mathrm{C}_n^n=(1+1)^n-\mathrm{C}_n^0-\mathrm{C}_n^1=2^n-n-1.$$

例如,当 $n=3$ 时,需要成立的概率等式有 $2^3-3-1=4$ 个,即为定义 1.4.2 中的四个等式.

多个相互独立的事件具有以下性质.

性质 1.4.3 若事件 $A_1,A_2,\cdots,A_n(n\geqslant 2)$ 相互独立,则其中任意的 $k(2\leqslant k\leqslant n)$ 个事件也相互独立.

例如,若事件 A_1,A_2,A_3,A_4 相互独立,则事件 A_1,A_3,A_4 也相互独立.

性质 1.4.4 若事件 $A_1,A_2,\cdots,A_n(n\geqslant 2)$ 相互独立,则将其中任意的 $k(1\leqslant k\leqslant n)$ 个事件换成它们的对立事件,所得的 n 个事件仍相互独立.

例如,若事件 A_1,A_2,A_3,A_4 相互独立,则事件 $A_1,\overline{A_2},\overline{A_3},A_4$ 也相互独立.

性质 1.4.5 若事件 $A_1,A_2,\cdots,A_n(n\geqslant 2)$ 相互独立，则 $f(A_1,A_2,\cdots,A_k)$ 与 $g(A_{k+1},A_{k+2},\cdots,A_n)$ 相互独立,其中 f,g 表示事件的运算.

例如,若事件 A_1,A_2,A_3,A_4 相互独立,则 $A_1\cup A_2$ 与 A_3A_4 也相互独立.

例 1.4.5 设事件 A,B,C 相互独立,证明:A 与 $B\cup C$ 也相互独立.

证明

$$\begin{aligned}P(A(B\cup C))&=P((AB)\cup(AC))=P(AB)+P(AC)-P(ABC)\\&=P(A)P(B)+P(A)P(C)-P(A)P(B)P(C)\\&=P(A)(P(B)+P(C)-P(BC))=P(A)P(B\cup C),\end{aligned}$$

所以 A 与 $B\cup C$ 相互独立.

3. 可列无穷多个事件的独立性

定义 1.4.4 对于可列无穷多个事件 $A_1,A_2,\cdots,A_n,\cdots$ 构成的事件序列,若其中任意有限个事件都相互独立,则称 $A_1,A_2,\cdots,A_n,\cdots$ 是**独立事件序列**.

三、利用独立性计算概率

当 n 个事件 $A_1,A_2,\cdots,A_n$ 相互独立时,有以下两个常用的简化计算概率公式:

$$P(A_1A_2\cdots A_n)=P(A_1)P(A_2)\cdots P(A_n)=\prod_{i=1}^{n}P(A_i),\tag{1.14}$$

$$P(A_1\cup A_2\cup\cdots\cup A_n)=1-\prod_{i=1}^{n}(1-P(A_i)).\tag{1.15}$$

其中,式(1.14)由独立性的定义直接可得,式(1.15)可由对立事件和独立事件的性质推导得到.

例 1.4.6 某城市的机场在本周六上午各有一个航班飞往北京、上海和广州.假设各个航班满座的概率分别为0.9,0.7,0.8,且三个航班是否满座是相互独立的,求:

(1) 三个航班都满座的概率;

(2) 至少有一个航班满座的概率.

解 设 A,B,C 分别表示事件“飞往北京的航班满座”“飞往上海的航班满座”和“飞往广州的航班满座”,则 A,B,C 相互独立,且

$$P(A)=0.9,\quad P(B)=0.7,\quad P(C)=0.8.$$

(1) 三个航班都满座的概率为

$$P(ABC)=P(A)P(B)P(C)=0.9\times 0.7\times 0.8=0.504.$$

(2) 至少有一个航班满座的概率为

$$\begin{aligned}P(A\cup B\cup C)&=1-P(\overline{A\cup B\cup C})=1-P(\overline{A})P(\overline{B})P(\overline{C})\\&=1-0.1\times 0.3\times 0.2=0.994.\end{aligned}$$

例 1.4.7 “万发炮”可以在 1 min 内发射 11 000 发炮弹对导弹进行拦截.假设每发炮弹的命中概率均为 0.004,且每发炮弹能否命中目标相互独立,问:为确保以 0.99 的概率击中导弹,至少要发射多少发炮弹?

解 设至少要发射 n 发炮弹,A 表示事件“导弹被击中”,A_i 表示事件“第 i 发炮弹击中导弹”($i=1,2,\cdots,n$),则 A_i 相互独立,且

$$P(A_i)=0.004,\quad A=A_1\cup A_2\cup\cdots\cup A_n.$$

由式(1.15),有

$$P(A)=1-P(\overline{A})=1-P(\overline{A}_1\overline{A}_2\cdots\overline{A}_n)=1-P(\overline{A}_1)P(\overline{A}_2)\cdots P(\overline{A}_n)=1-(0.996)^n.$$

由题意有

$$P(A)\geqslant 0.99,\quad \text{即}\quad 1-(0.996)^n\geqslant 0.99,$$

解得 $n\geqslant 1\,149$,故为确保以 0.99 的概率击中导弹,至少要发射 1 149 发炮弹.

例 1.4.8 设一电路系统由标号分别为 1,2,3,4 的四个独立工作的元件构成,元件的连接方式如图 1.8 所示,各元件的可靠性分别为 $p_i(i=1,2,3,4)$,求该电路系统的可靠性.

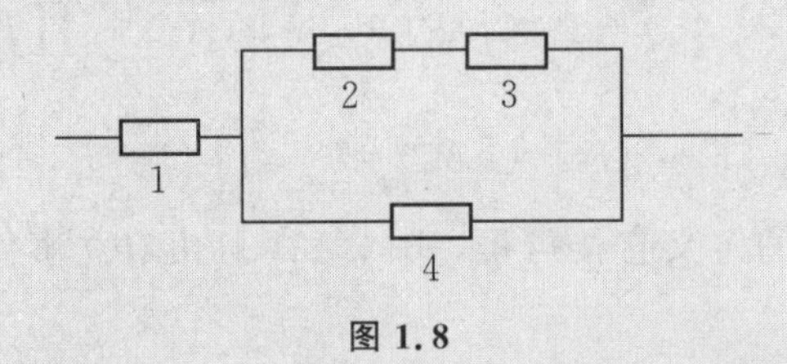

图 1.8

解 设 A 表示事件“该电路系统正常工作”,A_i 表示事件“第 i 个元件正常工作”($i=1,2,3,4$),则 $A=(A_1A_2A_3)\cup(A_1A_4)$,从而电路系统正常工作的概率为

$$P(A)=P((A_1A_2A_3)\cup(A_1A_4))=P(A_1A_2A_3)+P(A_1A_4)-P(A_1A_2A_3A_4).$$

由 $A_i(i=1,2,3,4)$ 相互独立,且 $P(A_i)=p_i$,可得

$$\begin{aligned}P(A)&=P(A_1)P(A_2)P(A_3)+P(A_1)P(A_4)-P(A_1)P(A_2)P(A_3)P(A_4)\\&=p_1p_2p_3+p_1p_4-p_1p_2p_3p_4.\end{aligned}$$

四、独立重复试验

在实际工作中,为了揭示随机现象的统计规律性,我们往往需要将一个试验重复独立地进行多次.将一个相同的试验重复独立地进行 n 次,称为 n **重独立重复试验**.这里的“重复”是指每次试验是在相同的条件下进行,“独立”是指各次试验的结果互不影响.

定义 1.4.5 若试验 E 只有两个可能结果:事件 A 及 $\overline{A}$,则称 E 为**伯努利试验**.将 E 重复独立地进行 n 次,则称这一串重复的独立试验为 n **重伯努利试验**.

例如，抛一枚硬币，观察其出现正面或反面的情况，这是一个伯努利试验，将一枚硬币抛 n 次，就得到一个 n 重伯努利试验. 类似地，检查 n 个产品是否合格、向目标射击 n 次是否中靶等，都是 n 重伯努利试验.

对于 n 重伯努利试验，人们关注的是在 n 次试验中事件 A 发生的次数及相应的概率. 假设 $P(A)=p$，则 $P(\overline{A})=1-p$，用 $P_n(k)$ 表示 n 重伯努利试验中 A 发生 $k(0\leqslant k\leqslant n)$ 次的概率，则由概率的有限可加性和事件的独立性，可求得 $P_n(k)$.

例如，当 $n=3,k=2$ 时，在 3 次独立重复试验中事件 A 发生 2 次的情形为

$$A A\overline{A},\quad A\overline{A}A,\quad \overline{A}AA,$$

n 重伯努利试验

由独立性知每一项的概率为 $p^2(1-p)$，故由概率的有限可加性，可得

$$P_3(2)=3p^2(1-p)=\mathrm{C}_3^2p^2(1-p)^{3-2}.$$

一般地，n 次试验中事件 A 发生 k 次的情形总共有 C_n^k 种，而每一种结果发生的概率均为 $p^k(1-p)^{n-k}$，从而得 n 重伯努利试验中 A 发生 k 次的概率为

$$P_n(k)=\mathrm{C}_n^kp^k(1-p)^{n-k},\quad k=0,1,2,\cdots,n. \tag{1.16}$$

例 1.4.9 一门课程的考试试卷仅含 10 道单项选择题，每题有 4 个备选答案. 某位同学随意选填答案，求该同学至少答对 6 道题的概率.

解 将做一道选择题看作一次试验，试验有两种结果：答对或答错，则做 10 道选择题为一个 10 重伯努利试验. 设 A 表示事件"答对"，则有

$$P(A)=\frac{1}{4},\quad P(\overline{A})=\frac{3}{4}.$$

另设 B 表示事件"该同学至少答对 6 道题"，则由式(1.16) 得所求概率为

$$P(B)=\sum_{k=6}^{10}P_{10}(k)=\sum_{k=6}^{10}\mathrm{C}_{10}^k\left(\frac{1}{4}\right)^k\left(\frac{3}{4}\right)^{10-k}\approx 0.0197.$$

例 1.4.10 假设某种福利彩票中奖的概率为 10^{-5}，每周开奖一次，且各周的开奖结果相互独立. 一位市民坚持每周购买该种彩票，求他连续购买彩票 10 年(每年 52 周) 却从未中奖的概率.

解 将每周购买彩票看作一次试验，试验有两种结果：中奖或未中奖，则连续购买彩票 10 年为一个 520 重伯努利试验. 设 A 表示事件"中奖"，则有

$$P(A)=10^{-5},\quad P(\overline{A})=1-10^{-5}.$$

另设 B 表示事件"该市民 10 年未中奖"，则由式(1.16) 得所求概率为

$$P(B)=P_{520}(0)=(1-10^{-5})^{520}\approx 0.995.$$

理解事件独立性的定义；清楚两个事件相互独立与互不相容、多个事件相互独立与两两独立等相关概念的区别与联系；熟练掌握事件独立的判断方法和相关性质，并能利用独立性简化概率计算；理解 n 重伯努利试验的定义，掌握其概率计算方法.

习　题　1.4

基础练习

1. 3 个人独立地破译一个密码，他们单独能破译密码的概率分别为 0.2，0.3，0.4，求该密码被他们破译出的概率.

2. 某产品的加工需要经过 4 道独立的工序，设第 1，2，3，4 道工序的次品率分别为 0.02，0.03，0.05，0.03，求该产品的合格品率.

3. 三门火炮同时向一架敌机各发射一发炮弹，设它们的命中率分别为 0.3，0.1，0.2，求恰好有一发炮弹命中敌机的概率.

4. 证明：若 $P(A\mid B)=P(A\mid \overline{B})$，则事件 A 与 B 相互独立.

5. 设事件 A 与 B 相互独立，且 A 与 B 都不发生的概率为 $\frac{1}{9}$，A 发生 B 不发生的概率与 B 发生 A 不发生的概率相等，求 $P(A)$.

6. 一名学生在军训时进行射击练习，每次射击命中目标的概率为 0.8，共射击了 5 次，求：

(1) 恰好命中 3 次的概率；

(2) 至少命中 1 次的概率.

7. 已知某种疾病患者的痊愈率为 25%，为了检验某种新药是否有效，把它给 10 个病人服用，若 10 个病人中至少有 4 人治好则认为新药有效，否则认为新药无效，求：

(1) 虽然新药有效，且能把治愈率提高到 35%，但被认为无效的概率；

(2) 新药完全无效，但被认为有效的概率.

进阶训练

1. 甲、乙、丙三人独立地向同一架飞机射击，设他们各自击中飞机的概率分别是 0.4，0.5，0.7. 若只有一人击中，则飞机被击落的概率为 0.2；若有两人击中，则飞机被击落的概率为 0.6；若三人都击中，则飞机一定被击落. 求飞机被击落的概率.

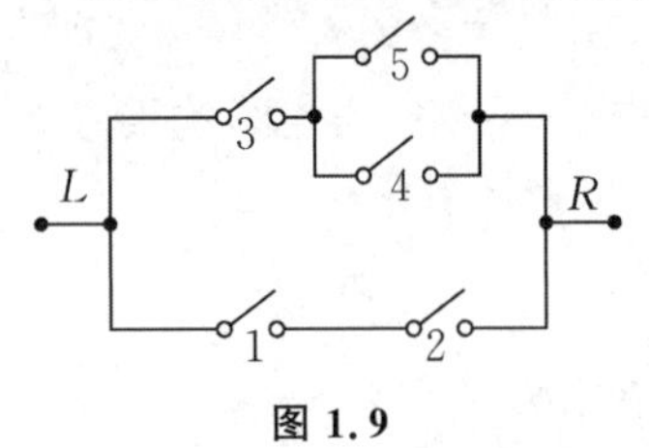

图 1.9

2. 设某个电路由标号分别为 1，2，3，4，5 的五个继电器通过串联或并联组成，如图 1.9 所示. 每一个继电器闭合的概率为 p，且各继电器闭合与否相互独立，求 L 至 R 为通路的概率.

3. 甲、乙两名乒乓球运动员进行单打比赛，如果每局比赛甲胜的概率为 0.6，乙胜的概率为 0.4，比赛既可采用三局两胜制，也可采用五局三胜制，问：采用哪种比赛制度对甲更有利？

§1.5 应用案例

一、赌徒破产问题

例1.5.1 甲、乙两人进行赌博游戏,开始时甲的赌本为 a 元,乙的赌本为 b 元.游戏规则为:每局赌注为1元,直到有一方破产则游戏终止.假设在每局赌博中甲获胜的概率为 p,乙获胜的概率为 $q=1-p$,求甲、乙两人各自破产的概率.

解 情形一:甲、乙胜率不同,即 $q\neq p$.

设 A_n 表示事件"甲的赌本为 $n(0\leqslant n\leqslant a+b)$ 元而最终破产",记 $P_{甲,n}=P(A_n)$,则 $P_{甲,n}$ 表示甲有赌本 n 元而最终破产的概率,且易知 $P_{甲,0}=1$,$P_{甲,a+b}=0$.

另设 W 表示事件"甲在下一局赌博中获胜",则有 $P(W)=p$,$P(\overline{W})=q$,且 $A_n=A_nW\cup A_n\overline{W}$.由全概率公式得

$$P(A_n)=P(A_nW)+P(A_n\overline{W})=P(W)P(A_n\mid W)+P(\overline{W})P(A_n\mid\overline{W}),$$

即

$$P_{甲,n}=pP_{甲,n+1}+qP_{甲,n-1}. \tag{1.17}$$

利用 $q+p=1$ 将式(1.17)进行恒等变形,得

$$p(P_{甲,n+1}-P_{甲,n})=q(P_{甲,n}-P_{甲,n-1}),$$

进一步递推可得

$$\begin{aligned}P_{甲,n+1}-P_{甲,n}&=\frac{q}{p}(P_{甲,n}-P_{甲,n-1})=\left(\frac{q}{p}\right)^2(P_{甲,n-1}-P_{甲,n-2})\\&=\cdots=\left(\frac{q}{p}\right)^n(P_{甲,1}-P_{甲,0}).\end{aligned} \tag{1.18}$$

于是,有

$$\begin{aligned}P_{甲,a+b}-P_{甲,n}&=(P_{甲,a+b}-P_{甲,a+b-1})+(P_{甲,a+b-1}-P_{甲,a+b-2})\\&\quad+\cdots+(P_{甲,n+1}-P_{甲,n})\\&=\left(\frac{q}{p}\right)^{a+b-1}(P_{甲,1}-P_{甲,0})+\left(\frac{q}{p}\right)^{a+b-2}(P_{甲,1}-P_{甲,0})\\&\quad+\cdots+\left(\frac{q}{p}\right)^n(P_{甲,1}-P_{甲,0})\\&=(P_{甲,1}-P_{甲,0})\left[\left(\frac{q}{p}\right)^{a+b-1}+\left(\frac{q}{p}\right)^{a+b-2}+\cdots+\left(\frac{q}{p}\right)^n\right].\end{aligned} \tag{1.19}$$

又因为 $P_{甲,0}=1$,$P_{甲,a+b}=0$,故式(1.19)为

$$P_{甲,n}=(1-P_{甲,1})\frac{\left(\frac{q}{p}\right)^{n}-\left(\frac{q}{p}\right)^{a+b}}{1-\frac{q}{p}}. \tag{1.20}$$

特别地，当在式(1.20)中取 $n=0$ 时，有

$$P_{甲,0}=1=(1-P_{甲,1})\frac{1-\left(\frac{q}{p}\right)^{a+b}}{1-\frac{q}{p}}. \tag{1.21}$$

将式(1.20)和式(1.21)相比，即得到甲破产的概率公式

$$P_{甲,n}=\frac{\left(\frac{q}{p}\right)^{n}-\left(\frac{q}{p}\right)^{a+b}}{1-\left(\frac{q}{p}\right)^{a+b}}. \tag{1.22}$$

因此，当甲有赌本 a 元时，他破产的概率为

$$P_{甲,a}=\frac{\left(\frac{q}{p}\right)^{a}-\left(\frac{q}{p}\right)^{a+b}}{1-\left(\frac{q}{p}\right)^{a+b}}=\left(\frac{q}{p}\right)^{a}\frac{1-\left(\frac{q}{p}\right)^{b}}{1-\left(\frac{q}{p}\right)^{a+b}}. \tag{1.23}$$

若用 $P_{乙,n}$ 表示乙有赌本 n 元而最终破产的概率，采用类似的分析，可得乙破产的概率

$$P_{乙,b}=\left(\frac{p}{q}\right)^{b}\frac{1-\left(\frac{p}{q}\right)^{a}}{1-\left(\frac{p}{q}\right)^{a+b}}. \tag{1.24}$$

容易验证，$P_{甲,a}+P_{乙,b}=1$，即甲、乙中一方破产的概率为另一方全胜的概率. 另一方面，由式(1.23)和式(1.24)知，当 $p>q$ 时，$P_{甲,a}<\left(\frac{q}{p}\right)^{a}$，而当 $p<q$ 时，$P_{乙,b}<\left(\frac{p}{q}\right)^{b}$，即胜率大的一方不容易破产，即使对方的赌本很大也一样.

情形二：甲、乙胜率相同，即 $q=p$.

当 $q=p=\frac{1}{2}$ 时，由式(1.18)和式(1.19)得

$$P_{甲,n+1}-P_{甲,n}=P_{甲,1}-P_{甲,0} \tag{1.25}$$

及

$$P_{甲,a+b}-P_{甲,n}=(a+b-n)(P_{甲,1}-P_{甲,0}). \tag{1.26}$$

式(1.26)中取 $n=0$，得 $P_{甲,1}-P_{甲,0}=\frac{-1}{a+b}$，从而解得

$$P_{甲,a}=\frac{b}{a+b}.$$

类似地，可得

$$P_{乙,b}=\frac{a}{a+b}.$$

这表明，若两人胜率一样，则两人破产的概率与对方的赌本有关，对方赌本越大，己方破产的概率就越大.

由本案例可知，赌博一方的全胜均以另一方的破产相伴，而实际中庄家的财力和胜率一般比个人要大得多. 因此，个人希望通过赌博暴富的想法是不切实际的，远离赌博才是理性之举.

二、敏感性问题调查

例 1.5.2 学生考试作弊是严重的违纪问题，但在高校中，一些学生为了谋取高分不惜铤而走险，而且，如果没有被发现，有过作弊经历的学生不会主动承认自己作弊. 试设计一个调查方案，帮助某学校了解考试作弊的学生比例 p，以便相关部门有针对性地加强学风和考风教育.

解 问题的核心是如何让被调查的学生愿意做出真实的回答，又能保守学生是否有过作弊的秘密. 为此，设计如下调查方案.

(1) 在一个盒子中放入一定数量且比例已知的红球和白球，设白球的比例为 p_0，则红球的比例为 $1-p_0$.

(2) 让被调查的学生从盒子中任取一个球，若取到红球，则回答以下问题A，否则回答以下问题B：

问题A：你的生日是否在7月1日之前？

问题B：你是否有过考试作弊经历？

(3) 被调查学生无论回答的是问题A还是问题B，只需要在一张只有选项"是"和"否"的答卷中勾选答案即可，如图1.10所示.

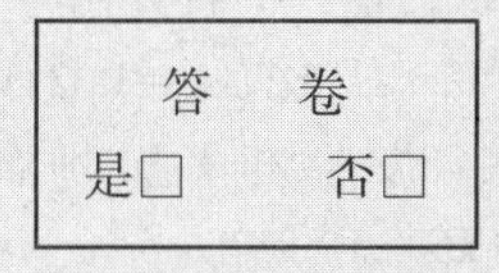

图 1.10

此外，调查在独立的空间进行，答卷是匿名提交的，除了学生自己外，没有人知道他所取到的是什么颜色的球和回答的是哪一个问题，这样学生可以放下顾虑参与调查.

假设共有 n 个学生参与了调查，最后统计得 k 张答卷回答了"是". 当 n 较大时，有

$$P(是)\approx\frac{k}{n}.$$

因为回答"是"的答卷中包含了回答问题A和回答问题B的，所以由全概率公式有

$$P(是)=P(红球)P(是\mid 红球)+P(白球)P(是\mid 白球).$$

我们所关心被调查学生作弊的比例为

$$p=P(\text{是}\mid\text{白球})=\frac{P(\text{是})-P(\text{红球})P(\text{是}\mid\text{红球})}{P(\text{白球})}.$$

又因为 $P(\text{是}\mid\text{红球})=0.5$ 为已知,所以当给定 $p_0=P(\text{白球})$,$1-p_0=P(\text{红球})$,且调查人数 n 和回答“是”的人数 k 已知时,便可估计出学生作弊比例 p.

例如,当 $n=1\,000$,$k=220$,$p_0=0.6$ 时,即求得

$$p=\frac{0.22-0.4\times0.5}{0.6}\approx0.03.$$

这表明,全校约有 3% 的学生有过考试作弊经历.

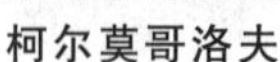
柯尔莫哥洛夫

贝叶斯

总习题一

一、填空题

1. 将一枚硬币抛 5 次,观察出现反面的次数,则样本空间为________.

2. 设 A,B,C 为三个事件,则这三个事件中恰有两个事件发生可表示为________.

3. 某市有 50% 的住户订购晚报,有 60% 的住户订购日报,有 80% 的住户至少订购这两种报纸中的一种,则同时订购这两种报纸的住户的百分比为________.

4. 设 A,B 为两个事件,$P(A)=0.7$,$P(A\overline{B})=0.3$,则 $P(\overline{A}\cup\overline{B})=$________.

5. 将一颗骰子独立地抛掷两次,以 X 和 Y 分别表示先后掷出的点数,且事件 $A=\{X+Y=10\}$,$B=\{X>Y\}$,则 $P(B\mid A)=$________.

二、选择题

1. 下列命题不成立的是(　　).

A. $A\cup B=A\overline{B}\cup B$　　B. $\overline{A\cup B}=\overline{A}\cup\overline{B}$

C. $(AB)(A\overline{B})=\varnothing$　　D. $A\subset B\Rightarrow\overline{B}\subset\overline{A}$

2. 设 $P(AB)=0$,则下列命题成立的是(　　).

A. A 与 B 互不相容　　B. A 与 B 相互独立

C. $P(A)=0$ 或 $P(B)=0$　　D. $P(A-B)=P(A)$

3. 设 A,B,C 是三个两两互不相容的事件,且 $P(A)=P(B)=P(C)=a$,则 a 的最大值为(　　).

A. $\frac{1}{4}$　　B. $\frac{1}{3}$　　C. $\frac{1}{2}$　　D. 1

4. 设 A,B,C 为相互独立事件，$0 < P(C) < 1$，则下列四对事件中不相互独立的是(　　).

A. $\overline{A \cup B}$ 与 C　　B. $\overline{A - B}$ 与 C

C. $\overline{AB}$ 与 C　　D. $\overline{AC}$ 与 $\overline{C}$

5. 每次试验失败的概率为 $p(0 < p < 1)$，则在 3 次重复试验中至少成功 1 次的概率为(　　).

A. $3(1-p)$　　B. $(1-p)^3$

C. $1-p^3$　　D. $C_3^1(1-p)p^2$

三、计算题

1. 某工厂生产的一批产品共有 100 个，其中有 10 个次品. 现从中取 20 个进行检查，求：

(1) 其中恰好有 5 个次品的概率；

(2) 次品数不多于 1 个的概率.

2. 从区间(0,1) 中随机地取两个数，求这两个数之和小于 $\frac{6}{5}$ 的概率.

3. 某人有 5 把形状近似的钥匙，其中有 2 把可以打开房门，每次抽取 1 把试开房门，求第 3 次才打开房门的概率.

4. 甲、乙、丙三台机床加工同一种零件，零件由各机床加工的百分比分别为 45%，35%，20%，各机床加工的优质品率依次为 85%，90%，88%，现将加工的零件混在一起.

(1) 若从中随机抽取一件，取得优质品的概率.

(2) 若从中取一件进行检查，发现是优质品，问：由哪台机床加工的可能性最大？

5. 有甲、乙两批种子，发芽率分别为 0.8 和 0.7，在两批种子中各随机取一粒，求：

(1) 两粒都发芽的概率；

(2) 至少有一粒发芽的概率；

(3) 恰有一粒发芽的概率.

四、证明题

1. 当 $P(A)=a$，$P(B)=b$ 时，证明：$P(A \mid B) \geqslant \frac{a+b-1}{b}$.

2. 设 A,B,C 三个事件相互独立，证明：$A-B$ 与 C 相互独立.

五、考研题

1. (2018，数一) 设事件 A 与 B 相互独立，A 与 C 相互独立，$BC=\varnothing$. 若 $P(A)=P(B)=\frac{1}{2}$，$P(AC \mid AB \cup C)=\frac{1}{4}$，则 $P(C)=$ ________.

2. (2019，数一、三) 设 A,B 为两个事件，则 $P(A)=P(B)$ 的充要条件是(　　).

A. $P(A \cup B)=P(A)+P(B)$　　B. $P(AB)=P(A)P(B)$

C. $P(A\overline{B})=P(B\overline{A})$　　　　D. $P(AB)=P(\overline{A}\,\overline{B})$

3.(2020,数一、三) 设 A,B,C 为三个事件,$P(A)=P(B)=P(C)=\frac{1}{4}$,$P(AB)=0$,$P(AC)=P(BC)=\frac{1}{12}$,则 A,B,C 中恰有一个事件发生的概率为(　　).

A. $\frac{3}{4}$　　B. $\frac{2}{3}$　　C. $\frac{1}{2}$　　D. $\frac{5}{12}$

4.(2021,数一、三) 设 A,B 为两个事件,且 $0<P(B)<1$,下列命题不成立的是(　　).

A. 若 $P(A\mid B)=P(A)$,则 $P(A\mid \overline{B})=P(A)$

B. 若 $P(A\mid B)>P(A)$,则 $P(\overline{A}\mid \overline{B})>P(\overline{A})$

C. 若 $P(A\mid B)>P(A\mid \overline{B})$,则 $P(A\mid B)>P(A)$

D. 若 $P(A\mid (A\cup B))>P(\overline{A}\mid (A\cup B))$,则 $P(A)>P(B)$

5.(2022,数一、三) 设 A,B,C 为三个事件,A 与 B 互不相容,A 与 C 互不相容,B 与 C 相互独立,且 $P(A)=P(B)=P(C)=\frac{1}{3}$,则 $P((B\cup C)\mid (A\cup B\cup C))=$________.

第2章　一维随机变量及其分布

第1章讨论了概率论的基本概念，主要从集合的角度对随机事件及其概率进行了定性分析，且考虑的只是一个或至多几个随机事件. 对随机现象定性的描述虽然具有直观性和简单性，但不利于分析事件之间的相互关系，而只考虑一个或几个事件也难以深入和全面地了解随机现象的本质. 为此，本章将通过引入随机变量将试验的结果数量化，进而借助高等数学的方法来研究随机现象，主要的内容有随机变量的定义、分布函数、离散型与连续型随机变量及随机变量函数的分布等.

随机变量及其分布函数

一、随机变量的定义

在实际中，有许多随机试验的结果本身就是用数量来表示的，此时样本空间的元素是一个数. 例如，抛一枚硬币3次，观察出现正面的次数，则 $\Omega_1=\{0,1,2,3\}$. 如果用 X 表示出现正面的次数，则 X 是一个变量，它随试验结果的不同而随机取得 Ω_1 中的某一个值. 另外，有些随机试验的结果不是用数量来表示的，例如抽检产品的质量，记录其为正品或次品，则 $\Omega_2=\{$正品，次品$\}$. 此时，引入变量 Y，当抽检产品为正品时令 $Y=1$，当抽检产品为次品时令 $Y=0$，这便把试验的结果进行了数量化.

上述的变量 X 和 Y 的共同特点是它们的取值由试验的结果所确定，即它们是样本点的函数，这样的变量称为随机变量.

定义 2.1.1　设随机试验 E 的样本空间为 Ω. 若对于 Ω 中的每一个样本点 ω，都有唯一的一个实数 $X(\omega)$ 与之对应，则称定义在 Ω 上的实值单值函数 $X=X(\omega)$ 为**随机变量**.

样本点 ω 与随机变量 $X(\omega)$ 的对应关系如图2.1所示.

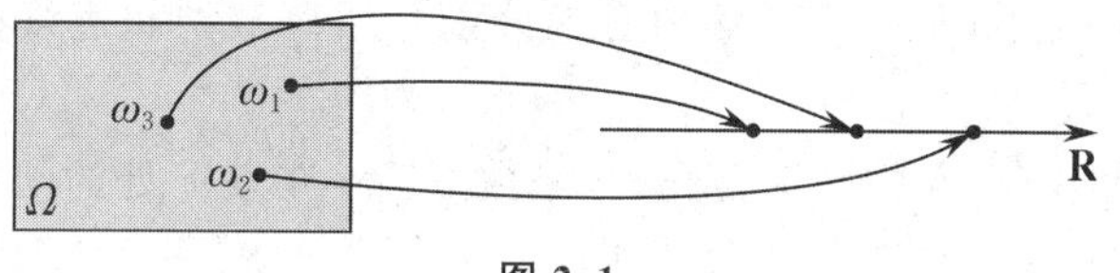

图 2.1

在本书中,通常用大写字母如 $X,Y,Z,\cdots$ 表示随机变量,而用小写字母如 $x,y,z,\cdots$ 表示实数.

释疑解惑

(1) 普通函数的定义域和值域都是实数集,随机变量是定义在样本空间上的实值函数,其自变量为样本点,而样本点不一定是实数,这是随机变量与普通函数的本质区别.

(2) 引入随机变量之后,可以用随机变量描述随机事件.例如,在前述抛硬币的试验中,若令 A 表示事件“出现一次正面”,则 A 可以用 $\{X=1\}$ 表示.因随机变量的取值由试验结果确定,而每个试验结果的出现是有一定概率的,故随机变量取某一个值或在某个区间上取值也是有一定概率的,如 $P\{X=1\}=P(A)=\dfrac{3}{8}$.

随机变量 X 根据其取值情况分为两种类型:一种是 X 的取值为有限个或可列无穷多个,这样的随机变量称为**离散型随机变量**;另一种是除了离散型随机变量外的随机变量,称为**非离散型随机变量**,而非离散型随机变量中有一类重要的随机变量,其取值充满某个有限区间或无穷区间,这样的随机变量称为**连续型随机变量**.

例如,将一枚硬币抛 3 次,用 X 表示正面出现的次数,则 X 的可能取值为 0,1,2,3;对某一目标进行连续射击直到击中目标为止,用 Y 表示射击的次数,则 Y 的可能取值为 $1,2,\cdots$,这里 X 和 Y 都是离散型随机变量.又如,记录某咨询台在时间段 $(0,T)$ 内打进电话的情况,用 Z 表示一个电话的呼叫时刻,则 Z 的可能取值为 $(0,T)$ 内任一时间点,其为一个连续型随机变量.

为了利用随机变量研究随机现象,我们不仅需要知道随机变量取得哪些值,还要知道它取得某个值或落在某个区间的概率,即要掌握随机变量的统计规律.下面介绍的分布函数是描述随机变量统计规律的重要工具.

二、随机变量的分布函数

对于离散型随机变量 X,我们只需研究其取得每个值的概率即可,而对于连续型随机变量,由于 X 的可能取值不能逐个列出,我们转而研究 X 落在某个区间上的概率.为此,下面先给出分布函数的定义,再介绍分布函数的性质和利用分布函数计算概率的方法.

1. 分布函数的定义

定义 2.1.2 设 X 是随机变量,x 为任意实数,称函数

$$F(x)=P\{X\leqslant x\},\quad -\infty<x<+\infty \tag{2.1}$$

为 X 的**分布函数**.

由定义 2.1.2 知,随机变量的分布函数的定义域是全体实数,函数值也是实数,因此它本质上是一个普通的函数.但其函数表达式中又包含了随机变量 X,故该函数可看作沟通随机与非随机之间的桥梁.此外,定义 2.1.2 中没有限定 X 的类型,不管 X 是离散型还是连续型,都有它们各自的分布函数,我们将在后续内容中分别介绍离散型和连续型随机变量分布函数的求法.

若把 X 看作数轴上随机点的坐标,则分布函数 $F(x)$ 在点 x 处的函数值就表示 X 落在区间 $(-\infty,x]$ 上的概率.

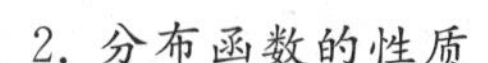

2. 分布函数的性质

分布函数具有如下基本性质.

性质 2.1.1 $0 \leqslant F(x) \leqslant 1$,且 $F(+\infty)=\lim\limits_{x \to +\infty} F(x)=1$,$F(-\infty)=\lim\limits_{x \to -\infty} F(x)=0$.

证明 由定义 2.1.2 及概率的性质易得 $0 \leqslant F(x) \leqslant 1$. 另外,$F(+\infty)=P\{X \leqslant +\infty\}$,而$\{X \leqslant +\infty\}$为必然事件,故 $F(+\infty)=P(\Omega)=1$. 类似地,$F(-\infty)=P\{X \leqslant -\infty\}$,而$\{X \leqslant -\infty\}$为不可能事件,故 $F(-\infty)=P(\varnothing)=0$.

性质 2.1.2 $F(x)$为单调不减的函数.

证明 事实上,对于任意的两个实数 $x_1 < x_2$,有

$$F(x_2)-F(x_1)=P\{X \leqslant x_2\}-P\{X \leqslant x_1\}=P\{x_1 < X \leqslant x_2\} \geqslant 0,$$

即得 $F(x_1) \leqslant F(x_2)$.

性质 2.1.3 $F(x)$为右连续的函数,即对于任意的实数 x_0,有

$$F(x_0+0)=\lim_{x \to x_0^+} F(x)=F(x_0).$$

任一个满足上述三个性质的函数一定是某个随机变量的分布函数. 利用分布函数的定义和概率的性质,有以下几个常用的计算概率的公式:

$$P\{x_1 < X \leqslant x_2\}=F(x_2)-F(x_1), \tag{2.2}$$

$$P\{X > x_1\}=1-F(x_1), \tag{2.3}$$

$$P\{X = x_1\}=F(x_1)-F(x_1-0), \tag{2.4}$$

其中 x_1,x_2 为任意实数. 由式(2.4)可容易求得 X 落在其他区间上的概率,如

$$P\{x_1 \leqslant X \leqslant x_2\}=P\{x_1 < X \leqslant x_2\}+P\{X=x_1\}=F(x_2)-F(x_1-0).$$

由上述讨论知,若已知随机变量 X 的分布函数,则 X 取得某个值或落在某个区间上的概率可以通过分布函数求得. 从这个意义上来说,分布函数完整地描述了随机变量的统计规律性.

例 2.1.1 设随机变量 X 的分布函数为

$$F(x)=\begin{cases} a+b\mathrm{e}^{-\lambda x}, & x>0, \\ 0, & x \leqslant 0, \end{cases}$$

其中 $\lambda > 0$ 为常数,求常数 a,b.

解 由分布函数的性质 $F(+\infty)=1$,有

$$1=F(+\infty)=\lim_{x \to +\infty} F(x)=\lim_{x \to +\infty}(a+b\mathrm{e}^{-\lambda x})=a.$$

另由分布函数的右连续性,在点 $x=0$ 处 $F(0)=F(0+0)$,即有

$$0=F(0)=\lim_{x \to 0^+} F(x)=\lim_{x \to 0^+}(a+b\mathrm{e}^{-\lambda x})=a+b.$$

综上,可得 $a=1,b=-1$.

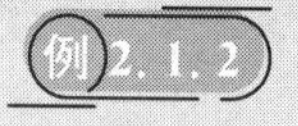

例 2.1.2 设随机变量 X 的分布函数为

$$F(x)=\begin{cases}0, & x<1,\\ 2\left(x+\dfrac{1}{x}-2\right), & 1\leqslant x<2,\\ 1, & x\geqslant 2,\end{cases}$$

求 $P\left\{X\leqslant \frac{3}{2}\right\}$，$P\left\{\frac{3}{2}<X\leqslant 3\right\}$，$P\{X=2\}$.

解 $P\left\{X\leqslant \frac{3}{2}\right\}=F\left(\frac{3}{2}\right)=2\left(\frac{3}{2}+\frac{2}{3}-2\right)=\frac{1}{3}$,

$P\left\{\frac{3}{2}<X\leqslant 3\right\}=F(3)-F\left(\frac{3}{2}\right)=1-\frac{1}{3}=\frac{2}{3}$,

$P\{X=2\}=F(2)-F(2-0)=1-\lim\limits_{x\to 2^-}2\left(x+\frac{1}{x}-2\right)=1-1=0$.

小节要点

了解随机变量的概念及分类；理解分布函数的定义及几何含义；熟练掌握利用分布函数及其性质计算概率的方法.

习 题 2.1

基础练习

1. 设随机变量 X 的分布函数为

$$F(x)=\begin{cases}a, & x\leqslant 1,\\ bx\ln x+cx+d, & 1<x\leqslant \mathrm{e},\\ d, & x>\mathrm{e},\end{cases}$$

求：

(1) 常数 a,b,c,d；

(2) $P\left\{|X|\leqslant \frac{\mathrm{e}}{2}\right\}$.

2. 已知随机变量 X 的分布函数为

$$F(x)=\begin{cases}0, & x<0,\\ 0.3, & 0\leqslant x<1,\\ 0.9, & 1\leqslant x<2,\\ 1, & x\geqslant 2,\end{cases}$$

求 $P\left\{X>\frac{1}{2}\right\}$，$P\left\{1\leqslant X\leqslant \frac{3}{2}\right\}$，$P\{X=2\}$.

进阶训练

1. 设随机变量 X 的分布函数为

$$F(x)=\begin{cases}0, & x<-1,\\ \frac{1}{8}, & x=-1,\\ ax+b, & -1<x<1,\\ 1, & x\geqslant 1,\end{cases}$$

且 $P\{X=1\}=\frac{1}{4}$,求常数 a,b.

2. 设随机变量 X 的绝对值不大于 1,且 $P\{X=-1\}=\frac{1}{8}$,$P\{X=1\}=\frac{1}{4}$,在事件$\{-1<X<1\}$出现的条件下,X 在$(-1,1)$的任一子区间上取值的概率与该子区间的长度成正比,求 X 的分布函数.

§2.2 离散型随机变量及其分布

一、离散型随机变量的分布律

由 §2.1 知,离散型随机变量的可能取值为有限个或可列无穷多个,要掌握一个离散型随机变量的统计规律,需要知道它的所有可能取值及相应的概率.

定义 2.2.1 设离散型随机变量 X 的所有可能取值为 $x_k(k=1,2,\cdots)$,则称 X 取各个可能值的概率

$$P\{X=x_k\}=p_k,\quad k=1,2,\cdots \tag{2.5}$$

为 X 的**分布律**或**概率分布**.

由概率的性质易知,分布律具有以下基本性质.

离散型随机变量及其分布举例

性质 2.2.1 非负性:$p_k\geqslant 0,k=1,2,\cdots$.

性质 2.2.2 正则性:$\sum\limits_{k=1}^{\infty}p_k=1$.

反之,满足上述两个性质的数列必可作为某个离散型随机变量的分布律.分布律也常用如表 2.1 的形式表示.

表 2.1

X	x_1	x_2	$\cdots$	x_k	$\cdots$
p	p_1	p_2	$\cdots$	p_k	$\cdots$

此外,离散型随机变量的分布律还可以用线条图直观表示,如图 2.2 所示,图中横坐标是 X 的可能取值,纵坐标是 X 取到各个 x_k 的概率值.

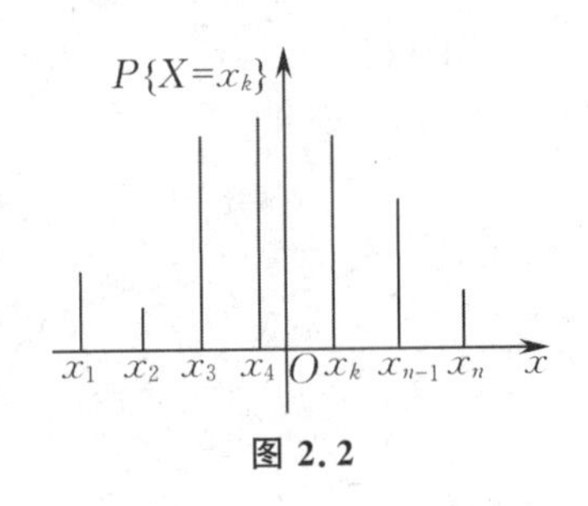

图 2.2

例 2.2.1 设一个纸盒中装有编号分别为 1,2,3,4,5 的五个形状相同的球. 现从盒子中任取三个,用 X 表示所取得的三个球中的最大编号,求 X 的分布律.

解 X 的所有可能取值为 3,4,5. 由古典概型可得 X 的分布律为

$$P\{X=3\}=\frac{C_3^3}{C_5^3}=\frac{1}{10},\quad P\{X=4\}=\frac{C_1^1C_3^2}{C_5^3}=\frac{3}{10},\quad P\{X=5\}=\frac{C_1^1C_4^2}{C_5^3}=\frac{6}{10}.$$

X 的分布律也可如表 2.2 所示.

表 2.2

X	3	4	5
p	$\frac{1}{10}$	$\frac{3}{10}$	$\frac{6}{10}$

例 2.2.2 一辆汽车在开往目的地的道路上需要通过三个设有信号灯的路口. 设每个信号灯以 0.6 的概率允许汽车通过,且各个信号灯的工作相互独立,以 X 表示汽车首次停下时已经通过的路口数,求 X 的分布律.

解 X 的所有可能取值为 0,1,2,3. 设 A_i 表示事件"汽车通过了第 i 个路口"($i=1,2,3$),则有 $P(A_i)=0.6$,$P(\overline{A_i})=0.4$. 由 A_1,A_2,A_3 相互独立,得 X 的分布律为

$$P\{X=0\}=P(\overline{A_1})=0.4,$$

$$P\{X=1\}=P(A_1\overline{A_2})=P(A_1)P(\overline{A_2})=0.6\times0.4=0.24,$$

$$P\{X=2\}=P(A_1A_2\overline{A_3})=P(A_1)P(A_2)P(\overline{A_3})=0.6\times0.6\times0.4=0.144,$$

$$P\{X=3\}=P(A_1A_2A_3)=P(A_1)P(A_2)P(A_3)=0.6\times0.6\times0.6=0.216.$$

X 的分布律也可如表 2.3 所示.

表 2.3

X	0	1	2	3
p	0.4	0.24	0.144	0.216

二、离散型随机变量的分布函数

对于离散型随机变量 X,若给出其分布律 $P\{X=x_k\}=p_k$,$k=1,2,\cdots$,则 X 的分布函数为

$$F(x)=P\{X\leqslant x\}=\sum_{x_k\leqslant x}P\{X=x_k\}=\sum_{x_k\leqslant x}p_k,\quad -\infty<x<+\infty. \tag{2.6}$$

求离散型随机变量 X 的分布函数的具体方法如下：先用 X 的所有可能取值 x_k 将分布函数 $F(x)$ 的定义域划分为有限个或可列无穷多个区间，再对 $F(x)$ 的自变量 x 落在各个区间上的不同情形进行讨论，通过累加求和得到 $F(x)$.

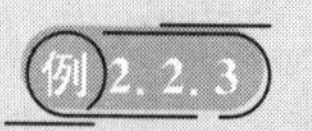
例 2.2.3 已知离散型随机变量 X 的分布律如表 2.4 所示，求：

(1) 常数 a；

(2) X 的分布函数.

表 2.4

X	-1	0	1
p	0.4	a	0.3

解 (1) 由分布律的正则性知

$$0.4+a+0.3=1,$$

即 $a=0.3$.

(2) 用 X 的所有可能取值 $-1,0,1$ 将 $F(x)$ 的定义域划分为四个区间，于是有

当 $x<-1$ 时，$F(x)=P\{X\leqslant x\}=P(\varnothing)=0$；

当 $-1\leqslant x<0$ 时，$F(x)=P\{X\leqslant x\}=P\{X=-1\}=0.4$；

当 $0\leqslant x<1$ 时，$F(x)=P\{X\leqslant x\}=P\{X=-1\}+P\{X=0\}=0.4+0.3=0.7$；

当 $x\geqslant 1$ 时，

$$\begin{aligned}F(x)&=P\{X\leqslant x\}=P\{X=-1\}+P\{X=0\}+P\{X=1\}\\&=0.4+0.3+0.3=1.\end{aligned}$$

综上，得 X 的分布函数为

$$F(x)=\begin{cases}0, & x<-1,\\ 0.4, & -1\leqslant x<0,\\ 0.7, & 0\leqslant x<1,\\ 1, & x\geqslant 1,\end{cases}$$

其图形如图 2.3 所示.

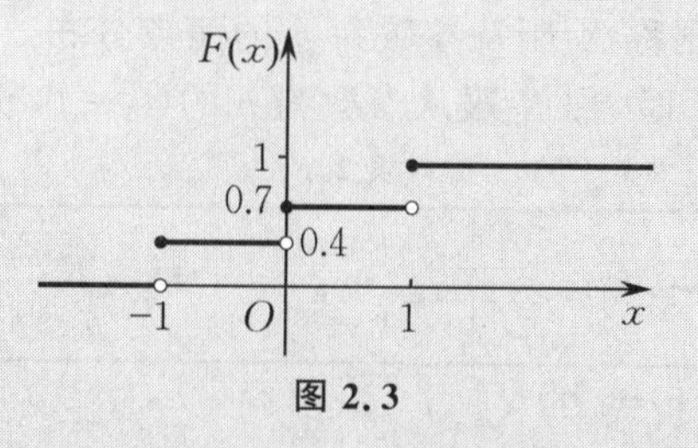

图 2.3

由图 2.3 知，分布函数 $F(x)$ 的图形是一条阶梯状右连续曲线，在点 $x=-1,0,1$ 处右连续且有跳跃. 一般地，离散型随机变量 X 的分布函数 $F(x)$ 表示一条阶梯状右连续曲线，在 X 的可能取值点 $x_k(k=1,2,\cdots)$ 处右连续且有跳跃，跳跃度为 $p_k=P\{X=x_k\}$.

由上述讨论知，求离散型随机变量 X 的分布函数关键是要先求出 X 的分布律. 反之，若已

知离散型随机变量 X 的分布函数 $F(x)$，则可根据公式

$$P\{X=x_k\}=F(x_k)-F(x_k-0) \tag{2.7}$$

求得 X 的分布律. 具体方法如下：先由 $F(x)$ 的分段点得到 X 的可能取值 x_k，再由式(2.7)求得各个可能取值的概率，进而得到 X 的分布律.

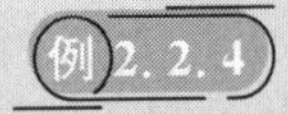

例 2.2.4 已知离散型随机变量 X 的分布函数为

$$F(x)=\begin{cases}0, & x<-1, \\ 0.25, & -1 \leqslant x<2, \\ 0.75, & 2 \leqslant x<3, \\ 1, & x \geqslant 3,\end{cases}$$

求 X 的分布律.

解 由 X 的分布函数知，X 的所有可能取值为 $-1,2,3$，且取得各个值的概率，即 X 的分布律为

$$P\{X=-1\}=F(-1)-F(-1-0)=0.25-0=0.25,$$
$$P\{X=2\}=F(2)-F(2-0)=0.75-0.25=0.50,$$
$$P\{X=3\}=F(3)-F(3-0)=1-0.75=0.25.$$

X 的分布律也可如表 2.5 所示.

表 2.5

X	-1	2	3
p	0.25	0.50	0.25

三、几种常见的离散型随机变量

下面介绍几种常见的离散型随机变量.

1. 两点分布

定义 2.2.2 若随机变量 X 只有两个可能取值 x_1, x_2，且

$$P\{X=x_1\}=q, \quad P\{X=x_2\}=p, \tag{2.8}$$

其中 $0<p<1, q=1-p$，则称 X 服从参数为 p 的**两点分布**.

特别地，当 $x_1=0, x_2=1$ 时，称 X 服从参数为 p 的$(0-1)$ **分布**，其分布律如表 2.6 所示.

表 2.6

X	0	1
p	$1-p$	p

$(0-1)$ 分布也可以用解析式 $P\{X=k\}=p^k(1-p)^{1-k}, k=0,1$ 表示.

两点分布或$(0-1)$ 分布是最简单又常见的分布，任何只有两种可能结果的随机现象，例如，抛一枚硬币观察正反面出现的情况、记录新生婴儿的性别、检验产品是否为合格品等，都可以用两点分布或$(0-1)$ 分布来描述.

2. 二项分布

定义 2.2.3 若随机变量 X 的分布律为

$$P\{X=k\}=C_n^k p^k(1-p)^{n-k},\quad k=0,1,2,\cdots,n, \tag{2.9}$$

其中 $0<p<1$，则称 X 服从参数为 n,p 的**二项分布**，记为 $X\sim b(n,p)$.

容易验证式(2.9)满足分布律的基本性质. 事实上，由 $0<p<1$，故非负性成立. 另外，注意到 $C_n^k p^k(1-p)^{n-k}$ 恰好是二项式 $[p+(1-p)]^n$ 展开式中的一般项，故有

$$\sum_{k=0}^{n} P\{X=k\}=\sum_{k=0}^{n} C_n^k p^k(1-p)^{n-k}=[p+(1-p)]^n=1,$$

即正则性成立.

释疑解惑

(1) 在 n 重伯努利试验中，若用 X 表示事件 A 发生的次数，则 $X\sim b(n,p)$，因此二项分布可用作描述 n 重伯努利试验的数学模型. 特别地，若 $n=1$，则 X 服从 $(0-1)$ 分布，即 $(0-1)$ 分布是二项分布的特例.

(2) 若 $X\sim b(n,p)$，则 X 取得最大概率的点 k_0 称为 X 的最可能出现次数，有

$$k_0=\begin{cases}(n+1)p,(n+1)p-1, & (n+1)p \text{ 为整数},\\ [(n+1)p], & (n+1)p \text{ 非整数},\end{cases} \tag{2.10}$$

其中 $y=[x]$ 为取整函数.

式(2.10)可由 $\dfrac{P\{X=k\}}{P\{X=k-1\}}=1+\dfrac{(n+1)p-k}{k(1-p)}$，讨论 k 与 $(n+1)p$ 的大小关系得到.

二项分布是一种常见的分布，例如射手进行 n 次独立射击命中目标的次数、重复抛一枚硬币 n 次出现正面的次数、n 台独立工作的机器中出现故障的台数等都服从二项分布. 在实际应用中，可结合 n 重伯努利试验得到相应的参数和分布.

例 2.2.5 某种新药的临床有效率为 0.8，现有 5 个病人服用，求：

(1) 至少有 2 人治愈的概率；

(2) 最有可能治愈的病人数和相应的概率.

解 将观察一个病人的治疗效果作为一次试验，则观察 5 个病人的治疗效果即为做了 5 重伯努利试验. 设 X 表示 5 个病人中治愈的人数，则 $X\sim b(5,0.8)$.

(1) 至少有 2 人治愈的概率为

$$\begin{aligned}P\{X\geqslant 2\}&=1-P\{X<2\}=1-P\{X=0\}-P\{X=1\}\\&=1-C_5^0(0.8)^0(0.2)^5-C_5^1(0.8)^1(0.2)^4\approx 0.9933.\end{aligned}$$

(2) 由于 $(n+1)p=(5+1)\times 0.8=4.8$，因此最有可能治愈的人数为 $k_0=[4.8]=4$，相应的概率为

$$P\{X=4\}=C_5^4(0.8)^4(0.2)^1=0.4096.$$

例 2.2.6 设有 80 台同类型设备，各台工作相互独立，发生故障的概率都是 0.01，且一台设备的故障只能由一人处理. 考虑两种配备维修工人的方案：方案一是由 4 人维护，每人负责 20 台；方案二是由 3 人共同维护 80 台. 试比较这两种方案在设备发生故障时不能及时维修的概率的大小.

解 对于方案一：设 A_i 表示事件"第 i 人维护的 20 台设备发生故障不能及时维修"($i=1,2,3,4$).将检查一台设备是否发生故障作为一次试验，则检查 20 台设备即为做了 20 重伯努利试验.设 X 表示第 1 个人维护的 20 台设备中同时发生故障的设备数，则有 $X \sim b(20,0.01)$.此时，设备发生故障不能及时维修的概率为

$$\begin{aligned} P(A_1 \cup A_2 \cup A_3 \cup A_4) &\geqslant P(A_1) = P\{X \geqslant 2\} \\ &= 1 - P\{X < 2\} = 1 - P\{X=0\} - P\{X=1\} \\ &= 1-(0.99)^{20} - 20 \times 0.01 \times (0.99)^{19} \approx 0.0169. \end{aligned}$$

对于方案二：设 Y 表示 80 台设备中同时发生故障的设备数，则有 $Y \sim b(80,0.01)$.此时，设备发生故障不能及时维修的概率为

$$\begin{aligned} P\{Y \geqslant 4\} &= 1 - P\{Y < 4\} = 1 - \sum_{k=0}^{3} P\{Y=k\} \\ &= 1 - \sum_{k=0}^{3} C_{80}^{k} (0.01)^k (0.99)^{80-k} \approx 0.0087. \end{aligned}$$

由计算结果知，方案二比方案一的效率更高.

课程思政

上述案例表明，虽然方案二比方案一任务重了(平均每人维护约 27 台)，但工作效率不仅没降低，反而提高了.《三国志·吴志》中说："能用众力，则无敌于天下矣；能用众智，则无畏于圣人矣."意思是，如果能够充分发挥和凝聚众人的力量与智慧，就可以所向无敌、无所畏惧.由此启示我们在工作中要注重和善于团结协作，相互信任、相互配合、相互帮助，这样才能充分发挥集体的力量，建设具有凝聚力和战斗力的团队.

例 2.2.7 设某一大批产品的次品率为 5%.现随机地从这批产品中做不放回抽样，每次抽取 1 个产品，共取 10 次，求取得的 10 个产品中恰好有 3 个次品的概率.

解 因为抽样方式为不放回抽样，所以严格来说相应的试验不是重复独立的伯努利试验.但由于这批产品的总数很大，而取出产品的数量相对于产品总数来说又很小，因此可把不放回抽样近似看作有放回抽样来处理，从而相应的试验可近似看作伯努利试验.

用 X 表示取得的 10 个产品中次品的个数，则有 $X \sim b(10,0.05)$，从而所求概率为

$$P\{X=3\} = C_{10}^{3}(0.05)^3(0.95)^7 \approx 0.0105.$$

在用二项分布计算概率时，当 n 较大时需要计算某个常数值的高次方，这给计算带来一定的困难，因此需要寻求近似的计算方法.下面介绍的泊松分布在历史上就是作为二项分布的近似，由法国数学家泊松于 1838 年首次提出来的.

3. 泊松分布

定义 2.2.4 若随机变量 X 的分布律为

$$P\{X=k\}=\frac{\lambda^k}{k!}e^{-\lambda}, \quad k=0,1,2,\cdots, \tag{2.11}$$

其中 $\lambda>0$ 为常数，则称 X 服从参数为 λ 的**泊松分布**，记为 $X\sim P(\lambda)$.

易知式(2.11)满足分布律的基本性质. 事实上，由 $\lambda>0$ 易知非负性成立. 另外，

$$\sum_{k=0}^{\infty}P\{X=k\}=\sum_{k=0}^{\infty}\frac{\lambda^k e^{-\lambda}}{k!}=e^{-\lambda}\sum_{k=0}^{\infty}\frac{\lambda^k}{k!}=e^{-\lambda}\cdot e^{\lambda}=1,$$

故正则性也成立.

泊松分布主要用来描述大量随机试验中稀有事件发生次数的概率分布. 例如，一天内进入某商场的人数、一页书中印刷错误出现的数目、1 h 内电话交换台接到的呼叫次数等，都服从泊松分布.

与二项分布的讨论类似，泊松分布的最可能出现次数为

$$k_0=\begin{cases}\lambda,\lambda-1, & \lambda \text{ 为整数}, \\ [\lambda], & \lambda \text{ 非整数}.\end{cases} \tag{2.12}$$

例 2.2.8 某条高速公路一天内发生事故的次数服从参数为 5 的泊松分布，求在一天内发生事故不超过 3 次的概率，以及一天内最可能发生事故的次数.

解 用 X 表示该条高速公路一天内发生事故的次数，则 $X\sim P(5)$，其分布律为

$$P\{X=k\}=\frac{5^k}{k!}e^{-5}, \quad k=0,1,2,\cdots,$$

从而发生事故不超过 3 次的概率为

$$P\{X\leqslant 3\}=\sum_{k=0}^{3}P\{X=k\}=\sum_{k=0}^{3}\frac{5^k}{k!}e^{-5}\approx 0.265.$$

又因为 $\lambda=5$ 为整数，所以一天内最可能发生事故的次数为 4 次或 5 次.

下面介绍一个用泊松分布近似二项分布的定理.

定理 2.2.1 **(泊松定理) 设随机变量序列 $X_n(n=1,2,\cdots)$ 服从参数为 n,p_n 的二项分布. 若 $n\to\infty$ 时，有 $\lambda_n=np_n\to\lambda(\lambda>0$ 为常数)，则有**

$$\lim_{n\to\infty}P\{X_n=k\}=\lim_{n\to\infty}C_n^k p_n^k(1-p_n)^{n-k}=\frac{\lambda^k}{k!}e^{-\lambda}. \tag{2.13}$$

泊松定理的证明

泊松定理的结论是在条件 $np_n\to\lambda(n\to\infty)$ 下获得的，因为 λ 为常数，所以在实际应用中要求 n 较大而 p_n 较小. 也就是说，若 $X\sim b(n,p)$，当 n 较大而 p 较小时，有以下近似公式：

$$C_n^k p^k(1-p)^{n-k}\approx\frac{\lambda^k}{k!}e^{-\lambda}, \tag{2.14}$$

其中 $\lambda=np$. 一般地，当 $n\geqslant 20,p\leqslant 0.05$ 时，用式(2.14)近似计算的效果较好，而 $\frac{\lambda^k}{k!}e^{-\lambda}$ 的值可以通过查表得到(见附表 2).

例 2.2.9 某人进行射击训练，设每次射击命中目标的概率为 0.02，他共独立射击了 400 次，求至少有 2 次命中目标的概率.

解 将一次射击看作一次试验，则射击 400 次即为做了 400 重伯努利试验. 设 X 表示命中目标的次数，则 $X \sim b(400, 0.02)$，所求概率为

$$P\{X \geqslant 2\} = 1 - P\{X < 2\} = 1 - P\{X = 0\} - P\{X = 1\}$$
$$= 1 - C_{400}^{0}(0.02)^{0}(0.98)^{400} - C_{400}^{1}(0.02)^{1}(0.98)^{399}.$$

因 $n = 400$ 较大，$p = 0.02$ 较小，故 X 近似服从参数为 $\lambda = 400 \times 0.02 = 8$ 的泊松分布，从而由泊松定理有

$$P\{X \geqslant 2\} \approx 1 - \frac{8^0}{0!}e^{-8} - \frac{8^1}{1!}e^{-8} \approx 0.997.$$

课程思政

计算结果表明，虽然本题射击者命中率很低，但当射击次数较大时，命中 2 次以上的概率达到约 99.7%. 这一结论告诉我们不要轻视小概率事件.《荀子・儒效》中说："积土而为山，积水而为海." 意思是，泥土堆积起来能成为高山，细流汇集起来能形成大海.《荀子・劝学》中说："不积跬步，无以至千里；不积小流，无以成江海." 这句话也表达了同样的思想. 因此，我们在日常学习和工作中要重视细节，做事要认真踏实、持之以恒，一定能积微成著，成就理想事业.

例 2.2.10 保险公司开设一种人身意外险，规定每个投保人需交保险金 120 元. 若一年内投保人发生意外事故，则保险公司向投保人赔付 20 000 元. 设有 1 000 人投保，且每个投保人发生意外事故的概率为 0.2%，求：

(1) 保险公司亏本的概率；

(2) 保险公司获利不少于 60 000 元的概率.

解 将记录一个投保人是否发生意外事故看作一次试验，则记录 1 000 个投保人是否发生意外事故即为做了 1 000 重伯努利试验. 设 X 表示一年内发生意外事故的投保人数，则 $X \sim b(1\,000, 0.002)$. 因 n 较大，p 较小，故 X 近似服从参数为 $\lambda = 1\,000 \times 0.002 = 2$ 的泊松分布.

(1) 若保险公司亏本，则有 $1\,000 \times 120 - 20\,000X < 0$，即 $X > 6$. 因此，通过查附表 2，所求概率为

$$P\{X > 6\} = \sum_{k=7}^{1\,000} P\{X = k\} = \sum_{k=7}^{1\,000} C_{1\,000}^{k}(0.002)^{k}(0.998)^{1\,000-k}$$
$$\approx \sum_{k=7}^{1\,000} \frac{2^k}{k!}e^{-2} = 0.004\,534.$$

(2) 若保险公司获利不少于 60 000 元，则有 $1\,000 \times 120 - 20\,000X \geqslant 60\,000$，即 $X \leqslant 3$. 因此，通过查附表 2，所求概率为

$$P\{X \leqslant 3\}=\sum_{k=0}^{3} C_{1\,000}^{k}(0.002)^{k}(0.998)^{1\,000-k} \approx 1-\sum_{k=4}^{1\,000} \frac{2^{k}}{k!} e^{-2}$$
$$=1-0.142\,877=0.857\,123.$$

由上面几个例子知，泊松定理可以简化二项分布的计算，但泊松定理只适用于 n 较大且 p 较小的情形. 当 n 和 p 都较大时，二项分布的计算可用正态分布来近似，相关结论将在后续章节给出.

小节要点

理解离散型随机变量分布律的概念及性质；会求简单离散型随机变量的分布律和分布函数；清楚分布律和分布函数之间的对应关系；熟练掌握(0－1)分布、二项分布和泊松分布的分布律，了解它们的区别与联系，并会计算与这些分布相关的概率.

习 题 2.2

基础练习

1. 一盒子中有5个红球、3个白球，现有放回地每次任取1球，直到取得红球为止. 用 X 表示抽取的次数，求：

(1) X 的分布律；

(2) $P\{1<X \leqslant 3\}$.

2. 在10个产品中有2个次品，从中任取3个，试用随机变量描述这一试验结果，并写出这个随机变量的分布律和分布函数.

3. 已知离散型随机变量 X 的分布函数为

$$F(x)=\begin{cases} 0, & x<0, \\ \dfrac{1}{4}, & 0 \leqslant x<1, \\ \dfrac{1}{3}, & 1 \leqslant x<3, \\ \dfrac{1}{2}, & 3 \leqslant x<5, \\ 1, & x \geqslant 5, \end{cases}$$

求 X 的分布律.

4. 某实验室有10台电脑，各台电脑开机与关机相互独立，若每台电脑开机时间占总工作时间的 $\dfrac{3}{4}$，求：

(1) 在工作时间任一时刻关机的电脑台数超过2台的概率；

(2) 最有可能有几台电脑同时开机.

5. 某车间有20台同型号的机床，设每台机床开动的概率为0.8，且各机床是否开动相互独立.若每台机床开动时需要消耗 15 单位的电能,求该车间消耗的总电能不少于 270 单位的概率.

6.假设一辆汽车通过某个十字路口时发生交通事故的概率为 0.001.若每天有 5 000 辆汽车通过这个十字路口,试用泊松定理求每天至少有 2 辆汽车发生交通事故的概率.

7.根据某面包店以往的销售统计数据知,一种蛋糕每天的销售数量近似服从参数为 5 的泊松分布.为了有 95% 以上的把握保证不脱销,问:商店每天至少应制作该种蛋糕多少个?

进阶训练

1.掷一颗骰子观察其出现的点数:若第一次掷出 1,2,3 点,则再掷一次后试验停止;若第一次掷出 4,5,6 点,则试验也停止.用 X 表示试验停止时骰子出现的点数,求 X 的分布律.

2.假设一个工厂生产的某种仪器可以直接出厂的概率为 0.7,需要进一步调试的概率为 0.3,经调试后可以出厂的概率为 0.8,调试后定为不合格品不能出厂的概率为 0.2.现该工厂生产了 $n(n \geqslant 2)$ 台仪器,求:

(1) 仪器全部能出厂的概率;

(2) 其中恰有 3 台不能出厂的概率;

(3) 其中至少有 2 台不能出厂的概率.

3.设在一段时间内进入某一超市的顾客人数服从参数为 λ 的泊松分布,每个顾客购买某种商品的概率为 p,且各顾客是否购买该种商品相互独立,求进入超市的顾客购买该种商品人数的分布律.

§2.3 连续型随机变量及其分布

一、连续型随机变量的概率密度与分布函数

§2.1 中给出了连续型随机变量的直观定义,它的取值充满某个有限区间或无穷区间,在相应的区间内有不可列无穷多个实数.因连续型随机变量的取值不可列,故连续型随机变量的概率分布不能再用分布律表示,相应的分布函数也无法采用逐项累加求和的形式求解,而需要采用其他的形式表示.

连续型随机变量及其分布举例

当 X 为连续型随机变量时,考察其分布函数 $F(x)=P\{X \leqslant x\}$,此时 $\{X \leqslant x\}$ 中可能含有 X 的不可列无穷多个可能取值,如何表示不可列无穷多个可能取值的累积概率呢?联系到高等数学中定积分的定义,有以下连续型随机变量的数学定义.

定义 2.3.1 对于随机变量 X 的分布函数 $F(x)$,若存在非负可积函数 $f(x)$,使得对于任意实数 x 有

$$F(x)=P\{X \leqslant x\}=\int_{-\infty}^{x} f(t)\mathrm{d}t, \quad -\infty<x<+\infty, \tag{2.15}$$

则称 X 为**连续型随机变量**,其中 $f(x)$ 称为 X 的**概率密度**或**密度函数**.

概率密度 $f(x)$ 具有以下性质.

性质 2.3.1 非负性：$f(x) \geqslant 0$.

性质 2.3.2 正则性：$\int_{-\infty}^{+\infty} f(x) \mathrm{d}x = 1$.

性质 2.3.3 对于任意的实数 $x_1, x_2 (x_1 \leqslant x_2)$，有

$$P\{x_1 < X \leqslant x_2\} = F(x_2) - F(x_1) = \int_{x_1}^{x_2} f(x) \mathrm{d}x.$$

性质 2.3.4 在 $f(x)$ 的连续点 x 处，有 $F'(x) = f(x)$.

上述四个性质可由定义 2.3.1、分布函数的性质和定积分的性质得到. 其中，非负性和正则性是概率密度必须具有的基本性质，也是判断某个函数是否为概率密度的充要条件.

释疑解惑

(1) 由性质 2.3.4 知，在概率密度 $f(x)$ 的连续点 x 处，有

$$f(x) = \lim_{\Delta x \to 0^+} \frac{F(x + \Delta x) - F(x)}{\Delta x} = \lim_{\Delta x \to 0^+} \frac{P\{x < X \leqslant x + \Delta x\}}{\Delta x}, \tag{2.16}$$

由此知概率密度与物理学中线密度的定义类似，这也是称 $f(x)$ 为概率密度的原因. 又由式(2.16)，若不计高阶无穷小，则有

$$P\{x < X \leqslant x + \Delta x\} \approx f(x) \Delta x, \tag{2.17}$$

即 X 落在区间 $(x, x + \Delta x]$ 上的概率近似等于 $f(x)\Delta x$.

(2) 离散型随机变量在其所有可能取值点上的概率不为零，而连续型随机变量在任一实数点上的概率恒为零. 事实上，对于任意 $x \in (-\infty, +\infty)$，有

$$P\{X = x\} \leqslant P\{x - \Delta x < X \leqslant x\} = \int_{x-\Delta x}^{x} f(t) \mathrm{d}t.$$

在上式中令 $\Delta x \to 0$，由概率的非负性与定积分的性质，利用夹逼准则即得

$$P\{X = x\} = 0. \tag{2.18}$$

因此，对于连续型随机变量，有

$$P\{x_1 < X \leqslant x_2\} = P\{x_1 \leqslant X < x_2\} = P\{x_1 < X < x_2\} = P\{x_1 \leqslant X \leqslant x_2\}.$$

此外，式(2.18)是利用极限推导出的，这表明事件 $\{X = x\}$ 的概率为零，它只是“几乎不可能发生”，但并不是一定不会发生. 因此，一个事件的概率为零，它不一定是不可能事件. 类似地，一个事件的概率为 1，它也不一定是必然事件.

由性质 2.3.3 可得概率密度的几何含义为：连续型随机变量 X 落在区间 $(x_1, x_2]$ 上的概率等于曲线 $y = f(x)$ 在区间 $(x_1, x_2]$ 上形成的曲边梯形的面积，如图 2.4 所示.

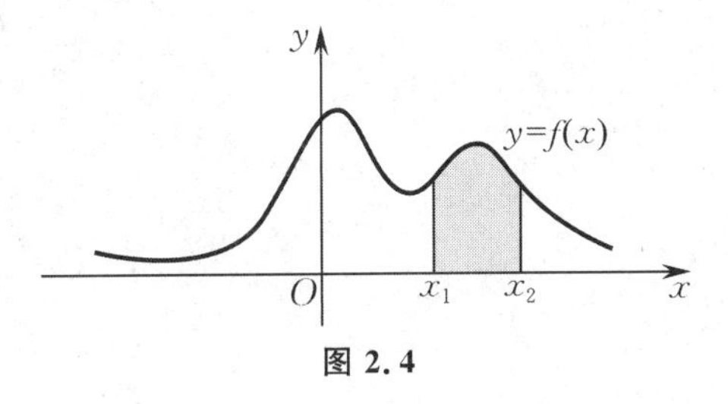

图 2.4

由定义 2.3.1 知，若给出了连续型随机变量的概率密度，则可以通过变上限积分求得分布函数. 反之，若给出了连续型随机变量的分布函数，则可以通过求导数得到概率密度.

例 2.3.1 设随机变量 X 的概率密度为

$$f(x)=\begin{cases} ax, & 0\leqslant x<1, \\ 2-x, & 1\leqslant x<2, \\ 0, & \text{其他}, \end{cases}$$

求：

(1) 常数 a；

(2) X 的分布函数.

解 (1) 由概率密度的正则性，有

$$\begin{aligned} 1&=\int_{-\infty}^{+\infty} f(x)\mathrm{d}x=\int_0^1 ax\,\mathrm{d}x+\int_1^2(2-x)\mathrm{d}x \\ &=\frac{1}{2}ax^2\Big|_0^1+\left(2x-\frac{1}{2}x^2\right)\Big|_1^2=\frac{1}{2}a+\frac{1}{2}, \end{aligned}$$

得 $a=1$.

(2) 当 $x<0$ 时，$F(x)=\int_{-\infty}^{x} f(t)\mathrm{d}t=\int_{-\infty}^{x} 0\mathrm{d}t=0$；

当 $0\leqslant x<1$ 时，$F(x)=\int_{-\infty}^{x} f(t)\mathrm{d}t=\int_{-\infty}^{0} 0\mathrm{d}t+\int_0^x t\,\mathrm{d}t=\frac{1}{2}x^2$；

当 $1\leqslant x<2$ 时，

$$F(x)=\int_{-\infty}^{x} f(t)\mathrm{d}t=\int_{-\infty}^{0} 0\mathrm{d}t+\int_0^1 t\,\mathrm{d}t+\int_1^x(2-t)\mathrm{d}t=-\frac{1}{2}x^2+2x-1;$$

当 $x\geqslant 2$ 时，$F(x)=\int_{-\infty}^{x} f(t)\mathrm{d}t=\int_{-\infty}^{0} 0\mathrm{d}t+\int_0^1 t\,\mathrm{d}t+\int_1^2(2-t)\mathrm{d}t+\int_2^x 0\mathrm{d}t=1$.

综上，X 的分布函数为

$$F(x)=\begin{cases} 0, & x<0, \\ \dfrac{1}{2}x^2, & 0\leqslant x<1, \\ -\dfrac{1}{2}x^2+2x-1, & 1\leqslant x<2, \\ 1, & x\geqslant 2. \end{cases}$$

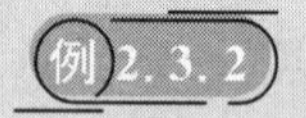

例 2.3.2 设随机变量 X 的分布函数为

$$F(x)=\begin{cases} 0, & x<1, \\ \ln x, & 1\leqslant x<\mathrm{e}, \\ 1, & x\geqslant \mathrm{e}, \end{cases}$$

求：

(1) X 的概率密度；

(2) $P\{2\leqslant X<3\}$.

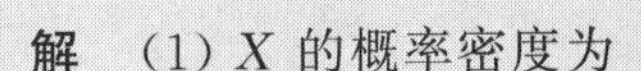

解 (1) X 的概率密度为

$$f(x)=F'(x)=\begin{cases}\dfrac{1}{x}, & 1\leqslant x<\mathrm{e},\\ 0, & \text{其他}.\end{cases}$$

(2) $P\{2\leqslant X<3\}=F(3)-F(2)=1-\ln 2.$

或者

$$P\{2\leqslant X<3\}=\int_2^3 f(x)\mathrm{d}x=\int_2^{\mathrm{e}}\frac{1}{x}\mathrm{d}x+\int_{\mathrm{e}}^3 0\mathrm{d}x=1-\ln 2.$$

例 2.3.3 (2000,数三) 设随机变量 X 的概率密度为

$$f(x)=\begin{cases}\dfrac{1}{3}, & x\in[0,1],\\ \dfrac{2}{9}, & x\in[3,6],\\ 0, & \text{其他}.\end{cases}$$

若 k 使得 $P\{X\geqslant k\}=\dfrac{2}{3}$,则 k 的取值范围是________.

解 由题设知 k 要满足 $P\{X<k\}=\dfrac{1}{3}$,即

$$P\{X<k\}=\int_{-\infty}^{k}f(x)\mathrm{d}x=\frac{1}{3}.$$

而当 $1\leqslant k\leqslant 3$ 时,有

$$P\{X<k\}=\int_{-\infty}^{k}f(x)\mathrm{d}x=\int_{-\infty}^{0}0\mathrm{d}x+\int_0^1\frac{1}{3}\mathrm{d}x+\int_1^k 0\mathrm{d}x=\frac{1}{3}.$$

容易验证,当 k 落在其他区间时均不满足要求,故 k 的取值范围是 $1\leqslant k\leqslant 3$.

二、几种常见的连续型随机变量

下面介绍几种常见的连续型随机变量.

1. 均匀分布

定义 2.3.2 若随机变量 X 具有概率密度

$$f(x)=\begin{cases}\dfrac{1}{b-a}, & a<x<b,\\ 0, & \text{其他},\end{cases}\tag{2.19}$$

则称 X 在区间 (a,b) 上服从**均匀分布**,记为 $X\sim U(a,b)$.

易知 $f(x)$ 满足非负性和正则性.另外,对于区间 (a,b) 中任一子区间 $(c,c+l)$,有

$$P\{c<X<c+l\}=\int_c^{c+l}f(x)\mathrm{d}x=\int_c^{c+l}\frac{1}{b-a}\mathrm{d}x=\frac{l}{b-a}.$$

这表明 X 的取值落在 (a,b) 中任一子区间内的概率与该子区间的长度成正比,且与该子区间的位置无关,即 X 的取值在 (a,b) 上是均匀的.

由式(2.15)和式(2.19)可得 X 的分布函数为

$$F(x)=\begin{cases}0, & x<a, \\ \dfrac{x-a}{b-a}, & a \leqslant x<b, \\ 1, & x \geqslant b.\end{cases} \tag{2.20}$$

均匀分布的概率密度 $f(x)$ 和分布函数 $F(x)$ 的图形分别如图 2.5 和图 2.6 所示.

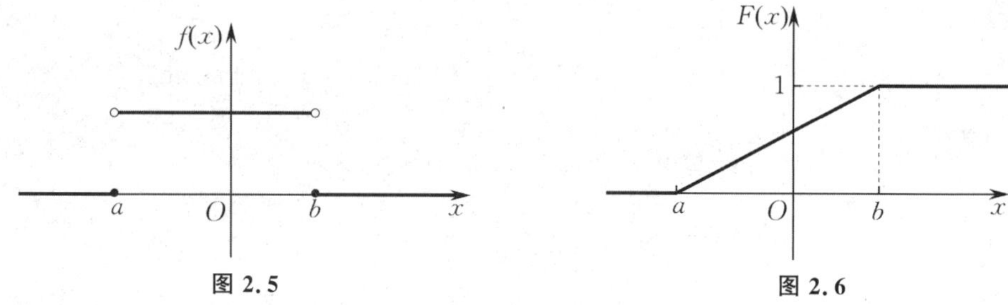

图 2.5　　图 2.6

均匀分布是一种常见的分布.例如,某人在时间段(a,b)内随机到达,则他到达的时间 X 可看作一个在区间(a,b)上服从均匀分布的随机变量.

例 2.3.4　某动车站从上午 8:00 开始,每隔 1 h 都有一趟车开往 A 城市.设某位要去 A 城市的乘客在 9:00 到 10:00 之间任一时刻到达该动车站是等可能的,求他等车的时间少于 25 min 的概率.

解　以 9:00 为开始计时点,设 X 表示乘客到达该动车站的时间(单位:min),则 $X \sim U(0,60)$,从而 X 的概率密度为

$$f(x)=\begin{cases}\dfrac{1}{60}, & 0<x<60, \\ 0, & \text{其他}.\end{cases}$$

若要等车的时间少于 25 min,则乘客必须在 9:35 到 10:00 之间到达该动车站,即要 $35<X \leqslant 60$,故所求概率为

$$P\{35<X \leqslant 60\}=\int_{35}^{60} f(x) \mathrm{d} x=\int_{35}^{60} \frac{1}{60} \mathrm{d} x=\frac{5}{12}.$$

例 2.3.5　某种袋装食品的包装质量误差(单位:g)X 服从区间$(-5,5)$上的均匀分布.现从一大批成品中随机抽取 3 袋,求至少有 1 袋质量的误差超过 2 g 的概率.

解　由题意知,$X \sim U(-5,5)$,从而 X 的概率密度为

$$f(x)=\begin{cases}\dfrac{1}{10}, & -5<x<5, \\ 0, & \text{其他},\end{cases}$$

故包装质量误差超过 2 g 的概率为

$$P\{|X|>2\}=1-\int_{-2}^{2} f(x) \mathrm{d} x=1-\int_{-2}^{2} \frac{1}{10} \mathrm{d} x=0.6.$$

设 Y 表示抽取的 3 袋中包装质量误差超过 2 g 的袋数,则 $Y \sim b(3,0.6)$,故所求概率为

$$P\{Y \geqslant 1\}=1-P\{Y=0\}=1-(0.4)^{3}=0.936.$$

2. 指数分布

定义 2.3.3 若随机变量 X 具有概率密度

$$f(x)=\begin{cases}\dfrac{1}{\theta}\mathrm{e}^{-\frac{x}{\theta}}, & x>0,\\ 0, & x\leqslant 0,\end{cases} \tag{2.21}$$

其中 $\theta>0$ 为常数,则称 X 服从参数为 θ 的**指数分布**,记为 $X\sim e(\theta)$.

容易验证 $f(x)$ 满足非负性和正则性. 由式(2.15) 和式(2.21) 可得 X 的分布函数为

$$F(x)=\begin{cases}1-\mathrm{e}^{-\frac{x}{\theta}}, & x>0,\\ 0, & x\leqslant 0.\end{cases} \tag{2.22}$$

当 $\theta=\dfrac{1}{3},\theta=1,\theta=2$ 时,指数分布的概率密度和分布函数的图形分别如图 2.7 和图 2.8 所示.

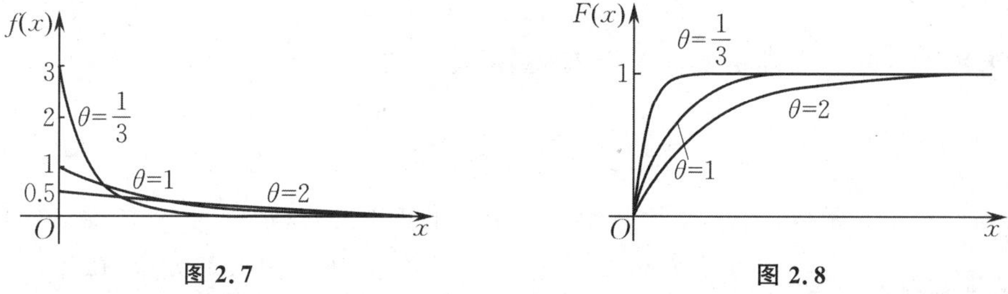

图 2.7　　图 2.8

因服从指数分布的随机变量只取非负实数值,故其常被用来描述各种“寿命”分布,如电子元件的使用寿命、动物的寿命、顾客在某一服务系统接受服务的时间等都服从或近似服从指数分布. 指数分布在可靠性理论和排队论中有广泛的应用.

定理 2.3.1 **(指数分布的无记忆性)设随机变量 X 服从参数为 θ 的指数分布,则对于任意的 $s>0,t>0$,有**

$$P\{X>s+t \mid X>s\}=P\{X>t\}.$$

证明

$$P\{X>s+t\mid X>s\}=\frac{P\{X>s,X>s+t\}}{P\{X>s\}}=\frac{P\{X>s+t\}}{P\{X>s\}}$$

$$=\frac{1-F(s+t)}{1-F(s)}=\frac{\mathrm{e}^{-\frac{s+t}{\theta}}}{\mathrm{e}^{-\frac{s}{\theta}}}$$

$$=\mathrm{e}^{-\frac{t}{\theta}}=P\{X>t\}.$$

如果随机变量 X 表示某一元件的寿命(单位:h),那么指数分布的无记忆性表示在元件已使用了 s h的条件下,它还能再使用至少 t h的概率,与从开始使用时算起它至少能使用 t h的概率相等. 也就是说,元件对它之前使用过 s h“没有记忆”. 指数分布的无记忆性描述的是元件无老化时的寿命分布,是一种理想化状态,在实际中只能作为一种近似.

例 2.3.6 设顾客在银行柜台接受服务的时间(单位:min)X 服从参数为 $\theta=5$ 的指数分布. 如果某顾客走进银行时,前面刚好只有一位顾客正开始办理业务,求:

(1) 该顾客需要等待超过 3 min 的概率；

(2) 该顾客需要等待 4 到 6 min 的概率.

解 设 X 表示需要等待的时间即为前一位顾客接受服务的时间，则 X 的分布函数为

$$F(x)=\begin{cases}1-e^{-\frac{x}{5}}, & x>0,\\ 0, & x\leqslant 0.\end{cases}$$

(1) 需要等待超过 3 min 的概率为

$$P\{X>3\}=1-P\{X\leqslant 3\}=1-F(3)=e^{-0.6}.$$

(2) 需要等待 4 到 6 min 的概率为

$$P\{4\leqslant X\leqslant 6\}=F(6)-F(4)=e^{-0.8}-e^{-1.2}.$$

例 2.3.6 也可以利用 X 的概率密度通过计算相应的积分求解.

3. 正态分布

定义 2.3.4 若随机变量 X 具有概率密度

$$f(x)=\frac{1}{\sqrt{2\pi}\sigma}e^{-\frac{(x-\mu)^2}{2\sigma^2}}, \quad -\infty<x<+\infty, \tag{2.23}$$

其中 $\mu,\sigma(\sigma>0)$ 为常数，则称 X 服从参数为 μ,σ 的**正态分布**，记为 $X\sim N(\mu,\sigma^2)$.

正态分布概率密度非负性和正则性的证明

正态分布是概率论与数理统计中最重要的分布. 在自然现象和社会现象中，大量的随机变量都服从或近似服从正态分布，如人的身高和体重、一门课程的考试成绩、工厂产品的尺寸、一个地区的年降雨量等. 一般来说，若某一个数量指标受到许多相互独立随机因素的影响，而每个因素的影响作用都不太大，则该指标服从或近似服从正态分布. 正态分布具有许多良好的性质，许多分布可以用正态分布来近似或者导出，相关的结论将在后续章节中陆续介绍.

如图 2.9 所示，正态分布的概率密度 $f(x)$ 的图形呈钟状. 它具有如下特性：

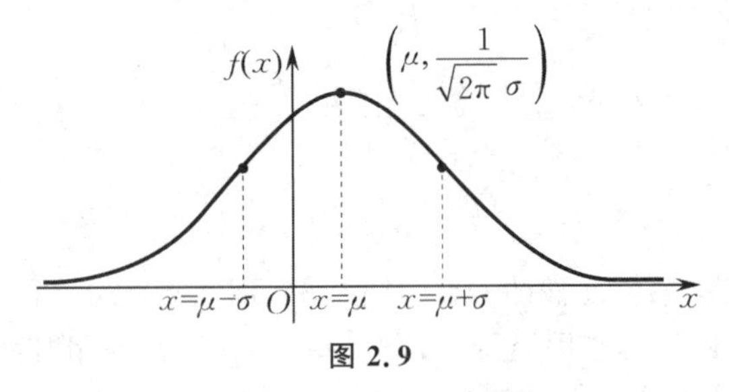

图 2.9

(1) 曲线关于直线 $x=\mu$ 对称，当 $x<\mu$ 时 $f(x)$ 单调递增，当 $x>\mu$ 时 $f(x)$ 单调递减，在点 $x=\mu$ 处 $f(x)$ 取得最大值 $f(\mu)=\frac{1}{\sqrt{2\pi}\sigma}$. 对于任意的 $h>0$，有 $P\{\mu-h<X<\mu\}=P\{\mu<X<\mu+h\}$（见图 2.10）.

(2) 曲线在 $x=\mu\pm\sigma$ 处有拐点，并以 x 轴为渐近线.

(3) 若固定 σ 而让 μ 变化，则曲线沿 x 轴平移，但形状不变(见图 2.10)，故称 μ 为**位置参数**. 若固定 μ 而让 σ 变化，则 σ 越小时曲线越尖陡，分布较集中，而 σ 越大时曲线越扁平，分布较分散(见图 2.11)，故称 σ 为**尺度参数**.

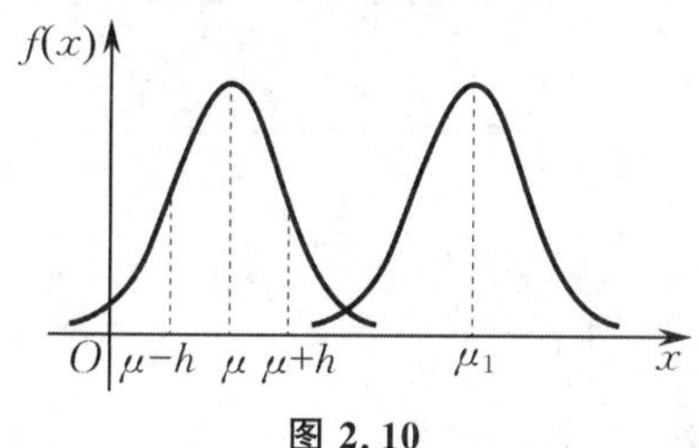

图 2.10

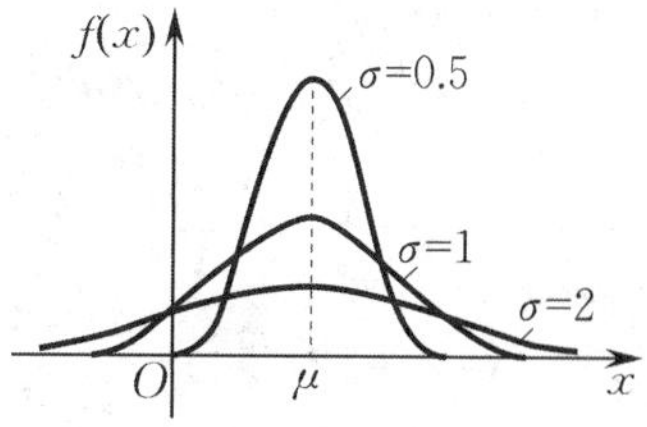

图 2.11

由式(2.15) 和式(2.23) 得 X 的分布函数为

$$F(x)=\int_{-\infty}^{x}\frac{1}{\sqrt{2\pi}\,\sigma}\mathrm{e}^{-\frac{(t-\mu)^2}{2\sigma^2}}\,\mathrm{d}t. \tag{2.24}$$

特别地，当 $\mu=0,\sigma=1$ 时，正态分布称为**标准正态分布**，记为 $X\sim N(0,1)$，其概率密度和分布函数分别用 $\varphi(x)$ 和 $\Phi(x)$ 表示，即

$$\varphi(x)=\frac{1}{\sqrt{2\pi}}\mathrm{e}^{-\frac{x^2}{2}}, \tag{2.25}$$

$$\Phi(x)=\frac{1}{\sqrt{2\pi}}\int_{-\infty}^{x}\mathrm{e}^{-\frac{t^2}{2}}\,\mathrm{d}t. \tag{2.26}$$

$\varphi(x)$ 和 $\Phi(x)$ 的图形分别如图 2.12 和图 2.13 所示.

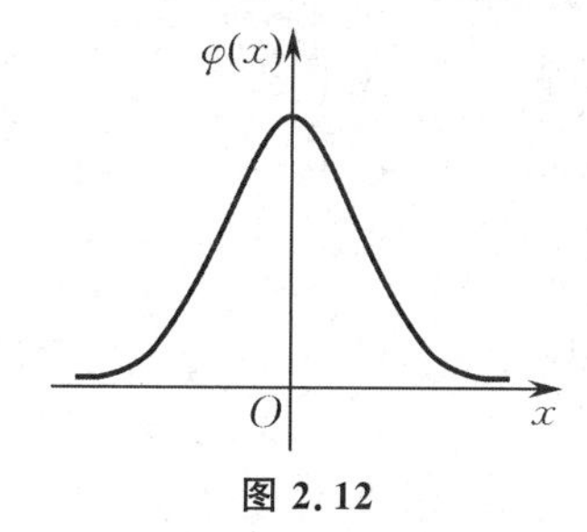

图 2.12

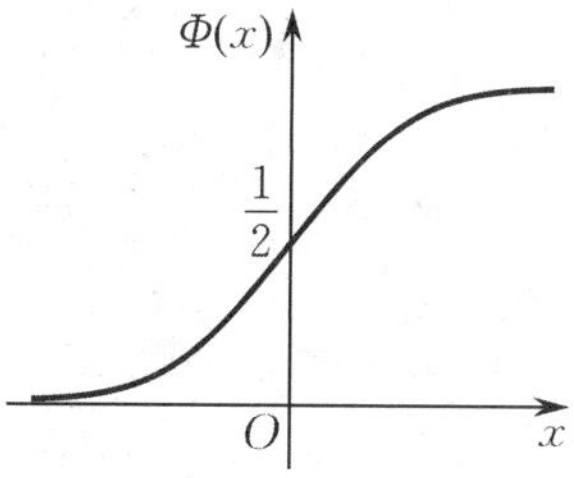

图 2.13

由 $\varphi(x)$ 的对称性，得

$$\Phi(-x)=1-\Phi(x),\quad \Phi(0)=\frac{1}{2}.$$

因 $\Phi(x)$ 中的积分无法表示为初等函数的形式，故人们编制了 $\Phi(x)$ 的函数值表(见附表 3). 若 $x>0$，则可通过查表得到相应的 $\Phi(x)$ 的值；若 $x<0$，则可通过 $1-\Phi(x)=\Phi(-x)$ 计算得到相应的 $\Phi(x)$ 的值. 例如，$\Phi(1)=0.841\,3$，$\Phi(-1)=1-\Phi(1)=0.158\,7$.

反之，若已知 $\Phi(x)$ 的函数值，则可通过查表得到 x 的值. 例如，由 $\Phi(x)=0.949\,5$，查表可得 $x=1.64$.

对于一般的正态分布，可以通过线性变换化为标准正态分布来计算.

定理 2.3.2 **若随机变量 $X\sim N(\mu,\sigma^2)$，则有 $Z=\dfrac{X-\mu}{\sigma}\sim N(0,1)$.**

设随机变量 $X\sim N(\mu,\sigma^2)$，a,b 为任意实数，由定理 2.3.2 可得以下三个常用的变换公式：

$$P\{X \leqslant x\}=P\left\{\frac{X-\mu}{\sigma} \leqslant \frac{x-\mu}{\sigma}\right\}=\Phi\left(\frac{x-\mu}{\sigma}\right),$$

$$P\{X>a\}=1-P\{X \leqslant a\}=1-P\left\{\frac{X-\mu}{\sigma} \leqslant \frac{a-\mu}{\sigma}\right\}=1-\Phi\left(\frac{a-\mu}{\sigma}\right),$$

$$P\{a \leqslant X \leqslant b\}=P\left\{\frac{a-\mu}{\sigma} \leqslant \frac{X-\mu}{\sigma} \leqslant \frac{b-\mu}{\sigma}\right\}=\Phi\left(\frac{b-\mu}{\sigma}\right)-\Phi\left(\frac{a-\mu}{\sigma}\right).$$

例 2.3.7 设随机变量 $X \sim N(1,2^2)$，求 $P\{X<2\}$，$P\{X>-1.2\}$，$P\{|X| \leqslant 2\}$.

解 $P\{X<2\}=\Phi\left(\frac{2-1}{2}\right)=\Phi(0.5)=0.6915$,

$$\begin{aligned} P\{X>-1.2\} &=1-P\{X \leqslant-1.2\}=1-\Phi\left(\frac{-1.2-1}{2}\right) \\ &=1-\Phi(-1.1)=\Phi(1.1)=0.8643, \end{aligned}$$

$$\begin{aligned} P\{|X| \leqslant 2\} &=P\{-2 \leqslant X \leqslant 2\}=\Phi\left(\frac{2-1}{2}\right)-\Phi\left(\frac{-2-1}{2}\right) \\ &=\Phi(0.5)-\Phi(-1.5)=\Phi(0.5)+\Phi(1.5)-1=0.6247. \end{aligned}$$

例 2.3.8 (2002，数一) 设随机变量 $X \sim N(\mu,\sigma^2)(\sigma>0)$，且二次方程 $y^2+4y+X=0$ 无实根的概率为 $\frac{1}{2}$，则 $\mu=$________.

解 因二次方程 $y^2+4y+X=0$ 无实根，故有 $\Delta=16-4X<0$，即 $X>4$. 由题设有

$$\frac{1}{2}=P\{X>4\}=1-P\{X \leqslant 4\}=1-\Phi\left(\frac{4-\mu}{\sigma}\right),$$

得 $\Phi\left(\frac{4-\mu}{\sigma}\right)=\frac{1}{2}$，从而有 $\frac{4-\mu}{\sigma}=0$，即 $\mu=4$.

例 2.3.8 也可以由正态分布概率密度的对称性，且 $P\{X>4\}=\frac{1}{2}$ 直接得到 $\mu=4$.

例 2.3.9 设随机变量 $X \sim N(\mu,\sigma^2)$，求 X 落在区间 $(\mu-k\sigma,\mu+k\sigma)(k=1,2,3)$ 内的概率.

解 因

$$\begin{aligned} P\{\mu-k\sigma<X<\mu+k\sigma\} &=\Phi\left(\frac{\mu+k\sigma-\mu}{\sigma}\right)-\Phi\left(\frac{\mu-k\sigma-\mu}{\sigma}\right) \\ &=\Phi(k)-\Phi(-k) \\ &=2\Phi(k)-1, \end{aligned}$$

故所求概率为

$$P\{\mu-\sigma<X<\mu+\sigma\}=2\Phi(1)-1=0.6826,$$
$$P\{\mu-2\sigma<X<\mu+2\sigma\}=2\Phi(2)-1=0.9544,$$
$$P\{\mu-3\sigma<X<\mu+3\sigma\}=2\Phi(3)-1=0.9974.$$

由例 2.3.9 知，尽管随机变量 X 的取值范围是整个实数轴，但它的值落在以 μ 为中心、以

3σ 为半径的区间内的概率达到 99.74%，落在这个区间以外的概率非常小，可以忽略不计，如图 2.14 所示. 这就是人们所说的“3σ”准则，该准则在产品质量管理中有着重要的应用.

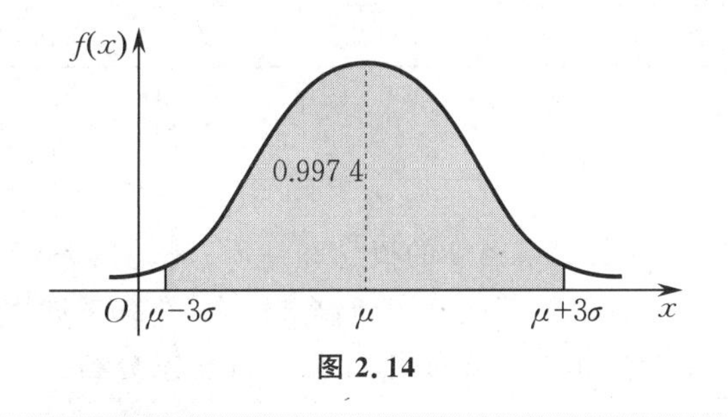

图 2.14

例 2.3.10 公共汽车车门的高度是按成年男子与车门顶碰头的概率小于 1% 的要求设计的. 设成年男子身高(单位：cm) $X \sim N(170, 6^2)$，问：车门至少应设计多高？

解 设车门高度为 h(单位：cm)，则要求 h 满足 $P\{X \geqslant h\} < 0.01$，即 $P\{X < h\} \geqslant 0.99$. 由 $X \sim N(170, 6^2)$，有

$$P\{X < h\} = \Phi\left(\frac{h-170}{6}\right) \geqslant 0.99.$$

查表得 $\Phi(2.33) = 0.990\,1 > 0.99$，故上式成为

$$\Phi\left(\frac{h-170}{6}\right) \geqslant \Phi(2.33).$$

由分布函数的单调递增性，有 $\frac{h-170}{6} \geqslant 2.33$，即 $h \geqslant 183.98$. 因此，车门高度至少为 183.98 cm.

在后续数理统计内容的学习中，我们还要经常用到标准正态分布的分位数，下面给出其定义.

定义 2.3.5 设随机变量 $X \sim N(0,1)$，对于给定的 $\alpha\,(0 < \alpha < 1)$，称满足条件

$$P\{X > z_\alpha\} = \alpha \tag{2.27}$$

的实数 z_α 为标准正态分布的**上 α 分位数**(见图 2.15).

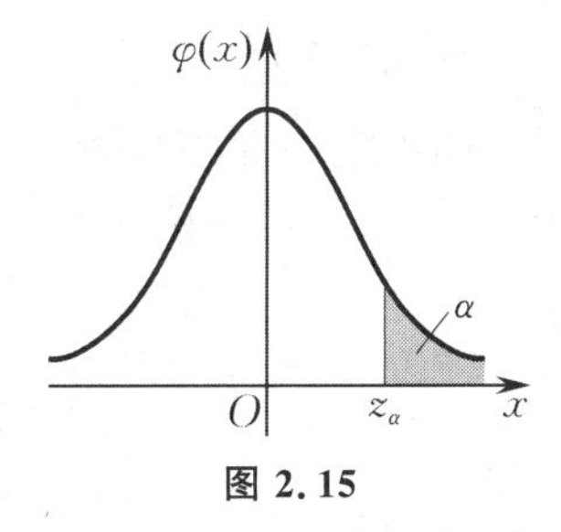

图 2.15

由 $\varphi(x)$ 的对称性易知 $z_{1-\alpha} = -z_\alpha$.

由式(2.27)，有 $P\{X \leqslant z_\alpha\} = 1 - \alpha$，故标准正态分布的上 α 分位数可以通过查附表 3 求得. 另外，表 2.7 列出了几个常用的 z_α 值.

表 2.7

α	0.001	0.005	0.01	0.025	0.05	0.10
z_α	3.100	2.576	2.326	1.960	1.645	1.282

小节要点

理解和掌握连续型随机变量概率密度的概念和性质；清楚概率密度和分布函数之间的对应关系及它们的求法；会利用概率密度或分布函数求概率；熟练掌握均匀分布、指数分布、正态分布及相关概率的计算；会查标准正态分布表，了解标准正态分布上 α 分位数的概念.

习　题　2.3

基础练习

1. 设随机变量 X 的分布函数为

$$F(x)=\begin{cases}1-(1+x)\mathrm{e}^{-x}, & x>0,\\ 0, & x\leqslant 0,\end{cases}$$

求：

(1) X 的概率密度；

(2) $P\{1\leqslant X\leqslant 2\}$.

2. 设随机变量 X 的概率密度为

$$f(x)=\begin{cases}a\cos x, & -\dfrac{\pi}{2}<x<\dfrac{\pi}{2},\\ 0, & \text{其他},\end{cases}$$

求：

(1) 常数 a；

(2) X 的分布函数；

(3) $P\left\{0\leqslant X\leqslant \dfrac{\pi}{3}\right\}$.

3. 设随机变量 $X\sim U(0,4)$，求方程 $y^2+2Xy+X+2=0$ 有实根的概率.

4. 设钻头的寿命(钻头直到磨损为止所钻的地层厚度，单位：m)服从参数为 $\theta=1\,000$ 的指数分布. 现要打一口深度为 2 000 m 的井，求只需一根钻头的概率.

5. 设随机变量 $X\sim N(3,2^2)$，求：

(1) $P\{3<X<5\}$；

(2) $P\{|X|>1\}$；

(3) 确定常数 a，使得 $P\{X\leqslant a\}=0.95$.

6. 设测量某两个地点的距离时发生的随机误差(单位：m)X 具有概率密度

$$f(x)=\frac{1}{40\sqrt{2\pi}}\mathrm{e}^{-\frac{(x-20)^2}{3\,200}},$$

求在 3 次测量中至少有 1 次误差的绝对值不超过 30 m 的概率.

7. 将一温度调节器放置在贮存着某种液体的容器内，调节器整定在 d ℃. 设液体的温度(单位：℃)$X \sim N(d,(0.5)^2)$.

(1) 当 $d=90$ 时，求 X 小于 89 的概率.

(2) 若要求保持液体的温度至少为 80 ℃ 的概率不低于 0.99，问：d 至少为多少？

进阶训练

1. 某种产品的寿命(单位：h)X 具有概率密度

$$f(x)=\begin{cases}\dfrac{1\,000}{x^2}, & x>1\,000,\\ 0, & \text{其他}.\end{cases}$$

现有一大批该种产品(假设各产品工作相互独立)，求：

(1) 从中任取 5 个产品，其中至少有 4 个产品寿命大于 1 500 h 的概率；

(2) 若已知一个产品寿命大于 1 500 h，则该产品寿命大于 2 000 h 的概率.

2. 一台电子设备内装有 5 个某种类型的电子管(假设各电子管工作相互独立)，已知这种电子管的寿命(单位：h)服从参数为 $\theta=1\,000$ 的指数分布. 若有 1 个电子管损坏，则设备仍能正常工作的概率为 95%；若有 2 个电子管损坏，则设备仍能正常工作的概率为 70%；若有 2 个以上电子管损坏，则设备不能正常工作. 求这台设备在正常工作 1 000 h 后仍能正常工作的概率.

3. 设某地区的成年男子的体重(单位：kg)$X \sim N(\mu,\sigma^2)$. 若已知 $P\{X \leqslant 70\}=0.5$，$P\{X>60\}=0.788\,1$，求：

(1) 参数 μ,σ；

(2) 在该地区中任意选出 5 名男子，其中至少有 2 人体重超过 75 kg 的概率.

§2.4 随机变量函数的分布

在许多实际问题中，我们需要计算随机变量函数的分布. 例如，已知测量得到的圆管直径 d 是一个随机变量，要求圆管截面面积 $S=\dfrac{1}{4}\pi d^2$ 的分布. 一般地，设 X 是一个随机变量，$y=g(x)$ 是定义在 $\mathbf{R}$ 上的函数，则 $Y=g(X)$ 作为 X 的函数也是一个随机变量. 如果 Y 难以直接测量得到，那么如何由 X 的分布求 $Y=g(X)$ 的分布？此类问题既普遍又重要，下面分别对离散型和连续型随机变量函数的分布进行讨论.

随机变量函数的分布举例

一、离散型随机变量函数的分布

设 X 是一个离散型随机变量，其分布律如表 2.8 所示.

表 2.8

X	x_1	x_2	$\cdots$	x_k	$\cdots$
p	p_1	p_2	$\cdots$	p_k	$\cdots$

另设 $Y=g(X)$，则 Y 也是一个离散型随机变量，其可能取值为 $g(x_1),g(x_2),\cdots,g(x_k),\cdots$. 若 $g(x_i)(i=1,2,\cdots)$ 各项互不相同，则 $\{Y=g(x_i)\}$ 与 $\{X=x_i\}$ 等价，故 Y 的分布律如表 2.9 所示. 若 $g(x_i)(i=1,2,\cdots)$ 中有某些项相同，则将相同的项合并，对应的概率相加即得 Y 的分布律.

表 2.9

Y	$g(x_1)$	$g(x_2)$	$\cdots$	$g(x_k)$	$\cdots$
p	p_1	p_2	$\cdots$	p_k	$\cdots$

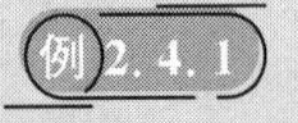

例 2.4.1　设随机变量 X 的分布律如表 2.10 所示，求 $Y=2X+3$ 和 $Z=X^2-1$ 的分布律.

表 2.10

X	-2	-1	0	1	2
p	0.2	0.1	0.3	0.1	0.3

解　求出 $Y=2X+3$ 和 $Z=X^2-1$ 的函数值，如表 2.11 所示.

表 2.11

X	-2	-1	0	1	2
$Y=2X+3$	-1	1	3	5	7
$Z=X^2-1$	3	0	-1	0	3

因 Y 函数值各不相同，故其分布律如表 2.12 所示.

表 2.12

Y	-1	1	3	5	7
p	0.2	0.1	0.3	0.1	0.3

将 Z 函数值相同的项合并，对应概率相加，得其分布律如表 2.13 所示.

表 2.13

Z	-1	0	3
p	0.3	0.2	0.5

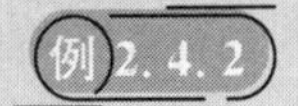

例 2.4.2　设随机变量 X 的分布律如表 2.14 所示，求 $Y=\sin\frac{\pi}{2}X$ 的分布律.

表 2.14

X	1	2	$\cdots$	n	$\cdots$
p	$\frac{1}{2}$	$\left(\frac{1}{2}\right)^2$	$\cdots$	$\left(\frac{1}{2}\right)^n$	$\cdots$

解　由正弦函数的性质知，Y 的所有可能取值为 $-1,0,1$，且有

$$P\{Y=-1\}=\sum_{k=1}^{\infty}P\{X=4k-1\}=\sum_{k=1}^{\infty}\left(\frac{1}{2}\right)^{4k-1}=\frac{2}{15},$$

$$P\{Y=0\}=\sum_{k=1}^{\infty}P\{X=2k\}=\sum_{k=1}^{\infty}\left(\frac{1}{2}\right)^{2k}=\frac{1}{3},$$

$$P\{Y=1\}=\sum_{k=1}^{\infty}P\{X=4k-3\}=\sum_{k=1}^{\infty}\left(\frac{1}{2}\right)^{4k-3}=\frac{8}{15}.$$

Y 的分布律也可以如表 2.15 所示.

表 2.15

Y	-1	0	1
p	$\frac{2}{15}$	$\frac{1}{3}$	$\frac{8}{15}$

二、连续型随机变量函数的分布

设 X 是一个连续型随机变量,则 $Y=g(X)$ 可能是离散型随机变量,也可能是连续型随机变量.求 Y 的分布可根据 $g(X)$ 的特点选用不同的方法.

1. $Y=g(X)$ 为离散型随机变量

在这种情形下,只需将 Y 的所有可能取值一一列出,并利用 X 的分布求出 Y 取得各个可能值的概率,即得到 Y 的分布律.

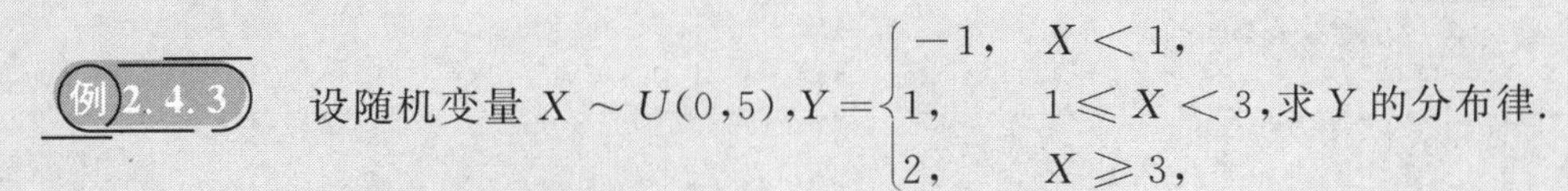

例 2.4.3 设随机变量 $X\sim U(0,5)$, $Y=\begin{cases}-1, & X<1,\\ 1, & 1\leqslant X<3,\\ 2, & X\geqslant 3,\end{cases}$ 求 Y 的分布律.

解 由题知 X 的概率密度为

$$f(x)=\begin{cases}\frac{1}{5}, & 0<x<5,\\ 0, & \text{其他}.\end{cases}$$

而 Y 的所有可能取值为 $-1,1,2$,则取得各个可能值的概率分别为

$$P\{Y=-1\}=P\{X<1\}=\int_{-\infty}^{1}f(x)\mathrm{d}x=\int_{0}^{1}\frac{1}{5}\mathrm{d}x=\frac{1}{5},$$

$$P\{Y=1\}=P\{1\leqslant X<3\}=\int_{1}^{3}f(x)\mathrm{d}x=\int_{1}^{3}\frac{1}{5}\mathrm{d}x=\frac{2}{5},$$

$$P\{Y=2\}=P\{X\geqslant 3\}=\int_{3}^{+\infty}f(x)\mathrm{d}x=\int_{3}^{5}\frac{1}{5}\mathrm{d}x=\frac{2}{5}.$$

Y 的分布律也可以如表 2.16 所示.

表 2.16

Y	-1	1	2
p	$\frac{1}{5}$	$\frac{2}{5}$	$\frac{2}{5}$

2. $Y=g(X)$ 为连续型随机变量

在这种情形下，求 Y 的分布主要有两种常用的方法，下面分别介绍这两种方法.

(1) 分布函数法. 分布函数法是求连续型随机变量函数的分布的一般方法，其主要思想是先由 X 的分布函数求出 Y 的分布函数，再根据分布函数与概率密度的关系求出 Y 的概率密度. 具体操作如下：

设 X 的概率密度和分布函数分别为 $f_X(x)$ 和 $F_X(x)$，$Y=g(X)$ 的概率密度和分布函数分别为 $f_Y(y)$ 和 $F_Y(y)$，则有

$$F_Y(y)=P\{Y\leqslant y\}=P\{g(X)\leqslant y\}.$$

由 $g(X)\leqslant y$ 解得关于 X 的不等式，从而可将 $F_Y(y)$ 用已知的 $F_X(x)$ 表示. 进一步，由 $F_Y(y)$ 对 y 求导数即可求得 $f_Y(y)$.

释疑解惑

由概率密度的性质可知，在概率密度 $f(x)$ 的连续点 x 处，有 $f(x)=F'(x)$. 若 $f(x)$ 在点 x 处不连续，则可补充定义 $f(x)=0$，这不会影响分布函数 $F(x)$ 的取值. 因此，若除有限个点外 $F'(x)$ 存在且连续，则

$$f(x)=\begin{cases}F'(x), & F'(x)\text{ 存在的点}, \\ 0, & F'(x)\text{ 不存在的点}.\end{cases} \tag{2.28}$$

例 2.4.4 设随机变量 X 服从参数为 $\theta=1$ 的指数分布，求 $Y=2X+1$ 的概率密度.

解 X 的概率密度为

$$f_X(x)=\begin{cases}\mathrm{e}^{-x}, & x>0, \\ 0, & x\leqslant 0.\end{cases}$$

先求 Y 的分布函数 $F_Y(y)$，有

$$F_Y(y)=P\{Y\leqslant y\}=P\{2X+1\leqslant y\}=P\left\{X\leqslant\frac{y-1}{2}\right\}=F_X\left(\frac{y-1}{2}\right).$$

再求 $F_Y(y)$ 关于 y 的导数，则 Y 的概率密度为

$$f_Y(y)=F_Y'(y)=F_X'\left(\frac{y-1}{2}\right)\left(\frac{y-1}{2}\right)'=\frac{1}{2}f_X\left(\frac{y-1}{2}\right)$$
$$=\begin{cases}\dfrac{1}{2}\mathrm{e}^{-\frac{y-1}{2}}, & \dfrac{y-1}{2}>0, \\ 0, & \dfrac{y-1}{2}\leqslant 0\end{cases}=\begin{cases}\dfrac{1}{2}\mathrm{e}^{-\frac{y-1}{2}}, & y>1, \\ 0, & y\leqslant 1.\end{cases}$$

例 2.4.5 设随机变量 X 具有概率密度 $f_X(x)$，$-\infty<x<+\infty$，求 $Y=X^2$ 的概率密度.

解 先求 Y 的分布函数 $F_Y(y)$. 因 $Y=X^2\geqslant 0$，故有

当 $y\leqslant 0$ 时，$F_Y(y)=P\{Y\leqslant y\}=0$；

当 $y>0$ 时，

$$F_Y(y)=P\{Y\leqslant y\}=P\{X^2\leqslant y\}=P\{-\sqrt{y}\leqslant X\leqslant\sqrt{y}\}$$
$$=F_X(\sqrt{y})-F_X(-\sqrt{y}).$$

再求 $F_Y(y)$ 关于 y 的导数，则 Y 的概率密度为

$$f_Y(y)=\begin{cases}\dfrac{1}{2\sqrt{y}}(f_X(\sqrt{y})+f_X(-\sqrt{y})), & y>0,\\ 0, & y\leqslant 0.\end{cases}$$

特别地，当随机变量 $X\sim N(0,1)$ 时，Y 的概率密度为

$$f_Y(y)=\begin{cases}\dfrac{1}{\sqrt{2\pi}}y^{-\frac{1}{2}}\mathrm{e}^{-\frac{y}{2}}, & y>0,\\ 0, & y\leqslant 0.\end{cases}$$

此时，称 Y 服从自由度为 1 的 χ^2 分布(χ^2 分布的一般定义将在第 6 章介绍).

(2) 公式法. 当 $g(X)$ 为严格单调函数时，我们有以下求 $Y=g(X)$ 的概率密度的一般性结论.

定理 2.4.1 **设随机变量 X 具有概率密度 $f_X(x)$, $-\infty<x<+\infty$，函数 $g(x)$ 处处可导且恒有 $g'(x)>0$(或 $g'(x)<0$)，则随机变量 $Y=g(X)$ 的概率密度为**

定理 2.4.1 的证明

$$f_Y(y)=\begin{cases}f_X(h(y))|h'(y)|, & \alpha<y<\beta,\\ 0, & \text{其他},\end{cases}\tag{2.29}$$

其中 $\alpha=\min\{g(-\infty),g(+\infty)\}$, $\beta=\max\{g(-\infty),g(+\infty)\}$, $h(y)$ 是 $g(x)$ 的反函数.

特别地，若概率密度 $f_X(x)$ 在有限区间(a,b)之外为零，在(a,b)上恒有 $g'(x)>0$(或 $g'(x)<0$)，则式(2.29)也成立，此时

$$\alpha=\min\{g(a),g(b)\},\quad \beta=\max\{g(a),g(b)\}.$$

例 2.4.6 设随机变量 $X\sim N(\mu,\sigma^2)$，证明：X 的线性函数 $Y=aX+b\,(a\neq 0)$ 也服从正态分布.

证明 由题知 X 的概率密度为

$$f_X(x)=\frac{1}{\sqrt{2\pi}\sigma}\mathrm{e}^{-\frac{(x-\mu)^2}{2\sigma^2}},\quad -\infty<x<+\infty.$$

令 $y=g(x)=ax+b$，则有

$$\alpha=-\infty,\quad \beta=+\infty,\quad x=h(y)=\frac{y-b}{a},\quad h'(y)=\frac{1}{a}.$$

于是，由定理 2.4.1 得 $Y=aX+b$ 的概率密度为

$$f_Y(y)=\frac{1}{|a|}f_X\left(\frac{y-b}{a}\right)=\frac{1}{\sqrt{2\pi}\sigma|a|}\mathrm{e}^{-\frac{[y-(a\mu+b)]^2}{2(a\sigma)^2}},\quad -\infty<y<+\infty,$$

即有

$$Y=aX+b\sim N(a\mu+b,(a\sigma)^2).$$

特别地，当取 $a=\dfrac{1}{\sigma},b=-\dfrac{\mu}{\sigma}$ 时，得 $Y=\dfrac{X-\mu}{\sigma}\sim N(0,1)$，这即为 §2.3 中定理 2.3.2 的结论.

例 2.4.7 设通过一个电阻器的电流(单位:A)$X\sim U(5,6)$,求在该电阻器上消耗的功率 $Y=3X^2$ 的概率密度.

解 由题知 X 的概率密度为

$$f_X(x)=\begin{cases}1, & 5<x<6,\\0, & \text{其他}.\end{cases}$$

令 $y=g(x)=3x^2$,则在(5,6)上恒有 $g'(x)>0$,且有

$$\alpha=75,\quad \beta=108,\quad x=h(y)=\sqrt{\frac{y}{3}},\quad h'(y)=\frac{1}{2\sqrt{3y}}.$$

于是,由定理 2.4.1 得 $Y=3X^2$ 的概率密度为

$$f_Y(y)=\begin{cases}\dfrac{1}{2\sqrt{3y}}f_X\left(\sqrt{\dfrac{y}{3}}\right), & 75<y<108,\\0, & \text{其他}\end{cases}=\begin{cases}\dfrac{1}{2\sqrt{3y}}, & 75<y<108,\\0, & \text{其他}.\end{cases}$$

例 2.4.8 (2003,数三)设随机变量 X 的概率密度为

$$f(x)=\begin{cases}\dfrac{1}{3\sqrt[3]{x^2}}, & 1\leqslant x\leqslant 8,\\0, & \text{其他},\end{cases}$$

$F(x)$ 是 X 的分布函数,求随机变量 $Y=F(X)$ 的分布函数.

解 求 X 的分布函数:

$$F(x)=\int_{-\infty}^{x}f(t)\mathrm{d}t=\begin{cases}\displaystyle\int_{-\infty}^{x}0\mathrm{d}t, & x<1,\\\displaystyle\int_{1}^{x}\frac{1}{3\sqrt[3]{t^2}}\mathrm{d}t, & 1\leqslant x<8,\\\displaystyle\int_{1}^{8}\frac{1}{3\sqrt[3]{t^2}}\mathrm{d}t, & x\geqslant 8\end{cases}=\begin{cases}0, & x<1,\\\sqrt[3]{x}-1, & 1\leqslant x<8,\\1, & x\geqslant 8.\end{cases}$$

记 Y 的分布函数为 $F_Y(y)$,因 $0\leqslant Y=F(X)\leqslant 1$,故有

当 $y<0$ 时,$F_Y(y)=P\{Y\leqslant y\}=0$;

当 $0\leqslant y<1$ 时,

$$\begin{aligned}F_Y(y)&=P\{Y\leqslant y\}=P\{F(X)\leqslant y\}=P\{\sqrt[3]{X}-1\leqslant y\}\\&=P\{X\leqslant(y+1)^3\}=F((y+1)^3)=y;\end{aligned}$$

当 $y\geqslant 1$ 时,$F_Y(y)=P\{Y\leqslant y\}=1$.

综上,得 Y 的分布函数为

$$F_Y(y)=\begin{cases}0, & y<0,\\ y, & 0\leqslant y<1,\\ 1, & y\geqslant 1,\end{cases}$$

即 $Y=F(X)\sim U(0,1)$.

小节要点

掌握离散型随机变量简单函数的分布律的求法；会用分布函数法或公式法求解一般连续型随机变量函数的概率密度和分布函数.

习　题　2.4

基础练习

1. 设随机变量 X 的分布律如表 2.17 所示，求：

(1) $Y_1=3X-2$ 的分布律；

(2) $Y_2=(X-1)^2$ 的分布律.

表 2.17

X	-1	1	2	3
p	0.2	0.3	0.1	0.4

2. 设随机变量 X 的分布律如表 2.18 所示，求：

(1) $Y_1=\sin X$ 的分布律；

(2) $Y_2=2\cos X-1$ 的分布律.

表 2.18

X	0	$\frac{\pi}{2}$	π	$\frac{3\pi}{2}$	2π
p	0.1	0.3	0.2	0.3	0.1

3. 设随机变量 X 的分布律为

$$P\{X=k\}=\left(\frac{1}{2}\right)^k \quad (k=1,2,\cdots),$$

令

$$Y=\begin{cases}1, & \text{当 } X \text{ 取偶数时},\\ -1, & \text{当 } X \text{ 取奇数时},\end{cases}$$

求 Y 的分布律.

4. 设随机变量 X 的概率密度为

$$f_X(x)=\begin{cases}\dfrac{3}{16}x^2, & -2<x<2,\\ 0, & \text{其他},\end{cases}$$

求随机变量 $Y=\begin{cases}1, & X>1,\\ -\dfrac{3}{2}, & X\leqslant 1\end{cases}$ 的分布律和分布函数.

5.设随机变量 $X\sim N(0,1)$,求随机变量 $Y=2X^2+1$ 的概率密度.

6.设随机变量 $X\sim U(1,2)$,求:

(1) $Y_1=\mathrm{e}^{2X}$ 的概率密度;

(2) $Y_2=-2\ln(X-1)$ 的概率密度.

7.由统计物理学知,分子运动速度的绝对值 X 服从麦克斯韦分布,其概率密度为

$$f_X(x)=\begin{cases}\dfrac{4x^2}{a^3\sqrt{\pi}}\mathrm{e}^{-\frac{x^2}{a^2}}, & x>0,\\ 0, & x\leqslant 0,\end{cases}$$

其中 $a>0$ 为常数.求分子动能 $Y=\dfrac{1}{2}mX^2$(m 为分子质量)的概率密度.

进阶训练

1.已知随机变量 X 的分布函数为

$$F_X(x)=\begin{cases}0, & x<-1,\\ \dfrac{1}{3}, & -1\leqslant x<0,\\ \dfrac{1}{2}, & 0\leqslant x<1,\\ \dfrac{2}{3}, & 1\leqslant x<2,\\ 1, & x\geqslant 2,\end{cases}$$

求随机变量 $Y=\sin^2\dfrac{\pi}{6}X$ 的分布函数.

2.设随机变量 X 的概率密度为

$$f_X(x)=\begin{cases}\dfrac{2x}{\pi^2}, & 0<x<\pi,\\ 0, & \text{其他},\end{cases}$$

求随机变量 $Y=\sin X$ 的概率密度.

3.设随机变量 X 的概率密度为

$$f_X(x)=\begin{cases}1-|x|, & -1<x<1,\\ 0, & \text{其他},\end{cases}$$

求随机变量 $Y=X^2+1$ 的概率密度.

§2.5 应用案例

一、计算可靠性问题

例 2.5.1 用计算机进行数据计算或程序运算时,采用多台计算机同时进行独立计算,对每次的计算结果采用“少数服从多数”的原则进行判定,可提高计算的可靠性.但另一方面,参与计算的计算机多了也会相应增加设备出错的概率.因此,在什么条件下,多台计算机的计算效率比一台计算机的计算效率高?下面对三台计算机独立并行计算与一台计算机单独计算的简单情形进行比较分析.

解 假设计算机的寿命 T 服从参数为 $\frac{1}{\lambda}$ 的指数分布,则 T 的分布函数为

$$F(t)=\begin{cases}1-\mathrm{e}^{-\lambda t}, & t>0,\\ 0, & t\leqslant 0.\end{cases}$$

令 $R(t)=P\{T>t\}=1-F(t)=\mathrm{e}^{-\lambda t}, t>0$,称 $R(t)$ 为计算机的**可靠性函数**,其表示计算机在时间段$[0,t]$内正常工作的概率.另外,注意到

$$\begin{aligned}\lambda&=-\frac{R'(t)}{R(t)}=\lim_{\Delta t\to 0}\frac{R(t)-R(t+\Delta t)}{\Delta t R(t)}\\&=\lim_{\Delta t\to 0}\frac{P\{t<T\leqslant t+\Delta t\}}{\Delta t P\{T>t\}}=\lim_{\Delta t\to 0}\frac{P\{T\leqslant t+\Delta t\mid T>t\}}{\Delta t},\end{aligned}$$

即 λ 表示计算机在 t 时刻之前正常工作,在 t 时刻失效的概率,故称 λ 为**瞬时失效率**,而 λt 通常称为**规格化时间**.

设 A 表示事件“在时间 t 内一台计算机正常工作”,则有 $P(A)=\mathrm{e}^{-\lambda t}$,记 $\mathrm{e}^{-\lambda t}=a$.另设 X 表示三台计算机在时间 t 内正常工作的台数,则 $X\sim b(3,a)$.于是,若要三台计算机独立并行工作比一台计算机单独工作更可靠有效,必须要有 $P\{X\geqslant 2\}\geqslant P(A)$,即

$$\mathrm{C}_3^2 a^2(1-a)+a^3\geqslant a.$$

上式化简得

$$-2a^2+3a-1\geqslant 0,$$

解得 $\frac{1}{2}\leqslant a\leqslant 1$.故当 $0\leqslant \lambda t\leqslant 0.693$ 时,用三台计算机独立并行工作比用一台计算机单独工作可靠,而当 $\lambda t>0.693$ 时,三台计算机独立并行工作的效率反而比用一台计算机单独工作的低.另外,若令 $g(a)=-2a^2+3a-1$,则 $g(a)$ 在 $a=0.75$ 即 $\lambda t\approx 0.288$ 时取得最大值,这表明此时三台计算机独立并行工作的效率最高.

进一步,记

$$ce=\frac{P\{X\geqslant 2\}-P(A)}{P(A)}, \tag{2.30}$$

则 ce 表示三台计算机独立并行工作相比一台计算机单独工作的可靠性效率，由前述的分析易知 $ce=g(a)$. 故用三台计算机独立并行工作最大可能提高的效率为

$$ce_{\max}=g(0.75)=12.5\%.$$

二、考试录取问题

例 2.5.2 某公司计划招聘 155 人，按考试成绩录用，共有 526 人报名应聘. 假设应聘者的考试成绩(单位:分)$X\sim N(\mu,\sigma^2)$. 已知 90 分以上有 12 人，60 分以下有 84 人，若从高分到低分依次录取，某人成绩为 78 分，问:此人能否被录取?

解 用 A 表示事件"应聘者的考试分数在 90 分以上"，则由考试成绩数据知，A 发生的频率为 $f(A)=\dfrac{12}{526}\approx 0.0228$，且

$$P(A)=P\{X>90\}=1-P\{X\leqslant 90\}=1-\Phi\left(\frac{90-\mu}{\sigma}\right).$$

令 $P(A)=f(A)$，则有

$$1-\Phi\left(\frac{90-\mu}{\sigma}\right)=0.0228,\quad \text{即}\quad \Phi\left(\frac{90-\mu}{\sigma}\right)=0.9772,$$

查表得

$$\frac{90-\mu}{\sigma}=2. \tag{2.31}$$

类似地，用 B 表示事件"应聘者的考试分数在 60 分以下"，则 B 发生的频率为 $f(B)=\dfrac{84}{526}\approx 0.1597$，且

$$P(B)=P\{X<60\}=\Phi\left(\frac{60-\mu}{\sigma}\right).$$

令 $P(B)=f(B)$，则有

$$\Phi\left(\frac{\mu-60}{\sigma}\right)=1-\Phi\left(\frac{60-\mu}{\sigma}\right)=0.8403,$$

查表得

$$\frac{\mu-60}{\sigma}\approx 1. \tag{2.32}$$

联立式(2.31)和式(2.32)解得 $\mu=70,\sigma=10$. 故

$$P\{X>78\}=1-\Phi\left(\frac{78-70}{10}\right)=1-\Phi(0.8)=0.2119.$$

又由题知录取率为 $p=\dfrac{155}{526}\approx 0.2947>0.2119$，因此此人被录取.

三、交通路线选择问题

例 2.5.3 某人坐出租车去火车站乘火车，现有两条路线可选择：第 1 条路线距离较短，但红绿灯较多，所需时间(单位：min) $X_1 \sim N(40, 10^2)$；第 2 条路线距离较长，但红绿灯较少，所需时间 $X_2 \sim N(50, 5^2)$. 问：

(1) 若动身时离火车开车只有 55 min，则选择哪条路线能及时赶到火车站的概率更高？

(2) 若选择走第 2 条路线，并希望以 0.98 以上的概率确保能在火车开车前 10 min 到达车站，则需提前多少时间出发？

解 (1) 若走第 1 条路线，则及时赶到火车站的概率为

$$P\{X_1 < 55\} = P\left\{\frac{X_1 - 40}{10} < \frac{55 - 40}{10}\right\} = \Phi(1.5) = 0.933\,2.$$

若走第 2 条路线，则及时赶到火车站的概率为

$$P\{X_2 < 55\} = P\left\{\frac{X_2 - 50}{5} < \frac{55 - 50}{5}\right\} = \Phi(1) = 0.841\,3.$$

故走第 1 条路线能及时赶到火车站的概率更高.

(2) 设需提前 t min 出发，由题有

$$P\{X_2 < t - 10\} \geqslant 0.98.$$

因 $P\{X_2 < t - 10\} = \Phi\left(\frac{t - 10 - 50}{5}\right)$，且查表得 $\Phi(2.055) = 0.98$，故有

$$\Phi\left(\frac{t - 60}{5}\right) \geqslant \Phi(2.055).$$

由分布函数的递增性有 $\frac{t - 60}{5} \geqslant 2.055$，解得 $t \geqslant 70.275$，故需提前约 71 min 出发.

高斯

泊松

总习题二

一、填空题

1. 设随机变量 X 的分布律为 $P\{X = k\} = a\frac{\lambda^k}{k!}(k = 0, 1, 2\cdots; \lambda > 0)$，则 $a =$ ________.

2. 设随机变量 X 的分布函数为

$$F(x)=\begin{cases}0, & x<-1,\\ a, & -1\leqslant x<1,\\ \dfrac{2}{3}-a, & 1\leqslant x<2,\\ a+b, & x\geqslant 2,\end{cases}$$

且 $P\{X=2\}=\dfrac{1}{2}$，则 $a=$ ________，$b=$ ________.

3. 设随机变量 X 的概率密度为 $f(x)=\begin{cases}k\mathrm{e}^{-\frac{x}{2}}, & x>0,\\ 0, & x\leqslant 0,\end{cases}$ 则 $k=$ ________，$P\{1<X\leqslant 2\}=$ ________，$P\{X=2\}=$ ________.

4. 设随机变量 X 服从泊松分布，且 $P\{X=1\}=P\{X=2\}$，则 $P\{X\geqslant 1\}=$ ________.

5. 设随机变量 X 的概率密度为 $f(x)=\dfrac{1}{2}\mathrm{e}^{-|x|}$，则 X 的分布函数为________.

二、选择题

1. 若 $F(x)$ 为(　　)，则 $F(x)$ 一定不可以为某一随机变量的分布函数.

A. 非负函数　　B. 连续函数　　C. 有界函数　　D. 单调递减函数

2. 下列函数中，(　　)能成为一连续型随机变量的概率密度.

A. $f(x)=\begin{cases}\sin x, & \pi\leqslant x\leqslant\dfrac{3\pi}{2},\\ 0, & \text{其他}\end{cases}$

B. $f(x)=\begin{cases}-\sin x, & \pi\leqslant x\leqslant\dfrac{3\pi}{2},\\ 0, & \text{其他}\end{cases}$

C. $f(x)=\begin{cases}\cos x, & \pi\leqslant x\leqslant\dfrac{3\pi}{2},\\ 0, & \text{其他}\end{cases}$

D. $f(x)=\begin{cases}1-\cos x, & \pi\leqslant x\leqslant\dfrac{3\pi}{2},\\ 0, & \text{其他}\end{cases}$

3. 设随机变量 $X\sim U(2,4)$，则 $P\{3<X<4\}=$(　　).

A. $P\{2.25<X<3.25\}$　　B. $P\{1.5<X<2.5\}$

C. $P\{3.5<X<4.5\}$　　D. $P\{4.5<X<5.5\}$

4. 设随机变量 $X\sim N(\mu,\sigma^2)$，则 σ 增大时，$P\{|X-\mu|<\sigma\}$ 的值(　　).

A. 单调递增　　B. 单调递减　　C. 保持不变　　D. 增减不定

5. 设随机变量 X 的概率密度为 $f(x)=\dfrac{1}{\pi(1+x^2)}$，则随机变量 $Y=2X$ 的概率密度为(　　).

A. $\dfrac{1}{\pi(1+y^2)}$　　B. $\dfrac{2}{\pi(4+y^2)}$

C. $\dfrac{1}{\pi(1+4y^2)}$　　D. $\dfrac{1}{\pi\left(1+\dfrac{1}{4}y^2\right)}$

三、计算题

1. 一袋中装有 4 个白球、2 个黑球. 现从中任取 2 个，以 X 表示取到的黑球个数，求随机变量 X 的分布律和分布函数.

2. 已知随机变量 X 的概率密度为

$$f(x)=\begin{cases}\dfrac{A}{\sqrt{1-x^2}}, & |x|<1,\\ 0, & |x|\geqslant 1,\end{cases}$$

求：

(1) 常数 A；

(2) $P\left\{-\dfrac{1}{2}<X<\dfrac{1}{2}\right\}$；

(3) X 的分布函数.

3. 已知每天到达某港口的油船数(单位：艘)X 服从参数为 $\lambda=2$ 的泊松分布，港口的设备一天只能为三艘油船服务，若一天中到达的油船超过三艘，则超出的油船必须转到其他港口.

(1) 求一天内必须有油船转走的概率.

(2) 问：设备增加到多少时，才能确保每天到达港口的油船有 0.9 以上的概率得到服务？

(3) 问：每天最可能有多少艘油船到达港口？

4. 一台机器装有 3 个独立工作的同型号的电子元件，各元件的寿命(单位：h)X 服从同一指数分布，X 的概率密度为

$$f(x)=\begin{cases}\dfrac{1}{600}\mathrm{e}^{-\frac{x}{600}}, & x>0,\\ 0, & \text{其他}.\end{cases}$$

求该机器在使用 200 h 后，至少有 1 个电子元件损坏的概率.

5. 某仪器需要安装一个电子管，要求电子管的寿命(单位：h) 不得低于 1 000 h. 现有甲、乙两厂生产的电子管可供选择，设甲厂电子管的寿命 $X\sim N(1\,100,50^2)$，乙厂电子管的寿命 $Y\sim N(1\,150,80^2)$. 问：应选择哪个工厂生产的电子管？若要求寿命在 1 050 h 以上，又应如何选择？

四、证明题

1. 设随机变量 X 在区间 (a,b) 上服从均匀分布，证明：随机变量 $Y=cX+d\,(c\neq 0)$ 也服从均匀分布.

2. 设随机变量 X 的概率密度和分布函数分别为 $f(x)$ 和 $F(x)$，且 $f(x)$ 关于 y 轴对称，证明：对于任意正数 a 有

$$F(-a)=1-F(a)=\frac{1}{2}-\int_0^a f(x)\mathrm{d}x.$$

五、考研题

1.(2010,数一、三)设随机变量 X 的分布函数为 $F(x)=\begin{cases}0, & x<0,\\ \frac{1}{2}, & 0\leqslant x<1,\\ 1-e^{-x}, & x\geqslant 1,\end{cases}$ 则 $P\{X=1\}=(\quad)$.

A. 0　　B. $\frac{1}{2}$　　C. $\frac{1}{2}-e^{-1}$　　D. $1-e^{-1}$

2.(2010,数一、三)设 $f_1(x)$ 为标准正态分布的概率密度,$f_2(x)$ 为区间$(-1,3)$上均匀分布的概率密度.若 $f(x)=\begin{cases}af_1(x), & x\leqslant 0,\\ bf_2(x), & x>0\end{cases}$ $(a>0,b>0)$为概率密度,则 a,b 应满足( ).

A. $2a+3b=4$　　B. $3a+2b=4$

C. $a+b=1$　　D. $a+b=2$

3.(2013,数一、三)设 X_1,X_2,X_3 是随机变量,且 $X_1\sim N(0,1)$,$X_2\sim N(0,2^2)$,$X_3\sim N(5,3^2)$,$p_i=P\{-2\leqslant X_i\leqslant 2\}(i=1,2,3)$,则( ).

A. $p_1>p_2>p_3$　　B. $p_2>p_1>p_3$

C. $p_3>p_1>p_2$　　D. $p_1>p_3>p_2$

4.(2016,数一)设随机变量 $X\sim N(\mu,\sigma^2)(\sigma>0)$,记 $p=P\{X\leqslant\mu+\sigma^2\}$,则( ).

A. p 随着 μ 的增加而增加　　B. p 随着 σ 的增加而增加

C. p 随着 μ 的增加而减少　　D. p 随着 σ 的增加而减少

5.(2018,数一、三)设 $f(x)$ 为某分布的概率密度,$f(1+x)=f(1-x)$,且 $\int_0^2 f(x)\mathrm{d}x=0.6$,则 $P\{X<0\}=(\quad)$.

A. 0.2　　B. 0.3　　C. 0.4　　D. 0.6

第3章 多维随机变量及其分布

在解决实际问题时，往往需要同时考虑试验结果多个方面的信息.例如，在进行射击训练时，若以靶心为原点建立直角坐标系，则命中点的位置可以用两个随机变量 X 和 Y 构成的向量 (X,Y) 表示.又如，要调查研究某地区某年龄段儿童的身体发育情况，则需要测量儿童的身高 X_1、体重 X_2、肺活量 X_3 等反映身体素质的多个指标，并把它们作为一个整体进行综合研究，即研究向量 (X_1,X_2,X_3).上述例子中出现的由多个随机变量构成的向量，称为多维随机变量.对于多维随机变量，不仅要研究各个随机变量的统计规律，还需要研究该多维随机变量的整体统计规律性.本章以二维随机变量为主，介绍多维随机变量的一些基本知识.

§3.1 二维随机变量及其分布

一、二维随机变量

定义 3.1.1 记 E 是一个随机试验，$\Omega=\{\omega\}$ 是它的样本空间.设 $X=X(\omega)$ 与 $Y=Y(\omega)$ 是定义在 Ω 上的两个随机变量，则称 (X,Y) 为(定义在 Ω 上的)**二维随机变量**或**二维随机向量**.

更一般地，对于任意正整数 n，设随机变量 $X_1=X_1(\omega),X_2=X_2(\omega),\cdots,X_n=X_n(\omega)$ 是定义在 Ω 上的 n 个随机变量，则称 $(X_1,X_2,\cdots,X_n)$ 为(定义在 Ω 上的)n **维随机变量**或 n **维随机向量**.

释疑解惑

(1) n 维随机变量是样本空间 Ω 到 n 维空间 $\mathbf{R}^n$ 的映射.由于试验结束前无法确切知道哪个样本点 ω 会出现，因此可以把 $(X_1(\omega),X_2(\omega),\cdots,X_n(\omega))$ 看作 $\mathbf{R}^n$ 中的随机点.

(2) n 维随机变量的任意 k 个分量 $(1\leqslant k\leqslant n)$，都确定一个 k 维随机变量.

类似于一维随机变量，二维随机变量的概率分布也通过如下分布函数来描述.

定义 3.1.2 设 (X,Y) 是二维随机变量，对于任意实数 x 和 y，称二元函数

$$F(x,y)=P\{X\leqslant x,Y\leqslant y\} \tag{3.1}$$

为二维随机变量(X,Y)的**分布函数**，或称为随机变量X和Y的**联合分布函数**.

如图3.1所示，对于任意$(x,y)\in \mathbf{R}^2$，$F(x,y)$在点(x,y)处的函数值就是随机点(X,Y)落在以直线$X=x$为右边界、直线$Y=y$为上边界、点(x,y)为右上顶点的无限大矩形区域内的概率，这就是二维随机变量(X,Y)的分布函数的几何意义. 由分布函数的几何意义易得，(X,Y)落在矩形区域$\{x_1<X\leqslant x_2,y_1<Y\leqslant y_2\}$（见图3.2）内的概率为

$$P\{x_1<X\leqslant x_2,y_1<Y\leqslant y_2\}=F(x_2,y_2)-F(x_2,y_1)-F(x_1,y_2)+F(x_1,y_1). \tag{3.2}$$

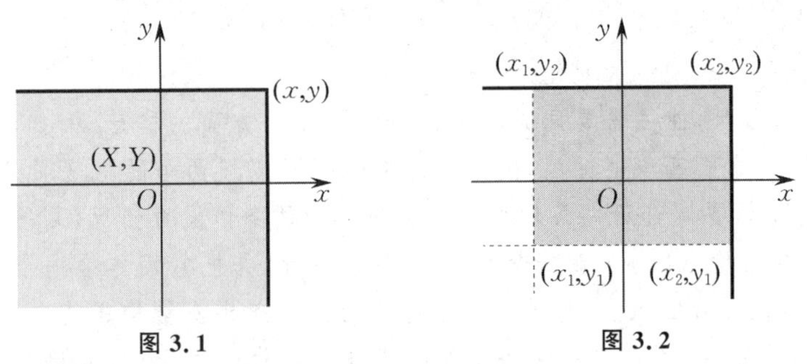

图 3.1　　图 3.2

不难证明，分布函数$F(x,y)$具有以下基本性质.

性质 3.1.1　$F(x,y)$是关于x和y的不减函数，即对于任意取定的y，当$x_2>x_1$时，$F(x_2,y)\geqslant F(x_1,y)$；对于任意取定的$x$，当$y_2>y_1$时，$F(x,y_2)\geqslant F(x,y_1)$.

性质 3.1.2　$0\leqslant F(x,y)\leqslant 1$，$F(-\infty,-\infty)=0$，$F(+\infty,+\infty)=1$，且对于任意取定的$z$，$F(-\infty,z)=0$，$F(z,-\infty)=0$.

性质 3.1.3　$F(x,y)$关于x和y是右连续的，即对于任意的x，有$F(x,y)=F(x+0,y)$；对于任意的y，有$F(x,y)=F(x,y+0)$.

例 3.1.1　设$F(x,y)=A(B+\arctan x)(C+\arctan y)$是二维随机变量$(X,Y)$的分布函数，试确定常数$A$，$B$和$C$.

解　由分布函数的性质3.1.2得，对于任意实数z，恒有

$$F(z,-\infty)=A(B+\arctan z)\left(C-\frac{\pi}{2}\right)=0,$$

$$F(-\infty,z)=A\left(B-\frac{\pi}{2}\right)(C+\arctan z)=0,$$

从而有

$$A\left(C-\frac{\pi}{2}\right)=0,\quad A\left(B-\frac{\pi}{2}\right)=0.$$

另外，有

$$F(+\infty,+\infty)=A\left(B+\frac{\pi}{2}\right)\left(C+\frac{\pi}{2}\right)=1,$$

联立解得 $A=\frac{1}{\pi^2},B=C=\frac{\pi}{2}$.

一般地,$n(n\geqslant 2)$ 维随机变量 $(X_1,X_2,\cdots,X_n)$ 的分布函数可定义为

$$F(x_1,x_2,\cdots,x_n)=P\{X_1\leqslant x_1,X_2\leqslant x_2,\cdots,X_n\leqslant x_n\},$$

其中 $x_1,x_2,\cdots,x_n$ 为任意实数. $F(x_1,x_2,\cdots,x_n)$ 也称为 n 个随机变量 $X_1,X_2,\cdots,X_n$ 的联合分布函数.

由二维随机变量的分布函数的性质,可以很容易推广到 n 维随机变量的分布函数,请读者自行列出.

与一维随机变量一样,常见的二维随机变量有两种类型:离散型与连续型.

二、二维离散型随机变量

定义 3.1.3 若二维随机变量 (X,Y) 的所有可能取值是有限对或可列无穷多对,则称 (X,Y) 为**二维离散型随机变量**.

设二维离散型随机变量 (X,Y) 的所有可能取值为 $(x_i,y_j),i,j=1,2,\cdots$,且 (X,Y) 取每对可能值的概率为

$$P\{X=x_i,Y=y_j\}=p_{ij},\quad i,j=1,2,\cdots, \tag{3.3}$$

称式(3.3)为二维离散型随机变量 (X,Y) 的**分布律**,或称为 X 和 Y 的**联合分布律**.二维离散型随机变量 (X,Y) 的分布律也常用如表 3.1 所示的形式表示.

表 3.1

Y	X				
	x_1	x_2	$\cdots$	x_i	$\cdots$
y_1	p_{11}	p_{21}	$\cdots$	p_{i1}	$\cdots$
y_2	p_{12}	p_{22}	$\cdots$	p_{i2}	$\cdots$
$\vdots$	$\vdots$	$\vdots$		$\vdots$	
y_j	p_{1j}	p_{2j}	$\cdots$	p_{ij}	$\cdots$
$\vdots$	$\vdots$	$\vdots$		$\vdots$	

由概率的定义易知 p_{ij} 具有如下性质.

性质 3.1.4 非负性: $p_{ij}\geqslant 0,i,j=1,2,\cdots$.

性质 3.1.5 正则性: $\sum\limits_{i,j}p_{ij}=1$.

离散型随机变量 (X,Y) 的分布函数为

$$F(x,y)=P\{X\leqslant x,Y\leqslant y\}=\sum_{x_i\leqslant x}\sum_{y_j\leqslant y}p_{ij}, \tag{3.4}$$

其中和式对所有满足 $x_i\leqslant x,y_j\leqslant y$ 的 i,j 求和.

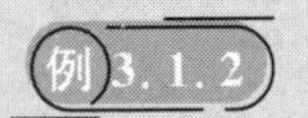 设二维离散型随机变量(X,Y)的分布律如表3.2所示，求：

(1) 常数a；

(2) $P\{X\geqslant 1,Y>1\}$及$P\{X=-1\}$.

表3.2

Y	X		
	-1	1	3
-1	0.1	0.1	$2a$
0	0	a	0.2
2	0.1	0.1	0.1

解 (1) 由性质3.1.5，有

$$0.1+0.1+2a+0+a+0.2+0.1+0.1+0.1=1,$$

得$a=0.1$.

(2) 由题可得

$$P\{X\geqslant 1,Y>1\}=P\{X=1,Y=2\}+P\{X=3,Y=2\}=0.2,$$

$$P\{X=-1\}=P\{X=-1,Y=-1\}+P\{X=-1,Y=0\}+P\{X=-1,Y=2\}=0.2.$$

例3.1.3 10个产品中有2个优等品、7个一等品、1个次品.现从中任取3个产品，用X表示取到优等品的个数，用Y表示取到次品的个数，求二维随机变量(X,Y)的分布律.

解 易知X的所有可能取值为0,1,2,Y的所有可能取值为0,1,则二维随机变量(X,Y)的分布律如表3.3所示.

表3.3

Y	X		
	0	1	2
0	$\frac{C_2^0C_7^3C_1^0}{C_{10}^3}=\frac{35}{120}$	$\frac{C_2^1C_7^2C_1^0}{C_{10}^3}=\frac{42}{120}$	$\frac{C_2^2C_7^1C_1^0}{C_{10}^3}=\frac{7}{120}$
1	$\frac{C_2^0C_7^2C_1^1}{C_{10}^3}=\frac{21}{120}$	$\frac{C_2^1C_7^1C_1^1}{C_{10}^3}=\frac{14}{120}$	$\frac{C_2^2C_7^0C_1^1}{C_{10}^3}=\frac{1}{120}$

三、二维连续型随机变量

定义3.1.4 设二维随机变量(X,Y)的分布函数为$F(x,y)$.若存在一个非负可积函数$f(x,y)$，使得对于任意实数x,y，有

$$F(x,y)=P\{X\leqslant x,Y\leqslant y\}=\int_{-\infty}^{x}\int_{-\infty}^{y}f(u,v)\mathrm{d}v\mathrm{d}u, \tag{3.5}$$

则称(X,Y)为**二维连续型随机变量**，称$f(x,y)$为(X,Y)的**概率密度**，或称为X和Y的**联合概率密度**.

式(3.5)右端对应的二重积分的积分区域，就是图3.1中的阴影部分.由定义3.1.4及二

元变上限函数的性质知,二维连续型随机变量的分布函数在二维空间 $\mathbf{R}^2$ 上连续.

一般地,$n(n\geqslant 2)$ 维连续型随机变量的分布函数和概率密度应满足

$$F(x_1,x_2,\cdots,x_n)=P\{X_1\leqslant x_1,X_2\leqslant x_2,\cdots,X_n\leqslant x_n\}$$
$$=\int_{-\infty}^{x_1}\int_{-\infty}^{x_2}\cdots\int_{-\infty}^{x_n}f(u_1,u_2,\cdots,u_n)\,\mathrm{d}u_n\cdots\mathrm{d}u_2\mathrm{d}u_1.$$

二维连续型随机变量的概率密度 $f(x,y)$ 具有如下性质.

性质 3.1.6 $f(x,y)\geqslant 0,-\infty<x<+\infty,-\infty<y<+\infty.$

性质 3.1.7 $\displaystyle\int_{-\infty}^{+\infty}\int_{-\infty}^{+\infty}f(x,y)\,\mathrm{d}x\,\mathrm{d}y=1.$

性质 3.1.8 若 $f(x,y)$ 在点 (x,y) 处连续,则有 $\dfrac{\partial^2F(x,y)}{\partial x\partial y}=f(x,y).$

性质 3.1.9 设 G 为 xOy 平面上的任一区域,随机点 (X,Y) 落在 G 内的概率为

$$P\{(X,Y)\in G\}=\iint_G f(x,y)\,\mathrm{d}x\,\mathrm{d}y. \tag{3.6}$$

释疑解惑

概率密度 $z=f(x,y)$ 在三维空间 $\mathbf{R}^3$ 中表示一张曲面 Σ,性质 3.1.7 表示介于 Σ 和 xOy 平面之间的空间立体的体积等于 1,性质 3.1.9 表示 $P\{(X,Y)\in G\}$ 的值等于以 xOy 平面上的区域 G 为底、曲面 Σ 为顶的曲顶柱体的体积.

例 3.1.4 设二维随机变量 (X,Y) 的概率密度为

$$f(x,y)=\begin{cases}kxy, & 0\leqslant x\leqslant 2,0\leqslant y\leqslant 3,\\ 0, & \text{其他},\end{cases}$$

求:

(1) 常数 k;

(2) $P\{3X>2Y\}$;

(3) (X,Y) 的分布函数.

解 (1) 设 $D=\{(x,y)\mid 0\leqslant x\leqslant 2,0\leqslant y\leqslant 3\}$,如图 3.3 所示.由性质 3.1.7,有

$$1=\int_{-\infty}^{+\infty}\int_{-\infty}^{+\infty}f(x,y)\,\mathrm{d}x\,\mathrm{d}y=\iint_D kxy\,\mathrm{d}x\,\mathrm{d}y$$
$$=\int_0^3\int_0^2 kxy\,\mathrm{d}x\,\mathrm{d}y=\int_0^3 2ky\,\mathrm{d}y=9k,$$

得 $k=\dfrac{1}{9}$.

(2) 设 $G=\{(x,y)\mid 3x>2y\}$,如图 3.4 所示.由性质 3.1.9,有

$$P\{3X>2Y\}=\iint_{G} f(x,y)\mathrm{d}x\,\mathrm{d}y$$

$$=\iint_{G\cap D} f(x,y)\mathrm{d}x\,\mathrm{d}y=\int_0^2 \mathrm{d}x\int_0^{\frac{3x}{2}} \frac{1}{9}xy\,\mathrm{d}y=\int_0^2 \frac{1}{8}x^3\mathrm{d}x=\frac{1}{2}.$$

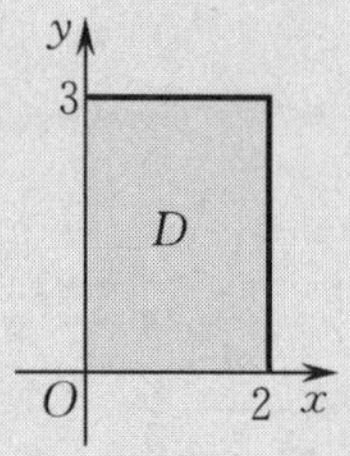

图 3.3 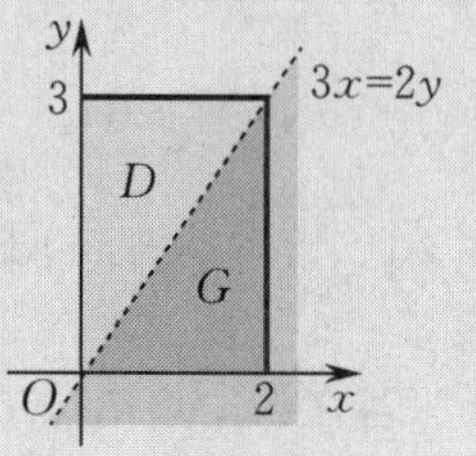　　　　图 3.4

(3) 由式(3.5) 知,(X,Y) 的分布函数为

$$F(x,y)=\int_{-\infty}^{x}\int_{-\infty}^{y} f(u,v)\mathrm{d}v\,\mathrm{d}u,\quad -\infty<x<+\infty,-\infty<y<+\infty.$$

由图 3.5 知,

当 $x<0$ 或 $y<0$ 时,

$$F(x,y)=\int_{-\infty}^{x}\int_{-\infty}^{y} 0\mathrm{d}v\,\mathrm{d}u=0;$$

当 $0\leqslant x<2,0\leqslant y<3$ 时,

$$F(x,y)=\int_0^x\int_0^y \frac{1}{9}uv\,\mathrm{d}v\,\mathrm{d}u=\int_0^x \frac{1}{18}uy^2\mathrm{d}u=\frac{x^2y^2}{36};$$

当 $0\leqslant x<2,y\geqslant 3$ 时,

$$F(x,y)=\int_0^x\int_0^3 \frac{1}{9}uv\,\mathrm{d}v\,\mathrm{d}u=\int_0^x \frac{1}{2}u\,\mathrm{d}u=\frac{x^2}{4};$$

当 $x\geqslant 2,0\leqslant y<3$ 时,

$$F(x,y)=\int_0^2\int_0^y \frac{1}{9}uv\,\mathrm{d}v\,\mathrm{d}u=\int_0^2 \frac{1}{18}uy^2\mathrm{d}u=\frac{y^2}{9};$$

当 $x\geqslant 2,y\geqslant 3$ 时,

$$F(x,y)=\int_0^2\int_0^3 \frac{1}{9}uv\,\mathrm{d}v\,\mathrm{d}u=\int_0^2 \frac{1}{2}u\,\mathrm{d}u=1.$$

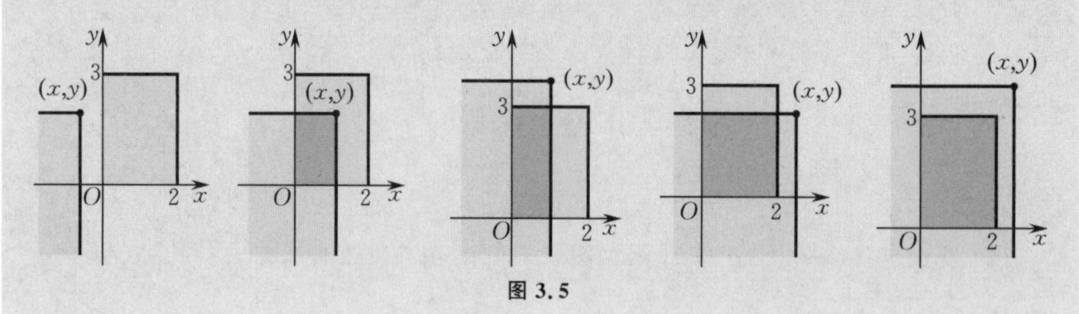

图 3.5

综上,(X,Y) 的分布函数为

$$F(x,y)=\begin{cases}0, & x<0 \text{ 或 } y<0,\\ \dfrac{x^2y^2}{36}, & 0\leqslant x<2,0\leqslant y<3,\\ \dfrac{x^2}{4}, & 0\leqslant x<2,y\geqslant 3,\\ \dfrac{y^2}{9}, & x\geqslant 2,0\leqslant y<3,\\ 1, & x\geqslant 2,y\geqslant 3.\end{cases}$$

与一维随机变量类似,可定义如下常用的二维均匀分布和二维正态分布.

1. 二维均匀分布

设 D 是平面上的有界区域,其面积为 A.若二维随机变量 (X,Y) 具有概率密度

$$f(x,y)=\begin{cases}\dfrac{1}{A}, & (x,y)\in D,\\ 0, & \text{其他},\end{cases} \tag{3.7}$$

则称 (X,Y) 在 D 上服从**二维均匀分布**.

二维均匀分布的"均匀性"体现在:二维随机变量 (X,Y) 在 D 上任意区域 G 内取值的概率,仅与 G 的面积有关,而与 G 的具体位置和形状无关.

例 3.1.5 设二维随机变量 (X,Y) 在三角形区域 $D=\{(x,y)\mid 0\leqslant x\leqslant 2-y\leqslant 2\}$ 上服从二维均匀分布,求:

(1) (X,Y) 的概率密度;

(2) $P\{0<X<1,0<Y<2\}$.

解 (1) 区域 D 如图 3.6 所示,易得其面积 $A=2$,故由式(3.7)可得 (X,Y) 的概率密度为

$$f(x,y)=\begin{cases}\dfrac{1}{2}, & 0\leqslant x\leqslant 2-y\leqslant 2,\\ 0, & \text{其他}.\end{cases}$$

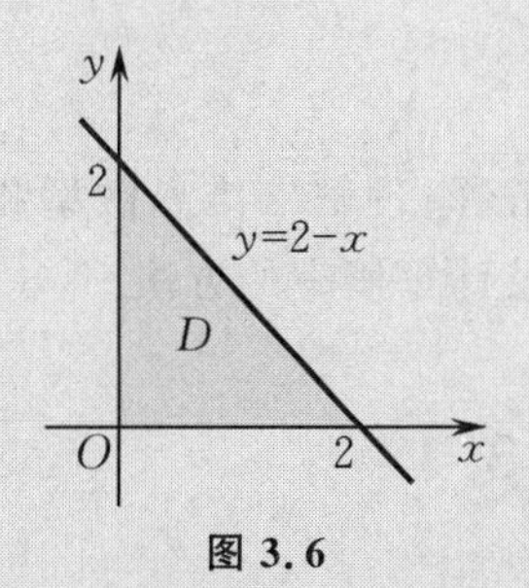

图 3.6

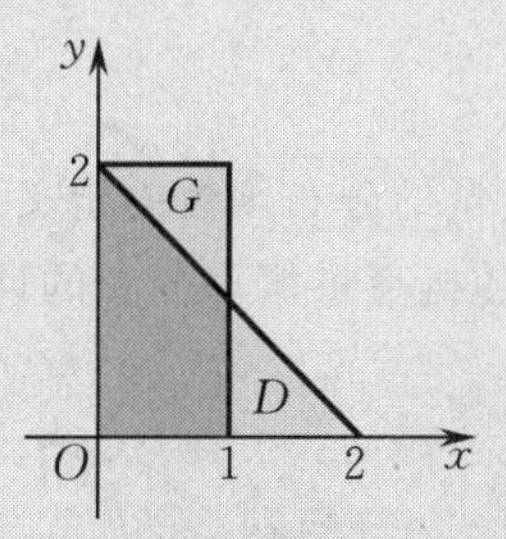

图 3.7

(2) 设 $G=\{(x,y)\mid 0<x<1,0<y<2\}$,如图 3.7 所示.由性质 3.1.9,有

$$P\{0<X<1,0<Y<2\}=\iint_G f(x,y)\mathrm{d}x\mathrm{d}y=\iint_{G\cap D}\frac{1}{2}\mathrm{d}x\mathrm{d}y$$
$$=\frac{1}{2}\times\frac{1}{2}\times(1+2)\times1=\frac{3}{4}.$$

2. 二维正态分布

若二维随机变量(X,Y)具有概率密度

$$f(x,y)=\frac{1}{2\pi\sigma_1\sigma_2\sqrt{1-\rho^2}}\exp\left\{-\frac{1}{2(1-\rho^2)}\left[\frac{(x-\mu_1)^2}{\sigma_1^2}-2\rho\frac{(x-\mu_1)(y-\mu_2)}{\sigma_1\sigma_2}+\frac{(y-\mu_2)^2}{\sigma_2^2}\right]\right\},\quad -\infty<x<+\infty,-\infty<y<+\infty,$$

其中$\mu_1,\mu_2,\sigma_1,\sigma_2,\rho$均为常数,且$\sigma_1>0,\sigma_2>0,-1<\rho<1$,则称$(X,Y)$服从参数为$\mu_1,\mu_2,\sigma_1,\sigma_2,\rho$的**二维正态分布**,记为$(X,Y)\sim N(\mu_1,\mu_2,\sigma_1^2,\sigma_2^2,\rho)$.

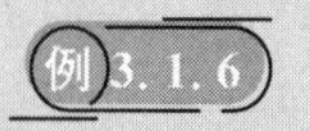
例 3.1.6 设二维随机变量$(X,Y)\sim N(0,1,\sigma^2,\sigma^2,0)$,求$P\{X+1<Y\}$.

解 易知(X,Y)的概率密度为

$$f(x,y)=\frac{1}{2\pi\sigma^2}e^{-\frac{x^2+(y-1)^2}{2\sigma^2}},\quad -\infty<x<+\infty,-\infty<y<+\infty,$$

从而

$$P\{X+1<Y\}=\iint_{x+1<y}\frac{1}{2\pi\sigma^2}e^{-\frac{x^2+(y-1)^2}{2\sigma^2}}\mathrm{d}x\mathrm{d}y=\iint_{x<y-1}\frac{1}{2\pi\sigma^2}e^{-\frac{x^2+(y-1)^2}{2\sigma^2}}\mathrm{d}x\mathrm{d}y.$$

做极坐标变换$\begin{cases}x=r\cos\theta,\\y=1+r\sin\theta,\end{cases}$则

$$P\{X+1<Y\}=\int_{\frac{\pi}{4}}^{\frac{5\pi}{4}}\mathrm{d}\theta\int_0^{+\infty}\frac{1}{2\pi\sigma^2}e^{-\frac{r^2}{2\sigma^2}}\cdot r\mathrm{d}r=\frac{1}{2}.$$

小节要点

理解二维随机变量的分布函数的定义及几何解释;理解二维离散型和连续型随机变量的定义;熟练掌握二维随机变量概率分布的性质,以及计算概率的方法.

习 题 3.1

基础练习

1. 设二维随机变量(X,Y)的分布函数为

$$F(x,y)=\begin{cases}A-e^{-x}-e^{-y}+e^{-(x+y)}, & x>0,y>0,\\0, & 其他,\end{cases}$$

求：

(1) 常数 A；

(2) $P\{-1<X\leqslant 1,1<Y\leqslant 2\}$；

(3) (X,Y) 的概率密度.

2. 设二维离散型随机变量 (X,Y) 的分布律如表 3.4 所示，求：

(1) 常数 a；

(2) $P\{X<2,Y>-1\}$ 及 $P\{XY\geqslant 0\}$.

表 3.4

Y	X		
	−2	1	2
−1	0.2	a	0.1
0	$2a$	0.1	0.3

3. 设二维随机变量 (X,Y) 等可能地取下列数对：

$$(1,0),\quad (1,1),\quad (2,1),\quad (2,2),\quad (3,0),\quad (3,1),\quad (3,2),$$

求：

(1) (X,Y) 的分布律；

(2) $P\{\max\{X,Y\}<2\}$.

4. 设二维随机变量 (X,Y) 在平面区域 $D=\{(x,y)\mid x^2\leqslant y\leqslant 1\}$ 上服从均匀分布，求：

(1) (X,Y) 的概率密度；

(2) $P\{|Y|\geqslant X\}$.

5. 设二维随机变量 $(X,Y)\sim N(0,0,1,1,0)$，求 $P\{X>Y\}$.

进阶训练

1. 设随机变量 X 的概率密度为

$$f_X(x)=\begin{cases}\dfrac{1}{2}, & -1<x<0,\\[2mm]\dfrac{1}{4}, & 0\leqslant x<2,\\[2mm]0, & 其他.\end{cases}$$

令 $Y=X^2$，$F(x,y)$ 为二维随机变量 (X,Y) 的分布函数，求 $F(1,4)$.

2. 设随机变量 U 在区间 $[-2,2]$ 上服从均匀分布，随机变量

$$X=\begin{cases}-1, & U\leqslant -1,\\0, & 其他,\end{cases}\qquad Y=\begin{cases}-1, & U\leqslant 1,\\0, & 其他,\end{cases}$$

求二维随机变量 (X,Y) 的分布律.

3. 设二维随机变量 (X,Y) 的概率密度为

$$f(x,y)=\begin{cases}k e^{-(x+2y)}, & x>0,y>0,\\0, & 其他,\end{cases}$$

求：

(1) 常数 k；

(2) $P\{X>Y\}$；

(3) (X,Y) 的分布函数.

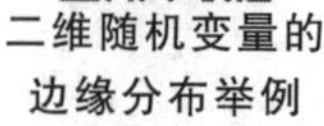

二维随机变量的
边缘分布举例

边 缘 分 布

分布函数 $F(x,y)$ 描述了两个随机变量 X 和 Y 作为一个整体所具有的统计特征. 同时，我们也应该注意到，X(或 Y) 作为一维随机变量，本身也具有概率分布. 一般地，在多维随机变量中，单个随机变量或部分随机变量对应的概率分布称为**边缘分布**.

一、边缘分布函数

设二维随机变量 (X,Y) 的分布函数为 $F(x,y)$，记 X(或 Y) 的分布函数为 $F_X(x)$(或 $F_Y(y)$)，则称 $F_X(x)$(或 $F_Y(y)$) 为二维随机变量 (X,Y) 关于 X(或 Y) 的**边缘分布函数**.

由事件的关系与运算易得，对于任意的 x,y，有

$$F_X(x)=P\{X\leqslant x\}=P\{X\leqslant x,Y<+\infty\}=F(x,+\infty)=\lim_{y\to+\infty}F(x,y), \quad (3.8)$$

$$F_Y(y)=P\{Y\leqslant y\}=P\{X<+\infty,Y\leqslant y\}=F(+\infty,y)=\lim_{x\to+\infty}F(x,y). \quad (3.9)$$

这也表示 (X,Y) 关于 X(或 Y) 的边缘分布函数可以由 (X,Y) 的分布函数 $F(x,y)$ 确定.

例 3.2.1 设有两个电子元件，其寿命(单位：h) 分别为 X 和 Y. 现将它们并联组成一个系统，已知 (X,Y) 的分布函数为

$$F(x,y)=\begin{cases}1-\mathrm{e}^{-0.01x}-\mathrm{e}^{-0.01y}+\mathrm{e}^{-0.01(x+y)}, & x\geqslant 0,y\geqslant 0,\\ 0, & \text{其他},\end{cases}$$

求：

(1) 边缘分布函数 $F_X(x)$ 和 $F_Y(y)$；

(2) 系统使用寿命在 100 h 以上的概率.

解 (1) 由式(3.8) 和式(3.9)，有

$$F_X(x)=F(x,+\infty)=\lim_{y\to+\infty}F(x,y)=\begin{cases}1-\mathrm{e}^{-0.01x}, & x\geqslant 0,\\ 0, & \text{其他},\end{cases}$$

$$F_Y(y)=F(+\infty,y)=\lim_{x\to+\infty}F(x,y)=\begin{cases}1-\mathrm{e}^{-0.01y}, & y\geqslant 0,\\ 0, & \text{其他}.\end{cases}$$

(2) 所求概率为

$$\begin{aligned}P\{\{X>100\}\cup\{Y>100\}\}&=1-P\{\overline{\{X>100\}\cup\{Y>100\}}\}\\&=1-P\{X\leqslant 100,Y\leqslant 100\}\\&=1-F(100,100)=2\mathrm{e}^{-1}-\mathrm{e}^{-2}.\end{aligned}$$

下面分别讨论二维离散型与二维连续型随机变量的边缘分布.

二、二维离散型随机变量的边缘分布律

设(X,Y)是二维离散型随机变量，其分布律为

$$P\{X=x_i,Y=y_j\}=p_{ij},\quad i,j=1,2,\cdots.$$

因$\bigcup\limits_j\{Y=y_j\}=\Omega$，故有

$$P\{X=x_i\}=P\{\bigcup_j\{X=x_i,Y=y_j\}\}=\sum_j P\{X=x_i,Y=y_j\}=\sum_j p_{ij},\quad i=1,2,\cdots,\tag{3.10}$$

称式(3.10)为(X,Y)关于X的**边缘分布律**，记为$p_{i\cdot}$.

同理可得

$$P\{Y=y_j\}=\sum_i p_{ij},\quad j=1,2,\cdots,\tag{3.11}$$

称式(3.11)为(X,Y)关于Y的边缘分布律，记为$p_{\cdot j}$.

由式(3.10)和式(3.11)知，边缘分布律$p_{i\cdot}$(或$p_{\cdot j}$)可由在(X,Y)的分布律表中与x_i(或y_j)同一列(或行)的概率求和得到.

例3.2.2 设配件箱中有3个合格品、2个次品. 现从中抽取2次，每次随机取1个，按如下方式定义随机变量$X_i(i=1,2)$：

$$X_i=\begin{cases}1, & 第\ i\ 次取到合格品,\\ 0, & 第\ i\ 次取到次品.\end{cases}$$

试分别求出在下列两种抽取方式下，X_1和X_2的联合分布律与边缘分布律：

(1) 有放回抽取；

(2) 不放回抽取.

解 (1) 采取有放回抽取时，X_1和X_2的联合分布律与边缘分布律如表3.5所示.

表3.5

X_2	X_1		$p_{\cdot j}$
	0	1	
0	$\frac{2}{5}\times\frac{2}{5}$	$\frac{3}{5}\times\frac{2}{5}$	$\frac{2}{5}$
1	$\frac{2}{5}\times\frac{3}{5}$	$\frac{3}{5}\times\frac{3}{5}$	$\frac{3}{5}$
$p_{i\cdot}$	$\frac{2}{5}$	$\frac{3}{5}$	

X_1和X_2的边缘分布律也可以单独列表表示(见表3.6和表3.7).

表3.6

X_1	0	1
p	$\frac{2}{5}$	$\frac{3}{5}$

表3.7

X_2	0	1
p	$\frac{2}{5}$	$\frac{3}{5}$

(2) 采取不放回抽取时，X_1 和 X_2 的联合分布律与边缘分布律如表 3.8 所示.

表 3.8

X_2	X_1		$p_{\cdot j}$
	0	1	
0	$\frac{2}{5}\times\frac{1}{4}$	$\frac{3}{5}\times\frac{2}{4}$	$\frac{2}{5}$
1	$\frac{2}{5}\times\frac{3}{4}$	$\frac{3}{5}\times\frac{2}{4}$	$\frac{3}{5}$
$p_{i\cdot}$	$\frac{2}{5}$	$\frac{3}{5}$	

注意 例 3.2.2 中在两种不同抽取方式下的两对边缘分布律是相同的，但它们的联合分布律却不同. 由此可见，边缘分布律是孤立地考察二维随机变量的某一部分，只能获得“局部”信息，并不能完全反映其“全局”特征，以及这些“局部”信息之间的联系.

课程思政

苏轼形容庐山“横看成岭侧成峰，远近高低各不同”，说明人们对同一现象，从不同的视角、用不同的观点或采取不同的思维方式，都可能会获得不一样的信息. 成语“兼听则明，偏信则暗”告诫我们，正确的认知应该是基于全面信息的，越是片面的信息，距离真相越远. 遇事不必急于下结论，一知半解时，更应该沉下心来对事情进一步调查和研判，以免被误导，做出错误的决策.

三、二维连续型随机变量的边缘概率密度

设(X,Y)是二维连续型随机变量，其概率密度为 $f(x,y)$. 由

$$F_X(x)=F(x,+\infty)=\int_{-\infty}^{x}\left(\int_{-\infty}^{+\infty}f(u,v)\mathrm{d}v\right)\mathrm{d}u$$

及连续型随机变量的定义可知，X 是一个连续型随机变量，且其概率密度为

$$f_X(x)=\frac{\mathrm{d}F_X(x)}{\mathrm{d}x}=\int_{-\infty}^{+\infty}f(x,y)\mathrm{d}y. \tag{3.12}$$

同理可得，Y 也是一个连续型随机变量，其概率密度为

$$f_Y(y)=\frac{\mathrm{d}F_Y(y)}{\mathrm{d}y}=\int_{-\infty}^{+\infty}f(x,y)\mathrm{d}x. \tag{3.13}$$

分别称 $f_X(x)$，$f_Y(y)$ 为(X,Y)关于 X 和关于 Y 的**边缘概率密度**或**边缘密度函数**.

释疑解惑

求二维随机变量(X,Y)的边缘概率密度时，若概率密度 $f(x,y)$ 不是分段函数，则利用式(3.12)或式(3.13)直接求积分即可；若 $f(x,y)$ 是分段函数，如

$$f(x,y)=\begin{cases}g(x,y), & (x,y)\in D,\\ 0, & \text{其他},\end{cases}$$

其中 $g(x,y)\neq 0$，则求 $f_X(x)$ 时，可将 D 表示为 X-型区域，即 $D=\{(x,y)\mid a\leqslant x\leqslant b,\varphi_1(x)\leqslant y\leqslant\varphi_2(x)\}$，再利用式(3.12) 分段积分求解. 类似地，求 $f_Y(y)$ 时，可将 D 表示为 Y-型区域，即 $D=\{(x,y)\mid c\leqslant y\leqslant d,\psi_1(y)\leqslant x\leqslant\psi_2(y)\}$，再利用式(3.13) 分段积分求解.

例 3.2.3 设二维随机变量 (X,Y) 具有概率密度

$$f(x,y)=\begin{cases}\dfrac{3}{4}, & x^2\leqslant y\leqslant 2x,\\ 0, & \text{其他},\end{cases}$$

求边缘概率密度 $f_X(x)$ 和 $f_Y(y)$.

解 将 $f(x,y)\neq 0$ 的区域 D 表示为 X-型区域，如图 3.8 所示，有

$$D=\{(x,y)\mid 0\leqslant x\leqslant 2,x^2\leqslant y\leqslant 2x\},$$

从而由式(3.12) 得

$$f_X(x)=\int_{-\infty}^{+\infty}f(x,y)\mathrm{d}y=\begin{cases}\displaystyle\int_{x^2}^{2x}\frac{3}{4}\mathrm{d}y, & 0\leqslant x\leqslant 2,\\ \displaystyle\int_{-\infty}^{+\infty}0\mathrm{d}y, & \text{其他}\end{cases}=\begin{cases}\dfrac{3}{4}(2x-x^2), & 0\leqslant x\leqslant 2,\\ 0, & \text{其他}.\end{cases}$$

类似地，将 $f(x,y)\neq 0$ 的区域 D 表示为 Y-型区域，如图 3.9 所示，有

$$D=\left\{(x,y)\middle|0\leqslant y\leqslant 4,\frac{y}{2}\leqslant x\leqslant\sqrt{y}\right\},$$

从而由式(3.13) 得

$$f_Y(y)=\int_{-\infty}^{+\infty}f(x,y)\mathrm{d}x=\begin{cases}\displaystyle\int_{\frac{y}{2}}^{\sqrt{y}}\frac{3}{4}\mathrm{d}x, & 0\leqslant y\leqslant 4,\\ \displaystyle\int_{-\infty}^{+\infty}0\mathrm{d}x, & \text{其他}\end{cases}$$

$$=\begin{cases}\dfrac{3}{4}\left(\sqrt{y}-\dfrac{y}{2}\right), & 0\leqslant y\leqslant 4,\\ 0, & \text{其他}.\end{cases}$$

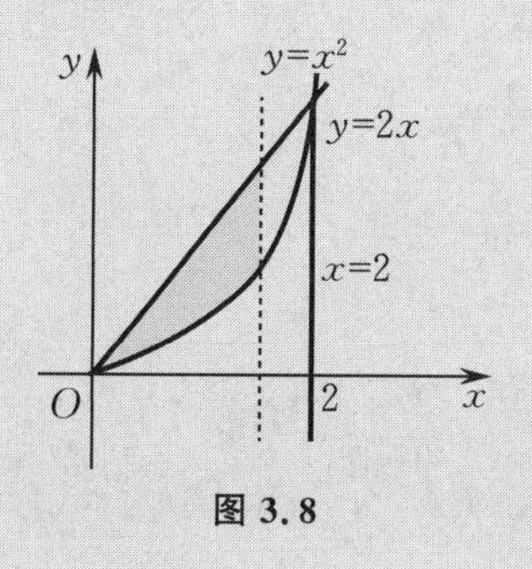

图 3.8

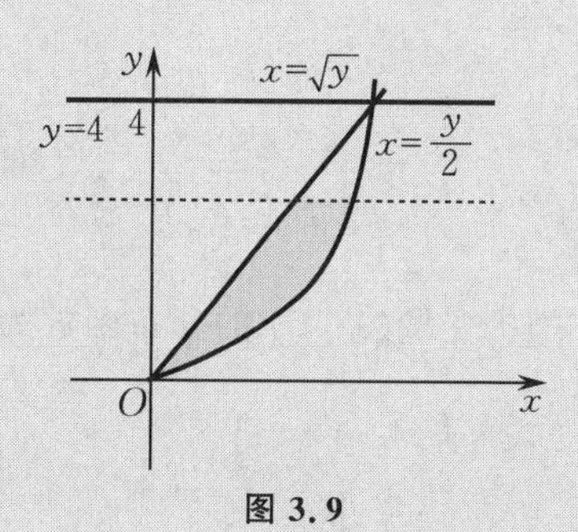

图 3.9

例 3.2.4 设二维随机变量$(X,Y)\sim N(\mu_1,\mu_2,\sigma_1^2,\sigma_2^2,\rho)$,求边缘概率密度$f_X(x)$和$f_Y(y)$.

解 因为

$$\frac{(y-\mu_2)^2}{\sigma_2^2}-2\rho\frac{(x-\mu_1)(y-\mu_2)}{\sigma_1\sigma_2}=\left(\frac{y-\mu_2}{\sigma_2}-\rho\frac{x-\mu_1}{\sigma_1}\right)^2-\rho^2\frac{(x-\mu_1)^2}{\sigma_1^2},$$

所以

$$\begin{aligned}f_X(x)&=\int_{-\infty}^{+\infty}f(x,y)\mathrm{d}y\\&=\frac{1}{2\pi\sigma_1\sigma_2\sqrt{1-\rho^2}}\mathrm{e}^{-\frac{(x-\mu_1)^2}{2\sigma_1^2}}\int_{-\infty}^{+\infty}\mathrm{e}^{-\frac{1}{2(1-\rho^2)}\left(\frac{y-\mu_2}{\sigma_2}-\rho\frac{x-\mu_1}{\sigma_1}\right)^2}\mathrm{d}y.\end{aligned}$$

令$t=\frac{1}{\sqrt{1-\rho^2}}\left(\frac{y-\mu_2}{\sigma_2}-\rho\frac{x-\mu_1}{\sigma_1}\right)$,则有

$$f_X(x)=\frac{1}{2\pi\sigma_1}\mathrm{e}^{-\frac{(x-\mu_1)^2}{2\sigma_1^2}}\int_{-\infty}^{+\infty}\mathrm{e}^{-\frac{t^2}{2}}\mathrm{d}t=\frac{1}{\sqrt{2\pi}\sigma_1}\mathrm{e}^{-\frac{(x-\mu_1)^2}{2\sigma_1^2}},\quad -\infty<x<+\infty.$$

同理可得,

$$f_Y(y)=\frac{1}{\sqrt{2\pi}\sigma_2}\mathrm{e}^{-\frac{(y-\mu_2)^2}{2\sigma_2^2}},\quad -\infty<y<+\infty.$$

由例3.2.4知,二维正态分布的两个边缘分布都是一维正态分布,并且都不依赖于参数ρ.也就是说,对于给定的参数$\mu_1,\mu_2,\sigma_1,\sigma_2$,不同的$\rho$对应于不同的二维正态分布,但它们的边缘分布却是一样的.这表明,一般情况下,仅凭随机变量X和Y的边缘分布,是无法确定X和Y的联合分布的.

熟练掌握由联合分布计算边缘分布的方法;正确理解联合分布与边缘分布的关系.边缘分布的计算与后续条件分布、独立性等内容密切相关.

习 题 3.2

基础练习

1. 设二维随机变量(X,Y)的分布函数为

$$F(x,y)=\begin{cases}1-\mathrm{e}^{-x}-\mathrm{e}^{-y}+\mathrm{e}^{-(x+y)}, & x>0,y>0,\\0, & \text{其他},\end{cases}$$

求边缘分布函数$F_X(x)$和$F_Y(y)$.

2. 根据以往资料,市场上售卖的某品牌液晶屏的寿命等级X和亮度等级Y的联合分布律

如表 3.9 所示,求 X 和 Y 的边缘分布律.

表 3.9

Y	X		
	1	2	3
1	0.2	0.3	0.1
2	0.2	0.1	0.1

3. 设二维随机变量 (X,Y) 在平面区域 $D=\{(x,y)\mid x^2\leqslant y\leqslant 1\}$ 上服从二维均匀分布,求边缘概率密度 $f_X(x)$ 和 $f_Y(y)$.

4. 设二维随机变量 (X,Y) 的概率密度为

$$f(x,y)=\begin{cases}1, & 0<y<1,|x|\leqslant y,\\ 0, & \text{其他},\end{cases}$$

求边缘概率密度 $f_X(x)$ 和 $f_Y(y)$.

5. 设二维随机变量 (X,Y) 的概率密度为

$$f(x,y)=\begin{cases}2\mathrm{e}^{-(x+2y)}, & x>0,y>0,\\ 0, & \text{其他},\end{cases}$$

求边缘概率密度 $f_X(x)$ 和 $f_Y(y)$.

进阶训练

1. 设随机变量 X 在整数 1,2,3,4 中等可能地取值,另一个随机变量 Y 在整数 $1,2,\cdots,X$ 中等可能地取值,求:

(1) (X,Y) 的分布律;

(2) Y 的分布律.

2. 设二维随机变量 (X,Y) 的概率密度为

$$f(x,y)=\begin{cases}\dfrac{1}{2}y(3-x), & 0<x<2,0<y<x,\\ 0, & \text{其他},\end{cases}$$

求边缘概率密度 $f_X(x)$ 和 $f_Y(y)$.

§3.3 条件分布

在用多维随机变量解决问题的过程中,有时需要在已知某些随机变量取值的情况下,讨论其他随机变量的概率分布,这类概率分布被称为**条件分布**.下面分别讨论二维离散型和二维连续型随机变量的条件分布.

一、二维离散型随机变量的条件分布

二维随机变量的条件分布举例

1. 条件分布律

类似于随机事件条件概率的定义,下面给出随机变量条件分布律的定义.

定义 3.3.1 设 (X,Y) 是二维离散型随机变量.对于固定的 j,若 $P\{Y=y_j\}>0$,

则称

$$P\{X=x_i|Y=y_j\}=\frac{P\{X=x_i,Y=y_j\}}{P\{Y=y_j\}}=\frac{p_{ij}}{p_{\cdot j}},\quad i=1,2,\cdots \tag{3.14}$$

为在 $Y=y_j$ 的条件下随机变量 X 的**条件分布律**.

同样,对于固定的 i,若 $P\{X=x_i\}>0$,则称

$$P\{Y=y_j|X=x_i\}=\frac{P\{X=x_i,Y=y_j\}}{P\{X=x_i\}}=\frac{p_{ij}}{p_{i\cdot}},\quad j=1,2,\cdots \tag{3.15}$$

为在 $X=x_i$ 的条件下随机变量 Y 的条件分布律.

在条件分布律 $P\{X=x_i|Y=y_j\}$ 中,因为条件事件$\{Y=y_j\}$已知发生,只需考虑 X 取不同值时的概率,所以 y_j(及其下标 j)是定值,而 x_i(及其下标 i)是变量.

可以验证,条件分布律 $P\{X=x_i|Y=y_j\}$ 也具有非负性和正则性,请读者自行证明.

例 3.3.1 每个交易日股票价格与大盘指数存在不确定性波动,收市时可能有三种状态:大涨(用 1 表示)、小幅涨跌(用 0 表示)和大跌(用 −1 表示).设收市时,某只股票的状态记为 X,大盘指数的状态记为 Y.根据长期统计,得到 X 和 Y 的联合分布律和边缘分布律如表 3.10 所示,求:

(1) 在 $Y=1$ 的条件下 X 的条件分布律;

(2) 在 $X=0$ 的条件下 Y 的条件分布律.

表 3.10

Y	X			$P\{Y=y_j\}$
	−1	0	1	
−1	0.20	0.10	0.05	0.35
0	0.10	0.20	0.05	0.35
1	0.05	0.10	0.15	0.30
$P\{X=x_i\}$	0.35	0.40	0.25	

解 (1) X 的所有可能取值为 −1,0,1,由式(3.14),有

$$P\{X=-1|Y=1\}=\frac{P\{X=-1,Y=1\}}{P\{Y=1\}}=\frac{0.05}{0.30}=\frac{1}{6},$$

$$P\{X=0\mid Y=1\}=\frac{P\{X=0,Y=1\}}{P\{Y=1\}}=\frac{0.10}{0.30}=\frac{1}{3},$$

$$P\{X=1|Y=1\}=\frac{P\{X=1,Y=1\}}{P\{Y=1\}}=\frac{0.15}{0.30}=\frac{1}{2}.$$

故在 $Y=1$ 的条件下 X 的条件分布律如表 3.11 所示.

表 3.11

$X=k$	−1	0	1
$P\{X=k\|Y=1\}$	$\frac{1}{6}$	$\frac{1}{3}$	$\frac{1}{2}$

(2) 同理可得,在 $X=0$ 的条件下 Y 的条件分布律如表 3.12 所示.

表 3.12

$Y=k$	-1	0	1
$P\{Y=k\mid X=0\}$	$\frac{1}{4}$	$\frac{1}{2}$	$\frac{1}{4}$

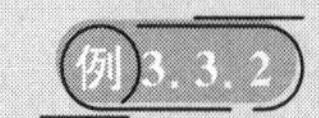例 3.3.2 已知 X 在整数 1,2 中等可能地取值,Y 在整数 $-X\sim X$ 中等可能地取值,求:

(1) X 和 Y 的联合分布律;

(2) $P\{X=|Y|\}$.

解 (1) 依题意得 X 的分布律为

$$P\{X=i\}=\frac{1}{2},\quad i=1,2,$$

且在 $X=i$ 的条件下 Y 的条件分布律为

$$P\{Y=j\mid X=i\}=\begin{cases}\dfrac{1}{2i+1}, & |j|\leqslant i,\\ 0, & |j|>i.\end{cases}$$

另由式(3.15),有

$$P\{X=x_i,Y=y_j\}=P\{X=x_i\}P\{Y=y_j\mid X=x_i\},\quad j=1,2,\cdots,$$

从而 X 和 Y 的联合分布律如表 3.13 所示.

表 3.13

Y	X	
	1	2
-2	0	$\frac{1}{10}$
-1	$\frac{1}{6}$	$\frac{1}{10}$
0	$\frac{1}{6}$	$\frac{1}{10}$
1	$\frac{1}{6}$	$\frac{1}{10}$
2	0	$\frac{1}{10}$

(2) 依题意得

$$P\{X=|Y|\}=P\{X=1,Y=-1\}+P\{X=1,Y=1\}$$
$$+P\{X=2,Y=-2\}+P\{X=2,Y=2\}=\frac{8}{15}.$$

2. 条件分布函数

定义 3.3.2 设(X,Y)是二维离散型随机变量. 对于固定的 j,若 $P\{Y=y_j\}>0$,则称

$$P\{X \leqslant x \mid Y=y_j\}=\sum_{x_i \leqslant x} P\{X=x_i \mid Y=y_j\}=\sum_{x_i \leqslant x} \frac{p_{ij}}{p_{\cdot j}}=\frac{\sum\limits_{x_i \leqslant x} p_{ij}}{p_{\cdot j}}, \quad -\infty<x<+\infty \tag{3.16}$$

为在 $Y=y_j$ 的条件下随机变量 X 的**条件分布函数**,记为 $F_{X|Y}(x \mid y_j)$.

同样,对于固定的 i,若 $P\{X=x_i\}>0$,则称

$$P\{Y \leqslant y \mid X=x_i\}=\sum_{y_j \leqslant y} P\{Y=y_j \mid X=x_i\}=\sum_{y_j \leqslant y} \frac{p_{ij}}{p_{i\cdot}}=\frac{\sum\limits_{y_j \leqslant y} p_{ij}}{p_{i\cdot}}, \quad -\infty<y<+\infty \tag{3.17}$$

为在 $X=x_i$ 的条件下随机变量 Y 的条件分布函数,记为 $F_{Y|X}(y \mid x_i)$.

计算离散型随机变量的条件分布函数时,可以直接从联合分布律出发,利用式(3.16)或式(3.17)计算,也可以先计算相应的条件分布律,再由条件分布律求分布函数.

例如,在例 3.3.1 中,在 $Y=1$ 的条件下随机变量 X 的条件分布函数为

$$F_{X|Y}(x \mid 1)=P\{X \leqslant x \mid Y=1\}=\sum_{x_i \leqslant x} P\{X=x_i \mid Y=1\}=\begin{cases}0, & x<-1, \\ \dfrac{1}{6}, & -1 \leqslant x<0, \\ \dfrac{1}{2}, & 0 \leqslant x<1, \\ 1, & x \geqslant 1.\end{cases}$$

可以证明,条件分布函数具有类似于一维随机变量分布函数的性质,请读者自行给出.

二、二维连续型随机变量的条件分布

对于二维连续型随机变量(X,Y),因为$P\{X=x\}=P\{Y=y\}=0$,所以我们不能像二维离散型随机变量那样定义 X 或 Y 的条件分布函数.此时,我们可以考虑 $P\{X \leqslant x \mid y<Y \leqslant y+\varepsilon\}$,令 $\varepsilon \to 0^+$ 即可得到在 $Y=y$ 的条件下随机变量 X 的条件分布函数.

定义 3.3.3 设(X,Y)为二维连续型随机变量.若对于给定的实数 y 及任意的正数 ε,恒有 $P\{y<Y \leqslant y+\varepsilon\}>0$,且极限

$$\lim_{\varepsilon \to 0^+} P\{X \leqslant x \mid y<Y \leqslant y+\varepsilon\}=\lim_{\varepsilon \to 0^+} \frac{P\{X \leqslant x, y<Y \leqslant y+\varepsilon\}}{P\{y<Y \leqslant y+\varepsilon\}}$$

存在,则称此极限为在 $Y=y$ 的条件下随机变量 X 的**条件分布函数**,记为 $F_{X|Y}(x \mid y)$.

设二维连续型随机变量(X,Y)的概率密度为 $f(u,v)$,关于 Y 的边缘概率密度为 $f_Y(v)$,且在 $v=y$ 处 $f_Y(v)>0$,则在适当的条件下,由积分中值定理有

$$F_{X|Y}(x \mid y)=\lim_{\varepsilon \to 0} P\{X \leqslant x \mid y<Y \leqslant y+\varepsilon\}=\lim_{\varepsilon \to 0} \frac{\int_{-\infty}^{x}\left(\int_{y}^{y+\varepsilon} f(u,v)\mathrm{d}v\right)\mathrm{d}u}{\int_{y}^{y+\varepsilon} f_Y(v)\mathrm{d}v}$$

$$=\lim_{\varepsilon \to 0} \frac{\int_{-\infty}^{x}\left(\frac{1}{\varepsilon}\int_{y}^{y+\varepsilon} f(u,v)\mathrm{d}v\right)\mathrm{d}u}{\frac{1}{\varepsilon}\int_{y}^{y+\varepsilon} f_Y(v)\mathrm{d}v}=\frac{\int_{-\infty}^{x} f(u,y)\mathrm{d}u}{f_Y(y)}=\int_{-\infty}^{x} \frac{f(u,y)}{f_Y(y)}\mathrm{d}u.$$

比较上式与一维连续型随机变量的分布函数和概率密度的定义,我们有以下定义.

定义 3.3.4 设(X,Y)为二维连续型随机变量,其概率密度为$f(x,y)$,关于Y的边缘概率密度为$f_Y(y)$.若对于给定的实数y,有$f_Y(y)>0$,则称$\frac{f(x,y)}{f_Y(y)}$为在$Y=y$的条件下随机变量X的**条件概率密度**,记为

$$f_{X|Y}(x|y)=\frac{f(x,y)}{f_Y(y)}. \tag{3.18}$$

相应的条件分布函数可表示为$F_{X|Y}(x|y)=\int_{-\infty}^{x}\frac{f(u,y)}{f_Y(y)}du$.

类似地,可以定义在$X=x$的条件下随机变量Y的条件概率密度为

$$f_{Y|X}(y|x)=\frac{f(x,y)}{f_X(x)}. \tag{3.19}$$

相应的条件分布函数可表示为$F_{Y|X}(y|x)=\int_{-\infty}^{y}\frac{f(x,v)}{f_X(x)}dv$.

可以证明,条件概率密度具有类似于一维随机变量概率密度的性质,请读者自行给出.

释疑解惑

求条件概率密度时,若(X,Y)的概率密度和边缘概率密度都不是分段函数,则用式(3.18)或式(3.19)直接计算即可;若概率密度$f(x,y)$为分段函数,则相应的边缘概率密度$f_X(x)$和$f_Y(y)$也为分段函数,此时可以把$f(x,y)\neq 0$的区域表示为X-型或Y-型区域,并结合$f(x,y)$,$f_X(x)$和$f_Y(y)$的取值情况,对x,y进行分段讨论,求出相应的条件概率密度.

例 3.3.3 设二维随机变量(X,Y)具有概率密度

$$f(x,y)=\begin{cases}\frac{3}{4}, & x^2\leqslant y\leqslant 2x,\\ 0, & \text{其他},\end{cases}$$

求条件概率密度$f_{X|Y}(x|y)$和$f_{Y|X}(y|x)$.

解 $f(x,y)\neq 0$的区域可表示为X-型区域:

$$0\leqslant x\leqslant 2,\quad x^2\leqslant y\leqslant 2x$$

或Y-型区域:

$$0\leqslant y\leqslant 4,\quad \frac{y}{2}\leqslant x\leqslant \sqrt{y}.$$

由例3.2.3知,X和Y的边缘概率密度分别为

$$f_X(x)=\begin{cases}\frac{3}{4}(2x-x^2), & 0\leqslant x\leqslant 2,\\ 0, & \text{其他},\end{cases}\qquad f_Y(y)=\begin{cases}\frac{3}{4}\left(\sqrt{y}-\frac{y}{2}\right), & 0\leqslant y\leqslant 4,\\ 0, & \text{其他}.\end{cases}$$

因此,当$0<y<4$时,在$Y=y$的条件下X的条件概率密度为

$$f_{X|Y}(x|y)=\frac{f(x,y)}{f_Y(y)}=\begin{cases}\dfrac{\frac{3}{4}}{\frac{3}{4}\left(\sqrt{y}-\frac{y}{2}\right)}, & \dfrac{y}{2}\leqslant x\leqslant\sqrt{y},\\ 0, & \text{其他}\end{cases}$$

$$=\begin{cases}\dfrac{2}{2\sqrt{y}-y}, & \dfrac{y}{2}\leqslant x\leqslant\sqrt{y},\\ 0, & \text{其他}.\end{cases}$$

同理,当 $0<x<2$ 时,在 $X=x$ 的条件下 Y 的条件概率密度为

$$f_{Y|X}(y|x)=\frac{f(x,y)}{f_X(x)}=\begin{cases}\dfrac{\frac{3}{4}}{\frac{3}{4}(2x-x^2)}, & x^2\leqslant y\leqslant 2x,\\ 0, & \text{其他}\end{cases}$$

$$=\begin{cases}\dfrac{1}{2x-x^2}, & x^2\leqslant y\leqslant 2x,\\ 0, & \text{其他}.\end{cases}$$

例 3.3.3 表明,在 $Y=y(0<y<4)$ 的条件下,X 在区间 $\left(\dfrac{y}{2},\sqrt{y}\right)$ 上服从均匀分布.当 Y 变动时,相应的区间也跟着变化,如当 $Y=1$ 时 $X\sim U\left(\dfrac{1}{2},1\right)$,而当 $Y=2$ 时 $X\sim U(1,\sqrt{2})$.由此可见,随机变量的条件分布受到条件变量取值的影响.

例 3.3.4 设随机变量 $X\sim U(0,1)$,当 $X=x(0<x<1)$ 时,随机变量 $Y\sim U(0,x)$,求 Y 的概率密度 $f_Y(y)$.

解 依题意,X 的概率密度为

$$f_X(x)=\begin{cases}1, & 0<x<1,\\ 0, & \text{其他}.\end{cases}$$

而当 $0<x<1$ 时,在 $X=x$ 的条件下 Y 的条件概率密度为

$$f_{Y|X}(y|x)=\begin{cases}\dfrac{1}{x}, & 0<y<x,\\ 0, & \text{其他}.\end{cases}$$

由式(3.19),得(X,Y)的概率密度为

$$f(x,y)=f_X(x)f_{Y|X}(y|x)=\begin{cases}\dfrac{1}{x}, & 0<y<x<1,\\ 0, & \text{其他}.\end{cases}$$

于是,Y 的概率密度为

$$f_Y(y)=\int_{-\infty}^{+\infty}f(x,y)\mathrm{d}x=\begin{cases}\int_y^1\frac{1}{x}\mathrm{d}x, & 0<y<1,\\ 0, & \text{其他}\end{cases}=\begin{cases}-\ln y, & 0<y<1,\\ 0, & \text{其他}.\end{cases}$$

小节要点

正确理解条件分布中的变量和参数;熟练掌握由联合分布计算条件分布的方法;掌握由条件分布和边缘分布确定联合分布的方法.

习　题　3.3

基础练习

1. 根据以往资料,市场上售卖的某品牌液晶屏的寿命等级 X 和亮度等级 Y 的联合分布律如表 3.14 所示,求:

(1) 在 $Y=1$ 的条件下 X 的条件分布律;

(2) 在 $X=2$ 的条件下 Y 的条件分布律.

表 3.14

Y	X		
	1	2	3
1	0.2	0.3	0.1
2	0.2	0.1	0.1

2. 一盒中装有 3 黑、2 红、2 白共 7 个球,从中任取 3 个. 记 X 表示取到黑球的个数,Y 表示取到白球的个数,求:

(1) 在 $X=1$ 的条件下 Y 的条件分布律;

(2) 在 $Y=0$ 的条件下 X 的条件分布律.

3. 设二维随机变量 (X,Y) 的概率密度为

$$f(x,y)=\begin{cases}2\mathrm{e}^{-(x+2y)}, & x>0,y>0,\\ 0, & \text{其他},\end{cases}$$

求:

(1) 在 $Y=1$ 的条件下 X 的条件概率密度;

(2) 在 $X=2$ 的条件下 Y 的条件概率密度.

4. 设二维随机变量 (X,Y) 的概率密度为

$$f(x,y)=\begin{cases}1, & 0<y<1,|x|\leqslant y,\\ 0, & \text{其他},\end{cases}$$

求条件概率密度 $f_{X|Y}(x|y)$ 和 $f_{Y|X}(y|x)$.

进阶训练

1. 设二维随机变量 (X,Y) 在平面区域 $D=\{(x,y)\,|\,x^2\leqslant y\leqslant 1\}$ 上服从二维均匀分布,

求：

(1) 在 $Y=y$ 的条件下 X 的条件概率密度；

(2) 在 $X=x$ 的条件下 Y 的条件概率密度；

(3) $P\{X\leqslant 0.6\mid Y=0.64\}$.

2. 设二维随机变量 (X,Y) 的概率密度为

$$f(x,y)=\begin{cases}e^{-x}, & 0<y<x,\\ 0, & \text{其他},\end{cases}$$

求：

(1) 在 $Y=y$ 的条件下 X 的条件概率密度；

(2) 在 $X=x$ 的条件下 Y 的条件概率密度；

(3) $F_{X|Y}(x\mid 0.3)$.

随机变量的独立性

§3.4 随机变量的独立性

在前面的学习中，我们注意到对于某些二维随机变量，其中一个分量的取值会影响另一个分量的概率分布，如例 3.2.2 中不放回取球时的情况. 而对于另一些二维随机变量则不然，如例 3.2.2 中有放回取球时的情况. 这种随机变量之间互不依赖和影响的性质，即为随机变量的独立性.

定义 3.4.1 设 X 和 Y 是两个随机变量. 若对于任意的实数 x 和 y，恒有

$$P\{X\leqslant x,Y\leqslant y\}=P\{X\leqslant x\}P\{Y\leqslant y\},\tag{3.20}$$

则称 X 与 Y 是**相互独立**的.

若二维随机变量 (X,Y) 的分布函数为 $F(x,y)$，其关于 X 和 Y 的边缘分布函数分别为 $F_X(x)$ 和 $F_Y(y)$，则上述独立性条件等价于对于所有实数 x 和 y，恒有

$$F(x,y)=F_X(x)F_Y(y).\tag{3.21}$$

对于二维离散型随机变量，上述独立性条件等价于对于 (X,Y) 的所有可能取值 (x_i,y_j)，恒有

$$P\{X=x_i,Y=y_j\}=P\{X=x_i\}P\{Y=y_j\}.\tag{3.22}$$

对于二维连续型随机变量，上述独立性条件等价于

$$f(x,y)=f_X(x)f_Y(y)\tag{3.23}$$

在 $f(x,y)$，$f_X(x)$ 和 $f_Y(y)$ 的一切公共连续点上成立，其中 $f(x,y)$ 为 (X,Y) 的概率密度，$f_X(x)$ 和 $f_Y(y)$ 分别为关于 X 和 Y 的边缘概率密度.

例如，在例 3.2.2 中，通过检验式(3.22)可知，有放回取球时，X 与 Y 是相互独立的；而不放回取球时，X 与 Y 不是相互独立的. 在例 3.2.4 中，通过检验式(3.23)可知，当且仅当 $\rho=0$ 时，X 与 Y 是相互独立的.

释疑解惑

第 1 章用 $P(AB)=P(A)P(B)$ 定义两个事件的独立性. 从第 2 章开始，用随机变量的取值表示事件，两个随机变量相互独立，则要求它们取到任意一组值所对应的事件相互独立. 而

随机变量取得任何值或落在任何区间内的概率都可以由分布函数求得，故在此用 $F(x,y)=F_X(x)F_Y(y)$ 定义随机变量 X 与 Y 的独立性，与第1章定义事件的独立性有着内在的一致性.

例 3.4.1 设随机变量 X 与 Y 相互独立且服从同一分布，已知 $P\{X=-1\}=P\{X=1\}=0.3$，$P\{X=2\}=0.4$，求二维随机变量 (X,Y) 的分布律.

解 由 X 与 Y 的独立性，利用式(3.22)可求得

$$P\{X=-1,Y=-1\}=P\{X=-1\}P\{Y=-1\}=0.3\times0.3=0.09,$$
$$P\{X=-1,Y=1\}=P\{X=-1\}P\{Y=1\}=0.3\times0.3=0.09,$$
$$P\{X=-1,Y=2\}=P\{X=-1\}P\{Y=2\}=0.3\times0.4=0.12.$$

类似地求出其余可能取值的概率，即得 (X,Y) 的分布律，如表 3.15 所示.

表 3.15

Y	X		
	−1	1	2
−1	0.09	0.09	0.12
1	0.09	0.09	0.12
2	0.12	0.12	0.16

例 3.4.2 设二维随机变量 (X,Y) 在圆形区域 $x^2+y^2\leqslant1$ 上服从二维均匀分布，问：X 与 Y 是否相互独立？

解 由题知，(X,Y) 的概率密度为

$$f(x,y)=\begin{cases}\dfrac{1}{\pi}, & x^2+y^2\leqslant1,\\ 0, & \text{其他}.\end{cases}$$

由此可得

$$f_X(x)=\begin{cases}\dfrac{2}{\pi}\sqrt{1-x^2}, & -1\leqslant x\leqslant1,\\ 0, & \text{其他},\end{cases}\qquad f_Y(y)=\begin{cases}\dfrac{2}{\pi}\sqrt{1-y^2}, & -1\leqslant y\leqslant1,\\ 0, & \text{其他},\end{cases}$$

从而

$$f_X(x)f_Y(y)=\begin{cases}\dfrac{4}{\pi^2}\sqrt{(1-x^2)(1-y^2)}, & -1\leqslant x\leqslant1,-1\leqslant y\leqslant1,\\ 0, & \text{其他}.\end{cases}$$

由此可见，$f(x,y)\neq f_X(x)f_Y(y)$，故 X 与 Y 不相互独立.

例 3.4.3 (2016，数一、三)设二维随机变量 (X,Y) 在区域 $D=\{(x,y)\mid 0<x<1,x^2<y<\sqrt{x}\}$ 上服从二维均匀分布，令 $U=\begin{cases}1, & X\leqslant Y,\\ 0, & X>Y,\end{cases}$ 问：U 与 X 是否相互独立？

解 易求得区域 D 的面积 $S=\int_0^1(\sqrt{x}-x^2)\mathrm{d}x=\frac{1}{3}$,故 (X,Y) 的概率密度为

$$f(x,y)=\begin{cases}3, & 0<x<1,x^2<y<\sqrt{x},\\ 0, & \text{其他}.\end{cases}$$

由此可得,X 的概率密度为

$$f_X(x)=\int_{-\infty}^{+\infty}f(x,y)\mathrm{d}y=\begin{cases}3(\sqrt{x}-x^2), & 0<x<1,\\ 0, & \text{其他},\end{cases}$$

U 的分布律为

$$P\{U=1\}=P\{X\leqslant Y\}=\int_0^1\mathrm{d}x\int_x^{\sqrt{x}}3\mathrm{d}y=\frac{1}{2},\quad P\{U=0\}=1-P\{U=1\}=\frac{1}{2}.$$

而

$$P\left\{U=0,X<\frac{1}{2}\right\}=P\left\{X>Y,X<\frac{1}{2}\right\}=\int_0^{\frac{1}{2}}\mathrm{d}x\int_{x^2}^{x}3\mathrm{d}y=\frac{1}{4},$$

$$P\left\{X<\frac{1}{2}\right\}=\int_0^{\frac{1}{2}}3(\sqrt{x}-x^2)\mathrm{d}x=\frac{4\sqrt{2}-1}{8},$$

则 $P\left\{U=0,X<\frac{1}{2}\right\}\neq P\{U=0\}P\left\{X<\frac{1}{2}\right\}$,故 U 与 X 不相互独立.

例 3.4.4 两人约好上午在图书馆碰面,但没有约定具体时间. 假设甲到图书馆的时间均匀分布在 8 点到 11 点,乙到图书馆的时间均匀分布在 9 点到 11 点. 若两人到图书馆的时间相互独立,求任何一人等待另一人超过 15 min 的概率.

解 设甲和乙到达图书馆的时间(单位:h) 分别为随机变量 X 和 Y,则

$$f_X(x)=\begin{cases}\frac{1}{3}, & 8\leqslant x\leqslant 11,\\ 0, & \text{其他},\end{cases}\qquad f_Y(y)=\begin{cases}\frac{1}{2}, & 9\leqslant y\leqslant 11,\\ 0, & \text{其他},\end{cases}$$

且 X 与 Y 相互独立,从而 (X,Y) 的概率密度为

$$f(x,y)=f_X(x)f_Y(y)=\begin{cases}\frac{1}{6}, & 8\leqslant x\leqslant 11,9\leqslant y\leqslant 11,\\ 0, & \text{其他}.\end{cases}$$

事件“任何一人等待另一人超过 15 min” 即为 $\left\{|X-Y|>\frac{1}{4}\right\}$,对应图 3.10(以 8 h 为原点)中矩形内的阴影部分区域,其中,点 A,B,C,D 的坐标依次为 $\left(\frac{43}{4},11\right)$,$\left(11,\frac{43}{4}\right)$,$\left(\frac{37}{4},9\right)$,$\left(\frac{35}{4},9\right)$. 由二重积分的性质知,所求概率等于阴影部分的面积乘以 $\frac{1}{6}$,即

$$\begin{aligned}P\left\{|X-Y|>\frac{1}{4}\right\}&=\iint\limits_{|x-y|>\frac{1}{4}}f(x,y)\mathrm{d}x\mathrm{d}y\\ &=\frac{1}{6}\times\left[\frac{1}{2}\times\left(\frac{3}{4}+\frac{11}{4}\right)\times 2+\frac{1}{2}\times\frac{7}{4}\times\frac{7}{4}\right]=\frac{161}{192}.\end{aligned}$$

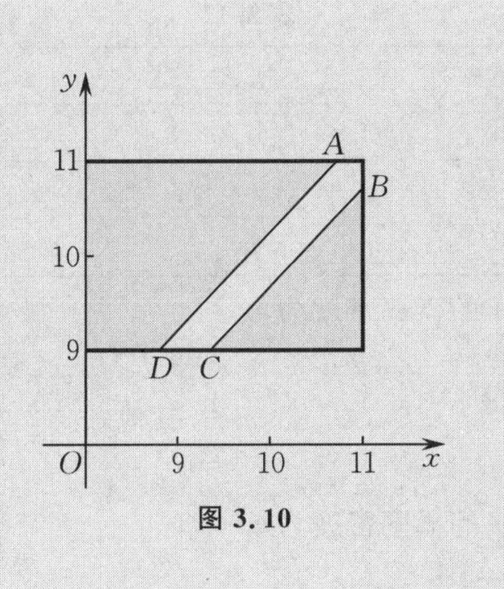

图 3.10

定理 3.4.1 若随机变量 X 与 Y 相互独立，$g_1(x)$ 和 $g_2(y)$ 是两个一元连续函数，则 $g_1(X)$ 与 $g_2(Y)$ 也相互独立.

例如，若 X 与 Y 相互独立，则 $2X+1$ 与 $\sin Y$ 也相互独立.

上述讨论可推广到多个随机变量的情况.

多个随机变量相互独立的相关结论

小节要点

理解两个随机变量相互独立的定义及其等价形式；会判断两个离散型随机变量和两个连续型随机变量的独立性.

习　题　3.4

基础练习

1. 根据以往资料，市场上售卖的某品牌液晶屏的寿命等级 X 和亮度等级 Y 的联合分布律如表 3.16 所示，问：X 与 Y 是否相互独立？

表 3.16

Y	X		
	1	2	3
1	0.2	0.3	0.1
2	0.2	0.1	0.1

2. 设二维离散型随机变量 (X,Y) 的分布律如表 3.17 所示. 已知 X 与 Y 相互独立，求常数 a 和 b.

表 3.17

Y	X	
	1	2
1	a	b
2	b	0.16

3. 设二维随机变量(X,Y)的概率密度为

$$f(x,y)=\begin{cases}2\mathrm{e}^{-(x+2y)}, & x>0,y>0,\\ 0, & \text{其他},\end{cases}$$

问:X与Y是否相互独立?

4. 设二维随机变量(X,Y)的概率密度为

$$f(x,y)=\begin{cases}\dfrac{1}{2}y(3-x), & 0<x<2,0<y<x,\\ 0, & \text{其他},\end{cases}$$

问:X与Y是否相互独立?

进阶训练

1. 设事件A与B相互独立,令随机变量

$$X=\begin{cases}1, & A\text{ 发生},\\ 0, & A\text{ 不发生},\end{cases}\qquad Y=\begin{cases}1, & B\text{ 发生},\\ 0, & B\text{ 不发生},\end{cases}$$

证明:X与Y相互独立.

2. 设随机变量X的概率密度为

$$f_X(x)=\frac{1}{2}\mathrm{e}^{-|x|},\quad -\infty<x<+\infty,$$

问:X与$|X|$是否相互独立?

两个随机变量函数的分布举例

两个随机变量函数的分布

下面讨论两个随机变量函数的概率分布问题,即已知二维随机变量(X,Y)的分布律或概率密度,以及二元实值函数$g(x,y)$,求$Z=g(X,Y)$的概率分布问题.

一、二维离散型随机变量函数的分布

设(X,Y)为二维离散型随机变量,则$Z=g(X,Y)$是一维离散型随机变量.对于任意的$z_k\in\{g(x_i,y_j)\mid i,j=1,2,\cdots\}$,有

$$P\{Z=z_k\}=P\{g(X,Y)=z_k\}=\sum_{g(x_i,y_j)=z_k}p_{ij}.\tag{3.24}$$

例 3.5.1 设二维随机变量(X,Y)的分布律如表 3.18 所示,求$U=X+Y$和$V=\max\{X,Y\}$的分布律.

表 3.18

Y	X		
	-1	1	2
-1	0.1	0.3	0.2
2	0.2	0.1	0.1

解 求 U 和 V 的值,如表 3.19 所示.

表 3.19

p	0.1	0.3	0.2	0.2	0.1	0.1
(X,Y)	$(-1,-1)$	$(1,-1)$	$(2,-1)$	$(-1,2)$	$(1,2)$	$(2,2)$
U	-2	0	1	1	3	4
V	-1	1	2	2	2	2

由表 3.19 知 U 的所有可能取值为 $-2,0,1,3,4$,将相同的值合并,对应概率相加得

$$P\{U=-2\}=P\{X+Y=-2\}=P\{X=-1,Y=-1\}=0.1,$$
$$P\{U=0\}=P\{X+Y=0\}=P\{X=1,Y=-1\}=0.3,$$
$$P\{U=1\}=P\{X+Y=1\}=P\{X=2,Y=-1\}+P\{X=-1,Y=2\}=0.4,$$
$$P\{U=3\}=P\{X+Y=3\}=P\{X=1,Y=2\}=0.1,$$
$$P\{U=4\}=P\{X+Y=4\}=P\{X=2,Y=2\}=0.1.$$

于是 $U=X+Y$ 的分布律如表 3.20 所示.

表 3.20

$U=X+Y$	-2	0	1	3	4
p	0.1	0.3	0.4	0.1	0.1

同理可得,$V=\max\{X,Y\}$ 的分布律如表 3.21 所示.

表 3.21

$V=\max\{X,Y\}$	-1	1	2
p	0.1	0.3	0.6

例 3.5.2 设随机变量 X 与 Y 相互独立,且分别服从参数为 λ_1 和 λ_2 的泊松分布.令 $Z=X+Y$,证明:Z 服从参数为 $\lambda_1+\lambda_2$ 的泊松分布.

证明 易知 Z 的所有可能取值为 $0,1,2,\cdots$,则 Z 的分布律为

$$\begin{aligned}P\{Z=k\}&=P\{X+Y=k\}=\sum_{i=0}^{k}P\{X=i,Y=k-i\}\\&=\sum_{i=0}^{k}P\{X=i\}P\{Y=k-i\}=\sum_{i=0}^{k}\left(\frac{\lambda_1^i}{i!}\mathrm{e}^{-\lambda_1}\cdot\frac{\lambda_2^{k-i}}{(k-i)!}\mathrm{e}^{-\lambda_2}\right)\\&=\frac{\mathrm{e}^{-(\lambda_1+\lambda_2)}}{k!}\sum_{i=0}^{k}\left[\frac{k!}{i!(k-i)!}\lambda_1^i\lambda_2^{k-i}\right]=\frac{(\lambda_1+\lambda_2)^k}{k!}\mathrm{e}^{-(\lambda_1+\lambda_2)},\quad k=0,1,2,\cdots,\end{aligned}$$

所以 Z 服从参数为 $\lambda_1+\lambda_2$ 的泊松分布.

例3.5.2说明，若随机变量 $X \sim P(\lambda_1)$，$Y \sim P(\lambda_2)$，且相互独立，则 $X+Y \sim P(\lambda_1+\lambda_2)$. 这种性质即为分布的可加性. 在概率统计中，不少随机变量的分布都具有这样的性质，例如，若随机变量 $X \sim b(n_1, p)$ 与 $Y \sim b(n_2, p)$ 相互独立，则 $X+Y \sim b(n_1+n_2, p)$.

二、二维连续型随机变量函数的分布

设(X,Y)为二维连续型随机变量，且具有概率密度 $f(x,y)$，(X,Y) 关于 X 和关于 Y 的边缘概率密度分别为 $f_X(x)$ 和 $f_Y(y)$.

1. 因变量是离散型随机变量

若 $Z=g(X,Y)$ 只有有限个或可列无穷多个值，则 Z 为离散型随机变量，可利用 $f(x,y)$ 直接计算 Z 的分布律.

例 3.5.3 设二维随机变量(X,Y)的概率密度为

$$f(x,y)=\begin{cases} x+y, & 0 \leqslant x \leqslant 1, 0 \leqslant y \leqslant 1, \\ 0, & \text{其他}, \end{cases}$$

求 $Z=\begin{cases} 1, & X \leqslant Y, \\ 0, & X>Y \end{cases}$ 的分布律.

解 易知 Z 为取值 0,1 的离散型随机变量，其分布律为

$$P\{Z=0\}=P\{X>Y\}=\iint_{x>y} f(x,y)\mathrm{d}x\,\mathrm{d}y=\int_0^1 \mathrm{d}x \int_0^x (x+y)\mathrm{d}y=\frac{1}{2},$$

$$P\{Z=1\}=1-P\{X>Y\}=\frac{1}{2}.$$

2. 因变量是连续型随机变量

若 $Z=g(X,Y)$ 是连续型随机变量，则类似于求一维连续型随机变量函数的分布，可用下述分布函数法确定 Z 的概率密度 $f_Z(z)$：

(1) 根据分布函数的定义及函数关系 $Z=g(X,Y)$，求出 Z 的分布函数：

$$F_Z(z)=P\{Z \leqslant z\}=P\{g(X,Y) \leqslant z\}=P\{(X,Y) \in G_z\}=\iint_{G_z} f(x,y)\mathrm{d}x\,\mathrm{d}y,$$

其中 $f(x,y)$ 是(X,Y)的概率密度，$G_z=\{(x,y) \mid g(x,y) \leqslant z\}$.

(2) 利用分布函数与概率密度的关系，通过对分布函数 $F_Z(z)$ 求导数，可得到概率密度 $f_Z(z)$.

下面不加证明地给出几个常用的简单函数的概率密度公式.

(1) $Z=X+Y$ 的概率密度为

$$f_Z(z)=\int_{-\infty}^{+\infty} f(z-y,y)\mathrm{d}y \quad \text{或} \quad f_Z(z)=\int_{-\infty}^{+\infty} f(x,z-x)\mathrm{d}x. \tag{3.25}$$

特别地，当 X 与 Y 相互独立时，有

$$f_Z(z)=\int_{-\infty}^{+\infty} f_X(z-y)f_Y(y)\mathrm{d}y \quad \text{或} \quad f_Z(z)=\int_{-\infty}^{+\infty} f_X(x)f_Y(z-x)\mathrm{d}x.$$

通常称上述两式为 $f_X(x)$ 和 $f_Y(y)$ 的**卷积公式**，记为 $f_X * f_Y$.

(2) $Z=\dfrac{X}{Y}$ 的概率密度为

$$f_Z(z)=\int_{-\infty}^{+\infty} f(zy,y)|y|\mathrm{d}y \quad 或 \quad f_Z(z)=\int_{-\infty}^{+\infty} f\left(x,\frac{x}{z}\right)\frac{|x|}{z^2}\mathrm{d}x. \qquad (3.26)$$

特别地,当 X 与 Y 相互独立时,有

$$f_Z(z)=\int_{-\infty}^{+\infty} f_X(zy)f_Y(y)|y|\mathrm{d}y \quad 或 \quad f_Z(z)=\int_{-\infty}^{+\infty} f_X(x)f_Y\left(\frac{x}{z}\right)\frac{|x|}{z^2}\mathrm{d}x.$$

(3) $Z=XY$ 的概率密度为

$$f_Z(z)=\int_{-\infty}^{+\infty} f\left(\frac{z}{y},y\right)\frac{1}{|y|}\mathrm{d}y \quad 或 \quad f_Z(z)=\int_{-\infty}^{+\infty} f\left(x,\frac{z}{x}\right)\frac{1}{|x|}\mathrm{d}x. \qquad (3.27)$$

特别地,当 X 与 Y 相互独立时,有

$$f_Z(z)=\int_{-\infty}^{+\infty} f_X\left(\frac{z}{y}\right)f_Y(y)\frac{1}{|y|}\mathrm{d}y \quad 或 \quad f_Z(z)=\int_{-\infty}^{+\infty} f_X(x)f_Y\left(\frac{z}{x}\right)\frac{1}{|x|}\mathrm{d}x.$$

释疑解惑

利用式(3.25) ~ 式(3.27) 求上述几类函数的分布密度时,若 $f(x,y)$ 非分段函数,则直接按公式积分求解;若 $f(x,y)$ 为分段函数,则可先将被积函数 $f(x,y)\neq 0$ 的区域 D 表示为 Z-型区域,再根据选用的公式采用先对 z 分段,后对 x 或 y 积分的方式求解.

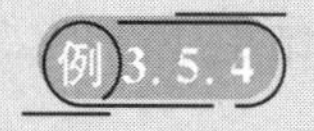

例 3.5.4 设某城市对某种商品一周的需求量是一个随机变量,其具有概率密度

$$f_1(t)=\begin{cases} te^{-t}, & t>0,\\ 0, & 其他. \end{cases}$$

假设各周的需求量相互独立,试求两周总需求量的概率密度.

解 设第 1、第 2 周的需求量分别为随机变量 X 和 Y,依题意,X 和 Y 都具有概率密度 $f_1(t)$. 由于 X 与 Y 相互独立,因此(X,Y) 的概率密度为

$$f(x,y)=f_1(x)f_1(y)=\begin{cases} xy\mathrm{e}^{-(x+y)}, & x>0,y>0,\\ 0, & 其他. \end{cases}$$

由卷积公式,两周总需求量 $Z=X+Y$ 的概率密度为

$$f_Z(z)=\int_{-\infty}^{+\infty} f_1(x)f_1(z-x)\mathrm{d}x.$$

而被积函数的非零区域为 $D:x>0,z-x>0$,将 D 表示为 Z-型区域,有 $D:z>0$,$0<x<z$,如图 3.11 所示,于是有

当 $z\leqslant 0$ 时,恒有 $f(x,y)=0$,故 $f_Z(z)=0$;

当 $z>0$ 时,

$$f_Z(z)=\int_0^z x(z-x)\mathrm{e}^{-(x+z-x)}\mathrm{d}x$$

$$=\mathrm{e}^{-z}\int_0^z (zx-x^2)\mathrm{d}x=\frac{1}{6}z^3\mathrm{e}^{-z}.$$

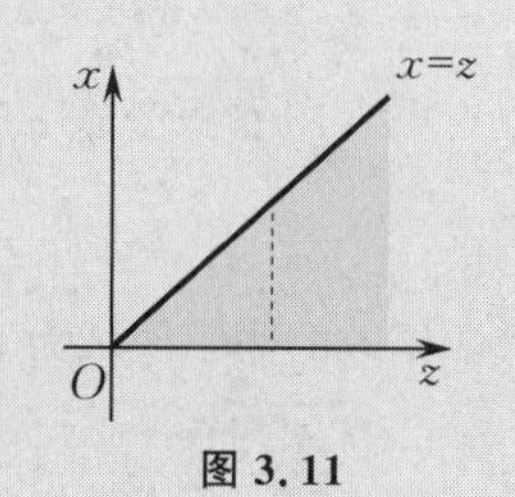

图 3.11

综上,得两周总需求量 $Z=X+Y$ 的概率密度为

$$f_Z(z)=\begin{cases}\dfrac{1}{6}z^3\mathrm{e}^{-z}, & z>0,\\ 0, & 其他.\end{cases}$$

例 3.5.5 设随机变量 X 和 Y 都服从标准正态分布，且相互独立，求 $Z=X+Y$ 的概率密度.

解 由题设知 X 和 Y 的概率密度均为

$$\varphi(t)=\frac{1}{\sqrt{2\pi}}\mathrm{e}^{-\frac{t^2}{2}},\quad -\infty<t<+\infty,$$

由卷积公式知

$$f_Z(z)=\int_{-\infty}^{+\infty}\varphi(x)\varphi(z-x)\mathrm{d}x=\int_{-\infty}^{+\infty}\frac{1}{\sqrt{2\pi}}\mathrm{e}^{-\frac{x^2}{2}}\cdot\frac{1}{\sqrt{2\pi}}\mathrm{e}^{-\frac{(z-x)^2}{2}}\mathrm{d}x$$

$$=\frac{1}{\sqrt{2\pi}\times\sqrt{2}}\mathrm{e}^{-\frac{z^2}{4}}\int_{-\infty}^{+\infty}\frac{1}{\sqrt{2\pi}\times\frac{1}{\sqrt{2}}}\mathrm{e}^{-\left(x-\frac{z}{2}\right)^2}\mathrm{d}x=\frac{1}{\sqrt{2\pi}\times\sqrt{2}}\mathrm{e}^{-\frac{z^2}{2(\sqrt{2})^2}},$$

即 $Z\sim N(0,2)$.

事实上，如果随机变量 $X\sim N(\mu_1,\sigma_1^2)$，$Y\sim N(\mu_2,\sigma_2^2)$，且相互独立，那么由卷积公式计算可知 $Z=X+Y$ 仍然服从正态分布，且有 $Z\sim N(\mu_1+\mu_2,\sigma_1^2+\sigma_2^2)$. 这个结论还能推广到 n 个相互独立的正态随机变量的线性组合的情况.

定理 3.5.1 **任意有限个相互独立的正态随机变量的线性组合仍服从正态分布，即若 $X_i\sim N(\mu_i,\sigma_i^2)\ (i=1,2,\cdots,n)$，且它们相互独立，而 $k_1,k_2,\cdots,k_n$ 是 n 个不全为零的常数，则 $Z=\sum\limits_{i=1}^{n}k_iX_i$ 仍服从正态分布，且有 $Z\sim N\left(\sum\limits_{i=1}^{n}k_i\mu_i,\sum\limits_{i=1}^{n}k_i^2\sigma_i^2\right)$.**

例 3.5.6 令 X 和 Y 分别表示两个不同电子器件的寿命(单位：h)，并设 X 与 Y 相互独立，且分别具有概率密度

$$f_X(x)=\begin{cases}\dfrac{100}{x^2}, & x>100,\\ 0, & 其他,\end{cases}\qquad f_Y(y)=\begin{cases}\dfrac{50}{y^2}, & y>50,\\ 0, & 其他.\end{cases}$$

求 $Z=\dfrac{X}{Y}$ 的概率密度.

解 由卷积公式有

$$f_Z(z)=\int_{-\infty}^{+\infty}f_X(zy)f_Y(y)|y|\mathrm{d}y.$$

被积函数的非零区域为 $D: zy>100, y>50$，将 D 表示为 Z-型区域，有 $D=D_1\cup D_2$，其中

$$D_1: 0<z<2, y>\frac{100}{z},\quad D_2: z\geqslant 2, y>50,$$

如图 3.12 所示，于是有

当 $z \leqslant 0$ 时，恒有 $f(x,y)=0$，故 $f_Z(z)=0$；

当 $0<z<2$ 时，$f_Z(z)=\int_{\frac{100}{z}}^{+\infty}\frac{100}{(zy)^2}\frac{50}{y^2}|y|\mathrm{d}y=\frac{5\,000}{z^2}\int_{\frac{100}{z}}^{+\infty}\frac{1}{y^3}\mathrm{d}y=\frac{1}{4}$；

当 $z \geqslant 2$ 时，$f_Z(z)=\int_{50}^{+\infty}\frac{100}{(zy)^2}\frac{50}{y^2}|y|\mathrm{d}y=\frac{5\,000}{z^2}\int_{50}^{+\infty}\frac{1}{y^3}\mathrm{d}y=\frac{1}{z^2}$.

综上，得 $Z=\dfrac{X}{Y}$ 的概率密度为

$$f_Z(z)=\begin{cases}\dfrac{1}{4}, & 0<z<2,\\ \dfrac{1}{z^2}, & z\geqslant 2,\\ 0, & \text{其他}.\end{cases}$$

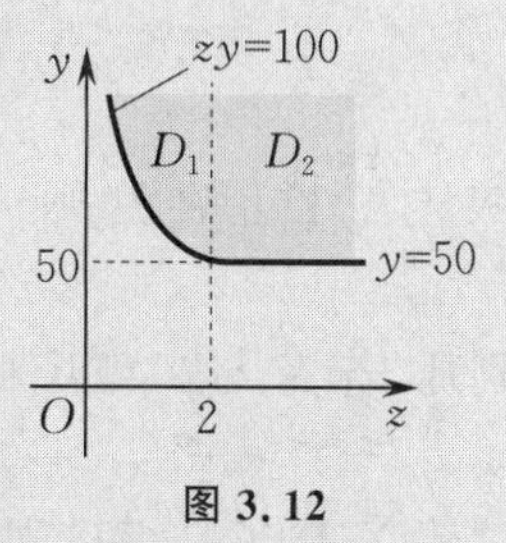

图 3.12

例 3.5.7 (2017，数三) 设随机变量 X 与 Y 相互独立，且 X 的分布律为 $P\{X=0\}=P\{X=2\}=\dfrac{1}{2}$，$Y$ 的概率密度为 $f(y)=\begin{cases}2y, & 0<y<1,\\ 0, & \text{其他}.\end{cases}$ 求 $Z=X+Y$ 的概率密度.

解 记 Y 的分布函数为 $F_Y(y)$，则 Z 的分布函数为

$$\begin{aligned}F_Z(z)&=P\{Z\leqslant z\}=P\{X+Y\leqslant z\}=P\{X+Y\leqslant z,X=0\}+P\{X+Y\leqslant z,X=2\}\\&=P\{Y\leqslant z,X=0\}+P\{Y\leqslant z-2,X=2\}\\&=P\{Y\leqslant z\}P\{X=0\}+P\{Y\leqslant z-2\}P\{X=2\}=\frac{1}{2}(F_Y(z)+F_Y(z-2)),\end{aligned}$$

求导数得 Z 的概率密度为

$$\begin{aligned}f_Z(z)&=\frac{1}{2}(f(z)+f(z-2))\\&=\begin{cases}\dfrac{1}{2}(2z+0), & 0<z<1,\\ \dfrac{1}{2}[0+2(z-2)], & 0<z-2<1,\\ 0, & \text{其他}\end{cases}=\begin{cases}z, & 0<z<1,\\ z-2, & 2<z<3,\\ 0, & \text{其他}.\end{cases}\end{aligned}$$

下面介绍 $M=\max\{X,Y\}$ 及 $N=\min\{X,Y\}$ 的分布.

设二维随机变量 (X,Y) 的分布函数为 $F(x,y)$，边缘分布函数分别为 $F_X(x)$ 与 $F_Y(y)$. 记 $M=\max\{X,Y\}$，$N=\min\{X,Y\}$，求 M,N 的分布函数 $F_M(z)$ 和 $F_N(z)$.

因为 $\{\max\{X,Y\}\leqslant z\}=\{X\leqslant z\}\cap\{Y\leqslant z\}$，所以

$$F_M(z)=P\{M\leqslant z\}=P\{X\leqslant z,Y\leqslant z\}=F(z,z). \tag{3.28}$$

若 X 与 Y 相互独立，则

$$F_M(z)=F_X(z)F_Y(z). \tag{3.29}$$

特别地，若 X 与 Y 相互独立且服从同一分布，则

$$F_M(z)=(F_X(z))^2.$$

若 X 与 Y 是相互独立的连续型随机变量，由式(3.29)可得 M 的概率密度为

$$f_M(z)=f_X(z)F_Y(z)+F_X(z)f_Y(z). \tag{3.30}$$

特别地，若 X 与 Y 相互独立且服从同一分布，则

$$f_M(z)=2f_X(z)F_X(z).$$

类似地，因为 $\{\min\{X,Y\}\leqslant z\}=\{X\leqslant z\}\cup\{Y\leqslant z\}$，所以

$$\begin{aligned}F_N(z)&=P\{N\leqslant z\}=P\{\{X\leqslant z\}\cup\{Y\leqslant z\}\}\\&=P\{X\leqslant z\}+P\{Y\leqslant z\}-P\{X\leqslant z,Y\leqslant z\}\\&=F_X(z)+F_Y(z)-F(z,z).\end{aligned} \tag{3.31}$$

若 X 与 Y 相互独立，则

$$F_N(z)=1-(1-F_X(z))(1-F_Y(z)). \tag{3.32}$$

特别地，若 X 与 Y 相互独立且服从同一分布，则

$$F_N(z)=1-(1-F_X(z))^2.$$

若 X 与 Y 是相互独立的连续型随机变量，由式(3.32)可得 N 的概率密度为

$$f_N(z)=f_X(z)(1-F_Y(z))+(1-F_X(z))f_Y(z). \tag{3.33}$$

特别地，若 X 与 Y 相互独立且服从同一分布，则

$$f_N(z)=2f_X(z)(1-F_X(z)).$$

以上结果可推广到 n 个随机变量的情况.

定理 3.5.2 **设 $X_1,X_2,\cdots,X_n$ 是 $n(n\geqslant 2)$ 个相互独立的随机变量，它们的分布函数分别为 $F_{X_i}(x)\ (i=1,2,\cdots,n)$，则 $M=\max\{X_1,X_2,\cdots,X_n\}$ 及 $N=\min\{X_1,X_2,\cdots,X_n\}$ 的分布函数分别为**

$$F_M(z)=F_{X_1}(z)F_{X_2}(z)\cdots F_{X_n}(z), \tag{3.34}$$

$$F_N(z)=1-(1-F_{X_1}(z))(1-F_{X_2}(z))\cdots(1-F_{X_n}(z)). \tag{3.35}$$

特别地，当 $X_1,X_2,\cdots,X_n$ 相互独立且服从同一分布函数(记分布函数为 $F(x)$)时，有

$$F_M(z)=(F(z))^n \quad \text{及} \quad F_N(z)=1-(1-F(z))^n.$$

若 $X_1,X_2,\cdots,X_n$ 是以 $f(x)$ 为概率密度的连续型随机变量，则有

$$f_M(z)=nf(z)(F(z))^{n-1} \quad \text{及} \quad f_N(z)=nf(z)(1-F(z))^{n-1}.$$

例 3.5.8 设一种电子元件的寿命(单位:h)服从正态分布 $N(160,20^2)$. 现随机地选取 4 个，假设各元件工作相互独立，求 4 个元件的寿命都超过 180 h 的概率.

解 设这 4 个元件的寿命为 $X_i(i=1,2,3,4)$，则 $X_i\sim N(160,20^2)$. 记 $N=\min\{X_1,X_2,X_3,X_4\}$，$N$ 的分布函数为 $F_N(z)$，X_i 的分布函数为 $F(x)$，则 4 个元件的寿命都超过 180 h 的概率为

$$\begin{aligned}P\{N>180\}&=1-P\{N\leqslant 180\}=1-F_N(180)=1-[1-(1-F(180))^4]\\&=\left(1-\Phi\left(\frac{180-160}{20}\right)\right)^4=(1-\Phi(1))^4\approx 0.000\,63.\end{aligned}$$

例 3.5.9 设随机变量 X 与 Y 相互独立，且都服从参数为 1 的指数分布，求 $M=\max\{X,Y\}$ 和 $N=\min\{X,Y\}$ 的概率密度.

解 易知 X,Y 的概率密度和分布函数分别为

$$f(x)=\begin{cases}e^{-x}, & x>0,\\ 0, & \text{其他},\end{cases}\quad F(x)=\begin{cases}1-e^{-x}, & x>0,\\ 0, & \text{其他}.\end{cases}$$

因此 M 的概率密度为

$$f_M(z)=2f(z)F(z)=\begin{cases}2e^{-z}(1-e^{-z}), & z>0,\\ 0, & \text{其他},\end{cases}$$

N 的概率密度为

$$f_M(z)=2f(z)(1-F(z))=\begin{cases}2e^{-2z}, & z>0,\\ 0, & \text{其他},\end{cases}$$

即 N 服从参数为$\frac{1}{2}$的指数分布.

掌握两个离散型随机变量的函数的分布律的计算方法;了解分布函数法的一般步骤;掌握求两个连续型随机变量之和、最大值、最小值的概率密度的方法.

习 题 3.5

基础练习

1. 设二维离散型随机变量(X,Y)的分布律如表 3.22 所示,求:

(1) $X+Y$ 的分布律;

(2) XY 的分布律;

(3) $\max\{X,Y\}$ 的分布律.

表 3.22

Y	X		
	−2	1	2
−1	0.2	0.1	0.1
0	0.2	0.1	0.3

2. 一盒中装有 4 黑、3 红、2 白共 9 个球,从中任取 3 个. 记 X 表示取到黑球的个数,Y 表示取到白球的个数,求:

(1) $X+Y$ 的分布律;

(2) $\max\{X,Y\}$ 的分布律;

(3) $\min\{X,Y\}$ 的分布律.

3. 设二维随机变量(X,Y)的概率密度为

$$f(x,y)=\begin{cases}2e^{-(x+2y)}, & x>0,y>0,\\ 0, & \text{其他},\end{cases}$$

求：

(1) $X+Y$ 的概率密度；

(2) $\max\{X,Y\}$ 的概率密度；

(3) $\min\{X,Y\}$ 的概率密度.

4. 设 X 与 Y 是两个相互独立的随机变量，概率密度分别为

$$f_X(x)=\begin{cases}2x, & 0<x<1,\\ 0, & \text{其他},\end{cases}\qquad f_Y(y)=\begin{cases}\dfrac{1}{y^2}, & y>1,\\ 0, & \text{其他},\end{cases}$$

求：

(1) $Z=X+Y$ 的概率密度；

(2) $M=\max\{X,Y\}$ 的概率密度；

(3) $N=\min\{X,Y\}$ 的概率密度.

进阶训练

1. 设二维随机变量 (X,Y) 的概率密度为

$$f(x,y)=\begin{cases}2\mathrm{e}^{-(x+2y)}, & x>0,y>0,\\ 0, & \text{其他},\end{cases}$$

求 $\dfrac{X}{Y}$ 的概率密度.

2. 设随机变量 X 与 Y 相互独立，且都服从 $N(0,\sigma^2)$，求 $Z=\sqrt{X^2+Y^2}$ 的概率密度.

§3.6 应用案例

一、射击问题

例 3.6.1 已知射手甲每次射击命中目标的概率为 $p(0<p<1)$. 若甲对同一目标独立重复射击多次，直到击中目标两次为止. 求：

(1) 已知第 2 次击中时射击了 n 次，甲首次击中目标时射击次数为 m 的概率；

(2) 已知甲第 m 次射击首次击中目标，第 n 次射击才再次击中目标的概率；

(3) 甲两次击中目标之间，恰好射击 k 次的概率.

解 记甲首次击中目标时射击次数为 X，射击的总次数为 Y，则事件 $\{X=m,Y=n\}$ 表示前 $m-1$ 次射击不中，第 m 次射击命中，接下来的 $n-1-m$ 次射击不中，第 n 次射击再次命中，其中 $1\leqslant m<n$，$n=2,3,\cdots$. 因为各次射击是独立重复的，所以 X 和 Y 的联合分布律为

$$P\{X=m,Y=n\}=p^2(1-p)^{n-2},\quad m=1,2,\cdots,n-1;n=2,3,\cdots,$$

从而

$$P\{X=m\}=\sum_{n=m+1}^{\infty}P\{X=m,Y=n\}=\sum_{n=m+1}^{\infty}p^2(1-p)^{n-2}$$

$$=p^2\sum_{n=m+1}^{\infty}(1-p)^{n-2}=p(1-p)^{m-1},\quad m=1,2,\cdots,$$

$$P\{Y=n\}=(n-1)p^2(1-p)^{n-2},\quad n=2,3,\cdots.$$

(1) 已知射击总次数为 $n(n=2,3,\cdots)$，则甲首次击中目标时射击次数为 m 的概率为

$$P\{X=m\mid Y=n\}=\frac{P\{X=m,Y=n\}}{P\{Y=n\}}=\frac{1}{n-1},\quad m=1,2,\cdots,n-1.$$

(2) 已知甲第 $m(m=1,2,\cdots)$ 次射击首次击中目标，则第 n 次射击才再次击中目标的概率为

$$P\{Y=n\mid X=m\}=\frac{P\{X=m,Y=n\}}{P\{X=m\}}=p(1-p)^{n-m-1},\quad n=m+1,m+2,\cdots.$$

(3) 甲两次击中目标之间，恰好射击 $k(k=0,1,2,\cdots)$ 次的概率为

$$P\{Y-X=k+1\}=\sum_{m=1}^{\infty}P\{X=m,Y=m+k+1\}=\sum_{m=1}^{\infty}p^2(1-p)^{m+k-1}$$

$$=p^2(1-p)^{k-1}\sum_{m=1}^{\infty}(1-p)^m=p^2(1-p)^{k-1}\frac{1-p}{1-(1-p)}$$

$$=p(1-p)^k.$$

二、推测犯罪嫌疑人的身高

例 3.6.2 犯罪嫌疑人在作案现场留下了脚印，公安机关通过对现场勘查，测得脚印的长为 c cm. 试据此推测犯罪嫌疑人的身高.

解 设人的身高为 X(单位：cm)，脚印长为 Y(单位：cm)，则两者之间存在相关关系. 可以认为二维随机变量 $(X,Y)\sim N(\mu_1,\mu_2,\sigma_1^2,\sigma_2^2,\rho)$，其中参数 $\mu_1,\mu_2,\sigma_1,\sigma_2,\rho$ 与环境、人种、生活习惯等有关，可通过统计方法测得. 已知犯罪嫌疑人的脚印长为 c cm，要推测犯罪嫌疑人的身高，就需要先求出条件概率密度 $f_{X|Y}(x\mid c)$，然后计算对应的数学期望 $E(X\mid Y=c)$(数学期望的内容将在第 4 章介绍).

根据假设，(X,Y) 的概率密度为

$$f(x,y)=\frac{1}{2\pi\sigma_1\sigma_2\sqrt{1-\rho^2}}\cdot\exp\left\{-\frac{1}{2(1-\rho^2)}\left[\frac{(x-\mu_1)^2}{\sigma_1^2}-2\rho\frac{(x-\mu_1)(y-\mu_2)}{\sigma_1\sigma_2}+\frac{(y-\mu_2)^2}{\sigma_2^2}\right]\right\},$$

$$-\infty<x<+\infty,-\infty<y<+\infty.$$

关于 Y 的边缘概率密度为

$$f_Y(y)=\frac{1}{\sqrt{2\pi}\sigma_2}\mathrm{e}^{-\frac{(y-\mu_2)^2}{2\sigma_2^2}},\quad -\infty<y<+\infty.$$

当 $Y=c$ 时，X 的条件概率密度为

$$\begin{aligned}f_{X|Y}(x|c)&=\frac{f(x,c)}{f_Y(c)}\\&=\frac{1}{\sqrt{2\pi(1-\rho^2)}\sigma_1}\exp\left\{-\frac{1}{2(1-\rho^2)}\left[\frac{(x-\mu_1)^2}{\sigma_1^2}\right.\right.\\&\qquad\left.\left.-2\rho\frac{(x-\mu_1)(c-\mu_2)}{\sigma_1\sigma_2}+\frac{(c-\mu_2)^2}{\sigma_2^2}\right]+\frac{(c-\mu_2)^2}{2\sigma_2^2}\right\}\\&=\frac{1}{\sqrt{2\pi(1-\rho^2)}\sigma_1}\exp\left\{-\frac{1}{2(1-\rho^2)\sigma_1^2}\left[x-\mu_1-\rho\frac{\sigma_1}{\sigma_2}(c-\mu_2)\right]^2\right\},\\&\qquad -\infty<x<+\infty,\end{aligned}$$

即当 $Y=c$ 时，$X\sim N\left(\mu_1+\rho\frac{\sigma_1}{\sigma_2}(c-\mu_2),(1-\rho^2)\sigma_1^2\right)$. 因此

$$E(X|Y=c)=\mu_1+\rho\frac{\sigma_1}{\sigma_2}(c-\mu_2)=\frac{\sigma_1}{\sigma_2}\rho c+\mu_1-\frac{\sigma_1}{\sigma_2}\rho\mu_2.$$

这里用到了结论：若 $X\sim N(\mu,\sigma^2)$，则 $E(X)=\mu$. 例如，把我国人的参数值代入上式，可推测犯罪嫌疑人的身高为 $6.876c$ cm. 若犯罪嫌疑人的脚印长 24.31 cm，则其身高为 6.876×24.31 cm ≈167.16 cm.

王梓坤

总 习 题 三

一、填空题

1. 已知二维随机变量 (X,Y) 的分布函数在区域 $D=\left\{(x,y)\,\middle|\,0\leqslant x\leqslant1,0\leqslant y\leqslant\frac{\pi}{2}\right\}$ 上的表达式为 $F(x,y)=x\sin y$，则 $P\left\{\frac{1}{3}\leqslant X\leqslant\frac{1}{2},\frac{\pi}{6}\leqslant Y\leqslant\frac{\pi}{3}\right\}=$________.

2. 设二维随机变量 (X,Y) 的分布律如表 3.23 所示，则常数 $a=$________.

表 3.23

Y	X		
	1	3	5
1	0.25	0.15	0.15
2	a	0.2	0.05

3.设二维随机变量(X,Y)的概率密度为

$$f(x,y)=\begin{cases}Ae^{-3(x+y)}, & x>0,y>0,\\ 0, & \text{其他},\end{cases}$$

则常数$A=$________.

4.一袋中有5个号码1,2,3,4,5,从中任取3个,记这3个号码中最小的号码为X,最大的号码为Y,则X与Y的相互独立性是________.

5.设某种桶装水的净重(单位:kg)服从$N(18.9,0.25)$.现随机选取4桶,总净重超过76.6 kg的概率为________.

二、选择题

1.二维随机变量(X,Y)等可能地取圆形区域$\{(x,y)\mid x^2+y^2\leqslant 4\}$上的某个整数点($X$,$Y$都是整数).设$F(x,y)$表示$(X,Y)$的分布函数,则$F(1,1)=$(　　).

A. $\frac{1}{13}$　　B. $\frac{4}{13}$　　C. $\frac{9}{13}$　　D. $\frac{11}{13}$

2.设二维随机变量(X,Y)的概率密度为$f(x,y)=\begin{cases}12e^{-(3x+4y)}, & x>0,y>0,\\ 0, & \text{其他},\end{cases}$则(　　).

A. $f_X(x)=\begin{cases}e^{-3x}, & x>0,\\ 0, & \text{其他}\end{cases}$　　B. $f_Y(y)=\begin{cases}4e^{-4y}, & y>0,\\ 0, & \text{其他}\end{cases}$

C. $F_X(x)=\begin{cases}1-e^{3x}, & x>0,\\ 0, & \text{其他}\end{cases}$　　D. $F_Y(y)=\begin{cases}-e^{-4y}, & y>0,\\ 0, & \text{其他}\end{cases}$

3.设二维随机变量(X,Y)的分布律如表3.24所示,则$P\{Y=2\mid X=2\}=$(　　).

A. 0.2　　B. 0.1　　C. 0.25　　D. 0.75

表 3.24

Y	X		
	1	2	3
0	0.2	0.1	0.2
2	0.1	0.3	0.1

4.设随机变量X与Y相互独立且服从同一分布,且$P\{X=0\}=0.3$,$P\{X=1\}=0.7$,则$P\{X+Y=1\}=$(　　).

A. 0.7　　B. 1　　C. 0.42　　D. 0.21

5.设随机变量X与Y相互独立,它们的分布函数分别为$F_X(x)$,$F_Y(y)$,则$F_{\min\{X,Y\}}(z)=$(　　).

A. $1-(1-F_X(z))^2$ B. $1-(1-F_X(z))(1-F_Y(z))$

C. $(F_Y(z))^2$ D. $F_X(z)F_Y(z)$

三、计算题

1. 盒子里装有3黑、2红、2白共7个球，从中任取3个. 记 X 表示取到黑球的个数，Y 表示取到白球的个数，求 X 和 Y 的联合分布律，并判断 X 与 Y 是否相互独立.

2. 设二维随机变量 (X,Y) 的分布律如表3.25所示，求：

(1) 在 $Y=2$ 的条件下 X 的条件分布律；

(2) 在 $X=4$ 的条件下 Y 的条件分布律；

(3) $Z=X+Y$ 的分布律；

(4) $M=\max\{X,Y\}$ 的分布律；

(5) $N=\min\{X,Y\}$ 的分布律.

表 3.25

Y	X			
	0	2	4	6
0	0.10	0.13	0.07	0.08
1	0.05	0.10	0.06	0.10
2	0.07	0.05	0.10	0.09

3. 设二维随机变量 (X,Y) 的概率密度为

$$f(x,y)=\begin{cases}1, & 0<y<1,|x|\leqslant y,\\ 0, & \text{其他},\end{cases}$$

求：

(1) 边缘概率密度 $f_X(x)$ 和 $f_Y(y)$；

(2) 条件概率密度 $f_{X|Y}(x|y)$ 和 $f_{Y|X}(y|x)$.

4. 设 X 与 Y 是两个相互独立的随机变量，X 在区间 $(0,4)$ 上服从均匀分布，Y 的概率密度为

$$f_Y(y)=\begin{cases}2\mathrm{e}^{-2y}, & y>0,\\ 0, & \text{其他},\end{cases}$$

求：

(1) X 和 Y 的联合概率密度；

(2) $P\{X-Y\leqslant 0\}$；

(3) $Z=X+Y$ 的概率密度；

(4) $M=\max\{X,Y\}$ 的概率密度；

(5) $N=\min\{X,Y\}$ 的概率密度.

5. 记两个电子器件的寿命(单位：天)分别为 X 和 Y. 设 X 与 Y 相互独立且服从同一分布，其概率密度为

$$f(x)=\begin{cases}\dfrac{200}{x^2}, & x>200,\\ 0, & \text{其他},\end{cases}$$

求 $U=\dfrac{X}{Y}$ 和 $V=XY$ 的概率密度.

四、证明题

1. 设 X 与 Y 是两个相互独立的随机变量,其分布律分别为

$$P\{X=k\}=p(k),\quad k=0,1,2,\cdots,$$
$$P\{Y=r\}=q(r),\quad r=0,1,2,\cdots.$$

证明:$Z=X+Y$ 的分布律为 $P\{Z=i\}=\sum\limits_{k=0}^{i}p(k)q(i-k),i=0,1,2,\cdots$.

2. 设 X 与 Y 是两个相互独立的随机变量,它们都服从参数为 $2,p$ 的二项分布. 证明:$Z=X+Y$ 服从参数为 $4,p$ 的二项分布.

五、考研题

1. (2018,数一、三) 设随机变量 X 与 Y 相互独立,且 X 的分布律为 $P\{X=1\}=P\{X=-1\}=\dfrac{1}{2}$,$Y$ 服从参数为 λ 的泊松分布,令 $Z=XY$,求 Z 的分布律.

2. (2019,数一) 设随机变量 X 与 Y 相互独立,X 服从参数为 1 的指数分布,Y 的分布律为 $P\{Y=-1\}=p$,$P\{Y=1\}=1-p(0<p<1)$,令 $Z=XY$.

(1) 求 Z 的概率密度.

(2) 问:X 与 Z 是否相互独立?

3. (2020,数三) 设二维随机变量 (X,Y) 在区域 $D=\{(x,y)\mid 0<y<\sqrt{1-x^2}\}$ 上服从二维均匀分布. 令

$$Z_1=\begin{cases}1, & X-Y>0,\\ 0, & X-Y\leqslant 0,\end{cases}\quad Z_2=\begin{cases}1, & X+Y>0,\\ 0, & X+Y\leqslant 0,\end{cases}$$

求二维随机变量 (Z_1,Z_2) 的分布律.

4. (2020,数一) 设随机变量 X_1,X_2,X_3 相互独立,其中 X_1,X_2 均服从标准正态分布,X_3 的分布律为 $P\{X_3=0\}=P\{X_3=1\}=\dfrac{1}{2}$,令 $Y=X_3X_1+(1-X_3)X_2$.

(1) 求二维随机变量 (X_1,Y) 的分布函数,结果用标准正态分布函数 $\Phi(x)$ 表示.

(2) 证明:随机变量 Y 服从标准正态分布.

5. (2023,数一) 设二维随机变量 (X,Y) 的概率密度为

$$f(x,y)=\begin{cases}\dfrac{2}{\pi}(x^2+y^2), & x^2+y^2\leqslant 1,\\ 0, & \text{其他}.\end{cases}$$

(1) 问:X 与 Y 是否相互独立?

(2) 求 $Z=X^2+Y^2$ 的概率密度.

第4章　随机变量的数字特征

前面讨论了随机变量的分布函数、分布律或概率密度，它们都能全面地描述随机变量的统计特性. 但是在某些实际问题中，随机变量的概率分布难以确定，而有时也不需要了解随机变量的具体取值情况，只需知道随机变量的某些特征即可. 例如，在考察某个商店每天的销售情况时，只要知道这个商店一个时期的日平均销量及其离散程度，就可以对该商店每天的销售情况做出比较客观的判断. 平均数和表征离散程度的指标虽然不能完整地描述随机变量，但更突显随机变量在某些方面的重要特征，称这样的指标为随机变量的**数字特征**. 本章将介绍随机变量的常用数字特征：数学期望、方差、协方差、相关系数和矩.

§4.1　数学期望

粗略地说，数学期望就是随机变量的"平均值". 在给出它的数学概念之前，先看一个例子.

射手射击时，命中的环数是随机的，要评价一个射手的射击水平，需要知道射手平均命中环数. 射手某轮训练射击 100 次的数据如表 4.1 所示.

表 4.1

环数	4	5	6	7	8	9	10
次数	1	2	5	16	35	28	13
频率	0.01	0.02	0.05	0.16	0.35	0.28	0.13

于是此轮每次射击命中的平均环数为

$$\begin{aligned}\overline{X}_1 &= \frac{4\times1+5\times2+6\times5+7\times16+8\times35+9\times28+10\times13}{100}\\ &=4\times0.01+5\times0.02+6\times0.05+7\times0.16+8\times0.35+9\times0.28+10\times0.13\\ &=8.18,\end{aligned}$$

即平均环数是以频率为权重对环数做加权平均. 若以射手本轮射击命中的环数计算平均值，则有

$$\overline{X}_2=\frac{4+5+6+7+8+9+10}{7}=7.$$

显然，$\overline{X}_2$ 忽略了命中各环数频繁程度的差异性，把偶发事件(如命中4环、5环)与高频事件(如命中8环、9环)同等看待，不能客观评价射手的水平. 而 $\overline{X}_1$ 则不存在这样的问题. 因此，用 $\overline{X}_1$ 来衡量射手本轮射击的表现更适当.

因频率具有波动性，故要反映射手真实的射击水平，可以用多次射击得到的频率稳定值即概率代替频率作为权重计算平均环数. 这种概率意义下的平均环数可以作为对射手一次射击命中环数的期望值，这就是所谓的“数学期望”.

一、数学期望的定义

定义 4.1.1 设离散型随机变量 X 的分布律为

$$P\{X=x_k\}=p_k,\quad k=1,2,\cdots.$$

数学期望

若级数

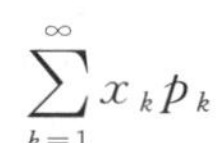

$$\sum_{k=1}^{\infty}x_k p_k$$

绝对收敛，则称级数 $\sum\limits_{k=1}^{\infty}x_k p_k$ 的和为随机变量 X 的**数学期望**，记为 $E(X)$，即

$$E(X)=\sum_{k=1}^{\infty}x_k p_k. \tag{4.1}$$

设连续型随机变量 X 的概率密度为 $f(x)$. 若积分

$$\int_{-\infty}^{+\infty}xf(x)\mathrm{d}x$$

绝对收敛，则称积分 $\int_{-\infty}^{+\infty}xf(x)\mathrm{d}x$ 的值为随机变量 X 的数学期望，记为 $E(X)$，即

$$E(X)=\int_{-\infty}^{+\infty}xf(x)\mathrm{d}x. \tag{4.2}$$

随机变量的数学期望简称为**期望**，又称为**均值**. 若 X 服从某种分布，通常也称 $E(X)$ 为该分布的数学期望.

释疑解惑

(1) 对于连续型随机变量 X，若在 X 的取值区间上取多个分点 $x_0<x_1<x_2<\cdots<x_{n-1}<x_n$，则当 $\Delta x_k=x_k-x_{k-1}(k=1,2,\cdots,n)$ 足够小时，有

$$P\{x_k\leqslant X<x_k+\Delta x_k\}=\int_{x_k}^{x_k+\Delta x_k}f(x)\mathrm{d}x\approx f(x_k)\Delta x_k,$$

即可将 X 近似看作以概率 $f(x_k)\Delta x_k$ 取值 x_k 的离散型随机变量，于是由式(4.1)，有

$$E(X)=\sum_{k=1}^{\infty}x_k f(x_k)\Delta x_k\to\int_{-\infty}^{+\infty}xf(x)\mathrm{d}x\quad(\Delta x_k\to 0).$$

由此可见，连续型随机变量的数学期望本质上也是随机变量以概率为权重的加权平均.

(2) 因随机变量的取值是随机的，故定义 4.1.1 中要求级数和积分绝对收敛保证了式(4.1)和式(4.2)“求和的顺序”的改变不会改变数学期望的存在性和值.

另外，并非所有的随机变量都有数学期望. 例如，设随机变量 X 的分布律为

$$P\left\{X=\frac{(-2)^k}{k}\right\}=\frac{1}{2^k},\quad k=1,2,\cdots,$$

因为

$$\sum_{k=1}^{\infty}\left|\frac{(-2)^k}{k}\frac{1}{2^k}\right|=\sum_{k=1}^{\infty}\frac{1}{k}=+\infty,$$

所以 $E(X)$ 不存在.

例 4.1.1 某足球联赛采用积分制确定排名. 每场比赛的获胜方积 3 分,落败方积 0 分,若平局则双方各积 1 分. 根据以往经验,甲队对阵乙队获胜的概率为 0.6,平局的概率为 0.1,落败的概率为 0.3. 求甲队对阵乙队时,甲队得分的数学期望.

解 设 X 为甲队对阵乙队一场的得分,则 X 为离散型随机变量,其分布律如表 4.2 所示.

表 4.2

X	0	1	3
p	0.3	0.1	0.6

因此,甲队得分的数学期望为

$$E(X)=0\times0.3+1\times0.1+3\times0.6=1.9.$$

下例给出了几个常用分布的数学期望.

例 4.1.2 求 X 的数学期望 $E(X)$,X 的分布如下:

(1) 二项分布 $b(n,p)$;

(2) 泊松分布 $P(\lambda)$;

(3) 均匀分布 $U(a,b)$;

(4) 指数分布 $e(\theta)$;

(5) 正态分布 $N(\mu,\sigma^2)$.

常见分布的数字特征及其应用举例

解 (1) X 的分布律为

$$P\{X=k\}=C_n^k p^k(1-p)^{n-k},\quad k=0,1,2,\cdots,n,$$

则

$$E(X)=\sum_{k=0}^{n}kC_n^k p^k(1-p)^{n-k}=\sum_{k=1}^{n}\left[k\cdot\frac{n!}{(n-k)!\ k!}\cdot p^k(1-p)^{n-k}\right]$$

$$=np\sum_{k=1}^{n}\frac{(n-1)!\ p^{k-1}(1-p)^{(n-1)-(k-1)}}{[(n-1)-(k-1)]!\ (k-1)!}=np\sum_{k=0}^{n-1}C_{n-1}^k p^k(1-p)^{(n-1)-k}$$

$$=np.$$

特别地,(0—1) 分布 $b(1,p)$ 作为特殊的二项分布,其数学期望为 p.

(2) X 的分布律为

$$P\{X=k\}=\frac{\lambda^k}{k!}e^{-\lambda},\quad k=0,1,2,\cdots,$$

则

$$E(X)=\sum_{k=0}^{\infty}\left(k\cdot\frac{\lambda^k}{k!}e^{-\lambda}\right)=\sum_{k=1}^{\infty}\frac{\lambda^k e^{-\lambda}}{(k-1)!}$$

$$=\lambda e^{-\lambda}\sum_{k=0}^{\infty}\frac{\lambda^k}{k!}=\lambda e^{-\lambda}\cdot e^{\lambda}=\lambda.$$

(3) X 的概率密度为

$$f(x)=\begin{cases}\dfrac{1}{b-a}, & a<x<b,\\ 0, & 其他,\end{cases}$$

则

$$E(X)=\int_{-\infty}^{+\infty}xf(x)dx=\int_a^b x\cdot\frac{1}{b-a}dx=\frac{x^2}{2(b-a)}\Bigg|_a^b=\frac{a+b}{2}.$$

(4) X 的概率密度为

$$f(x)=\begin{cases}\dfrac{1}{\theta}e^{-\frac{x}{\theta}}, & x>0,\\ 0, & 其他,\end{cases}$$

则

$$E(X)=\int_{-\infty}^{+\infty}xf(x)dx=\int_0^{+\infty}x\cdot\frac{1}{\theta}e^{-\frac{x}{\theta}}dx$$

$$=-xe^{-\frac{x}{\theta}}\Bigg|_0^{+\infty}+\int_0^{+\infty}e^{-\frac{x}{\theta}}dx=\theta.$$

(5) X 的概率密度为

$$f(x)=\frac{1}{\sqrt{2\pi}\sigma}e^{-\frac{(x-\mu)^2}{2\sigma^2}},\quad -\infty<x<+\infty,$$

则

$$E(X)=\int_{-\infty}^{+\infty}xf(x)dx=\int_{-\infty}^{+\infty}x\cdot\frac{1}{\sqrt{2\pi}\sigma}e^{-\frac{(x-\mu)^2}{2\sigma^2}}dx\xlongequal{u=\frac{x-\mu}{\sqrt{2}\sigma}}\int_{-\infty}^{+\infty}\frac{\sqrt{2}\sigma u+\mu}{\sqrt{\pi}}e^{-u^2}du$$

$$=\frac{\sqrt{2}\sigma}{\sqrt{\pi}}\int_{-\infty}^{+\infty}ue^{-u^2}du+\frac{\mu}{\sqrt{\pi}}\int_{-\infty}^{+\infty}e^{-u^2}du=0+\frac{\mu}{\sqrt{\pi}}\times\sqrt{\pi}=\mu.$$

例 4.1.3　某车站每天有两辆大巴车到站,但到站的时刻随机,如表 4.3 所示,假设两车到站的时间相互独立.若甲 8:20 到达车站,求甲候车时间的数学期望.

表 4.3

到站时刻				
到站时刻	第 1 辆车	8:15	8:30	8:40
到站时刻	第 2 辆车	9:15	9:30	9:40
概率		0.2	0.5	0.3

解　设甲候车时间为 X(单位:min),则 X 的分布律如表 4.4 所示.

表 4.4

X	10	20	55	70	80
p	0.5	0.3	$0.2\times0.2=0.04$	$0.2\times0.5=0.1$	$0.2\times0.3=0.06$

候车时间 X 的数学期望为

$$E(X)=10\times0.5+20\times0.3+55\times0.04+70\times0.1+80\times0.06=25\ (\text{min}).$$

二、随机变量函数的数学期望

在很多实际问题中,往往已知随机变量之间的函数关系,以及自变量的概率分布(分布律或概率密度),需要确定因变量的数学期望.

定理 4.1.1 设随机变量 Y 是随机变量 X 的函数 $Y=g(X)$,其中 g 是连续函数.

(1) 当 X 是离散型随机变量,具有分布律 $P\{X=x_k\}=p_k(k=1,2,\cdots)$ 时,若 $\sum_{k=1}^{\infty}g(x_k)p_k$ 绝对收敛,则有

$$E(Y)=E(g(X))=\sum_{k=1}^{\infty}g(x_k)p_k. \tag{4.3}$$

(2) 当 X 是连续型随机变量,具有概率密度 $f(x)$ 时,若$\int_{-\infty}^{+\infty}g(x)f(x)\mathrm{d}x$ 绝对收敛,则有

$$E(Y)=E(g(X))=\int_{-\infty}^{+\infty}g(x)f(x)\mathrm{d}x. \tag{4.4}$$

定理 4.1.1 还可以推广到两个或两个以上随机变量函数的情形.

定理 4.1.2 设随机变量 Z 是随机变量 X 和 Y 的函数 $Z=g(X,Y)$,其中 g 是连续函数.

(1) 当(X,Y)是二维离散型随机变量,具有分布律 $P\{X=x_i,Y=y_j\}=p_{ij}(i,j=1,2,\cdots)$ 时,若$\sum_{i=1}^{\infty}\sum_{j=1}^{\infty}g(x_i,y_j)p_{ij}$ 绝对收敛,则有

$$E(Z)=E(g(X,Y))=\sum_{i=1}^{\infty}\sum_{j=1}^{\infty}g(x_i,y_j)p_{ij}. \tag{4.5}$$

(2) 当(X,Y)是二维连续型随机变量,具有概率密度 $f(x,y)$ 时,若

$$\int_{-\infty}^{+\infty}\int_{-\infty}^{+\infty}g(x,y)f(x,y)\mathrm{d}x\,\mathrm{d}y$$

绝对收敛,则有

$$E(Z)=E(g(X,Y))=\int_{-\infty}^{+\infty}\int_{-\infty}^{+\infty}g(x,y)f(x,y)\mathrm{d}x\,\mathrm{d}y. \tag{4.6}$$

特别地,当 $g(X,Y)=X^k$ 或 $g(X,Y)=Y^k$ 时,有

$$E(X^k)=\sum_{i=1}^{\infty}\sum_{j=1}^{\infty}x_i^k p_{ij},\quad E(Y^k)=\sum_{i=1}^{\infty}\sum_{j=1}^{\infty}y_j^k p_{ij}$$

或

$$E(X^k)=\int_{-\infty}^{+\infty}\int_{-\infty}^{+\infty}x^k f(x,y)\mathrm{d}x\,\mathrm{d}y,\quad E(Y^k)=\int_{-\infty}^{+\infty}\int_{-\infty}^{+\infty}y^k f(x,y)\mathrm{d}x\,\mathrm{d}y.$$

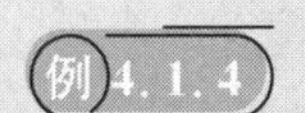

例 4.1.4 设随机变量 X 的分布律如表 4.5 所示，求 $E(X^2)$，$E(2X-1)$.

表 4.5

X	-1	0	1	2
p	0.2	0.3	0.1	0.4

解 由式(4.3)得

$$E(X^2)=(-1)^2\times 0.2+0^2\times 0.3+1^2\times 0.1+2^2\times 0.4=1.9,$$

$$\begin{aligned}E(2X-1)=&[2\times(-1)-1]\times 0.2+(2\times 0-1)\times 0.3\\&+(2\times 1-1)\times 0.1+(2\times 2-1)\times 0.4=0.4.\end{aligned}$$

例 4.1.5 设二维随机变量(X,Y)的分布律如表 4.6 所示，求 $E(X)$ 和 $E(XY)$.

表 4.6

Y	X			
	-2	-1	1	2
1	0	0.25	0.25	0
4	0.25	0	0	0.25

解 由式(4.5)得

$$\begin{aligned}E(X)=&(-2)\times 0+(-1)\times 0.25+1\times 0.25+2\times 0+(-2)\times 0.25\\&+(-1)\times 0+1\times 0+2\times 0.25=0,\end{aligned}$$

$$\begin{aligned}E(XY)=&(-2\times 1)\times 0+(-1\times 1)\times 0.25+(1\times 1)\times 0.25+(2\times 1)\times 0\\&+(-2\times 4)\times 0.25+(-1\times 4)\times 0+(1\times 4)\times 0+(2\times 4)\times 0.25=0.\end{aligned}$$

例 4.1.6 某公司计划开发一种新产品市场，并试图确定该产品的产量. 他们估计出售一件产品可获利 m 元，而积压一件产品将导致 n 元的损失. 假设销售量(单位:件)Y 服从指数分布，即 Y 具有概率密度

$$f_Y(y)=\begin{cases}\dfrac{1}{\theta}\mathrm{e}^{-\frac{y}{\theta}}, & y>0,\\ 0, & \text{其他}.\end{cases}$$

问:若要获利的平均值最大，则应生产多少件产品(m,n,θ 均为已知)?

解 设生产 $x(x>0)$ 件产品，则获利(单位:元)Q 与 x,Y 有函数关系

$$Q=Q(x,Y)=\begin{cases}mY-n(x-Y), & 0<Y<x,\\ mx, & Y\geqslant x.\end{cases}$$

因为 Q 是 Y 的连续函数，所以平均获利为

$$\begin{aligned}E(Q)&=\int_{-\infty}^{+\infty}Q(x,y)f_Y(y)\mathrm{d}y=\int_0^x[my-n(x-y)]\cdot\frac{1}{\theta}\mathrm{e}^{-\frac{y}{\theta}}\mathrm{d}y+\int_x^{+\infty}mx\cdot\frac{1}{\theta}\mathrm{e}^{-\frac{y}{\theta}}\mathrm{d}y\\&=(m+n)\theta(1-\mathrm{e}^{-\frac{x}{\theta}})-nx.\end{aligned}$$

令

$$\frac{\mathrm{d}}{\mathrm{d}x}E(Q)=(m+n)\mathrm{e}^{-\frac{x}{\theta}}-n=0,$$

解得 $x_0=\theta\ln\left(\frac{m}{n}+1\right)$. 而

$$\frac{\mathrm{d}^2}{\mathrm{d}x^2}E(Q)=-\frac{m+n}{\theta}\mathrm{e}^{-\frac{x}{\theta}}<0,$$

因此当 $x=x_0$ 时,平均获利最大.

记盈亏比为 $r=\frac{m}{n}$,产量 x 与销售量 Y 的数学期望 $E(Y)=\theta$ 的比值为 q,即 $q=\frac{x}{\theta}$,则当 $q_0=\frac{x_0}{\theta}=\ln(1+r)$ 时平均获利最大. 盈亏比 r 越高,则 q_0 越大,从而 x_0 越大. 也就是说,盈亏比高,则意味着经营风险低,为了追求平均利润的最大化,公司可以提高产量,达到甚至超过 θ;否则,表明经营风险高,公司应主动减产,规避随机风险.

课程思政

我们在日常工作和生活中,会面临各种决策问题. 除了掌握科学的决策方法,学会运用所学知识分析、解决问题外,还要注意事物往往存在一体多面性,需要具体问题具体分析,学会用辩证的观点去看待问题,这对于正确决策、提高效率都具有重要的意义.

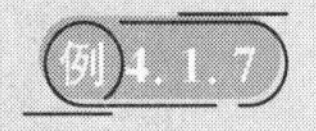

设二维随机变量 (X,Y) 的概率密度为

$$f(x,y)=\begin{cases}1, & 0<|y|<x<1,\\ 0, & \text{其他},\end{cases}$$

求 $E(Y)$, $E(X^2)$ 和 $E(XY)$.

解 $$E(Y)=\int_{-\infty}^{+\infty}\int_{-\infty}^{+\infty}yf(x,y)\mathrm{d}x\mathrm{d}y=\int_0^1\int_{-x}^{x}y\cdot 1\mathrm{d}y\mathrm{d}x=0,$$

$$E(X^2)=\int_{-\infty}^{+\infty}\int_{-\infty}^{+\infty}x^2f(x,y)\mathrm{d}x\mathrm{d}y=\int_0^1\int_{-x}^{x}x^2\cdot 1\mathrm{d}y\mathrm{d}x=\frac{1}{2},$$

$$E(XY)=\int_{-\infty}^{+\infty}\int_{-\infty}^{+\infty}xyf(x,y)\mathrm{d}x\mathrm{d}y=\int_0^1\int_{-x}^{x}xy\cdot 1\mathrm{d}y\mathrm{d}x=0.$$

三、数学期望的性质

应用定理 4.1.1 和定理 4.1.2 可以得到数学期望的几个重要性质. 以下假设 C 为常数,且随机变量 X 和 Y 存在数学期望. 下述性质都仅对连续型随机变量的情形进行证明,读者可自行证明离散型随机变量的情形.

性质 4.1.1 $E(C)=C$.

证明 设随机变量 X 具有概率密度 $f(x)$,考虑函数 $g(X)=C$,可得

$$E(C)=\int_{-\infty}^{+\infty} Cf(x)\mathrm{d}x = C\int_{-\infty}^{+\infty} f(x)\mathrm{d}x = C.$$

性质 4.1.2 $E(CX)=CE(X)$.

证明 设随机变量 X 具有概率密度 $f(x)$，则由函数 $g(X)=CX$ 的连续性，可得

$$E(CX)=\int_{-\infty}^{+\infty} Cxf(x)\mathrm{d}x = C\int_{-\infty}^{+\infty} xf(x)\mathrm{d}x = CE(X).$$

性质 4.1.3 $E(X+Y)=E(X)+E(Y)$.

证明 设二维随机变量 (X,Y) 具有概率密度 $f(x,y)$，则由函数 $g(X,Y)=X+Y$ 的连续性，可得

$$\begin{aligned}E(X+Y)&=\int_{-\infty}^{+\infty}\int_{-\infty}^{+\infty}(x+y)f(x,y)\mathrm{d}x\mathrm{d}y\\&=\int_{-\infty}^{+\infty}\int_{-\infty}^{+\infty}xf(x,y)\mathrm{d}x\mathrm{d}y+\int_{-\infty}^{+\infty}\int_{-\infty}^{+\infty}yf(x,y)\mathrm{d}x\mathrm{d}y\\&=E(X)+E(Y).\end{aligned}$$

结合性质 4.1.2 和性质 4.1.3，有

$$E(\alpha X+\beta Y)=\alpha E(X)+\beta E(Y),$$

其中 α,β 为常数.

性质 4.1.4 当 X 与 Y 相互独立时，$E(XY)=E(X)E(Y)$.

证明 设二维随机变量 (X,Y) 具有概率密度 $f(x,y)$. 因为 X 与 Y 相互独立，所以 $f(x,y)=f_X(x)f_Y(y)$，则由函数 $g(X,Y)=XY$ 的连续性，可得

$$\begin{aligned}E(XY)&=\int_{-\infty}^{+\infty}\int_{-\infty}^{+\infty}xyf(x,y)\mathrm{d}x\mathrm{d}y=\int_{-\infty}^{+\infty}\int_{-\infty}^{+\infty}xyf_X(x)f_Y(y)\mathrm{d}x\mathrm{d}y\\&=\int_{-\infty}^{+\infty}\int_{-\infty}^{+\infty}xf_X(x)\cdot yf_Y(y)\mathrm{d}x\mathrm{d}y=\int_{-\infty}^{+\infty}xf_X(x)\mathrm{d}x\cdot\int_{-\infty}^{+\infty}yf_Y(y)\mathrm{d}y\\&=E(X)E(Y).\end{aligned}$$

性质 4.1.3 和性质 4.1.4 可分别推广到任意有限个随机变量的情形.

释疑解惑

(1) 数学期望满足线性性质. 当某个随机变量的数学期望难以直接计算或计算比较烦琐时，可以考虑将其分解为若干个随机变量的线性组合，再利用数学期望的线性性质进行计算. 例如，求二项分布 $b(n,p)$ 的数学期望，可将 $b(n,p)$ 分解为 n 个相互独立的服从 $(0-1)$ 分布的随机变量之和，再对 $(0-1)$ 分布的数学期望求和即得 $b(n,p)$ 的数学期望. 此方法比例 4.1.2 的算法更简洁明了.

(2) "随机变量 X 与 Y 相互独立"是"$E(XY)=E(X)E(Y)$"成立的充分条件. 例如在例 4.1.5 和例 4.1.7 中，均有 $E(XY)=E(X)E(Y)=0$，但容易验证两例中 X 与 Y 都不相互独立.

例 4.1.8 设随机变量 X 满足 $E(X)$ 和 $E(X^2)$ 都存在. 对于任意实数 θ，令 $r(\theta)=E((X-\theta)^2)$，证明：当且仅当 $\theta=E(X)$ 时，$r(\theta)$ 取得最小值 $E(X^2)-(E(X))^2$.

证明 由数学期望的性质可知

$$\begin{aligned}r(\theta)&=E((X-\theta)^2)=E(X^2-2\theta X+\theta^2)=E(X^2)-2\theta E(X)+\theta^2\\&=(\theta-E(X))^2+E(X^2)-(E(X))^2\geqslant E(X^2)-(E(X))^2,\end{aligned}$$

从而当且仅当 $\theta=E(X)$ 时，$r(\theta)$ 取得最小值 $E(X^2)-(E(X))^2$.

释疑解惑

例 4.1.8 的结果可以从两个方面来理解：一方面，例 4.1.8 表明在均方意义下，随机变量 X 和它的数学期望 $E(X)$ 的"误差"最小，即 X 的取值集中在 $E(X)$ 周围，$E(X)$ 是 X 取值的"中心"；另一方面，若 θ 为未知参数，则用随机变量 X 估计 θ，当 X 的均值等于 θ 时，估计的均方误差最小.

小节要点

数学期望是随机变量以其概率为权重的加权平均数，是随机变量取值的"中心". 理解数学期望的概念；掌握随机变量及其连续函数的数学期望的算法；熟练掌握数学期望的性质，为理解和掌握其他数字特征打好基础.

习 题 4.1

基础练习

1. 下列随机变量 X 是否存在数学期望？若存在，则求出其数学期望：

(1) X 的分布律如表 4.7 所示；

表 4.7

X	-1	0	1	2
p	0.1	0.6	0.2	0.1

(2) X 的分布律为 $P\{X=k\}=\dfrac{1}{k(k+1)}, k=1,2,\cdots$；

(3) X 的分布律为 $P\{X=k\}=\dfrac{1}{k!\,\mathrm{e}}, k=0,1,2,\cdots$；

(4) X 的概率密度为 $f(x)=\begin{cases}\dfrac{1}{2}\sin x, & 0\leqslant x\leqslant\pi,\\ 0, & \text{其他}；\end{cases}$

(5) X 的概率密度为 $f(x)=\begin{cases}\dfrac{1}{x^2}, & x\geqslant 1,\\ 0, & \text{其他}；\end{cases}$

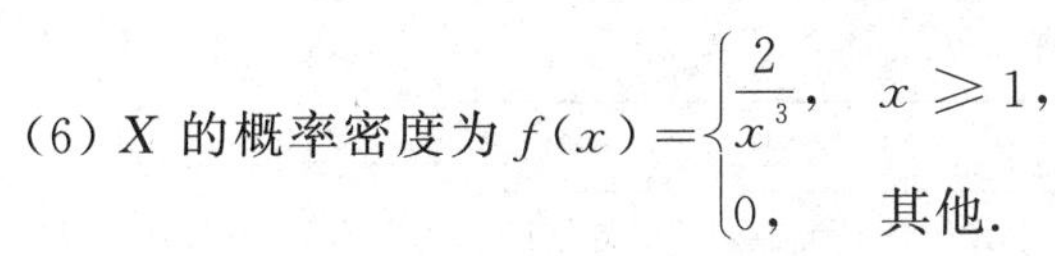

(6) X 的概率密度为 $f(x)=\begin{cases}\dfrac{2}{x^3}, & x\geqslant 1,\\ 0, & 其他.\end{cases}$

2. 设二维随机变量 (X,Y) 的分布律如表 4.8 所示，求 $E(X),E(X^2),E(Y),E(Y^2)$，$E(XY)$.

表 4.8

Y	X			
	-2	0	1	2
0	0.1	0.2	0.2	0.1
1	0.2	0	0.1	0.1

3. 设 X,Y 是两个相互独立且服从同一分布的随机变量. 已知 X 的分布律为 $P\{X=i\}=\dfrac{1}{3}$，$i=1,2,3$，令 $U=\max\{X,Y\}$，$V=\min\{X,Y\}$，求 $E(U),E(V)$.

4. 设随机变量 X 的概率密度为

$$f(x)=\frac{1}{2}e^{-|x|},\quad -\infty<x<+\infty,$$

求 $E(X),E(X^2)$.

5. 设二维随机变量 (X,Y) 的概率密度为

$$f(x,y)=\begin{cases}\dfrac{21}{4}x^2y, & x^2\leqslant y\leqslant 1,\\ 0, & 其他,\end{cases}$$

求 $E(X),E(X^2),E(Y),E(Y^2),E(XY)$.

进阶训练

1. 某次考试的试卷中有 5 个单选题，每题 3 分. 若甲在答题时，从每题的四个选项中随机选一个作为答案，求甲单选题的平均分.

2. 设随机变量 X 的分布函数为

$$F(x)=\begin{cases}1-e^{-\frac{x^2}{\theta}}, & x\geqslant 0,\\ 0, & 其他,\end{cases}$$

其中 $\theta>0$ 为常数，求 $E(X),E(X^2)$.

3. 设 X 与 Y 是两个相互独立且均服从正态分布 $N\left(0,\dfrac{1}{2}\right)$ 的随机变量，求 $E(|X-Y|)$.

方　　差

数学期望描述了随机变量取值的“平均数”，但有时仅知道平均数还不够.

一、引例

由射击运动员甲、乙大量射击训练的数据得到两人的命中率如表 4.9 所示.

表 4.9

环数	7	8	9	10
甲命中率	0.08	0.36	0.45	0.11
乙命中率	0.20	0.26	0.29	0.25

因此，两人的平均环数分别为

$$E_{甲}=7\times0.08+8\times0.36+9\times0.45+10\times0.11=8.59,$$

$$E_{乙}=7\times0.20+8\times0.26+9\times0.29+10\times0.25=8.59.$$

由结果可见，从平均数的角度无法区分谁的射击技术更好.可以进一步考虑两人射击的稳定性，也就是比谁命中的环数更接近平均数.假设命中的环数用 X 表示，则射击稳定性可用 $E(|X-E(X)|)$ 来度量，为了数学处理上的方便，可用 $E((X-E(X))^2)$ 度量射击的稳定性. $E((X-E(X))^2)$ 越小，表明 X 的取值在 $E(X)$ 附近越集中，即水平越稳定，否则越不稳定.

在此引例中，计算得甲、乙两人的射击稳定值(记为 $D_{甲}$ 和 $D_{乙}$) 分别如下：

$$D_{甲}=(7-8.59)^2\times0.08+(8-8.59)^2\times0.36+(9-8.59)^2\times0.45+(10-8.59)^2\times0.11=0.6219,$$

$$D_{乙}=(7-8.59)^2\times0.20+(8-8.59)^2\times0.26+(9-8.59)^2\times0.29+(10-8.59)^2\times0.25=1.1419,$$

从而 $D_{甲}<D_{乙}$，说明甲射击的稳定性更好.

二、方差的定义

定义 4.2.1 设 X 是一个随机变量.若

$$E((X-E(X))^2)$$

存在，则称它为 X 的**方差**，记为 $D(X)$ 或 $\mathrm{Var}(X)$，即

$$D(X)=E((X-E(X))^2). \tag{4.7}$$

称 $\sqrt{D(X)}$ 为随机变量 X 的**标准差或均方差**，记为 $\sigma(X)$.

方差

由定义 4.2.1 知，方差本质上是随机变量函数的数学期望，而因为随机变量的数学期望不一定存在，所以并非每一个随机变量 X 都有方差 $D(X)$.若 $D(X)$ 存在，则必有 $D(X)\geqslant0$，且由 X 的概率分布唯一确定. $D(X)$ 反映了 X 的取值与其数学期望的偏离程度.若 X 取值比较集中，则 $D(X)$ 较小；若 X 取值比较分散，则 $D(X)$ 较大.

由方差的定义及随机变量函数的数学期望可得以下方差的计算公式：

(1) 对于离散型随机变量 X，若其分布律为 $P\{X=x_k\}=p_k, k=1,2,\cdots$，则

$$D(X)=\sum_{k=1}^{\infty}(x_k-E(X))^2p_k. \tag{4.8}$$

(2) 对于连续型随机变量 X，若其概率密度为 $f(x)$，则

$$D(X)=\int_{-\infty}^{+\infty}(x-E(X))^2f(x)\mathrm{d}x. \tag{4.9}$$

在实际应用中，常用如下简便公式计算方差：

$$D(X)=E(X^2)-(E(X))^2. \tag{4.10}$$

事实上,由方差的定义有

$$D(X)=E((X-E(X))^2)=E(X^2-2XE(X)+(E(X))^2)$$
$$=E(X^2)-2E(X)E(X)+(E(X))^2=E(X^2)-(E(X))^2.$$

应用式(4.10),结合 §4.1 例 4.1.2 的结果,可以得到下述常用分布的方差.

例 4.2.1 试求随机变量 X 的方差 $D(X)$,X 的分布如下:

(1) 参数为 p 的(0-1) 分布;

(2) 泊松分布 $P(\lambda)$;

(3) 均匀分布 $U(a,b)$;

(4) 指数分布 $e(\theta)$.

解 (1) X 的分布律为

$$P\{X=0\}=1-p,\quad P\{X=1\}=p.$$

已知 $E(X)=p$,则有

$$E(X^2)=0^2\times(1-p)+1^2\times p=p,$$

从而

$$D(X)=E(X^2)-(E(X))^2=p-p^2=p(1-p).$$

(2) X 的分布律为

$$P\{X=k\}=\frac{\lambda^k}{k!}e^{-\lambda},\quad k=0,1,2,\cdots.$$

已知 $E(X)=\lambda$,则有

$$E(X^2)=E(X(X-1)+X)=\sum_{k=0}^{\infty}k(k-1)\frac{\lambda^k}{k!}e^{-\lambda}+\lambda$$
$$=\sum_{k=2}^{\infty}\frac{\lambda^k}{(k-2)!}e^{-\lambda}+\lambda=\lambda^2\sum_{k=0}^{\infty}\frac{\lambda^k}{k!}e^{-\lambda}+\lambda=\lambda^2+\lambda,$$

从而

$$D(X)=E(X^2)-(E(X))^2=\lambda.$$

(3) X 的概率密度为

$$f(x)=\begin{cases}\dfrac{1}{b-a}, & a<x<b,\\ 0, & \text{其他}.\end{cases}$$

已知 $E(X)=\dfrac{a+b}{2}$,则有

$$E(X^2)=\int_{-\infty}^{+\infty}x^2f(x)\mathrm{d}x=\int_a^b\frac{x^2}{b-a}\mathrm{d}x=\frac{a^2+ab+b^2}{3},$$

从而

$$D(X)=E(X^2)-(E(X))^2=\frac{(b-a)^2}{12}.$$

(4) X 的概率密度为

$$f(x)=\begin{cases}\dfrac{1}{\theta}\mathrm{e}^{-\frac{x}{\theta}}, & x>0,\\ 0, & \text{其他}.\end{cases}$$

已知 $E(X)=\theta$,则有

$$E(X^2)=\int_{-\infty}^{+\infty}x^2f(x)\mathrm{d}x=\int_0^{+\infty}x^2\cdot\frac{1}{\theta}\mathrm{e}^{-\frac{x}{\theta}}\mathrm{d}x=2\theta^2,$$

从而

$$D(X)=E(X^2)-(E(X))^2=\theta^2.$$

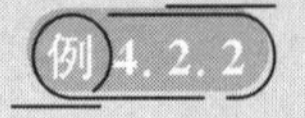 设二维随机变量(X,Y)的分布律如表 4.10 所示,求 $D(X)$.

表 4.10

Y	X			
	-2	-1	1	2
1	0	0.25	0.25	0
4	0.25	0	0	0.25

解 由 §4.1 例 4.1.5 知 $E(X)=0$,且

$$E(X^2)=(-1)^2\times0.25+1^2\times0.25+(-2)^2\times0.25+2^2\times0.25=2.5,$$

从而

$$D(X)=E(X^2)-(E(X))^2=2.5.$$

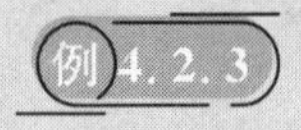 设二维随机变量(X,Y)的概率密度为

$$f(x,y)=\begin{cases}1, & 0<|y|<x<1,\\ 0, & \text{其他},\end{cases}$$

求 $D(X),D(Y)$.

解 由 §4.1 例 4.1.7 知 $E(Y)=0,E(X^2)=\dfrac{1}{2}$,且

$$E(X)=\int_{-\infty}^{+\infty}\int_{-\infty}^{+\infty}xf(x,y)\mathrm{d}x\mathrm{d}y=\int_0^1\int_{-x}^{x}x\cdot1\mathrm{d}y\mathrm{d}x=\int_0^1 2x^2\mathrm{d}x=\frac{2}{3},$$

从而

$$D(X)=E(X^2)-(E(X))^2=\frac{1}{18}.$$

同理可得

$$D(Y)=E(Y^2)-(E(Y))^2=\int_0^1\int_{-x}^{x}y^2\cdot1\mathrm{d}y\mathrm{d}x-0^2=\int_0^1\frac{2}{3}x^3\mathrm{d}x=\frac{1}{6}.$$

三、方差的性质

假设 C 是常数,随机变量 X 和 Y 都具有方差,下面我们给出方差的几个基本性质.

性质 4.2.1 $D(C)=0$.

证明 $D(C)=E(C^2)-(E(C))^2=0$.

性质 4.2.2 $D(X)=0$ 的充要条件是 $P\{X=E(X)\}=1$.

性质4.2.2的证明在本节最后给出.性质4.2.1和性质4.2.2说明,常数的方差为零,而方差为零时,除去样本空间的某个“大小”为零的子集,对余下的样本点 ω,$X(\omega)$ 都是常数,且该常数就是 $E(X)$.

性质 4.2.3 $D(CX)=C^2D(X)$,$D(X+C)=D(X)$.

证明 $D(CX)=E((CX)^2)-(E(CX))^2=C^2(E(X^2)-(E(X))^2)=C^2D(X)$,

$$\begin{aligned}D(X+C)&=E((X+C)^2)-(E(X+C))^2\\&=E(X^2+2CX+C^2)-(E(X))^2-2CE(X)-C^2\\&=E(X^2)-(E(X))^2=D(X).\end{aligned}$$

性质 4.2.4 $D(X\pm Y)=D(X)+D(Y)\pm 2(E(XY)-E(X)E(Y))$.特别地,当 X 与 Y 相互独立时,$D(X\pm Y)=D(X)+D(Y)$.

证明
$$\begin{aligned}D(X+Y)&=E(((X+Y)-E(X+Y))^2)=E(((X-E(X))+(Y-E(Y)))^2)\\&=E((X-E(X))^2+2(X-E(X))(Y-E(Y))+(Y-E(Y))^2)\\&=D(X)+D(Y)+2E((X-E(X))(Y-E(Y)))\\&=D(X)+D(Y)+2(E(XY)-E(X)E(Y)).\end{aligned}$$

同理可得

$$D(X-Y)=D(X)+D(Y)-2(E(XY)-E(X)E(Y)).$$

综上,有

$$D(X\pm Y)=D(X)+D(Y)\pm 2(E(XY)-E(X)E(Y)).$$

当 X 与 Y 相互独立时,因 $E(XY)=E(X)E(Y)$,故

$$D(X\pm Y)=D(X)+D(Y).$$

上式还可推广到任意有限多个相互独立的随机变量的线性组合的情况.另外,当 $D(X\pm Y)=D(X)+D(Y)$ 时,X 与 Y 不一定相互独立.

性质 4.2.5 对于任意的常数 $C\neq E(X)$,有 $D(X)<E((X-C)^2)$.

证明 由§4.1例4.1.8易知.

利用方差的性质,可以得到二项分布和正态分布的方差.

例 4.2.4 设随机变量 X 服从下列分布,求 $D(X)$:

(1) 二项分布 $b(n,p)$;

(2) 正态分布 $N(\mu,\sigma^2)$.

解 (1) 根据二项分布的定义,随机变量 $X\sim b(n,p)$ 可分解为 n 个相互独立的(0—1)分布变量 $X_k(k=1,2,\cdots,n)$ 之和,即

$$X=\sum_{k=1}^{n}X_k,\quad X_k\sim b(1,p).$$

因此，

$$D(X)=D\left(\sum_{k=1}^{n}X_k\right)=\sum_{k=1}^{n}D(X_k)=np(1-p).$$

(2) 令 $Z=\dfrac{X-\mu}{\sigma}$,则 $Z\sim N(0,1)$,由例 4.1.2 知 $E(Z)=0$. 因此，

$$\begin{aligned}D(Z)&=E(Z^2)-(E(Z))^2=\int_{-\infty}^{+\infty}z^2\cdot\frac{1}{\sqrt{2\pi}}e^{-\frac{z^2}{2}}dz-0^2\\&=\frac{-z}{\sqrt{2\pi}}e^{-\frac{z^2}{2}}\Bigg|_{-\infty}^{+\infty}+\int_{-\infty}^{+\infty}\frac{1}{\sqrt{2\pi}}e^{-\frac{z^2}{2}}dz=1,\end{aligned}$$

所以

$$D(X)=D(\sigma Z+\mu)=\sigma^2D(Z)=\sigma^2.$$

由此可知,正态分布中的两个参数 μ 和 σ 分别是它的数学期望和标准差,因此正态分布完全可由它的数学期望和方差所确定.

例 4.2.5 (2016,数三) 设随机变量 X 与 Y 相互独立,且 $X\sim N(1,2)$,$Y\sim N(1,4)$,则 $D(XY)=(\quad)$.

A. 6　　B. 8　　C. 14　　D. 15

解 依题意得

$$\begin{aligned}D(XY)&=E((XY)^2)-(E(XY))^2=E(X^2Y^2)-(E(X)E(Y))^2\\&=E(X^2)E(Y^2)-(E(X)E(Y))^2=(2+1^2)\times(4+1^2)-(1\times1)^2=14.\end{aligned}$$

故选 C.

由例 4.2.5 可知,X 与 Y 相互独立不一定有 $D(XY)=D(X)D(Y)$.

例 4.2.6 某海产公司有 5 家门店,每周冷冻虾的销量(单位:kg) 分别记为 $X_i(i=1,2,3,4,5)$. 根据以往资料,$X_1\sim N(240,305)$,$X_2\sim N(200,304)$,$X_3\sim N(260,300)$,$X_4\sim N(320,270)$,$X_5\sim N(180,265)$,且 X_1,X_2,X_3,X_4,X_5 相互独立.

(1) 求 5 家门店冷冻虾每周总销量的数学期望和方差.

(2) 假设海产公司每周采购一次,并负责为 5 家门店实时供货. 不考虑配送耗费的时间,为使新货到店前冷冻虾脱销的概率低于 5%,公司冷库应至少储藏多少冷冻虾?

解 设 5 家门店冷冻虾每周总销量为 Y(单位:kg),则 $Y=\sum\limits_{i=1}^{5}X_i$.

(1) 由题得

$E(X_1)=240$,　$E(X_2)=200$,　$E(X_3)=260$,　$E(X_4)=320$,　$E(X_5)=180$,

$D(X_1)=305$,　$D(X_2)=304$,　$D(X_3)=300$,　$D(X_4)=270$,　$D(X_5)=265$.

因此

$$E(Y)=E\left(\sum_{i=1}^{5}X_i\right)=\sum_{i=1}^{5}E(X_i)=1\,200,\quad D(Y)=D\left(\sum_{i=1}^{5}X_i\right)=\sum_{i=1}^{5}D(X_i)=1\,444.$$

(2) 设为使新货到店前冷冻虾脱销的概率低于5%，公司冷库应储藏 k kg 冷冻虾，则

$$P\{Y>k\}<5\%.$$

由相互独立的正态分布变量之和仍服从正态分布，并结合(1) 的结果，可知

$$Y\sim N(1\,200,1\,444),$$

从而

$$5\%>P\left\{\frac{Y-1\,200}{38}>\frac{k-1\,200}{38}\right\}=1-\Phi\left(\frac{k-1\,200}{38}\right),$$

即

$$\Phi\left(\frac{k-1\,200}{38}\right)>0.95.$$

查表可知 $\dfrac{k-1\,200}{38}>1.645$，即 $k>1\,262.51$.

因此，公司冷库应至少储藏 1 263 kg 冷冻虾.

例 4.2.7 设随机变量 X 的数学期望为 $E(X)=\mu$，方差为 $D(X)=\sigma^2(\sigma>0)$. 令随机变量 $Y=\dfrac{X-\mu}{\sigma}$，求 $E(Y),D(Y)$.

解 由题可得

$$E(Y)=E\left(\frac{X-\mu}{\sigma}\right)=\frac{1}{\sigma}(E(X)-\mu)=0,$$

$$D(Y)=D\left(\frac{X-\mu}{\sigma}\right)=\frac{1}{\sigma^2}D(X)=1.$$

四、切比雪夫不等式

定理 4.2.1 **设随机变量 X 具有数学期望 $E(X)=\mu$ 和方差 $D(X)=\sigma^2$，则对于任意给定的正数 ε，恒有**

$$P\{|X-\mu|\geqslant\varepsilon\}\leqslant\frac{\sigma^2}{\varepsilon^2}. \tag{4.11}$$

证明 在此仅就连续型情形进行证明，离散型情形可类似证明.

设随机变量 X 的概率密度为 $f(x)$，注意到对于任意 $\varepsilon>0$，有 $|X-\mu|\geqslant\varepsilon$ 等价于 $\left(\dfrac{X-\mu}{\varepsilon}\right)^2\geqslant 1$，则有

$$\begin{aligned}P\{|X-\mu|\geqslant\varepsilon\}&=\int\limits_{|x-\mu|\geqslant\varepsilon}f(x)\mathrm{d}x\leqslant\int\limits_{|x-\mu|\geqslant\varepsilon}f(x)\cdot\frac{(x-\mu)^2}{\varepsilon^2}\mathrm{d}x\\&=\frac{1}{\varepsilon^2}\int\limits_{|x-\mu|\geqslant\varepsilon}(x-\mu)^2f(x)\mathrm{d}x\leqslant\frac{1}{\varepsilon^2}\int_{-\infty}^{+\infty}(x-\mu)^2f(x)\mathrm{d}x=\frac{\sigma^2}{\varepsilon^2}.\end{aligned}$$

称式(4.11) 为**切比雪夫不等式**，其等价形式为

$$P\{|X-\mu|<\varepsilon\}\geqslant 1-\frac{\sigma^2}{\varepsilon^2}. \tag{4.12}$$

切比雪夫不等式的优点是条件弱、适用性广，只需知道数学期望与方差，无须确定具体的分布即可估计概率；缺点是估计的结果过于粗糙，对于已知分布的随机变量，没有充分利用分布的信息．例如，对于泊松分布随机变量 $X\sim P(1)$，取 $\varepsilon=1$，由切比雪夫不等式仅知 $P\{|X-1|\geqslant 1\}\leqslant 1$．然而 $P\{|X-1|\geqslant 1\}=1-P\{X=1\}=1-\mathrm{e}^{-1}\approx 0.6321$．

例 4.2.8 （2022，数一）设随机变量 $X_1,X_2,\cdots,X_n$ 相互独立且服从同一分布，且 $\mu_k=E(X_1^k)(k=1,2,3,4)$ 存在．$\forall\varepsilon>0$，试用切比雪夫不等式估计 $P\left\{\left|\frac{1}{n}\sum_{i=1}^{n}X_i^2-\mu_2\right|\geqslant\varepsilon\right\}\leqslant$（　　）．

A. $\frac{\mu_4-\mu_2^2}{n\varepsilon^2}$　　B. $\frac{\mu_4-\mu_2^2}{\sqrt{n}\varepsilon^2}$　　C. $\frac{\mu_2-\mu_1^2}{n\varepsilon^2}$　　D. $\frac{\mu_2-\mu_1^2}{\sqrt{n}\varepsilon^2}$

解 因为随机变量 $X_1,X_2,\cdots,X_n$ 相互独立且服从同一分布，所以有

$$E\left(\frac{1}{n}\sum_{i=1}^{n}X_i^2\right)=\frac{1}{n}\sum_{i=1}^{n}E(X_i^2)=E(X_1^2)=\mu_2,$$

$$D\left(\frac{1}{n}\sum_{i=1}^{n}X_i^2\right)=\frac{1}{n^2}\sum_{i=1}^{n}D(X_i^2)=\frac{1}{n}D(X_1^2)=\frac{1}{n}(E(X_1^4)-(E(X_1^2))^2)=\frac{1}{n}(\mu_4-\mu_2^2).$$

于是由切比雪夫不等式，$\forall\varepsilon>0$，必有

$$P\left\{\left|\frac{1}{n}\sum_{i=1}^{n}X_i^2-\mu_2\right|\geqslant\varepsilon\right\}\leqslant\frac{\mu_4-\mu_2^2}{n\varepsilon^2}.$$

故选 A.

本节最后给出性质 4.2.2 的证明．

证明　充分性　因为 $P\{X=E(X)\}=1$，所以

$$E(X^2)=(E(X))^2\times 1+0=(E(X))^2,$$

从而

$$D(X)=E(X^2)-(E(X))^2=0.$$

必要性　因为 $D(X)=0$，所以由切比雪夫不等式可知，$\forall\varepsilon>0$，必有

$$P\{|X-E(X)|<\varepsilon\}\geqslant 1-\frac{D(X)}{\varepsilon^2}=1.$$

由概率的基本性质可知

$$P\{|X-E(X)|<\varepsilon\}=1.$$

令 $\varepsilon\to 0^+$，得

$$P\{|X-E(X)|=0\}=1,\quad 即\quad P\{X=E(X)\}=1.$$

方差是描述随机变量在数学期望附近取值的集中程度的概念，方差的计算依赖于数学期望.理解方差的概念；掌握随机变量方差的算法；熟悉方差的性质.切比雪夫不等式从数学上给出了数学期望和方差的意义.

习 题 4.2

基础练习

1.下列随机变量 X 是否存在方差？若存在，则求出其方差：

(1) X 的分布律如表4.11所示；

表 4.11

X	-1	0	1	2
p	0.1	0.6	0.2	0.1

(2) X 的分布律如表4.12所示；

表 4.12

X	1	2	3
p	θ^2	$2\theta(1-\theta)$	$(1-\theta)^2$

(3) X 的分布律为 $P\{X=k\}=\dfrac{1}{k!\mathrm{e}}, k=0,1,2,\cdots$；

(4) X 的概率密度为 $f(x)=\begin{cases}\cos x, & 0\leqslant x\leqslant\dfrac{\pi}{2},\\ 0, & \text{其他}；\end{cases}$

(5) X 的概率密度为 $f(x)=\begin{cases}\dfrac{2}{x^3}, & x\geqslant 1,\\ 0, & \text{其他}；\end{cases}$

(6) X 的概率密度为 $f(x)=\begin{cases}\sqrt{\dfrac{2}{\pi}}\mathrm{e}^{-\frac{x^2}{2}}, & x\geqslant 0,\\ 0, & \text{其他}.\end{cases}$

2.已知随机变量 $X\sim U(a,b)$，$E(X)=1$，$D(X)=\dfrac{4}{3}$，求常数 a 和 b.

3.设二维随机变量 (X,Y) 的分布律如表4.13所示，求 $D(X)$，$D(Y)$，$D(XY)$.

表 4.13

Y	X			
	-2	0	1	2
0	0.1	0.2	0.2	0.1
1	0.2	0	0.1	0.1

4. 设二维随机变量(X,Y)的概率密度为

$$f(x,y)=\begin{cases}\frac{21}{4}x^2y, & x^2\leqslant y\leqslant 1,\\ 0, & \text{其他},\end{cases}$$

求$D(X),D(Y),D(XY)$.

5. 设随机变量X的方差为2,根据切比雪夫不等式估计$P\{|X-E(X)|\geqslant 2\}$.

进阶训练

1. 设随机变量$X_1,X_2,\cdots,X_n(n>1)$相互独立且服从同一分布,数学期望为μ,方差为$\sigma^2(>0)$. 令$Y=\frac{1}{n}\sum_{i=1}^{n}X_i$,求$D(X_1+Y),D(X_1-Y)$.

2. 设随机变量X的概率密度为

$$f(x)=\begin{cases}\frac{1}{2}\cos\frac{x}{2}, & 0\leqslant x\leqslant \pi,\\ 0, & \text{其他}.\end{cases}$$

对X独立地重复观察4次,用Y表示观察值大于$\frac{\pi}{3}$的次数,求Y^2的数学期望.

3. 设二维随机变量$(X,Y)\sim N(\mu,\mu,\sigma^2,\sigma^2,0)$,求$E(XY^2)$.

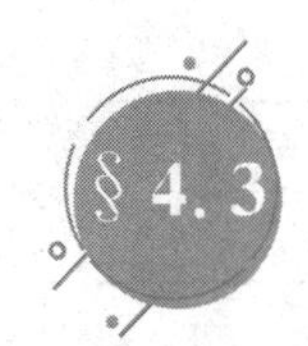

§4.3 协方差与相关系数

在实际问题中,两个随机变量往往相互联系,如人的体重与身高、商品的供应量与销售量等. 随机变量之间的这种相互联系称为相关关系,下面考虑如何用数量指标来刻画两个随机变量之间联系的密切程度.

回顾两个随机变量之和的方差公式

$$D(X+Y)=D(X)+D(Y)+2E((X-E(X))(Y-E(Y))).$$

当X与Y相互独立时,$E((X-E(X))(Y-E(Y)))=0$. 可见,$E((X-E(X))(Y-E(Y)))$在一定程度上反映了X和Y之间联系的情况. 一个自然的想法是:$E((X-E(X))(Y-E(Y)))$能否用来判别独立性? 为此,下面先给出协方差和相关系数的定义.

一、协方差与相关系数的概念

定义 4.3.1 设(X,Y)为二维随机变量. 若$E((X-E(X))(Y-E(Y)))$存在,则称其为X和Y的**协方差**,记为$\mathrm{Cov}(X,Y)$,即

$$\mathrm{Cov}(X,Y)=E((X-E(X))(Y-E(Y))). \tag{4.13}$$

若$D(X)$和$D(Y)$均存在且大于零,则称

$$\rho_{XY}=\frac{\mathrm{Cov}(X,Y)}{\sqrt{D(X)D(Y)}} \tag{4.14}$$

为X和Y的**相关系数**.

协方差与相关系数

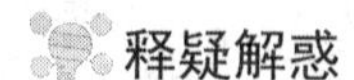

释疑解惑

(1) 当 $X=Y$ 时,$\mathrm{Cov}(X,X)=E((X-E(X))(X-E(X)))=D(X)$. 由此可见,方差是协方差的特殊情形,而协方差是方差的推广.

(2) 事实上,相关系数本质上是随机变量标准化后的协方差,即若令 $X^*=\dfrac{X-E(X)}{\sqrt{D(X)}}$,$Y^*=\dfrac{Y-E(Y)}{\sqrt{D(Y)}}$,则容易验证 $\rho_{XY}=\mathrm{Cov}(X^*,Y^*)$.

利用随机变量函数的数学期望计算方法,即可得到协方差的计算公式.

若二维离散型随机变量(X,Y)有分布律 $P\{X=x_i,Y=y_j\}=p_{ij}(i,j=1,2,\cdots)$,则

$$\mathrm{Cov}(X,Y)=\sum_{i=1}^{\infty}\sum_{j=1}^{\infty}(x_i-E(X))(y_j-E(Y))p_{ij}. \tag{4.15}$$

若二维连续型随机变量(X,Y)具有概率密度 $f(x,y)$,则

$$\mathrm{Cov}(X,Y)=\int_{-\infty}^{+\infty}\int_{-\infty}^{+\infty}(x-E(X))(y-E(Y))f(x,y)\mathrm{d}x\mathrm{d}y. \tag{4.16}$$

通常用下式计算协方差更简便:

$$\mathrm{Cov}(X,Y)=E(XY)-E(X)E(Y). \tag{4.17}$$

事实上,由协方差的定义有

$$\begin{aligned}\mathrm{Cov}(X,Y)&=E((X-E(X))(Y-E(Y)))\\&=E(XY-E(X)Y-E(Y)X+E(X)E(Y))\\&=E(XY)-E(X)E(Y).\end{aligned}$$

如前所述,当随机变量 X 与 Y 相互独立时,$\mathrm{Cov}(X,Y)$ 和 ρ_{XY} 都等于零. 反之是否如此?我们来看下面的例子.

例 4.3.1 设随机变量 X 在区间$(0,2\pi)$上服从均匀分布,令 $Y=\cos X$,$Z=\cos(X+a)$,其中 a 为常数,求 ρ_{YZ}.

解 因为 X 的概率密度为

$$f_X(x)=\begin{cases}\dfrac{1}{2\pi}, & 0<x<2\pi,\\ 0, & \text{其他},\end{cases}$$

所以

$$E(Y)=\int_{-\infty}^{+\infty}\cos x\cdot f_X(x)\mathrm{d}x=\int_0^{2\pi}\cos x\cdot\frac{1}{2\pi}\mathrm{d}x=0,$$

$$E(Z)=\int_{-\infty}^{+\infty}\cos(x+a)\cdot f_X(x)\mathrm{d}x=\int_0^{2\pi}\cos(x+a)\cdot\frac{1}{2\pi}\mathrm{d}x=0,$$

$$D(Y)=E(Y^2)-(E(Y))^2=\int_0^{2\pi}\cos^2 x\cdot\frac{1}{2\pi}\mathrm{d}x=\frac{1}{2},$$

$$D(Z)=E(Z^2)-(E(Z))^2=\int_0^{2\pi}\cos^2(x+a)\cdot\frac{1}{2\pi}\mathrm{d}x=\frac{1}{2},$$

$$\mathrm{Cov}(Y,Z)=E(YZ)-E(Y)E(Z)=\int_0^{2\pi}\cos x\cdot\cos(x+a)\cdot\frac{1}{2\pi}\mathrm{d}x=\frac{1}{2}\cos a,$$

从而

$$\rho_{YZ}=\frac{\mathrm{Cov}(Y,Z)}{\sqrt{D(Y)D(Z)}}=\frac{\frac{1}{2}\cos a}{\sqrt{\frac{1}{2}\times\frac{1}{2}}}=\cos a.$$

在例 4.3.1 中，当 $a=\frac{\pi}{2}$ 或 $\frac{3\pi}{2}$ 时，$\mathrm{Cov}(Y,Z)=\rho_{YZ}=0$. 此时，$Y^2+Z^2=1$，因此随机变量 Y 与 Z 不相互独立. 由此可见，相关系数或协方差为零都不能得出随机变量的相互独立性.

另外，当 $a=0$ 时，$\rho_{YZ}=1$，$Z=Y$；当 $a=\pi$ 时，$\rho_{YZ}=-1$，$Z=-Y$. 在这两种情况下，Y 和 Z 都存在线性关系. 反之，当两个随机变量存在线性关系时，它们的协方差和相关系数又有什么特征呢？

例 4.3.2 设随机变量 X,Y 具有数学期望和非零的方差，且存在常数 $k(k\neq 0)$ 和 b 使得 $Y=kX+b$，求 $\mathrm{Cov}(X,Y)$ 和 ρ_{XY}.

解
$$\begin{aligned}\mathrm{Cov}(X,Y)&=\mathrm{Cov}(X,kX+b)=E(X(kX+b))-E(X)E(kX+b)\\&=kE(X^2)+bE(X)-k(E(X))^2-bE(X)=kD(X)\neq 0,\end{aligned}$$

$$\rho_{XY}=\frac{\mathrm{Cov}(X,Y)}{\sqrt{D(X)D(Y)}}=\frac{kD(X)}{\sqrt{D(X)\cdot k^2D(X)}}=\frac{k}{\sqrt{k^2}}=\mathrm{sign}(k),$$

其中 $\mathrm{sign}(\cdot)$ 是符号函数，$\mathrm{sign}(k)=\pm 1$.

由此可见，当两个随机变量存在线性关系时，协方差不等于零，且相关系数的绝对值为 1.

二、协方差与相关系数的性质和意义

为了进一步讨论协方差与相关系数的意义，我们假设随机变量 X,Y 都具有数学期望和方差，且不妨设方差均大于零. 考虑用 X 的线性函数 $kX+b$ 近似 Y，并用下述**均方误差** $e(k,b)$ 来衡量近似的效果：

$$\begin{aligned}e(k,b)&=E((Y-(kX+b))^2)\\&=E(Y^2)+k^2E(X^2)+b^2-2kE(XY)+2kbE(X)-2bE(Y).\end{aligned}\tag{4.18}$$

显然，e 是斜率 k 和截距 b 的二元函数. e 越小，说明近似效果越好. 为使 e 取得最小值，令

$$\frac{\partial e}{\partial k}=2kE(X^2)-2E(XY)+2bE(X)=0,$$

$$\frac{\partial e}{\partial b}=2b+2kE(X)-2E(Y)=0,$$

解得 $k_0=\dfrac{E(XY)-E(X)E(Y)}{D(X)}$，$b_0=E(Y)-k_0E(X)$. 把 k_0 和 b_0 代入式(4.18)，得

$$\begin{aligned}\min_{k,b}\{e(k,b)\}&=e(k_0,b_0)=E((Y-(k_0X+b_0))^2)\\&=D(Y-(k_0X+b_0))+(E(Y-(k_0X+b_0)))^2\\&=D(Y-k_0X)+0\\&=D(Y)+k_0^2D(X)-2k_0(E(XY)-E(X)E(Y))\\&=D(Y)(1-\rho_{XY}^2).\end{aligned}\tag{4.19}$$

因此，$|\rho_{XY}|$ 越大，e 越小，则 X,Y 之间线性关系的联系越紧密.

下面给出协方差和相关系数的几个重要的性质.

性质 4.3.1 (1) $\mathrm{Cov}(X,Y)=\mathrm{Cov}(Y,X)$；

(2) $\mathrm{Cov}(aX+bY,cZ)=ac\mathrm{Cov}(X,Z)+bc\mathrm{Cov}(Y,Z)$，其中 a,b,c 为任意常数；

(3) $\mathrm{Cov}(X,k)=0$，其中 k 为任意常数.

定理 4.3.1 **设 $D(X)>0$，$D(Y)>0$，ρ_{XY} 为 X,Y 的相关系数，则**

(1) $|\rho_{XY}|\leqslant 1$；

(2) $|\rho_{XY}|=1$ **的充要条件是存在常数** $k(k\neq 0)$ **和** b，**使得** $P\{Y=kX+b\}=1$.

证明 (1) 由方差和均方误差的非负性及式(4.19)可知(1)成立.

(2) **必要性** 设 $|\rho_{XY}|=1$，则由式(4.19)可知 $e(k_0,b_0)=D(Y)(1-\rho_{XY}^2)=0$，从而 $E((Y-(k_0X+b_0))^2)=0$. 结合方差的非负性，可知

$$D(Y-(k_0X+b_0))=E((Y-(k_0X+b_0))^2)-(E(Y-(k_0X+b_0)))^2=0.$$

根据方差的性质 4.2.2 可知

$$P\{Y-(k_0X+b_0)=0\}=1,\quad 即\quad P\{Y=k_0X+b_0\}=1.$$

充分性 设存在常数 $k_1(k_1\neq 0)$ 和 b_1，使得 $P\{Y=k_1X+b_1\}=1$，则

$$E(Y-(k_1X+b_1))=0\quad 且\quad D(Y-(k_1X+b_1))=0,$$

从而

$$e(k_1,b_1)=E((Y-(k_1X+b_1))^2)=D(Y-(k_1X+b_1))+(E(Y-(k_1X+b_1)))^2=0.$$

又因为对于任意常数 $k(k\neq 0)$ 和 b，恒有 $e(k,b)\geqslant 0$，所以 $e(k_1,b_1)=\min\limits_{k,b}\{e(k,b)\}$. 由式(4.19)可知

$$D(Y)(1-\rho_{XY}^2)=0,\quad 即\quad |\rho_{XY}|=1.$$

释疑解惑

(1) 相关系数刻画了随机变量之间线性相关的程度. $|\rho_{XY}|$ 越接近 1，则随机变量 X 与 Y 之间线性相关的程度越强. 当 $|\rho_{XY}|=1$ 时，X 与 Y 之间几乎必然存在线性关系；当 $\rho_{XY}=0$ 时，称 X 与 Y **不相关**.

(2) 对于随机变量 X 和 Y，有以下等价关系：

$$\rho_{XY}=0\Leftrightarrow \mathrm{Cov}(X,Y)=0\Leftrightarrow E(XY)=E(X)E(Y)\Leftrightarrow D(X+Y)=D(X)+D(Y).$$

由例 4.3.1 知，不相关的随机变量之间虽然没有线性关系，但是可能存在其他非线性的关

系，即不一定相互独立. 而在某些特殊情况下，不相关与相互独立是等价的.

例如，设二维随机变量 $(X,Y) \sim N(\mu_1,\mu_2,\sigma_1^2,\sigma_2^2,\rho)$，则可以证明 $\rho_{XY}=\rho$，而 X 与 Y 相互独立的充要条件是 $\rho=0$. 因此，对于二维正态随机变量 (X,Y)，X 与 Y 不相关等价于 X 与 Y 相互独立.

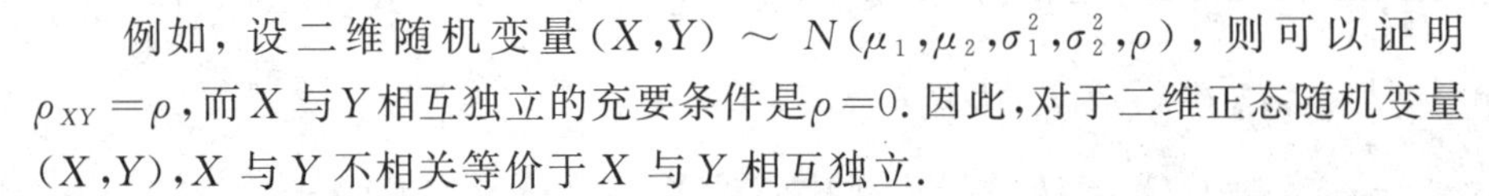

例 4.3.3 （2022，数一）设随机变量 $X \sim N(0,1)$，在 $X=x$ 的条件下，随机变量 $Y \sim N(x,1)$，则 X 与 Y 的相关系数为（　　）.

A. $\dfrac{1}{4}$　　B. $\dfrac{1}{2}$　　C. $\dfrac{\sqrt{3}}{3}$　　D. $\dfrac{\sqrt{2}}{2}$

解　依题意知

$$f_X(x)=\frac{1}{\sqrt{2\pi}}e^{-\frac{x^2}{2}},\quad -\infty<x<+\infty,$$

$$f_{Y|X}(y|x)=\frac{1}{\sqrt{2\pi}}e^{-\frac{(y-x)^2}{2}},\quad -\infty<y<+\infty,$$

则 (X,Y) 的概率密度为

$$f(x,y)=f_X(x)f_{Y|X}(y|x)=\frac{1}{2\pi}e^{-\frac{2x^2-2xy+y^2}{2}},\quad -\infty<x<+\infty,-\infty<y<+\infty.$$

将上式与二维正态分布的概率密度

$$f(x,y)=\frac{1}{2\pi\sigma_1\sigma_2\sqrt{1-\rho^2}}\exp\left\{-\frac{1}{2(1-\rho^2)}\cdot\left[\frac{(x-\mu_1)^2}{\sigma_1^2}-2\rho\frac{(x-\mu_1)(y-\mu_2)}{\sigma_1\sigma_2}+\frac{(y-\mu_2)^2}{\sigma_2^2}\right]\right\},$$

$$-\infty<x<+\infty,-\infty<y<+\infty$$

比较，由指数部分 x^2 项的系数可知

$$-\frac{1}{2(1-\rho^2)}\frac{1}{\sigma_1^2}=-\frac{2}{2}.$$

另外，由 $X \sim N(0,1)$ 可知 $\sigma_1^2=1$，故

$$\frac{1}{1-\rho^2}=2,$$

解得 $\rho=\dfrac{\sqrt{2}}{2}$，即 X 与 Y 的相关系数 $\rho_{XY}=\dfrac{\sqrt{2}}{2}$. 故选 D.

小节要点

协方差和相关系数都是描述随机变量之间线性相关关系密切程度的概念，相关系数是无量纲化的协方差，在实际应用中更为广泛. 相关系数的绝对值越大，随机变量之间的线性相关程度越密切. 不相关与相互独立并不等同.

习 题 4.3

基础练习

1. 设随机变量 X 与 Y 不相关,且 $E(X)=2,E(Y)=1,D(X)=3$,求 $E(X(X+Y-2))$.

2. 设二维随机变量 (X,Y) 的分布律如表 4.14 所示,求 $\mathrm{Cov}(X,Y)$ 和 ρ_{XY}.

表 4.14

Y	X			
	-2	0	1	2
0	0.1	0.2	0.2	0.1
1	0.2	0	0.1	0.1

3. 设二维随机变量 (X,Y) 的概率密度为

$$f(x,y)=\begin{cases}\dfrac{21}{4}x^2y, & x^2\leqslant y\leqslant 1,\\ 0, & \text{其他},\end{cases}$$

求 $\mathrm{Cov}(X,Y)$ 和 ρ_{XY}.

4. 将一个硬币重复抛 n 次,分别以 X 和 Y 表示正面向上和反面向上的次数,求 X 和 Y 的相关系数.

进阶训练

1. 设随机变量 X 和 Y 的分布律分别如表 4.15 和表 4.16 所示,且 $P\{X^2=Y^2\}=1$,求 ρ_{XY}.

表 4.15

X	0	1
p	$\frac{1}{3}$	$\frac{2}{3}$

表 4.16

Y	-1	0	1
p	$\frac{1}{3}$	$\frac{1}{3}$	$\frac{1}{3}$

2. 将长度为 1 m 的木棒随机截成两段,求两段长度的相关系数.

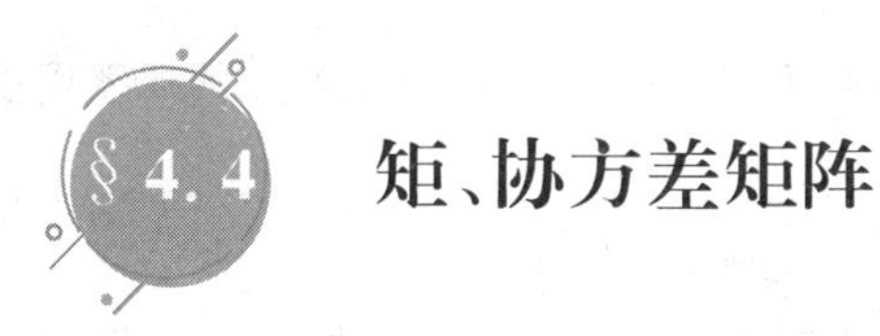

§4.4 矩、协方差矩阵

将数学期望、方差和协方差的概念做进一步推广,即得到矩和协方差矩阵的概念.

一、矩

定义 4.4.1 设 X 和 Y 是随机变量.若

$$E(X^k),\quad k=1,2,\cdots$$

存在,则称其为 X 的 k **阶原点矩**,简称为 k **阶矩**.

若

$$E((X-E(X))^k),\quad k=1,2,\cdots$$

存在,则称其为 X 的 k **阶中心矩**.

若

$$E(X^kY^l),\quad k,l=1,2,\cdots$$

存在,则称其为 X 和 Y 的 $k+l$ **阶混合矩**.

若

$$E((X-E(X))^k(Y-E(Y))^l),\quad k,l=1,2,\cdots$$

存在,则称其为 X 和 Y 的 $k+l$ **阶混合中心矩**.

易见,随机变量 X 的数学期望 $E(X)$ 是 X 的一阶原点矩,方差 $D(X)$ 是 X 的二阶中心矩,而协方差 $\mathrm{Cov}(X,Y)$ 则是 X 和 Y 的 $1+1$ 阶混合中心矩.

二、协方差矩阵

下面介绍多维随机变量的协方差矩阵.

定义 4.4.2 设 $n(n\geqslant 2)$ 维随机变量 $(X_1,X_2,\cdots,X_n)$ 任意两个分量 X_i,X_j 的协方差

$$c_{ij}=\mathrm{Cov}(X_i,X_j)=E((X_i-E(X_i))(X_j-E(X_j))),\quad i,j=1,2,\cdots,n$$

都存在,则称矩阵

$$\boldsymbol{C}=(c_{ij})_{n\times n}=\begin{pmatrix} c_{11} & c_{12} & \cdots & c_{1n} \\ c_{21} & c_{22} & \cdots & c_{2n} \\ \vdots & \vdots & & \vdots \\ c_{n1} & c_{n2} & \cdots & c_{nn} \end{pmatrix}$$

为 n 维随机变量 $(X_1,X_2,\cdots,X_n)$ 的**协方差矩阵**.

引入协方差矩阵,使得我们可以用线性代数理论作为工具研究随机变量.协方差矩阵 $\boldsymbol{C}$ 是一个主对角线上元素非负的对称矩阵.利用线性代数中关于对称矩阵的结论,有助于简化高维正态随机变量概率密度的形式.

三、n 维正态分布

定义 4.4.3 若 n 维随机变量 $(X_1,X_2,\cdots,X_n)$ 的概率密度为

$$f(x_1,x_2,\cdots,x_n)=\frac{1}{(2\pi)^{\frac{n}{2}}(\det\boldsymbol{C})^{\frac{1}{2}}}\exp\left[-\frac{1}{2}(\boldsymbol{x}-\boldsymbol{\mu})^{\mathrm{T}}\boldsymbol{C}^{-1}(\boldsymbol{x}-\boldsymbol{\mu})\right],$$

其中 $\det\boldsymbol{C}$ 是 $(X_1,X_2,\cdots,X_n)$ 的协方差矩阵 $\boldsymbol{C}$ 的行列式,$\boldsymbol{C}^{-1}$ 是 $\boldsymbol{C}$ 的逆矩阵,$\boldsymbol{x}=(x_1,x_2,\cdots,x_n)^{\mathrm{T}}$,$\boldsymbol{\mu}=(\mu_1,\mu_2,\cdots,\mu_n)^{\mathrm{T}}=(E(X_1),E(X_2),\cdots,E(X_n))^{\mathrm{T}}$,$(\cdot)^{\mathrm{T}}$ 是矩阵 $(\cdot)$ 的转置,则称 $(X_1,X_2,\cdots,X_n)$ 服从 n **维正态分布**.

特别地,二维正态分布的概率密度可改写为如下简洁形式:

$$f(x_1,x_2)=\frac{1}{2\pi(\det\boldsymbol{C})^{\frac{1}{2}}}\exp\left[-\frac{1}{2}(\boldsymbol{x}-\boldsymbol{\mu})^{\mathrm{T}}\boldsymbol{C}^{-1}(\boldsymbol{x}-\boldsymbol{\mu})\right].$$

n 维正态分布具有如下重要性质.

性质 4.4.1 n 维正态随机变量 $(X_1,X_2,\cdots,X_n)$ 的每个分量 $X_i(i=1,2,\cdots,n)$ 都服

从正态分布.

性质 4.4.2 n 维随机变量 $(X_1,X_2,\cdots,X_n)$ 服从 n 维正态分布的充要条件是 $X_1,X_2,\cdots,X_n$ 的任意线性组合 $Y=k_1X_1+k_2X_2+\cdots+k_nX_n$ 都服从(一维)正态分布(其中 $k_1,k_2,\cdots,k_n$ 为任意不全为零的常数).

性质 4.4.3 设 n 维随机变量 $(X_1,X_2,\cdots,X_n)$ 服从 n 维正态分布. 若 $Y_1,Y_2,\cdots,Y_m$ 都是 $X_1,X_2,\cdots,X_n$ 的线性组合,则 $(Y_1,Y_2,\cdots,Y_m)$ 服从 m 维正态分布.

性质 4.4.4 设 n 维随机变量 $(X_1,X_2,\cdots,X_n)$ 服从 n 维正态分布,则 $X_1,X_2,\cdots,X_n$ 相互独立等价于 $X_1,X_2,\cdots,X_n$ 两两不相关.

例 4.4.1 (2020,数三) 设二维随机变量 $(X,Y)\sim N\left(0,0,1,4,-\dfrac{1}{2}\right)$,则下列随机变量中服从标准正态分布且与 X 相互独立的是(　　).

A. $\dfrac{\sqrt{5}}{5}(X+Y)$　　　　B. $\dfrac{\sqrt{5}}{5}(X-Y)$

C. $\dfrac{\sqrt{3}}{3}(X+Y)$　　　　D. $\dfrac{\sqrt{3}}{3}(X-Y)$

解 由性质 4.4.2 知,四个选项都服从正态分布,且

$$E\left(\frac{\sqrt{3}}{3}(X+Y)\right)=\frac{\sqrt{3}}{3}(E(X)+E(Y))=0,$$

$$\begin{aligned}D\left(\frac{\sqrt{3}}{3}(X+Y)\right)&=\frac{1}{3}(D(X)+D(Y)+2\mathrm{Cov}(X,Y))\\&=\frac{1}{3}(1+4+2\rho\sqrt{D(X)D(Y)})\\&=\frac{1}{3}\left[1+4+2\times\left(-\frac{1}{2}\right)\times\sqrt{1\times 4}\right]=1,\end{aligned}$$

即 $\dfrac{\sqrt{3}}{3}(X+Y)\sim N(0,1)$. 另外,由

$$\mathrm{Cov}\left(\frac{\sqrt{3}}{3}(X+Y),X\right)=\frac{\sqrt{3}}{3}(\mathrm{Cov}(X,X)+\mathrm{Cov}(Y,X))=\frac{\sqrt{3}}{3}(1-1)=0$$

可知,$\dfrac{\sqrt{3}}{3}(X+Y)$ 与 X 不相关,从而 $\dfrac{\sqrt{3}}{3}(X+Y)$ 与 X 相互独立. 故选 C.

小节要点

矩是随机变量更为广泛的数字特征. 数学期望、方差和协方差都是常用的矩. n 维正态随机变量是一类重要的随机变量,了解其基本性质对于科研和实践都十分重要.

习　题　4.4

基础练习

1.求下列随机变量的三阶矩和三阶中心矩：

(1) X 的分布律如表 4.17 所示；

表 4.17

X	-1	0	1	2
p	0.1	0.6	0.2	0.1

(2) X 的分布律如表 4.18 所示；

表 4.18

X	1	2	3
p	0.25	0.5	0.25

(3) X 的概率密度为

$$f(x)=\begin{cases}2x, & 0\leqslant x\leqslant 1,\\ 0, & \text{其他}.\end{cases}$$

2.设随机变量 X 服从参数为 λ 的泊松分布，求 X 的三阶矩.

3.设随机变量 X 服从参数为 θ 的指数分布，求 X 的三阶矩.

4.设二维随机变量 (X,Y) 的分布律如表 4.19 所示，求：

(1) X 和 Y 的 $2+1$ 阶混合矩；

(2) X 和 Y 的 $1+2$ 阶混合中心矩.

表 4.19

Y	X		
	-2	0	2
-1	0.1	0.2	0.2
1	0.2	0.2	0.1

5.设二维随机变量 (X,Y) 的概率密度为

$$f(x,y)=\begin{cases}\dfrac{21}{\pi}x^2y^2, & x^2+y^2\leqslant 1,\\ 0, & \text{其他},\end{cases}$$

求：

(1) X 和 Y 的 $2+1$ 阶混合矩；

(2) X 和 Y 的 $1+2$ 阶混合中心矩.

进阶训练

1.设随机变量 X 与 Y 的分布律分别如表 4.20 和表 4.21 所示，且 $P\{X^2=Y^2\}=1$，求：

(1) X 和 Y 的 $2+1$ 阶混合矩；

(2) X 和 Y 的 $1+2$ 阶混合中心矩.

表 4.20

X	0	1
p	$\frac{1}{3}$	$\frac{2}{3}$

表 4.21

Y	-1	0	1
p	$\frac{1}{3}$	$\frac{1}{3}$	$\frac{1}{3}$

2. 已知二维随机变量$(X,Y)\sim N\left(1,0,3^2,4^2,-\frac{1}{2}\right)$. 设$Z=\frac{X}{3}+\frac{Y}{2}$,问:$X$与$Z$是否相互独立,为什么?

§4.5 应用案例

一、疾病普查问题

例 4.5.1 在一个人数很多的团体中普查某种传染病,为此要抽验N个人的血液,可以用两种方法进行:

(1) 单检法:将每个人的血样分别化验,共需要化验N次;

(2) 混检法:按k个人一组进行分组,把一组人的血样混合在一起化验. 若混合血样呈阴性,则说明k个人的血样都呈阴性,这样,这一组的k个人的血样就只需化验一次. 若呈阳性,则再对这k个人的血液分别进行化验,这样,这一组的k个人总共需要化验$k+1$次.

假设每个人化验呈阳性的概率为p,且所有人的化验反应是相互独立的. 试说明当p较小时,选取适当的k,用混检法可以减少化验的次数.

解 由题设可知,各人血样化验呈阴性的概率为$q=1-p$,从而k个人的混合血样呈阴性的概率为q^k,呈阳性的概率为$1-q^k$. 当按k个人一组分组混检时,设组内每个人化验的次数为X,则X的分布律如表4.22所示.

表 4.22

X	$\frac{1}{k}$	$1+\frac{1}{k}$
概率	q^k	$1-q^k$

于是,X的数学期望为

$$E(X)=\frac{1}{k}\times q^k+\left(1+\frac{1}{k}\right)\times(1-q^k)=1+\frac{1}{k}-q^k.$$

由此可知，只要选取正整数 k 使得 $1+\frac{1}{k}-q^k<1$，则 N 个人的平均化验次数便小于 N. 当给定的 p 较小时，可以适当选择 k 使得 $E(X)$ 小于 1 且取最小值，即得最优的分组方法，此时平均可以减少 $100\left(q^k-\frac{1}{k}\right)\%$ 的化验工作量.

表 4.23 列出了几个给定的化验呈阳性的概率 p 及其对应的最优分组人数 k. 明显可见，当传染病没有扩散，患病率 p 较小时，混检能减少平均的化验工作量，p 越小，效果越明显. 当传染病已经扩散，患病率 p 较大(如 $p>0.3$) 时，混检反而会增加平均的化验工作量，故应采用单检.

表 4.23

(p,k)	(0.4,3)	(0.35,3)	(0.3,3)	(0.2,3)
减少工作量	−11.73%	−5.87%	0.97%	17.87%
(p,k)	(0.1,4)	(0.01,11)	(0.001,32)	(0.000 1,100)
减少工作量	40.61%	80.44%	93.72%	98.00%

二、逃离地牢问题

例 4.5.2 一个囚徒被囚禁在地牢中，地牢有 3 个通道. 进入第 1 个通道，走 2 h 可获得自由；进入第 2 个通道，走 3 h 会回到地牢；进入第 3 个通道，走 5 h 也会回到地牢. 如果囚徒用如下方法逃离地牢，求他获得自由的平均时间：

(1) 每次都从 3 个通道中随机选择 1 个；

(2) 进入某个通道时，在通道入口处做标记，每次选择通道时，会在没有标记的通道中任意选择 1 个.

解 设囚徒获得自由的时间为 X(单位：h).

(1) 如果囚徒每次都随机选择 1 个通道，那么

$$P\{\text{选第 } i \text{ 个通道}\}=\frac{1}{3},\quad i=1,2,3,$$

且有条件数学期望[①]为

$$E(X\mid\text{选第 1 个通道})=2,$$
$$E(X\mid\text{选第 2 个通道})=3+E(X),$$
$$E(X\mid\text{选第 3 个通道})=5+E(X).$$

① 条件分布的数学期望若存在，则称之为**条件数学期望**.

因此，

$$E(X)=\sum_{i=1}^{3}(E(X\mid \text{选第 } i \text{ 个通道})P\{\text{选第 } i \text{ 个通道}\})=\frac{1}{3}(2+3+E(X)+5+E(X)),$$

解得 $E(X)=10$.

(2) 如果囚徒进入某个通道时，在通道入口处做标记，每次选择通道时，会在没有标记的通道中任意选择1个，那么 X 的分布律如表4.24所示.

表 4.24

X	2	5	7	10
p	$\frac{1}{A_3^1}=\frac{1}{3}$	$\frac{1}{A_3^2}=\frac{1}{6}$	$\frac{1}{A_3^2}=\frac{1}{6}$	$\frac{A_2^2}{A_3^3}=\frac{1}{3}$

因此

$$E(X)=2\times\frac{1}{3}+5\times\frac{1}{6}+7\times\frac{1}{6}+10\times\frac{1}{3}=6.$$

上述结果说明，若囚徒选择通道时能标记做过的选择，以便下次选择时排除错误的选项，就可以更快地获得自由.

课程思政

王守仁说过，“经一蹶者长一智，今日之失，未必不为后日之得”. 我们在学习、生活和工作中难免会遇到挫折和失败，如果能及时从失败中吸取经验教训，增长见识、提高能力，那么上一次尝试的“失败”就会真正成为下一次努力的“成功之母”.

三、钢筋粗轧问题

例 4.5.3 钢铁厂制造钢筋时，一般先将钢筋粗轧成长度随机的坯料，假设坯料的长度(单位：m)服从正态分布 $N(\mu,\sigma^2)$ (μ 可调整，σ 由粗轧机的制造精度决定，无法改变)，再将长度不小于规定尺寸 a(单位：m)的坯料切除多余部分，精轧为成品. 长度不足的坯料及精轧时切除的部分都属于废料. 问：应怎样调整粗轧的平均长度 μ，才能使得每获得一个单位长度的成品钢筋平均浪费的材料最少，即每次轧制(含粗轧和精轧)产生废料的平均长度与所得成品钢筋的平均长度之比最小?

解 设坯料的长度为 X(单位：m)，废料的长度为 Y(单位：m)，则 $X\sim N(\mu,\sigma^2)$，且 $Y=\begin{cases}X, & X<a,\\ X-a, & X\geqslant a.\end{cases}$ 因此

$$\begin{aligned}E(Y)&=\int_{-\infty}^{a}xf_X(x)\mathrm{d}x+\int_{a}^{+\infty}(x-a)f_X(x)\mathrm{d}x=\mu-\int_{a}^{+\infty}af_X(x)\mathrm{d}x\\&=\mu-aP\{X>a\}=\mu-a\Phi\left(\frac{\mu-a}{\sigma}\right)\\&=a+\sigma t-a\Phi(t),\end{aligned}$$

其中 $t=\frac{\mu-a}{\sigma}$，而

$$\int_a^{+\infty} a f_X(x)\mathrm{d}x = a\Phi\left(\frac{\mu-a}{\sigma}\right)=a\Phi(t)$$

为每次轧制所得成品钢筋的平均长度.记每获得一个单位长度的成品钢筋平均浪费的材料为

$$M(t)=\frac{E(Y)}{a\Phi(t)}=\frac{a+\sigma t-a\Phi(t)}{a\Phi(t)}=\frac{a+\sigma t}{a\Phi(t)}-1,$$

用微分法可知 $M(t)$ 的最小值点 $\tilde{t}$ 应满足

$$\frac{\mathrm{d}M(t)}{\mathrm{d}t}=\frac{a\sigma\Phi(t)-a(a+\sigma t)\varphi(t)}{[a\Phi(t)]^2}=0,$$

即 $N(t)=t+\frac{a}{\sigma}$，其中 $N(t)=\frac{\Phi(t)}{\varphi(t)}$.

对于给定的参数值 a 和 σ，可以通过数值方法给出 $\tilde{t}$ 的数值解(见图4.1)，从而得出当粗轧的均值调整为 $\tilde{\mu}=a+\sigma\tilde{t}$ 时，可使得每获得一个单位长度的成品钢筋平均浪费的材料达到最小值 $M(\tilde{t})$(见表4.25).要想减少 $M(\tilde{t})$，在不更换粗轧设备的情况下，可以考虑增加成品的长度；而在成品规格不变的情况下，只能更换精度更高(σ 更小)的粗轧设备.

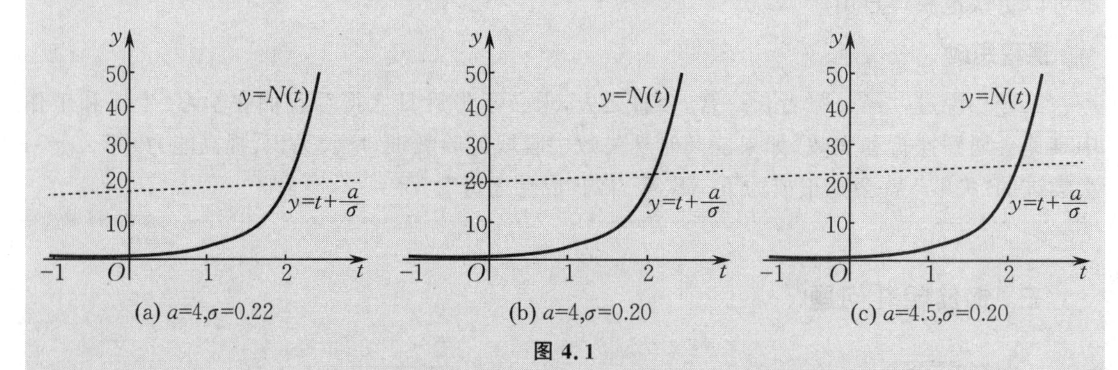

图 4.1

表 4.25

(a,σ)	(4,0.22)	(4,0.20)	(4.5,0.20)
$\tilde{t}$	2.05	2.09	2.14
$\tilde{\mu}=a+\sigma\tilde{t}$	4.451	4.418	4.928
$a\Phi(\tilde{t})$	3.919 2	3.926 8	4.427 1
$M(\tilde{t})=\frac{a+\sigma\tilde{t}}{a\Phi(\tilde{t})}-1$	0.135 7	0.125 1	0.113 1

切比雪夫

伯努利

总习题四

一、填空题

1. 设随机变量 X 与 Y 相互独立，且 $X \sim b(4,0.25)$，$Y \sim P(3)$，则 $E(XY)=$________.

2. 设随机变量 X 服从方差为 4 的指数分布，则 $E(X^2)=$________.

3. 设随机变量 X 与 Y 相互独立，且 $D(X)=8$，$D(Y)=9$，则 $D(3X-4Y)=$________.

4. 设 $D(X)=2$，$D(Y)=3$，$\mathrm{Cov}(X,Y)=-1$，则 $\mathrm{Cov}(3X-2Y,X+4Y)=$________.

5. 已知二维随机变量 (X,Y) 的协方差矩阵为 $\begin{pmatrix}1 & 0\\ 0 & 1\end{pmatrix}$，则 $U=X-3Y+1$ 和 $V=2X+Y-3$ 的相关系数 $\rho_{UV}=$________.

二、选择题

1. 设随机变量 X 服从 $(0-1)$ 分布，参数 $p=0.1$，则 $E(X(X-1))=($ $)$.

A. 0.1 B. 0 C. 0.09 D. 0.01

2. 设随机变量 X 的分布律如表 4.26 所示，且已知 $E(X)=0.1$，$E(X^2)=0.9$，则关于常数 a，b 和 c，下列说法中正确的是( ).

A. $a=0.3$ B. $b=0.1$ C. $c=0.4$ D. 无法确定

表 4.26

X	-1	0	1
p	a	b	c

3. 设随机变量 $X \sim U(0,6)$，$Y \sim N(1,2^2)$，且 X 与 Y 相互独立，则 $D(X-Y)=($ $)$.

A. -1 B. 7 C. 9 D. 16

4. 设随机变量 X，Y 满足 $E(XY)=E(X)E(Y)$，则下列说法中错误的是( ).

A. X 与 Y 相互独立 B. $D(X-Y)=D(X)+D(Y)$

C. X 与 Y 不相关 D. $D(X+Y)=D(X)+D(Y)$

5. 设二维随机变量 $(X,Y) \sim N\left(1,0,3^2,2^2,\frac{1}{3}\right)$，则下列随机变量中( )与 X 相互独立.

A. Y B. $X-Y$ C. $2X-3Y$ D. $2X-9Y$

三、计算题

1. 设随机变量 X 的分布律如表 4.27 所示，求 $E(X)$，$E(X^2)$ 和 $D(2X+3)$.

表 4.27

X	-1	0	1	2
p	$\frac{1}{8}$	$\frac{1}{2}$	$\frac{1}{8}$	$\frac{1}{4}$

2. 一袋中有10个零件，其中7个合格品、3个次品. 安装机器时，从袋中一个一个不放回地取出，设随机变量 X 表示在取出合格品之前已取出的次品数，求 $E(X)$ 和 $D(X)$.

3. 设随机变量 X 的概率密度为

$$f(x)=\begin{cases}x, & 0\leqslant x<1,\\ 2-x, & 1\leqslant x<2,\\ 0, & 其他.\end{cases}$$

求 $E(X)$，$D(X)$ 和 $\mathrm{Cov}(X,X^2)$.

4. 一工厂生产某种设备的寿命(单位:年) X 服从指数分布，概率密度为

$$f(x)=\begin{cases}\frac{1}{4}\mathrm{e}^{-\frac{x}{4}}, & x>0,\\ 0, & 其他.\end{cases}$$

工厂规定出售的设备若在一年内损坏可以免费调换. 已知售出一台设备，工厂获利100元，而调换一台则损失200元，求工厂出售一台设备获利的数学期望.

5. 设二维随机变量 (X,Y) 在以 $(0,0)$，$(1,1)$，$(1,0)$ 为顶点的三角形区域上服从二维均匀分布，求 $\mathrm{Cov}(X,Y)$，ρ_{XY} 和 $D(X+Y)$.

四、证明题

1. 设二维随机变量 (X,Y) 的概率密度为

$$f(x,y)=\begin{cases}\frac{1}{\pi}, & x^2+y^2\leqslant 1,\\ 0, & 其他.\end{cases}$$

证明：X 与 Y 既不相关，也不相互独立.

2. 设随机变量 X 满足 $E(X)=6$，$D(X)=3$，用切比雪夫不等式证明：

$$P\{X^2-12X+11\geqslant 0\}\leqslant\frac{3}{25}.$$

五、考研题

1. (2018，数一、三) 设随机变量 X 与 Y 相互独立，且 $P\{X=1\}=P\{X=-1\}=\frac{1}{2}$，$Y$ 服从参数为 λ 的泊松分布，令 $Z=XY$，求 $\mathrm{Cov}(X,Z)$.

2. (2019，数一、三) 设随机变量 X 与 Y 相互独立，X 服从参数为1的指数分布，Y 的分布律为 $P\{Y=-1\}=p$，$P\{Y=1\}=1-p$，$0<p<1$，令 $Z=XY$. 问：p 为何值时，X 与 Z 不相关？

3. (2020，数三) 设二维随机变量 (X,Y) 在区域 $D=\{(x,y)\mid 0<y<\sqrt{1-x^2}\}$ 上服从二维均匀分布. 令

$$Z_1=\begin{cases}1, & X-Y>0,\\ 0, & X-Y\leqslant 0,\end{cases}\quad Z_2=\begin{cases}1, & X+Y>0,\\ 0, & X+Y\leqslant 0,\end{cases}$$

求 $\rho_{Z_1Z_2}$.

4.(2021,数一、三) 在区间(0,2) 上随机取一点,将该区间分成两段,较短一段的长度记为 X,较长一段的长度记为 Y,求 $E\left(\dfrac{X}{Y}\right)$.

5.(2021,数一、三) 甲、乙两个盒子中均装有 2 个红球和 2 个白球,先从甲盒中任取一球,观察颜色后放入乙盒中,再从乙盒中任取一球. 令 X,Y 分别表示从甲盒和乙盒中取到的红球个数,则 X 与 Y 的相关系数为________.

6.(2023,数一) 设二维随机变量(X,Y) 的概率密度为

$$f(x,y)=\begin{cases}\dfrac{2}{\pi}(x^2+y^2), & x^2+y^2\leqslant 1,\\ 0, & \text{其他},\end{cases}$$

求 X 与 Y 的协方差.

7.(2023,数三) 设随机变量 X 的概率密度为

$$f(x)=\frac{\mathrm{e}^x}{(1+\mathrm{e}^x)^2},\quad -\infty<x<+\infty.$$

令 $Y=\mathrm{e}^X$,问:Y 的数学期望是否存在?

第5章　大数定律与中心极限定理

极限理论是概率论中用极限方法研究大量重复试验结果的统计规律性的一类基本理论. 本章将学习两类最基本的极限理论:大数定律与中心极限定理. 大数定律研究随机变量序列的算术平均的渐近性质,从理论上解释为什么大量重复试验中试验结果往往呈现某种稳定性. 中心极限定理表明大量随机变量之和在一定条件下近似服从正态分布,揭示了正态分布的普遍性和重要性,是数理统计中大样本统计推断的理论基础.

§5.1　大数定律

从第1章我们了解到当重复试验的次数很大时,事件发生的频率会在某个确定的常数附近摆动并逐渐趋于稳定,当时只是通过抛硬币试验直观地说明频率的稳定性,现在将建立完整的数学理论来进行严格的数学证明.

一、依概率收敛

频率的稳定性本质上是一种概率意义下的收敛性.

定义 5.1.1　设 $\{X_n\}$ 为一个随机变量序列,a 是一个常数. 若对于任意的 $\varepsilon>0$,有

$$\lim_{n\to\infty}P\{|X_n-a|<\varepsilon\}=1$$

或

$$\lim_{n\to\infty}P\{|X_n-a|\geqslant\varepsilon\}=0,$$

则称随机变量序列 $\{X_n\}$ **依概率收敛于** a,记为 $X_n\xrightarrow{P}a$.

释疑解惑

随机变量序列 $\{X_n\}$ 依概率收敛于 a 表明当 n 充分大时,X_n 和 a 的误差非常小的可能性极大. 随机变量序列依概率收敛和数列收敛有着本质的不同. 数列 $\{a_n\}$ 收敛于 a 意味着对于任意的 $\varepsilon>0$,当 n 充分大时,$|a_n-a|<\varepsilon$ 一定成立. 而随机变量序列 $\{X_n\}$ 依概率收敛于 a 指的是对于任意的 $\varepsilon>0$,当 n 充分大时,$|X_n-a|<\varepsilon$ 几乎必然成立.

例如,反复抛掷一枚均匀的硬币时,我们直观地感受到“正面朝上”的频率稳定于$\frac{1}{2}$,这本质上指的是“正面朝上”的频率依概率收敛于$\frac{1}{2}$(这个结论将由后续的伯努利大数定律证明,这里不妨先用).用Y_n表示n次抛掷中“正面朝上”的频数,则$X_n=\frac{Y_n}{n}$为n次抛掷中“正面朝上”的频率,从而有$X_n\xrightarrow{P}\frac{1}{2}$.然而,对于任意的$0<\varepsilon<\frac{1}{4}$,无论$n$取多大,$n$次全都抛得“正面朝上”的极端情况总是可能发生的,这时“正面朝上”的频率$X_n=1$,因此$\left|X_n-\frac{1}{2}\right|=\frac{1}{2}>\frac{1}{4}>\varepsilon$.由此可见,随机变量序列依概率收敛和数列收敛是不一样的.

依概率收敛的随机变量序列有以下的性质.

性质 5.1.1 设$X_n\xrightarrow{P}a$,$Y_n\xrightarrow{P}b$.若函数$g(x,y)$在点(a,b)处连续,则

$$g(X_n,Y_n)\xrightarrow{P}g(a,b).$$

例 5.1.1 设随机变量序列$\{X_n\}$的分布律为

$$P\left\{X_n=\frac{1}{n}\right\}=1-\frac{1}{n},\quad P\{X_n=n+1\}=\frac{1}{n},$$

证明:$\{X_n\}$依概率收敛于0.

证明 对于任意的$0<\varepsilon<1$,当$n>\frac{1}{\varepsilon}$时,

$$P\{|X_n-0|<\varepsilon\}=P\{-\varepsilon<X_n<\varepsilon\}=P\left\{X_n=\frac{1}{n}\right\}$$
$$=1-\frac{1}{n}\xrightarrow{n\to\infty}1,$$

所以$\{X_n\}$依概率收敛于0.

二、大数定律

一般地,设随机变量序列$\{X_n\}$的数学期望$E(X_n)$,$n=1,2,\cdots$都存在.若对于任意的$\varepsilon>0$,有

$$\lim_{n\to\infty}P\left\{\left|\frac{1}{n}\sum_{i=1}^{n}X_i-\frac{1}{n}\sum_{i=1}^{n}E(X_i)\right|<\varepsilon\right\}=1,\tag{5.1}$$

则称随机变量序列$\{X_n\}$服从**大数定律**.当$n\to\infty$时,若$\frac{1}{n}\sum_{i=1}^{n}E(X_i)\to\mu$,则式(5.1)相当于$\frac{1}{n}\sum_{i=1}^{n}X_i\xrightarrow{P}\mu$.

大数定律的应用举例

由此可见,大数定律研究的是随机变量序列平均结果的稳定性问题.下面将给出三个常用的大数定律,它们的差别主要体现在成立的条件上.

定理 5.1.1 **(切比雪夫大数定律)设$\{X_n\}$是一个相互独立的随机变量序列.若每个X_n的方差存在且有公共的上界,即$D(X_n)\leqslant c, n=1,2,\cdots$,则对于任意的$\varepsilon>0$,有**

$$\lim_{n\to\infty}P\left\{\left|\frac{1}{n}\sum_{i=1}^{n}X_i-\frac{1}{n}\sum_{i=1}^{n}E(X_i)\right|<\varepsilon\right\}=1.$$

证明 因$\{X_n\}$是一个相互独立的随机变量序列,故

$$D\left(\frac{1}{n}\sum_{i=1}^{n}X_i\right)=\frac{1}{n^2}\sum_{i=1}^{n}D(X_i)\leqslant\frac{c}{n}.$$

再由切比雪夫不等式,对于任意的$\varepsilon>0$,有

$$P\left\{\left|\frac{1}{n}\sum_{i=1}^{n}X_i-\frac{1}{n}\sum_{i=1}^{n}E(X_i)\right|<\varepsilon\right\}=P\left\{\left|\frac{1}{n}\sum_{i=1}^{n}X_i-E\left(\frac{1}{n}\sum_{i=1}^{n}X_i\right)\right|<\varepsilon\right\}$$

$$\geqslant 1-\frac{D\left(\frac{1}{n}\sum_{i=1}^{n}X_i\right)}{\varepsilon^2}\geqslant 1-\frac{c}{n\varepsilon^2}.$$

令$n\to\infty$,利用数列极限的夹逼准则可得式(5.1)成立,即

$$\lim_{n\to\infty}P\left\{\left|\frac{1}{n}\sum_{i=1}^{n}X_i-\frac{1}{n}\sum_{i=1}^{n}E(X_i)\right|<\varepsilon\right\}=1.$$

切比雪夫大数定律要求每个随机变量X_n的方差存在,而随机变量的方差存在,其数学期望必定存在,反之不成立.若定理中的随机变量序列在相互独立的基础上加上分布相同的补偿条件,则每个随机变量只需要数学期望存在,不再要求方差存在.

定理 5.1.2 **(辛钦大数定律)设$\{X_n\}$是一个相互独立且服从同一分布的随机变量序列.若每个X_n的数学期望存在,即$E(X_n)=\mu, n=1,2,\cdots$,则**

$$\frac{1}{n}\sum_{i=1}^{n}X_i\xrightarrow{P}\mu=\frac{1}{n}\sum_{i=1}^{n}E(X_i).$$

实际应用中,若随机变量X的数学期望$E(X)=\mu$未知,为了估计μ的值,可对随机变量X进行n次独立重复的观察,得到的观察值$X_1,X_2,\cdots,X_n$相互独立且和X服从同一分布.当n足够大时,可将算术平均值$\frac{1}{n}\sum_{i=1}^{n}X_i$作为$\mu$的近似值.例如,用游标卡尺测量球体直径时,通常进行多次测量,然后用这些测量值的算术平均值作为该直径的近似值.生活中这样的算术平均值方法的理论依据就是辛钦大数定律.

例 5.1.2 设某ATM机为每位顾客服务的时间服从区间(0,1)上的均匀分布,该机器为n个不同顾客服务的时间为$X_1,X_2,\cdots,X_n$,将n个顾客获得服务的平均时间记为$\overline{X}_n=\frac{1}{n}\sum_{i=1}^{n}X_i$.问:

(1) 当 $n \to \infty$ 时, $\overline{X}_n$ 依概率收敛于哪个常数?

(2) 若要 $P\{0.44 < \overline{X}_n < 0.56\} \geqslant 0.9$, n 的最小值应为多少?

解 (1) 由于 $X_1, X_2, \cdots, X_n$ 相互独立且 $X_i \sim U(0,1)$, $E(X_i)=0.5$, $i=1,2,\cdots,n$, 根据辛钦大数定律,

$$\overline{X}_n \xrightarrow{P} 0.5.$$

(2) 易知 $E(\overline{X}_n)=E(X_1)=0.5$, $D(\overline{X}_n)=\dfrac{D(X_1)}{n}=\dfrac{1}{12n}$, 由切比雪夫不等式可知,

$$P\{0.44 < \overline{X}_n < 0.56\} = P\{|\overline{X}_n - 0.5| < 0.06\} \geqslant 1 - \frac{\frac{1}{12n}}{0.06^2}.$$

因此当 $1-\dfrac{\frac{1}{12n}}{0.06^2} \geqslant 0.9$, 即 $n \geqslant 231.5$ 时, $P\{0.44 < \overline{X}_n < 0.56\} \geqslant 0.9$ 成立, 从而 n 的最小值应为 232.

例 5.1.3 (2022, 数三) 设随机变量序列 $X_1, X_2, \cdots, X_n, \cdots$ 相互独立且服从同一分布, 且 X_1 的概率密度为

$$f(x)=\begin{cases} 1-|x|, & |x|<1, \\ 0, & \text{其他}, \end{cases}$$

则当 $n \to \infty$ 时, $\dfrac{1}{n}\sum_{i=1}^{n} X_i^2$ 依概率收敛于( ).

A. $\dfrac{1}{8}$ B. $\dfrac{1}{6}$ C. $\dfrac{1}{3}$ D. $\dfrac{1}{2}$

解 由于 $X_1, X_2, \cdots, X_n, \cdots$ 相互独立且服从同一分布, 因此 $X_1^2, X_2^2, \cdots, X_n^2, \cdots$ 也相互独立且服从同一分布. 根据辛钦大数定律, 当 $n \to \infty$ 时, $\dfrac{1}{n}\sum_{i=1}^{n} X_i^2$ 依概率收敛于

$$E\left(\frac{1}{n}\sum_{i=1}^{n} X_i^2\right)=E(X_1^2),$$

而

$$E(X_1^2)=\int_{-\infty}^{+\infty} x^2 f(x)\,\mathrm{d}x=\int_{-1}^{1} x^2(1-|x|)\,\mathrm{d}x$$
$$=2\int_0^1 x^2(1-x)\,\mathrm{d}x=\frac{1}{6}.$$

故选 B.

例 5.1.4 假设赌场有一种赌博游戏, 规则如下: 100 元赌一把, 共有 14 张牌, 其中一张是皇后, 谁抽中了皇后就赢得 1 000 元, 抽不中则输给赌场 100 元. 试用大数定律解释赌徒为什么会十赌九输.

解 设 X_i 表示赌徒在第 i 次赌博中的获利(单位: 元, $i=1,2,\cdots$), 易知 X_i 相互独立且服从同一分布, 分布律如表 5.1 所示.

表 5.1

X_i	1 000	−100
p	$\frac{1}{14}$	$\frac{13}{14}$

易知每次平均获利为

$$E(X_i)=1\,000\times\frac{1}{14}+(-100)\times\frac{13}{14}\approx-21.43(\text{元}).$$

由辛钦大数定律知，当赌徒进行多次赌博时，其平均获利为

$$\overline{X}=\frac{1}{n}\sum_{i=1}^{n}X_i\xrightarrow{P}E(X_i)=-21.43(\text{元}).$$

也就是说，赌徒进行多次赌博，虽然某次赌博可能赢一大笔钱，但平均下来还是输了. 这里主要原因是赌博规则是由庄家设定的，若庄家设定抽中皇后获得 1 300 元，则赌徒获利的数学期望是 0 元，多次赌博下来不输也不赢；若设定抽中皇后获得 1 400 元，则赌徒获利的数学期望为$\frac{100}{14}$(元)，这对赌徒有利，如果一直玩下去，赌场会亏本，庄家一定不会这样定规则. 因此，对赌徒来说，几乎没有人能逃脱十赌九输的命运.

课程思政

赌博本质是人对利益的追逐，赌场或网络上的赌博游戏都是对庄家有利的，沉迷于赌博只会使人迷失心智、毁家败业. 世间没有不劳而获的东西，不是靠自己辛苦努力而获得的东西，都很难长久. 韩愈说过，“诗书勤乃有，不勤腹空虚”. 作为青年学生，肩负建设新时代社会主义、实现中华民族伟大复兴梦的光荣使命，不要抱有碰运气一步登天的想法，应脚踏实地、努力学习，自觉抵制不良文化的侵蚀，远离赌博等不良行为.

伯努利大数定律是辛钦大数定律的重要推论.

定理 5.1.3 **(伯努利大数定律) 设 Y_n 为 n 重伯努利试验中事件 A 发生的频数，p 为事件 A 在每次试验中发生的概率，则对于事件 A 发生的频率序列 $\left\{\frac{Y_n}{n}\right\}$，有 $\frac{Y_n}{n}\xrightarrow{P}p$.**

证明 设

$$X_i=\begin{cases}1, & \text{事件 } A \text{ 在第 } i \text{ 次伯努利试验中发生},\\ 0, & \text{事件 } A \text{ 在第 } i \text{ 次伯努利试验中不发生},\end{cases}\quad i=1,2,\cdots,n,$$

则 $X_1,X_2,\cdots,X_n$ 相互独立，且都服从参数为 p 的 $(0-1)$ 分布，从而

$$E(X_i)=p,\quad i=1,2,\cdots,n.$$

显然 $Y_n=\sum_{i=1}^{n}X_i$，由辛钦大数定律可知，

$$\frac{1}{n}\sum_{i=1}^{n}X_i=\frac{Y_n}{n}\xrightarrow{P}p.$$

这个大数定律是伯努利在 1713 年建立的，是历史上最早的大数定律. 伯努利大数定律表

明，当 n 足够大时，事件 A 发生的频率与概率的误差小于任意给定量是几乎必然成立的．该定律以严谨的极限形式表述和论证了直观的频率稳定性现象，从而为概率的公理化定义奠定了坚实的理论基础．

课程思政

唯物辩证法告诉我们任何事物的发展都是量变和质变的统一，量变是质变的前提和必要准备，质变是量变的必然结果．做任何事情，只要重复次数够多，自然会产生质的变化．伯努利大数定律也证实了这一点．古人云："骐骥一跃，不能十步；驽马十驾，功在不舍．锲而舍之，朽木不折；锲而不舍，金石可镂．"意思是，骏马一跃，也不会达到十步；劣马跑十天，也能跑得很远．雕刻东西，如果刻了一下就放下，朽木也不会被刻断；如果不停刻下去，金属和石头都可以被雕空．学习也是一样的道理，只要书读得够多，自然可以提笔如有神；练习的数量够多，便会理解公式的逻辑；记下的金句够多，肯定能妙语如珠．年轻学子作为国之栋梁，一定要不懈努力，不负韶华．

小节要点

大数定律以严密的数学形式论证了随机现象的统计规律性．辛钦大数定律表明相互独立且服从同一分布的随机变量序列的算术平均值稳定于数学期望，是现实生活中常用的算术平均值方法的理论基础．伯努利大数定律给出了频率稳定性的严格证明，使概率的公理化定义有理可依，也为用频率近似概率的做法提供了理论保障．

习　题　5.1

基础练习

1．设随机变量序列 $\{X_n\}$ 相互独立，且 $P\{X_1=0\}=1$，

$$P\{X_n=\sqrt{n}\}=P\{X_n=-\sqrt{n}\}=\frac{1}{n},\quad P\{X_n=0\}=1-\frac{2}{n},\quad n=2,3,\cdots.$$

证明：$\{X_n\}$ 服从切比雪夫大数定律．

2．设随机变量序列 $\{X_n\}$ 相互独立且服从同一分布，分布函数为

$$F(x)=\frac{1}{2}+\frac{1}{\pi}\arctan\frac{x}{a},\quad -\infty<x<+\infty.$$

问：$\{X_n\}$ 是否服从辛钦大数定律？

3．设随机变量序列 $\{X_k\}$ 相互独立且服从同一分布，分布律为

$$P\left\{X_k=\frac{2^n}{n^2}\right\}=\frac{1}{2^n},\quad n=1,2,\cdots.$$

问：$\{X_k\}$ 是否服从辛钦大数定律？

进阶训练

1．设随机变量序列 $\{X_n\}$ 相互独立且服从同一分布，$E(X_n)=\mu$，$D(X_n)=\sigma^2$，$n=1,2,\cdots$．

令 $W_n=\dfrac{2}{n(n+1)}\sum\limits_{i=1}^{n} iX_i$，证明：随机变量序列 $\{W_n\}$ 依概率收敛于 μ.

2. 将一枚均匀的骰子重复掷 n 次，每次掷出的点数都是随机的，记为 $X_1,X_2,\cdots,X_n$，且平均值为 $\overline{X}_n$，求 $\overline{X}_n$ 依概率收敛的极限.

3. 设随机变量序列 $\{X_n\}$ 相互独立，且 $X_n\sim U(0,\theta)$，求：

(1) 令 $\overline{X}_n=\dfrac{1}{n}\sum\limits_{i=1}^{n}X_i$，$\overline{X}_n$ 依概率收敛的极限；

(2) 令 $Y_n=\dfrac{1}{n}\sum\limits_{i=1}^{n}X_i^4$，$Y_n$ 依概率收敛的极限；

(3) 令 $Z_n=\dfrac{2}{n}\sum\limits_{i=1}^{n}X_i$，$Z_n$ 依概率收敛的极限.

中心极限定理的应用举例

§ 5.2 中心极限定理

长期的观察和试验证实，大量的随机变量服从或近似服从正态分布. 为什么正态分布如此常见？如何判断一个随机变量是否服从正态分布？这需要用到中心极限定理.

一般地，设随机变量序列 $\{X_n\}$ 的数学期望 $E(X_n)$ 和方差 $D(X_n)(n=1,2,\cdots)$ 都存在，若对于任意实数 x，有

$$\lim_{n\to\infty}P\left\{\frac{\sum\limits_{i=1}^{n}X_i-E\left(\sum\limits_{i=1}^{n}X_i\right)}{\sqrt{D\left(\sum\limits_{i=1}^{n}X_i\right)}}\leqslant x\right\}=\frac{1}{\sqrt{2\pi}}\int_{-\infty}^{x}\mathrm{e}^{-\frac{t^2}{2}}\mathrm{d}t=\Phi(x),\tag{5.2}$$

则称随机变量序列 $\{X_n\}$ 服从**中心极限定理**. 也就是说，概率论中研究随机变量之和的极限分布是正态分布的一系列定理称为中心极限定理. 下面介绍三个常用的中心极限定理.

一、独立同分布中心极限定理

定理 5.2.1　（独立同分布中心极限定理）设 $\{X_n\}$ 是一个独立且同分布的随机变量序列. 若每个 X_n 的数学期望和方差都存在，记 $E(X_n)=\mu$，$D(X_n)=\sigma^2>0$，$n=1,2,\cdots$，则对于任意实数 x，有

$$\lim_{n\to\infty}P\left\{\frac{\sum\limits_{i=1}^{n}X_i-E\left(\sum\limits_{i=1}^{n}X_i\right)}{\sqrt{D\left(\sum\limits_{i=1}^{n}X_i\right)}}\leqslant x\right\}=\lim_{n\to\infty}P\left\{\frac{\sum\limits_{i=1}^{n}X_i-n\mu}{\sigma\sqrt{n}}\leqslant x\right\}=\frac{1}{\sqrt{2\pi}}\int_{-\infty}^{x}\mathrm{e}^{-\frac{t^2}{2}}\mathrm{d}t=\Phi(x).$$

定理 5.2.1 又称为**林德伯格-列维中心极限定理**. 一般情况下求 n 个随机变量之和 $\sum\limits_{i=1}^{n}X_i$ 的精确分布是很困难的. 此定理表明，无论 X_n 服从什么分布，当 n 充分大时，$\dfrac{\sum\limits_{i=1}^{n}X_i-n\mu}{\sigma\sqrt{n}}$ 近似

服从标准正态分布 $N(0,1)$，即 $\sum_{i=1}^{n} X_i$ 近似服从正态分布 $N(n\mu, n\sigma^2)$，或者 $\frac{1}{n}\sum_{i=1}^{n} X_i$ 近似服从正态分布 $N\left(\mu, \frac{\sigma^2}{n}\right)$. 这个定理既可用来在概率论中计算事件概率的近似值，又是数理统计中大样本统计推断的理论基础.

释疑解惑

独立同分布中心极限定理和辛钦大数定律相比，除了要求随机变量序列相互独立、服从同一分布及数学期望存在外，还要求随机变量的方差都存在. 辛钦大数定律表明，对于任意的 $\varepsilon > 0$，

$$\lim_{n\to\infty} P\left\{\left|\frac{1}{n}\sum_{i=1}^{n} X_i - \mu\right| < \varepsilon\right\} = 1,$$

但并未给出概率 $P\left\{\left|\frac{1}{n}\sum_{i=1}^{n} X_i - \mu\right| < \varepsilon\right\}$ 的计算方法. 而由独立同分布中心极限定理可知，$\frac{1}{n}\sum_{i=1}^{n} X_i$ 近似服从正态分布 $N\left(\mu, \frac{\sigma^2}{n}\right)$，则可估计

$$P\left\{\left|\frac{1}{n}\sum_{i=1}^{n} X_i - \mu\right| < \varepsilon\right\} = P\left\{\left|\frac{\frac{1}{n}\sum_{i=1}^{n} X_i - \mu}{\sigma/\sqrt{n}}\right| < \frac{\varepsilon}{\sigma/\sqrt{n}}\right\} \approx 2\Phi\left(\frac{\varepsilon}{\sigma/\sqrt{n}}\right) - 1.$$

当 $n \to \infty$ 时，$2\Phi\left(\frac{\varepsilon}{\sigma/\sqrt{n}}\right) - 1 \to 1$，从而有

$$\lim_{n\to\infty} P\left\{\left|\frac{1}{n}\sum_{i=1}^{n} X_i - \mu\right| < \varepsilon\right\} = 1.$$

由此可见，独立同分布中心极限定理由于条件更严格，所以得到的结论也比辛钦大数定律更为深入.

例 5.2.1 设某 ATM 为每位顾客服务的时间服从区间 $(0,1)$ 上的均匀分布，设该机器为 n 个不同的顾客服务的时间分别为 $X_1, X_2, \cdots, X_n$，将 n 个顾客被服务的平均时间记为 $\overline{X}_n = \frac{1}{n}\sum_{i=1}^{n} X_i$.

(1) 证明：当 n 充分大时，$\overline{X}_n$ 近似服从正态分布 $N\left(0.5, \frac{1}{12n}\right)$.

(2) 利用独立同分布中心极限定理，若要 $P\{0.44 < \overline{X}_n < 0.56\} \geqslant 0.9$，$n$ 的最小值应为多少？

解 (1) 由于 $X_1, X_2, \cdots, X_n$ 相互独立且 $X_i \sim U(0,1)$，$E(X_i) = 0.5$，$D(X_i) = \frac{1}{12}$，$i = 1, 2, \cdots, n$，根据独立同分布中心极限定理可知，当 n 充分大时，$\overline{X}_n$ 近似服从正态分布 $N\left(0.5, \frac{1}{12n}\right)$.

(2) 由(1)可知,当 n 充分大时,$\overline{X}_n$ 近似服从正态分布 $N\left(0.5,\frac{1}{12n}\right)$,则有

$$P\{0.44<\overline{X}_n<0.56\}=P\left\{\frac{0.44-0.5}{\sqrt{\frac{1}{12n}}}<\frac{\overline{X}_n-0.5}{\sqrt{\frac{1}{12n}}}<\frac{0.56-0.5}{\sqrt{\frac{1}{12n}}}\right\}\approx 2\Phi(0.06\sqrt{12n})-1.$$

依题意,要 $2\Phi(0.06\sqrt{12n})-1\geqslant 0.9$,即 $\Phi(0.06\sqrt{12n})\geqslant 0.95=\Phi(1.645)$,故

$$0.06\sqrt{12n}\geqslant 1.645,$$

解得 $n\geqslant 62.6$.因此,n 最小值应为63.

对比例5.1.2第(2)问,用切比雪夫不等式求得 n 的最小值为232,例5.2.1用独立同分布中心极限定理得到 n 的最小值为63,显然中心极限定理的效果更优越.

例5.2.2 设某天文学家试图观察某星球与他所在天文台的距离 μ(单位:光年).他计划进行多次观察,用所有观察距离的算术平均值估计 μ.设每次观察都采用相同的观察设备独立进行,观察距离的数学期望为 μ,方差为4.若要使得对 μ 的估计误差的绝对值不超过0.25的概率不低于0.98,问:这位天文学家至少需要做多少次独立的观察?

解 设需要做 n 次独立的观察,n 次观察距离分别记为 $X_1,X_2,\cdots,X_n$,则 $X_1,X_2,\cdots,X_n$ 相互独立且 $E(X_i)=\mu$,$D(X_i)=4$,$i=1,2,\cdots,n$.由独立同分布中心极限定理可知,$\overline{X}_n=\frac{1}{n}\sum_{i=1}^{n}X_i$ 近似服从正态分布 $N\left(\mu,\frac{4}{n}\right)$,则

$$P\{|\overline{X}_n-\mu|\leqslant 0.25\}=P\left\{\frac{|\overline{X}_n-\mu|}{2/\sqrt{n}}\leqslant\frac{0.25}{2/\sqrt{n}}\right\}\approx 2\Phi\left(\frac{0.25}{2/\sqrt{n}}\right)-1\geqslant 0.98,$$

即

$$\Phi\left(\frac{0.25}{2/\sqrt{n}}\right)\geqslant 0.99=\Phi(2.326).$$

故

$$\frac{0.25}{2/\sqrt{n}}\geqslant 2.326,$$

解得 $n\geqslant 346.26$.因此,至少需要做347次独立的观察.

二、棣莫弗-拉普拉斯中心极限定理

由独立同分布中心极限定理,可以直接推出下列棣莫弗-拉普拉斯中心极限定理.

定理5.2.2 **(棣莫弗-拉普拉斯中心极限定理)设随机变量 $Y_n(n=1,2,\cdots)$ 服从参数为 $n,p(0<p<1)$ 的二项分布,则对于任意实数 x,有**

$$\lim_{n\to\infty}P\left\{\frac{Y_n-np}{\sqrt{np(1-p)}}\leqslant x\right\}=\frac{1}{\sqrt{2\pi}}\int_{-\infty}^{x}\mathrm{e}^{-\frac{t^2}{2}}\mathrm{d}t=\Phi(x).$$

证明 因为 $Y_n\sim b(n,p)$,$n=1,2,\cdots$,所以可以把 Y_n 分解成 n 个相互独立且服从(0−1)

分布的随机变量之和,即 $Y_n=\sum\limits_{i=1}^{n}X_i$,且 $E(X_i)=p,D(X_i)=p(1-p)$,则由独立同分布中心极限定理可得

$$\lim_{n\to\infty}P\left\{\frac{Y_n-np}{\sqrt{np(1-p)}}\leqslant x\right\}=\lim_{n\to\infty}P\left\{\frac{\sum\limits_{i=1}^{n}X_i-E\left(\sum\limits_{i=1}^{n}X_i\right)}{\sqrt{D\left(\sum\limits_{i=1}^{n}X_i\right)}}\leqslant x\right\}=\frac{1}{\sqrt{2\pi}}\int_{-\infty}^{x}\mathrm{e}^{-\frac{t^2}{2}}\mathrm{d}t=\Phi(x).$$

棣莫弗-拉普拉斯中心极限定理是概率论历史上的第1个中心极限定理.它表明当 n 足够大(一般地,当 $n\geqslant 50$,有时甚至可以放宽到 $n\geqslant 30$,就认为 n 足够大了)时,二项分布 $b(n,p)$ 可以用正态分布 $N(np,np(1-p))$ 来近似.第2章的泊松定理表明二项分布也可以用泊松分布近似.两者相比,当 n 足够大时,若 p 较小(一般指 $p\leqslant 0.1$)且 $np\leqslant 5$,用泊松分布近似较好;若 $np>5$,用正态分布近似较好.

释疑解惑

伯努利大数定律证明了频率的稳定性,棣莫弗-拉普拉斯中心极限定理验证了二项分布的极限分布是正态分布,两个定理的研究目标不同.设 Y_n 为 n 重伯努利试验中事件 A 发生的频数,p 为事件 A 在每次试验中发生的概率,由伯努利大数定律可知 $\frac{Y_n}{n}\xrightarrow{P}p$,即对于任意的 $\varepsilon>0$,有 $\lim\limits_{n\to\infty}P\left\{\left|\frac{Y_n}{n}-p\right|<\varepsilon\right\}=1$,但无法知道概率 $P\left\{\left|\frac{Y_n}{n}-p\right|<\varepsilon\right\}$ 的具体值.又因为 $Y_n\sim b(n,p)$,由棣莫弗-拉普拉斯中心极限定理可知

$$P\left\{\left|\frac{Y_n}{n}-p\right|<\varepsilon\right\}=P\{|Y_n-np|<n\varepsilon\}=P\left\{\left|\frac{Y_n-np}{\sqrt{np(1-p)}}\right|<\frac{n\varepsilon}{\sqrt{np(1-p)}}\right\}$$
$$\approx 2\Phi\left(\frac{n\varepsilon}{\sqrt{np(1-p)}}\right)-1\xrightarrow{n\to\infty}1.$$

棣莫弗-拉普拉斯中心极限定理不但能推出频率稳定于概率的定性结论,而且还能提供两者的绝对误差小于任意给定量的概率定量估计.

例 5.2.3 (寿险问题)保险公司某种寿险的客户中,有500人属于同一年龄和社会阶层,他们每人在每年的1月1日须交保费1 200元,一个客户在一年内一旦死亡,其收益人可获得200 000元赔偿金.设一年内每个客户死亡的概率都为0.002,求:

(1) 保险公司亏本的概率;

(2) 保险公司获利不少于300 000元的概率;

(3) 若以99.9%的概率保证获利不少于1 000 000元,保险公司至少要发展客户的数量.

解 (1) 设该险种的500个客户中每年死亡的人数为 X,则 $X\sim b(500,0.002)$,且 $E(X)=1,D(X)=0.998$.根据题意可知保险公司亏本的概率为 $P\{X>3\}$.由棣莫弗-拉普拉斯中心极限定理知,X 近似服从正态分布 $N(1,0.998)$,故

$$P\{X>3\}=1-P\{X\leqslant 3\}=1-P\left\{\frac{X-1}{\sqrt{0.998}}\leqslant\frac{3-1}{\sqrt{0.998}}\right\}$$

$$\approx 1-\Phi\left(\frac{3-1}{\sqrt{0.998}}\right)\approx 1-\Phi(2)=0.022\,8.$$

(2) 保险公司获利不少于 300 000 元，意味着死亡客户数不超过 1 人，则所求概率为

$$P\{X\leqslant 1\}\approx\Phi\left(\frac{1-1}{\sqrt{0.998}}\right)=\Phi(0)=0.5.$$

(3) 设保险公司要发展 n 个客户. 这 n 个客户中每年死亡的人数为 Y，则 $Y\sim b(n,0.002)$，且 $E(Y)=0.002n$，$D(Y)=0.001\,996n$. 由棣莫弗-拉普拉斯中心极限定理知，Y 近似服从正态分布 $N(0.002n,0.001\,996n)$. 事件"获利不少于 1 000 000 元"可表示为 $\{1\,200n-200\,000Y\geqslant 1\,000\,000\}=\{Y\leqslant 0.006n-5\}$，于是

$$P\{Y\leqslant 0.006n-5\}\approx\Phi\left(\frac{0.006n-5-0.002n}{\sqrt{0.001\,996n}}\right)=\Phi\left(\frac{0.004n-5}{\sqrt{0.001\,996n}}\right)$$

$$\geqslant 0.999=\Phi(3.1),$$

则有

$$\frac{0.004n-5}{\sqrt{0.001\,996n}}\geqslant 3.1,$$

从而有 $n\geqslant 3\,213$. 故保险公司至少要发展 3 213 个客户.

例 5.2.4 一食品店有三种蛋糕出售，售出蛋糕的品种是随机的，且售出一块蛋糕的价格是一个随机变量，它取 1 元、1.2 元、1.5 元各个值的概率分别为 0.3，0.2，0.5. 若售出 300 块蛋糕，求：

(1) 收入至少为 400 元的概率；

(2) 售出价格为 1.2 元的蛋糕多于 60 块的概率.

解 (1) 设售出的第 i 块蛋糕的价格为 X_i（单位：元，$i=1,2,\cdots,300$），则 X_i 的分布律如表 5.2 所示.

表 5.2

X_i	1	1.2	1.5
p	0.3	0.2	0.5

易知 $E(X_i)=1.29$，$D(X_i)=0.048\,9$，$i=1,2,\cdots,300$. 由独立同分布中心极限定理，可得收入至少为 400 元的概率为

$$P\left\{\sum_{i=1}^{300}X_i\geqslant 400\right\}=1-P\left\{\sum_{i=1}^{300}X_i<400\right\}$$

$$=1-P\left\{\frac{\sum_{i=1}^{300}X_i-300\times 1.29}{\sqrt{300\times 0.048\,9}}<\frac{400-300\times 1.29}{\sqrt{300\times 0.048\,9}}\right\}$$

$$\approx 1-\Phi\left(\frac{400-300\times 1.29}{\sqrt{300\times 0.048\,9}}\right)\approx 1-\Phi(3.4)=0.000\,3.$$

(2) 设共售出价格为1.2元的蛋糕Y块，则$Y\sim b(300,0.2)$，$E(Y)=60$，$D(Y)=48$. 由棣莫弗-拉普拉斯中心极限定理知，Y近似服从正态分布$N(60,48)$，则所求概率为

$$P\{Y>60\}=1-P\{Y\leqslant 60\}=1-P\left\{\frac{Y-60}{\sqrt{48}}\leqslant\frac{60-60}{\sqrt{48}}\right\}\\ \approx 1-\Phi(0)=0.5.$$

例5.2.5 (1988，数四) 某保险公司多年的统计资料表明，在索赔中被盗索赔户占20%. 以X表示在随机抽查的100个索赔户中因被盗向保险公司索赔的户数.

(1) 写出X的概率分布.

(2) 利用棣莫弗-拉普拉斯中心极限定理，求被盗索赔户不少于14户且不多于30户的概率的近似值.

解 (1) 由题知，$X\sim b(100,0.2)$，则X的分布律为

$$P\{X=k\}=C_{100}^{k}(0.2)^{k}(0.8)^{100-k},\quad k=0,1,2,\cdots,100.$$

(2) 由棣莫弗-拉普拉斯中心极限定理知，X近似服从正态分布$N(20,16)$，则被盗索赔户不少于14户且不多于30户的概率为

$$P\{14\leqslant X\leqslant 30\}=P\left\{\frac{14-20}{4}\leqslant\frac{X-20}{4}\leqslant\frac{30-20}{4}\right\}\approx\Phi(2.5)-\Phi(-1.5)\\ =\Phi(2.5)+\Phi(1.5)-1=0.927.$$

三、李雅普诺夫中心极限定理

前面已经讨论了在独立同分布的条件下，随机变量之和的极限分布问题. 在实际生活中，随机变量序列相互独立是很常见的，但不一定都同分布. 例如，城镇居民的生活用电总量是由千家万户的用电量相加得到的，其中每家每户的用电量相互独立，但不一定具有相同的分布. 下面将研究独立但不同分布的随机变量之和的极限分布问题.

定理5.2.3 (李雅普诺夫中心极限定理) **设$\{X_n\}$是一个相互独立的随机变量序列，且每个随机变量X_n的数学期望和方差都存在，记$E(X_i)=\mu_i$，$D(X_i)=\sigma_i^2>0$，$i=1,2,\cdots$，$B_n^2=\sum_{i=1}^{n}\sigma_i^2$. 若存在$\delta>0$，满足**

$$\lim_{n\to\infty}\sum_{i=1}^{n}E\left(\left|\frac{X_i-\mu_i}{B_n}\right|^{2+\delta}\right)=0,\tag{5.3}$$

则对于任意实数x，有

$$\lim_{n\to\infty}P\left\{\frac{\sum_{i=1}^{n}X_i-E\left(\sum_{i=1}^{n}X_i\right)}{\sqrt{D\left(\sum_{i=1}^{n}X_i\right)}}\leqslant x\right\}=\lim_{n\to\infty}P\left\{\frac{\sum_{i=1}^{n}X_i-\sum_{i=1}^{n}\mu_i}{B_n}\leqslant x\right\}=\frac{1}{\sqrt{2\pi}}\int_{-\infty}^{x}e^{-\frac{t^2}{2}}dt=\Phi(x).$$

李雅普诺夫中心极限定理表明，无论随机变量$X_i(i=1,2,\cdots)$服从什么分布，只要满足定

理条件,那么当 n 充分大时,随机变量 $\dfrac{\sum_{i=1}^{n}X_i-\sum_{i=1}^{n}\mu_i}{\sqrt{\sum_{i=1}^{n}\sigma_i^2}}$ 近似服从 $N(0,1)$,即 $\sum_{i=1}^{n}X_i$ 近似服从正态分布 $N\left(\sum_{i=1}^{n}\mu_i,\sum_{i=1}^{n}\sigma_i^2\right)$. 容易验证,独立同分布中心极限定理是李雅普诺夫中心极限定理的特殊情况. 令 $Y_n=\sum_{i=1}^{n}X_i$,Y_n 的标准化变量为 $Y_n^*=\dfrac{\sum_{i=1}^{n}X_i-\sum_{i=1}^{n}\mu_i}{\sqrt{\sum_{i=1}^{n}\sigma_i^2}}=\sum_{i=1}^{n}\dfrac{X_i-\mu_i}{B_n}$,则式(5.3)以矩的形式保证了 Y_n^* 各项 $\dfrac{X_i-\mu_i}{B_n}$ 的绝对值偏大的可能性很小. 也就是说,若某个随机变量受到大量相互独立的随机因素的综合影响,而且每个因素起到的作用都是微小的,没有哪个因素占据主导地位,则这个随机变量近似服从正态分布. 实际生活中这种随机变量比比皆是. 例如,一个社区的居民春季用水量、一所中学初三学生的平均身高和体重、一座城市高考的数学平均分等都近似服从正态分布.

小节要点

中心极限定理证明了在相当一般的条件下随机变量之和的极限分布是正态分布,从而揭示了正态分布的普遍性和重要性. 独立同分布中心极限定理表明当随机变量独立同分布时,只要随机变量的数目足够大,无论随机变量服从什么分布,它们的和都可以用正态分布来近似,这一结果既是数理统计中大样本统计推断的基础,也提供了一种计算概率的简便方法. 棣莫弗-拉普拉斯中心极限定理证明了二项分布的极限分布是正态分布,简化了二项分布的概率计算. 李雅普诺夫中心极限定理表明如果随机变量受到大量独立微小的随机因素影响,通常会近似服从正态分布.

习 题 5.2

基础练习

1. 设 $\{X_n\}$ 是一个相互独立的随机变量序列,且 $X_n\sim b(1,p)$, $n=1,2,\cdots,500$,则下列选项中不正确的是(　　).

A. $\dfrac{1}{500}\sum_{i=1}^{500}X_i\approx p$

B. $P\left\{-\alpha<\sum_{i=1}^{500}X_i\leqslant\alpha\right\}\approx\Phi\left(\dfrac{\alpha-500p}{\sqrt{500p(1-p)}}\right)-\Phi\left(\dfrac{-\alpha-500p}{\sqrt{500p(1-p)}}\right)$

C. $P\left\{\alpha<\sum_{i=1}^{500}X_i\leqslant\beta\right\}\approx\Phi(\beta)-\Phi(\alpha)$

D. $\sum_{i=1}^{500}X_i\sim b(500,p)$

2. 设随机变量 $\omega_n \sim b(n,p)$，$0<p<1$，则当 n 很大时，下列选项中不正确的是(　　).

A. ω_n 近似服从 $N(np,np(1-p))$　　B. $\dfrac{\omega_n}{n}$ 近似服从 $N\left(p,\dfrac{p(1-p)}{n}\right)$

C. $\dfrac{\omega_n}{n}$ 依概率收敛于 p　　D. $\dfrac{\omega_n-np}{\sqrt{p(1-p)}}$ 近似服从 $N(0,1)$

3. 设 $\{X_n\}$ 是一个相互独立的随机变量序列，且都服从参数为 $\lambda(\lambda>0)$ 的泊松分布，则下列选项中正确的是(　　).

A. $\lim\limits_{n\to\infty}P\left\{\dfrac{\lambda\sum\limits_{i=1}^{n}X_i-n}{\sqrt{n}}\leqslant y\right\}=\Phi(y)$　　B. $\lim\limits_{n\to\infty}P\left\{\dfrac{\sum\limits_{i=1}^{n}X_i-n\lambda}{\sqrt{n\lambda}}\leqslant y\right\}=\Phi(y)$

C. $\lim\limits_{n\to\infty}P\left\{\dfrac{\sum\limits_{i=1}^{n}X_i-n\lambda}{\lambda\sqrt{n}}\leqslant y\right\}=\Phi(y)$　　D. $\lim\limits_{n\to\infty}P\left\{\dfrac{\sum\limits_{i=1}^{n}X_i-\lambda}{\sqrt{n\lambda}}\leqslant y\right\}=\Phi(y)$

4. 一公寓有 200 户住户，一户住户拥有汽车辆数 X 的分布律如表 5.3 所示. 问：至少需要多少车位，才能使每辆汽车都具有一个车位的概率至少为 0.95?

表 5.3

X	0	1	2
p	0.1	0.6	0.3

5. 银行需预备一笔现金来支付某日即将到期的债券，已知共发放了 500 张债券，每张应付本息 1 000 元. 设持券人(一人一券)于债券到期日到银行领取本息的概率为 0.4，问：若银行要以 99.9% 的概率满足客户兑现的需要，最少要准备多少现金？

6. 有 100 袋额定质量为 25 kg 的袋装肥料，它们的真实净重记为 $X_1,X_2,\cdots,X_{100}$(单位：kg). 每袋净重的方差为 $1(\text{kg})^2$. 求 100 袋肥料的平均净重在 24.75 kg 到 25.25 kg 之间的概率.

进阶训练

1. 小区里每户家庭的热水器台数 X 是一个随机变量，设每户家庭的热水器台数相互独立，服从同一分布，且有 0 台、1 台、2 台热水器的概率分别为 0.05，0.8，0.15. 若小区共有 400 户家庭，求：

(1) 小区的热水器台数 X 超过 450 的概率；

(2) 超过 340 户家庭的家里只有 1 台热水器的概率.

2. 假设在进行加法运算时需要对每个加数取整，即取最为接近它的整数，而且所有的取整误差相互独立且都服从均匀分布 $U(-0.5,0.5)$.

(1) 若将 1 500 个数相加，求误差总和的绝对值超过 15 的概率.

(2) 要使误差总和的绝对值小于 10 的概率不小于 90%，问：最多只能几个数相加？

3. 已知在某十字路口，一周事故发生数 X 的数学期望为 2.2，标准差为 1.4.

(1) 以 $\overline{X}$ 表示一年(以 52 周计)此十字路口事故发生数的算术平均，试用中心极限定理求 $\overline{X}$ 的近似分布，并求 $P\{\overline{X}<2\}$.

(2) 求一年事故发生数小于 100 的概率.

4. 设某地区内原有一家小型影院，因座位太少不能满足观影需要，现筹建一所较大型的影院.据统计,该地区每天 20:00 到 22:00 的场次约有 2 000 人看电影,且预计新影院建成后约有 $\frac{3}{4}$ 的观众在该场次将去新影院.新影院在设计座位时,要求座位数尽可能多,但空座位数不少于 150 的概率不能超过 0.1,问:应该设计多少座位?

§5.3 应用案例

一、定积分的近似计算

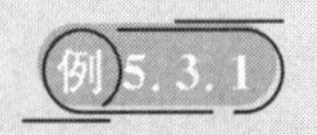

例 5.3.1 近似计算定积分 $A=\int_0^1 f(x)\mathrm{d}x$.

解 设随机变量 $X \sim U(0,1)$,则有 $E(f(X))=\int_0^1 f(x)\mathrm{d}x=A$.因此,通过计算随机变量 $f(X)$ 的数学期望就可得到 A 的值.由辛钦大数定律,算术平均值稳定于数学期望,问题就转化为计算 $f(X)$ 的观察值的算术平均值:首先生成 n 个在区间 $(0,1)$ 上均匀分布的随机数 $x_i(i=1,2,\cdots,n)$,然后计算 $f(x_i)$,则 A 的近似值为 $\frac{1}{n}\sum_{i=1}^{n} f(x_i)$.

若要求定积分 $\int_a^b f(x)\mathrm{d}x$ 的近似值,可做线性变换 $y=\frac{x-a}{b-a}$,则有

$$\int_a^b f(x)\mathrm{d}x=(b-a)\int_0^1 f((b-a)y+a)\mathrm{d}y,$$

再应用上述方法即可.

二、正态随机数的产生

例 5.3.2 利用中心极限定理由区间 $(0,1)$ 上均匀分布的随机数产生正态分布 $N(\mu,\sigma^2)$ 随机数.

解 设随机变量 $X_i(i=1,2,\cdots,12)$ 相互独立且服从区间 $(0,1)$ 上的均匀分布,则 $E(X_i)=\frac{1}{2}$,$D(X_i)=\frac{1}{12}$,从而

$$E\left(\sum_{i=1}^{12} X_i\right)=6,\quad D\left(\sum_{i=1}^{12} X_i\right)=1.$$

由独立同分布中心极限定理可知,$\sum_{i=1}^{12} X_i$ 近似服从正态分布 $N(6,1)$,则 $Y=\sum_{i=1}^{12} X_i-6$ 近似服从标准正态分布 $N(0,1)$,进而有 $Z=\mu+\sigma Y$ 近似服从正态分布 $N(\mu,\sigma^2)$.

因此,可从计算机中产生12个在区间(0,1)上均匀分布的随机数,记为$x_i(i=1,2,\cdots,12)$,则$z=\mu+\sigma\left(\sum_{i=1}^{12}x_i-6\right)$是来自正态分布$N(\mu,\sigma^2)$的随机数.重复上述步骤$n$次即可得到来自正态分布$N(\mu,\sigma^2)$的$n$个随机数.

三、数值计算中的误差分析

例5.3.3 在数值计算中经常要进行四舍五入,这就会给运算结果造成近似误差.随着运算次数增多,近似误差会逐渐累积,因此有必要进行误差分析.现对n个实数$x_1,x_2,\cdots,x_n$的求和运算$S=\sum_{i=1}^{n}x_i$进行误差分析.若每个x_i用近似值x_i'代替,则近似误差为$\varepsilon_i=x_i-x_i'$,故S的近似值为$S'=\sum_{i=1}^{n}x_i'$,总误差为$S-S'=\sum_{i=1}^{n}\varepsilon_i$.若每个实数$x_i$都采用四舍五入的方法保留$k$位小数,则近似误差$\varepsilon_i\sim U(-0.5\times10^{-k},0.5\times10^{-k})$,可粗略估计总误差的上限为

$$\left|\sum_{i=1}^{n}\varepsilon_i\right|\leqslant\sum_{i=1}^{n}|\varepsilon_i|\leqslant n\times0.5\times10^{-k}.\tag{5.4}$$

为了改进总误差的估计效果,我们希望能找到一个正数δ,使得

$$P\left\{\left|\sum_{i=1}^{n}\varepsilon_i\right|\leqslant\delta\right\}=0.99.$$

已知$\{\varepsilon_i\}$独立同分布,且$E(\varepsilon_i)=0,D(\varepsilon_i)=\frac{10^{-2k}}{12}$,可得

$$E\left(\sum_{i=1}^{n}\varepsilon_i\right)=0,\quad D\left(\sum_{i=1}^{n}\varepsilon_i\right)=\frac{n\times10^{-2k}}{12}.$$

由独立同分布中心极限定理,$\sum_{i=1}^{n}\varepsilon_i$近似服从$N\left(0,\ \frac{n\times10^{-2k}}{12}\right)$,则有

$$P\left\{\left|\sum_{i=1}^{n}\varepsilon_i\right|\leqslant\delta\right\}=P\left\{\frac{\left|\sum_{i=1}^{n}\varepsilon_i\right|}{\sqrt{\frac{n\times10^{-2k}}{12}}}\leqslant\frac{\delta}{\sqrt{\frac{n\times10^{-2k}}{12}}}\right\}\approx2\Phi\left(\frac{\sqrt{12}\,\delta}{\sqrt{n\times10^{-2k}}}\right)-1=0.99,$$

从而有

$$\Phi\left(\frac{\sqrt{12}\,\delta}{\sqrt{n\times10^{-2k}}}\right)=0.995=\Phi(2.576).$$

于是$\frac{\sqrt{12}\,\delta}{\sqrt{n\times10^{-2k}}}=2.576$,解得总误差上限为

$$\delta=\frac{2.576\times\sqrt{n\times10^{-2k}}}{\sqrt{12}}\approx0.743\,6\sqrt{n}\times10^{-k}.$$

故有 99% 的把握认为

$$\left|\sum_{i=1}^{n}\varepsilon_i\right|\leqslant0.743\,6\sqrt{n}\times10^{-k}. \tag{5.5}$$

若求 10 000 个实数之和的近似总误差，要求在数值计算中保留 5 位小数，用式(5.4) 估计总误差的上限为 0.05，由式(5.5) 有 99% 的把握估计总误差的上限为 0.000 743 6，即万分之七左右.

拉普拉斯

棣莫弗

总 习 题 五

一、填空题

1. 设 $X_n\sim b(n,p),0<p<1,n=1,2,\cdots$，则对于任意实数 ε，有 $\lim\limits_{n\to\infty}P\left\{\left|\frac{1}{n}X_n-p\right|<\varepsilon\right\}=$________.

2. 设 $\{X_n\}$ 是随机变量序列，a 为常数，则 $\{X_n\}$ 依概率收敛于 a 是指对于任意的 $\varepsilon>0$，有 $\lim\limits_{n\to\infty}P\{|X_n-a|<\varepsilon\}=$________，或者 $\lim\limits_{n\to\infty}P\{|X_n-a|\geqslant\varepsilon\}=$________.

3. 设 $\{X_n\}$ 是一个独立同分布的随机变量序列，$E(X_n)=0,D(X_n)=\sigma^2\neq0,n=1,2,\cdots$，则当 n 充分大时，$\sum\limits_{i=1}^{n}X_i$ 的近似分布是________.

4. 设 ω_n 表示 n 次独立重复试验中事件 A 发生的次数，p 是事件 A 在每次试验中发生的概率，则 $P\{\alpha<\omega_n<\beta\}\approx$________.

5. 设每次试验中事件 A 发生的概率为 0.5，则 1 000 次独立试验中，事件 A 发生的次数在 440 到 560 次之间的概率的精确值为(此处只需列式无须计算)________，用切比雪夫不等式得到事件 A 发生的次数在 440 到 560 次之间的概率的估计值为________，用中心极限定理得到事件 A 发生的次数在 440 到 560 次之间的概率的估计值为________.

二、选择题

1. 设 n 次独立重复试验中事件 A 发生的次数为 ω_n，A 在每次试验中发生的概率为 p，则对

于任意的 $\varepsilon>0$，均有 $\lim\limits_{n\to\infty}P\left\{\left|\dfrac{\omega_n}{n}-p\right|>\varepsilon\right\}$（　　）.

A. 等于 0　　B. 大于 0　　C. 等于 1　　D. 不存在

2. 设 $\{X_n\}$ 是一个相互独立的随机变量序列，且都服从参数为 $\lambda(\lambda>0)$ 的泊松分布，则当 n 充分大时，下列选项中正确的是（　　）.

A. $\sum\limits_{i=1}^{n}X_i$ 近似服从 $N(\lambda,n\lambda)$

B. $\sum\limits_{i=1}^{n}X_i$ 近似服从 $N(0,1)$

C. $P\left\{\sum\limits_{i=1}^{n}X_i\leqslant x\right\}=\Phi(x)$

D. $\dfrac{\sum\limits_{i=1}^{n}X_i-n\lambda}{\sqrt{n\lambda}}$ 近似服从 $N(0,1)$

3. 设 $\{X_n\}$ 是一个独立同分布的随机变量序列，$E(X_n)=\mu$，$D(X_n)=\sigma^2\neq0$，$n=1,2,\cdots$，则当 n 充分大时，下列选项中不正确的是（　　）.

A. $P\left\{\dfrac{\frac{1}{n}\sum\limits_{i=1}^{n}X_i-\mu}{\sigma/\sqrt{n}}\leqslant x\right\}\approx\Phi(x)$

B. $\sum\limits_{i=1}^{n}X_i$ 近似服从 $N(n\mu,n\sigma^2)$

C. $\dfrac{1}{n}\sum\limits_{i=1}^{n}X_i$ 近似服从 $N\left(\dfrac{\mu}{n},\dfrac{\sigma^2}{n}\right)$

D. $P\left\{\left|\dfrac{1}{n}\sum\limits_{i=1}^{n}X_i-\mu\right|\geqslant\varepsilon\right\}$ 收敛于 0

4. 设糖厂生产的每包白糖的质量（单位：kg）是一个随机变量，其数学期望为 0.5，方差为 0.000 5，则 500 包白糖的质量在 249 ～ 251 kg 的概率为（　　）.

A. $2\Phi(1)-1$　　B. $2\Phi(2)-1$　　C. $1-\Phi(2)$　　D. $1-2\Phi(2)$

5. 设 n 次独立重复试验中事件 A 发生的次数为 ω_n，A 在每次试验中发生的概率为 p，则对于任意区间 $[a,b]$，$\lim\limits_{n\to\infty}P\left\{a<\dfrac{\omega_n-np}{\sqrt{np(1-p)}}\leqslant b\right\}=$（　　）.

A. $\Phi(b)+\Phi(-a)$

B. $\int_a^b\dfrac{1}{\sqrt{2}\pi}\mathrm{e}^{-\frac{x^2}{2}}\mathrm{d}x$

C. $\int_a^b\dfrac{1}{\sqrt{2\pi}}\mathrm{e}^{-\frac{x^2}{2}}\mathrm{d}x$

D. $\int_a^b\dfrac{1}{\sqrt{2\pi}}\mathrm{e}^{\frac{x^2}{2}}\mathrm{d}x$

三、计算题

1. 某种福利彩票的奖金额（单位：万元）X 由摇奖决定，其分布律如表 5.4 所示. 若一年中要开出 300 个奖，问：至少需要多少奖金总额，才有 95% 的把握能够发放奖金？

表 5.4

X	5	10	20	30	40	50	100
p	0.2	0.2	0.2	0.1	0.1	0.1	0.1

2. 一本书共有 100 万个印刷符号，排版时每个符号被排错的概率为 0.001，校对时每个排版错误被改正的概率为 0.99，求在校对后错误不多于 16 个的概率.

3. 某灯泡厂生产的灯泡的平均寿命原为 2 000 h，标准差为 200 h，经过技术改造使平均寿命提高到 2 250 h，标准差不变. 为了确认这次成果，检验方法如下：任意挑选若干只灯泡，如这些灯泡的平均寿命超过 2 200 h，就正式承认技术改造有效. 欲使检验通过的概率不低于

0.997,问:至少应检查多少只灯泡?

4.独立地测量一个物理量,每次测量产生的随机误差都服从区间$(-1,1)$上的均匀分布.

(1) 如果取n次测量的算术平均值作为测量结果,求它与真实值的差小于一个小的正数ε的概率.

(2) 计算当$n=36,\varepsilon=\frac{1}{6}$时上述概率的近似值.

(3) 要使上述概率不小于$\alpha=0.95$,应进行多少次测量?

5.某车间有100台同类型的机床,彼此独立工作,每台机床实际工作时间占全部工作时间的80%.

(1) 求任一时刻有70到85台机床在工作的概率.

(2) 若每台机床需要的电功率是Q(单位:kW),问:当供应的电功率是多少时才能以95%的概率保证各台机床能够正常工作?

四、证明题

1.设$\{X_n\}$是一个相互独立的随机变量序列,且都服从参数为$\frac{1}{2}$的指数分布,证明:$\frac{1}{n}\sum_{i=1}^{n}X_i^3$依概率收敛于$\frac{3}{4}$.

2.设$\{X_n\}$是一个独立同分布的随机变量序列,且X_1的概率密度为

$$f(x)=\begin{cases}\left|\frac{1}{x}\right|^3, & |x|\geqslant 1,\\ 0, & |x|<1,\end{cases}$$

证明:$\{X_n\}$服从大数定律.

五、考研题

1.(1996,数三)设$X_1,X_2,\cdots,X_n$是独立同分布的随机变量,已知$E(X_1^k)=a_k(k=1,2,3,4)$,证明:当n充分大时,$Z_n=\frac{1}{n}\sum_{i=1}^{n}X_i^2$近似服从正态分布.

2.(2001,数三)生产线生产的产品成箱包装,每箱的质量是随机的,假设每箱平均质量为50 kg,标准差为5 kg.若用最大载重量为5 t的汽车承运,试利用中心极限定理说明每辆车最多可以装多少箱,才能保证不超载的概率大于0.977.

3.(2003,数三)设$\{X_n\}$是一个相互独立的随机变量序列,且都服从参数为$\frac{1}{2}$的指数分布,则当$n\to\infty$时,$Y_n=\frac{1}{n}\sum_{i=1}^{n}X_i^2$依概率收敛于________.

4.(2005,数四)设$\{X_n\}$是一个独立同分布的随机变量序列,且均服从参数为$\lambda(\lambda>1)$的指数分布,记$\Phi(x)$为标准正态分布函数,则下列选项中正确的是(　　).

A. $\lim\limits_{n\to\infty}P\left\{\frac{\sum_{i=1}^{n}X_i-n\lambda}{\lambda\sqrt{n}}\leqslant y\right\}=\Phi(y)$　　B. $\lim\limits_{n\to\infty}P\left\{\frac{\sum_{i=1}^{n}X_i-n\lambda}{\sqrt{n\lambda}}\leqslant y\right\}=\Phi(y)$

C. $\lim\limits_{n\to\infty}P\left\{\dfrac{\lambda\sum\limits_{i=1}^{n}X_i-n}{\sqrt{n}}\leqslant y\right\}=\Phi(y)$　　D. $\lim\limits_{n\to\infty}P\left\{\dfrac{\sum\limits_{i=1}^{n}X_i-\lambda}{\lambda\sqrt{n}}\leqslant y\right\}=\Phi(y)$

5.(2020,数一)设随机变量 $X_1,X_2,\cdots,X_{100}$ 相互独立,且都具有分布律 $P\{X_i=0\}=P\{X_i=1\}=\dfrac{1}{2}$,$\Phi(x)$ 表示标准正态分布函数,则利用中心极限定理可得 $P\left\{\sum\limits_{i=1}^{100}X_i\leqslant 55\right\}$ 的近似值为(　　).

A. $1-\Phi(1)$　　B. $\Phi(1)$　　C. $1-\Phi(0.2)$　　D. $\Phi(0.2)$

第6章　数理统计的基本概念

前五章介绍了概率论的基本内容，随后三章将讲述数理统计的基本知识. 数理统计研究如何有效地收集、整理和分析带有随机性的数据，以便对所考察的问题进行推断和预测，进而为做出的决策和行动提供依据和建议. 数理统计的研究对象也是随机现象，但研究方法与概率论的研究方法存在较大区别. 概率论通常假定随机变量的概率分布是已知的，所有计算、推理都基于已知的分布进行. 而在数理统计中，随机变量的概率分布往往未知或者分布类型已知但含有未知参数. 本章主要介绍总体、随机样本、统计量、几个重要分布等基本概念，以及抽样分布定理.

§6.1　总体与样本

一、总体和个体

在数理统计中，把一个统计问题所研究对象的全体称为**总体**，构成总体的每个元素称为**个体**. 例如，考察某大学一年级学生的情况，则该大学一年级的全体学生组成总体，其中每个学生就是个体. 总体中所包含的个体的数量称为**总体的容量**. 容量为有限的称为**有限总体**，容量为无限的称为**无限总体**.

实际上，人们所关心的并不是个体的所有特征，而是个体的某一项或某几项数量指标. 例如，每个学生都有性别、身高、体重、民族、籍贯等多个特征，当考察的是某大学一年级学生的年龄分布情况时，我们只需关注这些学生的年龄如何，其他特征就不必关注了. 因此，自然地把总体细化为该大学一年级学生年龄的全体，个体变成了每个学生的年龄. 这样一来，总体就变成了一组数，且每个数都占有一定的比例. 不妨假设该大学一年级学生年龄所占的比例如表 6.1 所示.

表 6.1

年龄	18	19	20	21	22
比例	0.55	0.25	0.1	0.06	0.04

任意抽取一名大一学生，用随机变量 X 表示学生的年龄，则 X 的分布律如表 6.2 所示.

表 6.2

X	18	19	20	21	22
p	0.55	0.25	0.1	0.06	0.04

显然，从总体中抽取一个个体，相当于对随机变量 X 进行一次试验或观察，所以随机变量 X 全部可能的观察值就是总体. 又因为我们的目的是研究总体中数值的分布情况，而随机变量 X 的分布完全反映了总体的分布，所以总体可进一步理解为表示研究对象数量指标的一个随机变量 X(可以是一维或多维)，简称为总体 X，随机变量 X 的一个观察值就是一个个体. 上述例子中，总体为表示该校大一学生年龄的随机变量 X. 由于总体 X 指的是一个随机变量，它有分布函数 $F(x)$，因此为了方便也常常称为总体 $F(x)$，或某分布总体，如总体 $N(\mu,\sigma^2)$、正态总体、二项分布总体 $b(n,p)$.

二、样本

为了研究总体的分布，通常从总体中随机地抽取 n 个个体，即对总体 X 进行 n 次观察，这个过程称为**抽样**，所得的结果记为 $X_1,X_2,\cdots,X_n$，称 $X_1,X_2,\cdots,X_n$ 为总体的一个**样本**，n 为**样本容量**，样本中的个体称为**样品**.

抽样前不能确定样本 $X_1,X_2,\cdots,X_n$ 的取值，所以样本 $X_1,X_2,\cdots,X_n$ 是一组随机变量. 抽样后样本 $X_1,X_2,\cdots,X_n$ 取得了一组值 $x_1,x_2,\cdots,x_n$，称 $x_1,x_2,\cdots,x_n$ 为样本的**观察值**，简称为**样本值**. 在不产生混淆的情况下，我们对 $X_1,X_2,\cdots,X_n$ 和 $x_1,x_2,\cdots,x_n$ 不加区分地统称为样本，因此样本具有二重性，即抽样前样本为随机变量 $X_1,X_2,\cdots,X_n$，抽样后样本为一组观察值 $x_1,x_2,\cdots,x_n$.

抽样调查非常节省时间、人力和财力，尤其在不适合全面调查的情况下效果更为显著. 例如，要了解一锅饺子的味道，尝一两个即可，不需要全部吃光. 2007 年 11 月《北京青年报》报道：2007 年 11 月 9 至 15 日，新华网、人民网、国家发改委网站、新浪、搜狐等网站就"节假日调整方案"联合进行网上调查，约 155 万人通过网络参与了调查. 调查结果是，68% 的网民支持将"五一"节调整出的两天和新增加的一天用于增加清明、端午、中秋三个传统节日为国家法定节假日；81% 的网民支持保留"十一"和春节两个黄金周，并将春节放假时间提前一天(春节假从除夕开始)；77% 的网民支持调整前后周末形成元旦、清明、"五一"、端午、中秋五个连续三天的"小长假"；90% 的网民支持国家全面推行职工带薪休假制度. 也有网友质疑网民调查的比例是否就是全体公民意愿的比例.

为了确保抽样的结果公平，没有偏向，而且所得的样本能更好地反映总体的特性，对抽样方法提出了以下两点要求：

(1) 代表性. 每个个体入选样本的概率相等，即每个样品 $X_i,i=1,2,\cdots,n$ 都和总体 X 同分布.

(2) 独立性. 每个样品的取值不影响其他样品的取值，即样本 $X_1,X_2,\cdots,X_n$ 是相互独立的随机变量.

满足以上要求的抽样称为**简单随机抽样**，所抽得的样本称为**简单随机样本**.

释疑解惑

显然，有放回抽样得到的是简单随机样本，不放回抽样得到的虽然不再是简单随机样本，但在某些实际情况下可以近似看成简单随机样本. 例如，对无限总体进行不放回抽样，所得样本可近似看成简单随机样本；对有限总体进行不放回抽样，当总体容量 N 与样本容量 n 相比很大 $\left(一般\dfrac{N}{n}\geqslant 10\right)$ 时，所得样本也可近似看成简单随机样本.

课程思政

2020 年 12 月 17 日凌晨，由国家航天局组织实施研制的嫦娥五号探测器在顺利完成月面自动采样任务后，携带 1.731 kg 的月球土壤以接近第二宇宙速度成功返回地球. 月球采样对于人类了解地月系统、了解太阳系具有重要的意义. 这是人类探月 60 年来，由中国人书写的又一壮举，标志着我国探月工程"绕、落、回"三步走收官之战取得了圆满胜利.

今后如无特殊说明，提到的样本均指简单随机样本. 从总体的分布可以得到样本的联合分布，我们有如下定理.

定理 6.1.1 设 $X_1,X_2,\cdots,X_n$ 是来自总体 X 的一个样本. 若总体 X 的分布函数为 $F(x)$，则样本 $X_1,X_2,\cdots,X_n$ 的联合分布函数为 $F(x_1,x_2,\cdots,x_n)=\prod\limits_{i=1}^{n}F(x_i)$；若连续型总体 X 的概率密度为 $f(x)$，则样本 $X_1,X_2,\cdots,X_n$ 的联合概率密度为 $f(x_1,x_2,\cdots,x_n)=\prod\limits_{i=1}^{n}f(x_i)$；若离散型总体 X 的分布律为 $P\{X=x_i\}=p(x_i)$，$i=1,2,\cdots$，则样本 $X_1,X_2,\cdots,X_n$ 的联合分布律为 $P\{X_1=x_1,X_2=x_2,\cdots,X_n=x_n\}=\prod\limits_{i=1}^{n}p(x_i)$.

例 6.1.1 设 $X_1,X_2,\cdots,X_n$ 是来自总体 $X\sim b(1,p)$ 的一个样本，试求样本 $X_1,X_2,\cdots,X_n$ 的联合分布律.

解 由于总体 X 的分布律为

$$p(x)=P\{X=x\}=p^x(1-p)^{1-x},\quad x=0,1,$$

因此由定理 6.1.1，样本 $X_1,X_2,\cdots,X_n$ 的联合分布律为

$$\begin{aligned}P\{X_1=x_1,X_2=x_2,\cdots,X_n=x_n\}&=\prod_{i=1}^{n}p(x_i)=\prod_{i=1}^{n}p^{x_i}(1-p)^{1-x_i}\\&=p^{\sum\limits_{i=1}^{n}x_i}(1-p)^{n-\sum\limits_{i=1}^{n}x_i}.\end{aligned}$$

例 6.1.2 设 X_1,X_2,X_3 是来自总体 $X\sim\begin{pmatrix}-1 & 0 & 1\\ \dfrac{1}{6} & \dfrac{1}{2} & \dfrac{1}{3}\end{pmatrix}$ 的一个样本，求 $P\{\max\limits_{1\leqslant i\leqslant 3}\{X_i\}\leqslant 0\}$.

解　由题意得

$$
\begin{aligned}
P\{\max_{1\leqslant i\leqslant 3}\{X_i\}\leqslant 0\}&=P\{X_1\leqslant 0,X_2\leqslant 0,X_3\leqslant 0\}\\
&=P\{X_1\leqslant 0\}P\{X_2\leqslant 0\}P\{X_3\leqslant 0\}\\
&=(P\{X\leqslant 0\})^3=\left(\frac{1}{6}+\frac{1}{2}\right)^3=\frac{8}{27}.
\end{aligned}
$$

理解总体和个体的概念,总体是指表示研究对象数量指标的随机变量,个体是指随机变量的一个观察值;理解样本的二重性,以及简单随机样本的代表性和独立性;熟练掌握样本概率分布的计算.

习　题　6.1

基础练习

1. 为了研究某厂生产的五号电池的质量好坏,随机抽取了该厂当月生产的2 000粒五号电池进行寿命试验.问:该试验的总体、个体、样本各是什么?样本容量为多少?

2. 设总体 X 服从参数为λ 的泊松分布,$X_1,X_2,\cdots,X_n$ 是来自总体X 的一个样本,求样本$X_1,X_2,\cdots,X_n$ 的联合分布律.

3. 设总体 X 服从参数为θ 的指数分布,$X_1,X_2,\cdots,X_n$ 是来自总体X 的一个样本,求样本$X_1,X_2,\cdots,X_n$ 的联合概率密度.

进阶训练

1. 盒子里装有2个红球和3个白球,令$\{X=0\}$表示事件"取到红球",$\{X=1\}$表示事件"取到白球".现有放回地从盒子里取球4次,求样本X_1,X_2,X_3,X_4 的联合分布律.

2. 工厂产品的包装规格是每盒200个,且次品率都是p.总体X 为每盒的次品个数,随机抽取30盒,求样本$X_1,X_2,\cdots,X_{30}$ 的联合分布律.

3. 设X_1,X_2,X_3,X_4 是来自正态总体$N(10,2^2)$的一个样本,求$P\{\min_{1\leqslant i\leqslant 4}\{X_i\}<8\}$.

统　计　量

一、统计量

样本虽然包含了总体的信息,但这些信息是分散和杂乱的,难以直接使用,需要对样本中的信息进行整理、加工、提炼,把其中包含的总体信息集中起来,以便进行统计推断.

定义 6.2.1　设$X_1,X_2,\cdots,X_n$ 是来自总体X 的一个样本.若$g(X_1,X_2,\cdots,X_n)$是

样本 $X_1,X_2,\cdots,X_n$ 的函数,且不含任何未知参数,则称 $g(X_1,X_2,\cdots,X_n)$ 是一个**统计量**.

样本具有二重性.抽样前样本 $X_1,X_2,\cdots,X_n$ 是随机变量,而统计量 $g(X_1,X_2,\cdots,X_n)$ 是样本 $X_1,X_2,\cdots,X_n$ 的函数,因此统计量 $g(X_1,X_2,\cdots,X_n)$ 也是随机变量.抽样后 $x_1,x_2,\cdots,x_n$ 是样本 $X_1,X_2,\cdots,X_n$ 的观察值,因此 $g(x_1,x_2,\cdots,x_n)$ 也是统计量 $g(X_1,X_2,\cdots,X_n)$ 的观察值.在不产生混淆的情况下,$g(X_1,X_2,\cdots,X_n)$ 和 $g(x_1,x_2,\cdots,x_n)$ 都称为统计量.

例如,要比较两种电子元件的寿命 X,通常构造统计量 $\frac{1}{n}\sum_{i=1}^{n}X_i$,采用平均值方法进行比较;要比较两个学校数学竞赛的成绩 Y,可以选用统计量 $\max_{1\leqslant i\leqslant n}\{Y_i\}$ 进行对比.

二、样本矩

样本矩是数理统计中常用的统计量,在统计推断中起到非常重要的作用.

定义 6.2.2 设 $X_1,X_2,\cdots,X_n$ 是来自总体 X 的一个样本,$x_1,x_2,\cdots,x_n$ 是样本 $X_1,X_2,\cdots,X_n$ 的观察值,定义:

(1) **样本均值**

$$\overline{X}=\frac{1}{n}\sum_{i=1}^{n}X_i,$$

其观察值

$$\overline{x}=\frac{1}{n}\sum_{i=1}^{n}x_i;$$

(2) **样本方差**

$$S^2=\frac{1}{n-1}\sum_{i=1}^{n}(X_i-\overline{X})^2=\frac{1}{n-1}\left(\sum_{i=1}^{n}X_i^2-n\overline{X}^2\right),$$

其观察值

$$s^2=\frac{1}{n-1}\sum_{i=1}^{n}(x_i-\overline{x})^2=\frac{1}{n-1}\left(\sum_{i=1}^{n}x_i^2-n\overline{x}^2\right);$$

(3) **样本标准差**

$$S=\sqrt{S^2}=\sqrt{\frac{1}{n-1}\sum_{i=1}^{n}(X_i-\overline{X})^2},$$

其观察值

$$s=\sqrt{s^2}=\sqrt{\frac{1}{n-1}\sum_{i=1}^{n}(x_i-\overline{x})^2};$$

(4) **样本 k 阶(原点)矩**

$$A_k=\frac{1}{n}\sum_{i=1}^{n}X_i^k,\quad k=1,2,\cdots,$$

其观察值

$$a_k=\frac{1}{n}\sum_{i=1}^{n}x_i^k,\quad k=1,2,\cdots;$$

(5) **样本 k 阶中心矩**

$$B_k=\frac{1}{n}\sum_{i=1}^{n}(X_i-\overline{X})^k,\quad k=1,2,\cdots,$$

其观察值

$$b_k=\frac{1}{n}\sum_{i=1}^{n}(x_i-\overline{x})^k,\quad k=1,2,\cdots.$$

上述五种统计量统称为**样本的矩统计量**，简称为**样本矩**.

释疑解惑

(1) $A_1=\overline{X}, B_1=0, B_2=\frac{n-1}{n}S^2=A_2-A_1^2$.

(2) 样本均值反映了总体均值 $E(X)$ 的信息；样本方差刻画了样本相对于其平均值的离散程度，反映了总体方差 $E((X-E(X))^2)$ 的信息；样本 k 阶矩反映了总体 k 阶矩 $E(X^k)$ 的信息；样本 k 阶中心矩反映了总体 k 阶中心矩 $E((X-E(X))^k)$ 的信息.

由辛钦大数定律可知，若总体 X 的 k 阶矩存在，则当 $n\to\infty$ 时，样本的 k 阶矩依概率收敛于总体 X 的 k 阶矩，即

$$A_k=\frac{1}{n}\sum_{i=1}^{n}X_i^k\xrightarrow{P}\mu_k=E(X^k),\quad k=1,2,\cdots.$$

进而由第 5 章的性质 5.1.1 得

$$g(A_1,A_2,\cdots,A_k)\xrightarrow{P}g(\mu_1,\mu_2,\cdots,\mu_k),$$

其中 g 为连续函数. 这就是第 7 章矩估计法的理论基础.

例 6.2.1 设总体 X 的均值 $E(X)=\mu$ 和方差 $D(X)=\sigma^2$ 存在，$X_1,X_2,\cdots,X_n$ 是来自总体 X 的一个样本，$\overline{X}$ 和 S^2 分别是样本均值和样本方差，求 $E(\overline{X})$，$D(\overline{X})$ 和 $E(S^2)$.

解
$$E(\overline{X})=E\left(\frac{1}{n}\sum_{i=1}^{n}X_i\right)=\frac{1}{n}\sum_{i=1}^{n}E(X_i)=\frac{1}{n}\sum_{i=1}^{n}E(X)=\mu,$$

$$D(\overline{X})=D\left(\frac{1}{n}\sum_{i=1}^{n}X_i\right)=\frac{1}{n^2}\sum_{i=1}^{n}D(X_i)=\frac{1}{n^2}\sum_{i=1}^{n}D(X)=\frac{\sigma^2}{n},$$

$$E(S^2)=E\left(\frac{1}{n-1}\left(\sum_{i=1}^{n}X_i^2-n\overline{X}^2\right)\right)=\frac{1}{n-1}\left(\sum_{i=1}^{n}E(X_i^2)-nE(\overline{X}^2)\right)$$

$$=\frac{1}{n-1}\left(\sum_{i=1}^{n}E(X^2)-nE(\overline{X}^2)\right)=\frac{1}{n-1}\left[\sum_{i=1}^{n}(\sigma^2+\mu^2)-n\left(\frac{\sigma^2}{n}+\mu^2\right)\right]=\sigma^2.$$

三、次序统计量

次序统计量也是一类常用的统计量，它在非参数统计推断中占有重要的地位.

定义 6.2.3 设 $X_1,X_2,\cdots,X_n$ 是来自总体 X 的一个样本. 若将 $X_1,X_2,\cdots,X_n$ 按照从小到大的顺序重排为 $X_{(1)}\leqslant X_{(2)}\leqslant\cdots\leqslant X_{(n)}$，则称 $(X_{(1)},X_{(2)},\cdots,X_{(n)})$ 为样本 $X_1,X_2,\cdots,X_n$ 的**次序统计量**，其中 $X_{(k)}(k=1,2,\cdots,n)$ 称为**第 k 个次序统计量**，$X_{(1)}$ 称为**最小次序统计量**，

连续型总体样本次序统计量的分布定理

$X_{(n)}$ 称为**最大次序统计量**.

若 $X_1, X_2, \cdots, X_n$ 是一个简单随机样本,则 $X_1, X_2, \cdots, X_n$ 相互独立且和总体 X 同分布,但是 $X_{(1)}, X_{(2)}, \cdots, X_{(n)}$ 既不相互独立,也不同分布. 基于次序统计量可以定义样本中位数和极差.

定义 6.2.4 设 $X_1, X_2, \cdots, X_n$ 是来自总体 X 的一个样本. 定义:

(1) **样本中位数**

$$\widetilde{X}=\begin{cases}X_{\left(\frac{n+1}{2}\right)}, & n \text{ 为奇数},\\ \dfrac{1}{2}\left(X_{\left(\frac{n}{2}\right)}+X_{\left(\frac{n}{2}+1\right)}\right), & n \text{ 为偶数};\end{cases}$$

(2) **样本极差**

$$R=X_{(n)}-X_{(1)}=\max_{1\leqslant i\leqslant n}\{X_i\}-\min_{1\leqslant i\leqslant n}\{X_i\}.$$

若 $x_1, x_2, \cdots, x_n$ 是样本 $X_1, X_2, \cdots, X_n$ 的观察值,则样本次序统计量的观察值为 $x_{(1)}$, $x_{(2)}, \cdots, x_{(n)}$,样本中位数的观察值为

$$\tilde{x}=\begin{cases}x_{\left(\frac{n+1}{2}\right)}, & n \text{ 为奇数},\\ \dfrac{1}{2}\left(x_{\left(\frac{n}{2}\right)}+x_{\left(\frac{n}{2}+1\right)}\right), & n \text{ 为偶数},\end{cases}$$

样本极差的观察值为

$$r=x_{(n)}-x_{(1)}=\max_{1\leqslant i\leqslant n}\{x_i\}-\min_{1\leqslant i\leqslant n}\{x_i\}.$$

释疑解惑

(1) 样本中位数和样本均值均能反映样本值的数据中心,但两者的侧重点不一样. 样本均值指的是样本数据的算术平均,在大多数情况下都能很好地刻画样本的位置特征,但对极端值较为敏感. 样本中位数指的是把样本数据分为两部分,位于样本中位数左右两边的数据个数相同,它不受极端值的影响,具有稳定性.

(2) 样本极差和样本方差一样,也是反映样本的变化幅度或离散程度的统计量,和样本方差相比,样本极差具有直观、计算简单的优点.

例 6.2.2 从总体中抽取容量为 8 的样本,测得样本值为

55, 60, 58, 52, 48, 80, 51, 53.

试求样本的次序统计量、样本中位数、样本均值、样本极差、样本方差和样本标准差.

解 将样本值从小到大重新排序:48,51,52,53,55,58,60,80,则样本的次序统计量为 $(x_{(1)}, x_{(2)}, \cdots, x_{(8)})=(48,51,52,53,55,58,60,80)$. 于是,有

样本中位数

$$\tilde{x}=\frac{1}{2}(x_{(4)}+x_{(5)})=54,$$

样本均值

$$\bar{x}=\frac{1}{8}\sum_{i=1}^{8}x_i=57.125,$$

样本极差

$$r = x_{(8)} - x_{(1)} = 32,$$

样本方差

$$s^2 = \frac{1}{8-1}\sum_{i=1}^{8}(x_i - \overline{x})^2 = 100.125,$$

样本标准差

$$s = \sqrt{s^2} \approx 10.006\,2.$$

由例 6.2.2 可见,样本均值 $\overline{x}$ 位于 $x_{(5)}$ 和 $x_{(6)}$ 之间,这是因为样本值中有个特别大的数 80,样本均值易受极端值的影响,而样本中位数 $\tilde{x}$ 对极端值不敏感,它位于数据的中心,左右各有 4 个样本值.

四、经验分布函数

在实际应用中,总体 X 的分布往往都是未知的,而且很难求出总体 X 的精确分布.下面介绍一种称为经验分布函数的统计量,可以用来近似总体的分布函数.

定义 6.2.5 设 $X_1, X_2, \cdots, X_n$ 是来自总体 X 的一个样本,$(X_{(1)}, X_{(2)}, \cdots, X_{(n)})$ 为样本的次序统计量,令函数

$$F_n(x) = \begin{cases} 0, & x < X_{(1)} \\ \dfrac{k}{n}, & X_{(k)} \leqslant x < X_{(k+1)}, k = 1, 2, \cdots, n-1, \\ 1, & x \geqslant X_{(n)}, \end{cases}$$

称 $F_n(x)$ 为样本 $X_1, X_2, \cdots, X_n$ 的**经验分布函数.**

样本 $X_1, X_2, \cdots, X_n$ 的经验分布函数是一个统计量,而样本值 $x_1, x_2, \cdots, x_n$ 的经验分布函数是一个普通函数.从总体 X 中抽取一个容量为 n 的简单随机样本 $X_1, X_2, \cdots, X_n$,相当于对随机变量 X 进行 n 次重复独立观察,则经验分布函数 $F_n(x)$ 表示随机事件 $\{X \leqslant x\}$ 在这 n 次重复独立观察中发生的频率,而总体分布函数 $F(x) = P\{X \leqslant x\}$ 表示随机事件 $\{X \leqslant x\}$ 发生的概率.由伯努利大数定律可知,$F_n(x)$ 依概率收敛于 $F(x)$,即对于任意 $\varepsilon > 0$ 及 $x \in (-\infty, +\infty)$,有

$$\lim_{n\to\infty} P\{|F_n(x) - F(x)| < \varepsilon\} = 1.$$

格里汶科于 1933 年得到了一个更深刻的结果.

定理 6.2.1 **(格里汶科定理) 设 $X_1, X_2, \cdots, X_n$ 是来自总体 X 的一个样本,$F_n(x)$ 为样本 $X_1, X_2, \cdots, X_n$ 的经验分布函数,$F(x)$ 为总体 X 的分布函数,则有**

$$P\{\lim_{n\to\infty} \sup_{-\infty<x<+\infty} |F_n(x) - F(x)| = 0\} = 1.$$

格里汶科定理表明当 $n \to \infty$ 时,经验分布函数 $F_n(x)$ 以概率 1 一致收敛于总体分布函数 $F(x)$,即当 n 足够大时,对于任意的 $x \in (-\infty, +\infty)$,几乎可以确定 $F_n(x)$ 和 $F(x)$ 的误差非常小.

例6.2.3 设1,3,1,2是来自总体 X 的样本值,求经验分布函数 $F_4(x)$.

解 该样本的次序统计量为 $x_{(1)}=1,x_{(2)}=1,x_{(3)}=2,x_{(4)}=3$,则经验分布函数为

$$F_4(x)=\begin{cases}0, & x<1,\\ \dfrac{1}{2}, & 1\leqslant x<2,\\ \dfrac{3}{4}, & 2\leqslant x<3,\\ 1, & x\geqslant 3.\end{cases}$$

统计量是指不含有未知参数的样本函数,它通过对样本进行加工从而提炼出总体的有用信息.样本矩、次序统计量、样本中位数、样本极差都是常用的统计量,在数理统计中起到重要的作用,其中样本均值和样本方差尤为重要,必须熟练掌握.了解经验分布函数的构造,当样本容量足够大时,经验分布函数可以较好地近似总体分布函数.

习　题　6.2

基础练习

1. 设总体 X 服从正态分布 $N(\mu,\sigma^2)$,参数 μ 已知,σ^2 未知,$X_1,X_2,\cdots,X_n$ 是来自总体 X 的一个样本,问:下列样本函数是否为统计量?

(1) $\dfrac{\overline{X}-\mu}{\sigma/\sqrt{n}}$;　(2) $\dfrac{\overline{X}-\mu}{S/\sqrt{n}}$;　(3) $\dfrac{1}{n}\sum\limits_{i=1}^{n}(X_i-\mu)^2$;　(4) $\dfrac{(n-1)S^2}{D(X_1)}$;

(5) $\dfrac{1}{2}(\max\limits_{1\leqslant i\leqslant n}\{X_i\}+\min\limits_{1\leqslant i\leqslant n}\{X_i\})$.

2. 证明:

(1) $\sum\limits_{i=1}^{n}(X_i-\mu)^2=\sum\limits_{i=1}^{n}(X_i-\overline{X})^2+n(\overline{X}-\mu)^2$;

(2) $\sum\limits_{i=1}^{n}(X_i-\overline{X})^2=\sum\limits_{i=1}^{n}X_i^2-n\overline{X}^2$.

3. 设

5.2,　7.3,　6.4,　8.6,　4.8,　5.5,　5.0,　7.8,　8.2,　7.6

是来自总体的一个样本,求样本次序统计量、样本中位数、样本均值、样本极差、样本方差和样本标准差.

4. 设总体 X 的一个样本为

-2.0,　1.3,　2.4,　-1.6,　2.0,　2.4,　-2.3,　1.3,　3.0,　-1.6,

求:

(1) 该样本的次序统计量和经验分布函数；

(2) $P\{-1.8 < X \leqslant 2.0\}$ 的近似值.

5. 样本均值和样本方差的简化计算如下：设来自总体 X 的样本 $X_1, X_2, \cdots, X_n$ 的样本均值和样本方差分别为 $\overline{X}$ 和 S_X^2，做变换 $Y_i = \dfrac{X_i - a}{c}$，得样本 $Y_1, Y_2, \cdots, Y_n$，它的样本均值和样本方差分别记为 $\overline{Y}$ 和 S_Y^2.

(1) 证明：$\overline{X} = a + c\overline{Y}, S_X^2 = c^2 S_Y^2$.

(2) 如果总体 X 的均值 $E(X)=\mu$ 和方差 $D(X)=\sigma^2$ 存在，试求 $E(\overline{Y})$ 和 $E(S_Y^2)$.

进阶训练

1. 对某高中男生的身高(单位：cm)进行抽样调查，测得数据如表6.3所示. 求样本均值和样本标准差.

表 6.3

身高	[150,160)	[160,170)	[170,180)	[180,190)
人数	10	36	45	9

2. 交通管理部门为了调查行车安全情况，连续记录了某个路口30天里每天闯红灯的次数，具体数据如表6.4所示. 试写出每天闯红灯次数 X 的经验分布函数 $F_{30}(x)$，并计算总体分布函数值 $F(5)$ 的近似值.

表 6.4

次数	0	1	2	3	4	6	7	8
天数	6	3	1	10	0	5	2	3

3. 设总体 X 的概率密度为

$$f(x) = \begin{cases} (\theta+1)x^{\theta}, & 0 < x < 1, \\ 0, & \text{其他}, \end{cases}$$

其中 $\theta > -1$，$X_1, X_2, \cdots, X_n$ 是来自该总体的一个样本，试求 $E(\overline{X})$ 和 $D(\overline{X})$.

§6.3 几种重要的分布

在概率论中我们已经学习了二项分布、泊松分布、指数分布、正态分布等常见的分布，本节将补充在数理统计中占有重要地位的三大分布：χ^2 分布、t 分布、F 分布.

一、χ^2 分布

定义 6.3.1 设随机变量 $X_1, X_2, \cdots, X_n$ 相互独立且均服从标准正态分布 $N(0,1)$，则称随机变量

$$\chi^2 = X_1^2 + X_2^2 + \cdots + X_n^2$$

服从自由度为 n 的 **χ^2 分布**，记为 $\chi^2 \sim \chi^2(n)$.

χ^2 分布

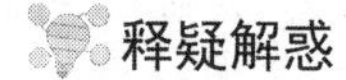

释疑解惑

直观地说，$\sum\limits_{i=1}^{n} X_i^2$ 的自由度表示 $X_1,X_2,\cdots,X_n$ 中相互独立的随机变量的个数. 若 X_1，$X_2,\cdots,X_n$ 之间仅存在 k 个相互独立的线性约束条件，则称 $\sum\limits_{i=1}^{n} X_i^2$ 的自由度为 $n-k$.

定理 6.3.1 设随机变量 $\chi^2 \sim \chi^2(n)$，则 χ^2 的概率密度为

$$f(x)=\begin{cases}\dfrac{1}{2^{\frac{n}{2}}\Gamma\left(\dfrac{n}{2}\right)}x^{\frac{n}{2}-1}\mathrm{e}^{-\frac{x}{2}}, & x>0,\\ 0, & x\leqslant 0,\end{cases}$$

其中 $\Gamma(\alpha)=\int_0^{+\infty} x^{\alpha-1}\mathrm{e}^{-x}\,\mathrm{d}x,\alpha>0$.

χ^2 分布的概率密度 $f(x)$ 的图形如图 6.1 所示. 当自由度 $n\geqslant 3$ 时，$f(x)$ 为单峰曲线，且在点 $x=n-2$ 处取得最大值. 随着 n 不断增大，$f(x)$ 的图形越来越接近正态分布的概率密度图形.

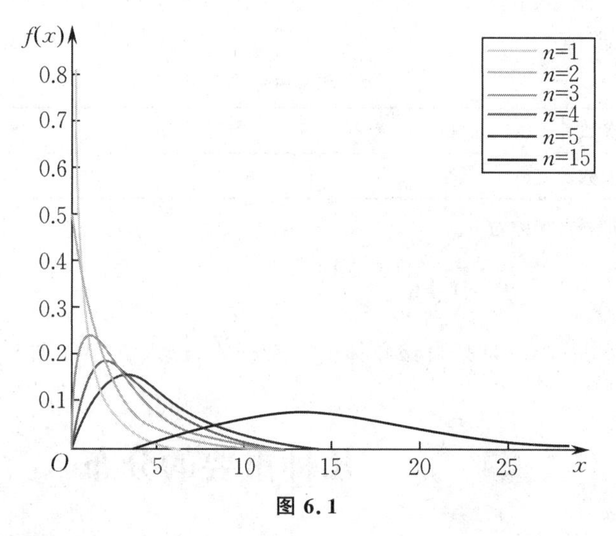

图 6.1

χ^2 分布具有如下性质.

性质 6.3.1 的证明

性质 6.3.1 若随机变量 $\chi^2 \sim \chi^2(n)$，则

$$E(\chi^2)=n,\quad D(\chi^2)=2n.$$

性质 6.3.2 若随机变量 $\chi_1^2 \sim \chi^2(n_1)$，$\chi_2^2 \sim \chi^2(n_2)$，且 χ_1^2 与 χ_2^2 相互独立，则

$$\chi_1^2+\chi_2^2 \sim \chi^2(n_1+n_2).$$

此性质称为 χ^2 **分布的可加性**.

性质 6.3.3 若随机变量 $\chi^2 \sim \chi^2(n)$，则对于任意 x，有

$$\lim_{n\to\infty}P\left\{\frac{\chi^2-n}{\sqrt{2n}}\leqslant x\right\}=\frac{1}{\sqrt{2\pi}}\int_{-\infty}^{x}\mathrm{e}^{-\frac{t^2}{2}}\mathrm{d}t.$$

性质 6.3.3 表明,当 n 很大时,随机变量 χ^2 近似服从正态分布 $N(n,2n)$.

χ^2 分布的概率密度比较复杂,直接计算 χ^2 分布的事件概率很困难,可以借助 χ^2 分布的上 α 分位数进行查表计算.

定义 6.3.2 设随机变量 $\chi^2\sim\chi^2(n)$. 对于给定的正数 $\alpha(0<\alpha<1)$,若存在正数 K 满足

$$P\{\chi^2>K\}=\alpha,$$

则称 K 为 χ^2 **分布的上 α 分位数**,记为 $\chi^2_\alpha(n)$,如图 6.2 所示.

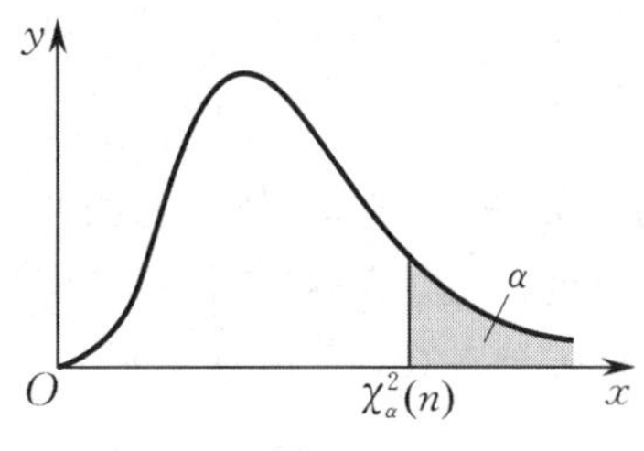

图 6.2

当自由度 $n\leqslant 45$ 时,χ^2 分布的上 α 分位数可以从附表 4 中查找. 当自由度 $n>45$ 时,近似地有

$$\chi^2_\alpha(n)\approx\frac{1}{2}(z_\alpha+\sqrt{2n-1})^2,$$

其中 z_α 是标准正态分布的上 α 分位数. 例如,$\alpha=0.025$,当 $n=15$ 时,$\chi^2_{0.025}(15)=27.488$;当 $n=100$ 时,由 $z_{0.025}=1.96$,可得 $\chi^2_{0.025}(100)\approx\frac{1}{2}(z_{0.025}+\sqrt{2\times100-1})^2\approx129.07$.

例 6.3.1 设 $X_1,X_2,\cdots,X_{10}$ 是来自总体 $X\sim N(0,0.3^2)$ 的一个样本,求 $P\left\{\sum_{i=1}^{10}X_i^2>1.44\right\}$.

解 因 $X_i\sim N(0,0.3^2)$,故 $\frac{X_i}{0.3}\sim N(0,1)\ (i=1,2,\cdots,10)$. 又因 $X_1,X_2,\cdots,X_{10}$ 相互独立,故可知 $\sum_{i=1}^{10}\left(\frac{X_i}{0.3}\right)^2\sim\chi^2(10)$,从而有

$$\begin{aligned}P\left\{\sum_{i=1}^{10}X_i^2>1.44\right\}&=P\left\{\sum_{i=1}^{10}\left(\frac{X_i}{0.3}\right)^2>\frac{1.44}{0.3^2}\right\}=P\left\{\sum_{i=1}^{10}\left(\frac{X_i}{0.3}\right)^2>16\right\}\\&\approx P\left\{\sum_{i=1}^{10}\left(\frac{X_i}{0.3}\right)^2>\chi^2_{0.1}(10)\right\}=0.1.\end{aligned}$$

二、t 分布

定义 6.3.3 设随机变量 $X \sim N(0,1)$，$Y \sim \chi^2(n)$，且 X 与 Y 相互独立，则称随机变量

$$T = \frac{X}{\sqrt{Y/n}}$$

t 分布

服从自由度为 n 的 **t 分布**，记为 $T \sim t(n)$.

定理 6.3.2 **设随机变量 $T \sim t(n)$，则 T 的概率密度为**

$$f(x) = \frac{\Gamma\left(\frac{n+1}{2}\right)}{\sqrt{n\pi}\,\Gamma\left(\frac{n}{2}\right)}\left(1+\frac{x^2}{n}\right)^{-\frac{n+1}{2}}, \quad -\infty < x < +\infty.$$

由 t 分布的概率密度可推出当 $n \to \infty$ 时，t 分布的极限分布是标准正态分布 $N(0,1)$. $f(x)$ 的图形如图 6.3 所示，当自由度 n 充分大时，其图形趋近标准正态分布 $N(0,1)$ 的概率密度曲线，但当自由度 n 较小时，t 分布与 $N(0,1)$ 相差较大.

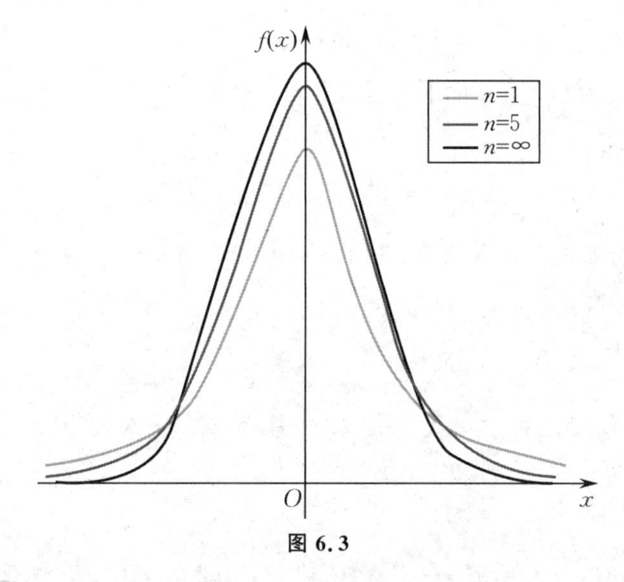

图 6.3

定义 6.3.4 设随机变量 $T \sim t(n)$. 对于给定的正数 $\alpha(0<\alpha<1)$，若存在正数 K 满足

$$P\{T > K\} = \alpha,$$

则称 K 为 **t 分布的上 α 分位数**，记为 $t_\alpha(n)$，如图 6.4 所示.

t 分布的上 α 分位数可通过查找附表 5 得到. 由 t 分布的概率密度图形关于 y 轴对称，可得

$$t_{1-\alpha}(n) = -t_\alpha(n).$$

例如，$t_{0.99}(20) = -t_{0.01}(20) = -2.528$. 当自由度 $n > 45$ 时，t 分布的上 α 分位数可用标准正态分布的上 α 分位数近似，即

$$t_\alpha(n) \approx z_\alpha.$$

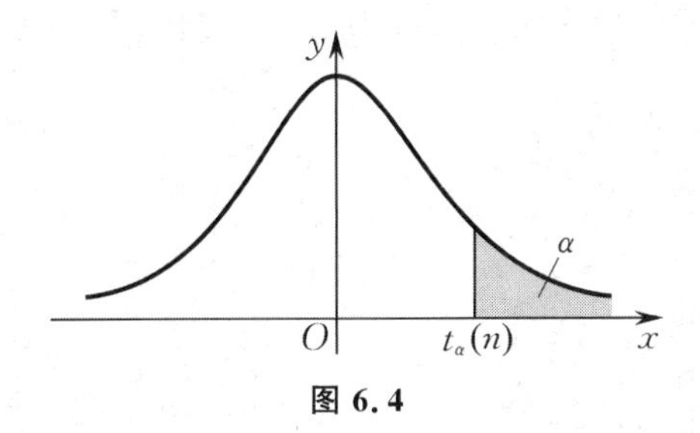

图 6.4

例 6.3.2 (2014,数三)设 X_1,X_2,X_3 是来自正态总体 $N(0,\sigma^2)$ 的一个样本,则统计量 $S=\dfrac{X_1-X_2}{\sqrt{2}\,|X_3|}$ 服从的分布为(　　).

A. $F(1,1)$　　B. $F(2,1)$　　C. $t(1)$　　D. $t(2)$

解 因为 X_1,X_2 相互独立且都服从正态分布 $N(0,\sigma^2)$,所以 $X_1-X_2\sim N(0,2\sigma^2)$,则

$$\frac{X_1-X_2}{\sqrt{2}\sigma}\sim N(0,1).$$

又因为 $X_3\sim N(0,\sigma^2)$,所以

$$\left(\frac{X_3}{\sigma}\right)^2\sim \chi^2(1).$$

而 $\dfrac{X_1-X_2}{\sqrt{2}\sigma}$ 与 $\left(\dfrac{X_3}{\sigma}\right)^2$ 相互独立,由定义 6.3.3,则有 $S=\dfrac{X_1-X_2}{\sqrt{2}\sigma}\Big/\sqrt{\left(\dfrac{X_3}{\sigma}\right)^2}\sim t(1)$. 故选 C.

三、F 分布

定义 6.3.5 设随机变量 $X\sim\chi^2(n_1)$,$Y\sim\chi^2(n_2)$,且 X 与 Y 相互独立,则称随机变量

$$F=\frac{X/n_1}{Y/n_2}$$

F 分布

服从自由度为 (n_1,n_2) 的 **F 分布**,记为 $F\sim F(n_1,n_2)$.

若 $F\sim F(n_1,n_2)$,显然有 $\dfrac{1}{F}\sim F(n_2,n_1)$.

定理 6.3.3 **设随机变量 $F\sim F(n_1,n_2)$,则 F 的概率密度为**

$$f(x)=\begin{cases}\dfrac{\Gamma\left(\dfrac{n_1+n_2}{2}\right)}{\Gamma\left(\dfrac{n_1}{2}\right)\Gamma\left(\dfrac{n_2}{2}\right)}\left(\dfrac{n_1}{n_2}\right)^{\frac{n_1}{2}}x^{\frac{n_1}{2}-1}\left(1+\dfrac{n_1}{n_2}x\right)^{-\frac{n_1+n_2}{2}}, & x>0,\\ 0, & x\leqslant 0.\end{cases}$$

F 分布的概率密度 $f(x)$ 的图形如图 6.5 所示. 当自由度 $n_1 \geqslant 3$ 时, $f(x)$ 为单峰曲线, 在点 $x=\dfrac{(n_1-2)n_2}{n_1(n_2+2)}$ 处取得最大值.

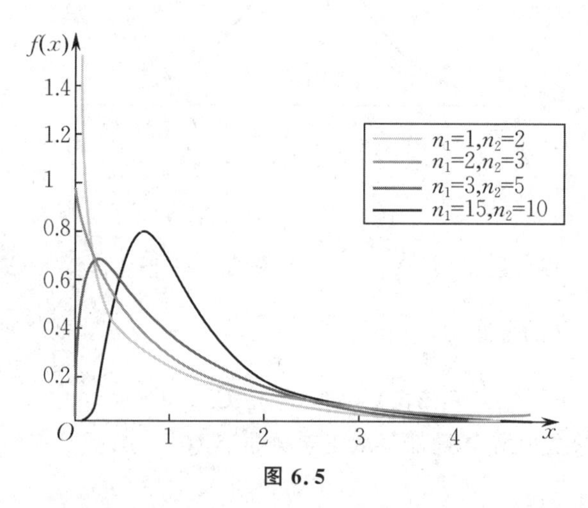

图 6.5

定义 6.3.6 设随机变量 $F \sim F(n_1,n_2)$. 对于给定的正数 $\alpha(0<\alpha<1)$, 若存在正数 K 满足

$$P\{F>K\}=\alpha,$$

则称 K 为 F **分布的上 α 分位数**, 记为 $F_\alpha(n_1,n_2)$, 如图 6.6 所示.

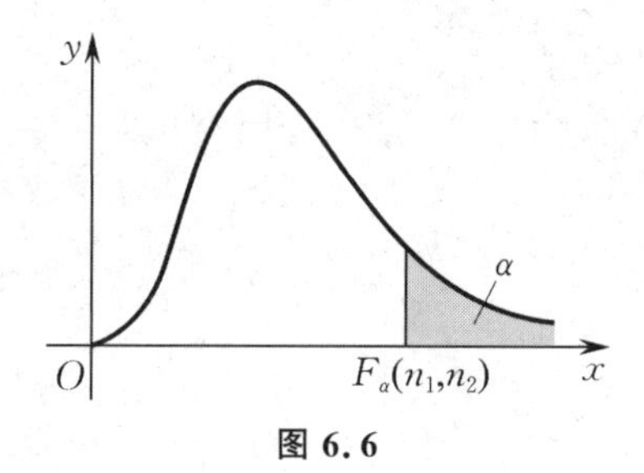

图 6.6

F 分布的上 α 分位数可通过查找附表 6 得到. 值得注意的是, 附表 6 中给出的 α 均较小, 当 α 较大时, 上 α 分位数可用以下定理求出.

定理 6.3.4 **设随机变量** $F \sim F(n_1,n_2)$, **则** $F_\alpha(n_1,n_2)=\dfrac{1}{F_{1-\alpha}(n_2,n_1)}$.

证明 由定义 6.3.6 可知 $P\{F>F_\alpha(n_1,n_2)\}=\alpha$, 则

$$P\left\{\frac{1}{F}<\frac{1}{F_\alpha(n_1,n_2)}\right\}=\alpha,$$

从而

$$P\left\{\frac{1}{F}\geqslant\frac{1}{F_\alpha(n_1,n_2)}\right\}=P\left\{\frac{1}{F}>\frac{1}{F_\alpha(n_1,n_2)}\right\}=1-\alpha.$$

因为 $\dfrac{1}{F}\sim F(n_2,n_1)$, 所以

$$\frac{1}{F_\alpha(n_1,n_2)}=F_{1-\alpha}(n_2,n_1), \quad 即 \quad F_\alpha(n_1,n_2)=\frac{1}{F_{1-\alpha}(n_2,n_1)}.$$

例如，$F_{0.025}(6,15)=3.41$，$F_{0.975}(15,6)=\dfrac{1}{F_{0.025}(6,15)}=\dfrac{1}{3.41}\approx 0.2933$.

例 6.3.3 (2001，数三) 设总体 X 服从正态分布 $N(0,2^2)$，而 $X_1,X_2,\cdots,X_{15}$ 是来自总体 X 的一个样本，则随机变量 $Y=\dfrac{X_1^2+X_2^2+\cdots+X_{10}^2}{2(X_{11}^2+X_{12}^2+X_{13}^2+X_{14}^2+X_{15}^2)}$ 服从________分布，参数为________.

解 因为 $X_i(i=1,2,\cdots,15)$ 相互独立且服从正态分布 $N(0,2^2)$，所以

$$\left(\frac{X_i}{2}\right)^2\sim\chi^2(1),\quad i=1,2,\cdots,15.$$

由 χ^2 分布的性质 6.3.2，得

$$U=\frac{X_1^2+X_2^2+\cdots+X_{10}^2}{4}\sim\chi^2(10),\quad V=\frac{X_{11}^2+X_{12}^2+X_{13}^2+X_{14}^2+X_{15}^2}{4}\sim\chi^2(5),$$

且 U 与 V 相互独立. 因此，由定义 6.3.5 可知

$$\frac{U/10}{V/5}\sim F(10,5),$$

即

$$Y\sim F(10,5).$$

故应填 F，$(10,5)$.

小节要点

在概率论常用分布的基础上，补充了数理统计中非常重要的三大分布：χ^2 分布、t 分布、F 分布. 因为三大分布的概率密度都比较复杂，在实际应用中主要是通过查表找对应的上 α 分位数来计算事件发生的概率，所以必须熟练掌握这些分布的定义、性质，以及上 α 分位数的查表方法.

习 题 6.3

基础练习

1. (1) 求 $\chi^2_{0.995}(19)$，$\chi^2_{0.1}(31)$，$\chi^2_{0.05}(74)$.

(2) 设随机变量 $\chi^2\sim\chi^2(10)$，求 a 使得 $P\{\chi^2<a\}=0.975$.

(3) 设随机变量 $\chi^2\sim\chi^2(10)$，求 $P\{\chi^2<4\}$.

2. (1) 求 $t_{0.1}(10)$，$t_{0.975}(20)$，$t_{0.025}(70)$.

(2) 设随机变量 $t\sim t(10)$，求 a 使得 $P\{|t|<a\}=0.90$.

3. (1) 求 $F_{0.05}(10,18)$，$F_{0.995}(20,30)$，$F_{0.9}(7,12)$.

(2) 设随机变量 $F\sim F(10,20)$，求 a 使得 $P\{F<a\}=0.975$.

4. 设 $X_1,X_2,\cdots,X_n$ 是来自正态总体 $N(\mu,\sigma^2)$ 的一个样本，证明：

$$\frac{\sum_{i=1}^{n}(X_i-\mu)^2}{\sigma^2}\sim\chi^2(n).$$

5.设随机变量 $t\sim t(n)$,证明:$t^2\sim F(1,n)$.

进阶训练

1.设 X_1,X_2,X_3,X_4,X_5 是来自正态总体 $N(0,3^2)$ 的一个样本,问:

$$Y=\frac{1}{126}(2X_1-X_2-3X_3)^2+\frac{1}{225}(3X_4+4X_5)^2$$

服从什么分布,自由度是多少?

2.设随机变量 $F\sim F(n,n)$,证明:$P\{F>1\}=0.5$.

3.设 X_1,X_2 是来自正态总体 $N(0,\sigma^2)$ 的一个样本,试求$\frac{(X_1+X_2)^2}{(X_1-X_2)^2}$ 的分布.

§6.4 抽样分布

统计量的概率分布称为**抽样分布**.即使已知总体 X 的分布,要得到统计量的精确分布还是很困难的.本节将介绍正态总体中几个和样本均值及样本方差相关的常用统计量的精确分布,以及在大样本的情况下一般总体的一些常用统计量的渐近分布.这些抽样分布是后续章节的理论基础.

一、单正态总体的抽样分布

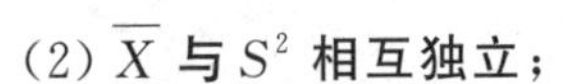

定理 6.4.1 **设 $X_1,X_2,\cdots,X_n$ 是来自正态总体 $N(\mu,\sigma^2)$ 的一个样本,$\overline{X}$ 和 S^2 分别是此样本的样本均值和样本方差,则有**

单正态总体的抽样分布

(1) $\frac{(n-1)S^2}{\sigma^2}\sim\chi^2(n-1)$;

(2) $\overline{X}$ **与 S^2 相互独立**;

(3) $\frac{\overline{X}-\mu}{\sigma/\sqrt{n}}\sim N(0,1)$;

(4) $\frac{\overline{X}-\mu}{S/\sqrt{n}}\sim t(n-1)$.

证明 在此仅证明(3)和(4).

(3) 因为 $X_1,X_2,\cdots,X_n$ 相互独立且都服从正态分布 $N(\mu,\sigma^2)$,而 $\overline{X}=\frac{1}{n}\sum_{i=1}^{n}X_i$ 是 X_1,$X_2,\cdots,X_n$ 的线性组合,所以 $\overline{X}$ 也服从正态分布.由 §6.2的例6.2.1可知 $E(\overline{X})=\mu$,$D(\overline{X})=\frac{\sigma^2}{n}$,则 $\overline{X}\sim N\left(\mu,\frac{\sigma^2}{n}\right)$,从而有$\frac{\overline{X}-\mu}{\sigma/\sqrt{n}}\sim N(0,1)$.

(4) 由(1)和(3)及 t 分布的定义可得

$$\frac{\overline{X}-\mu}{\sigma/\sqrt{n}}\Big/\sqrt{\frac{(n-1)S^2}{\sigma^2}\Big/(n-1)}\sim t(n-1),$$

即

$$\frac{\overline{X}-\mu}{S/\sqrt{n}}\sim t(n-1).$$

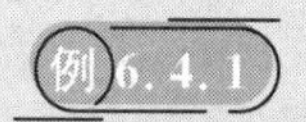 设 $X_1,X_2,\cdots,X_n$ 是来自正态总体 $N(\mu,(0.4)^2)$ 的一个样本.

(1) 要使 $|\overline{X}-\mu|<0.1$ 的概率达到 95.4%,应选取多大的样本容量 n?

(2) 要使 $|\overline{X}-\mu|<0.1$ 的概率达到 99.7%,应选取多大的样本容量 n?

解 (1) 因为 $\dfrac{\overline{X}-\mu}{0.4/\sqrt{n}}\sim N(0,1)$,所以

$$P\{|\overline{X}-\mu|<0.1\}=P\left\{\frac{|\overline{X}-\mu|}{0.4/\sqrt{n}}<\frac{0.1}{0.4/\sqrt{n}}\right\}=\Phi\left(\frac{\sqrt{n}}{4}\right)-\Phi\left(-\frac{\sqrt{n}}{4}\right)=2\Phi\left(\frac{\sqrt{n}}{4}\right)-1.$$

要使 $P\{|\overline{X}-\mu|<0.1\}=0.954$,只需 $\Phi\left(\dfrac{\sqrt{n}}{4}\right)=\dfrac{1+0.954}{2}=0.977$. 而 $\Phi(2)\approx0.977$,则 $\dfrac{\sqrt{n}}{4}=2$,即 $n=64$.

(2) 要使 $P\{|\overline{X}-\mu|<0.1\}=0.997$,只需 $\Phi\left(\dfrac{\sqrt{n}}{4}\right)=\dfrac{1+0.997}{2}=0.998\,5$. 而 $\Phi(2.96)=0.998\,5$,则 $\dfrac{\sqrt{n}}{4}=2.96$,即 $n\approx140$.

课程思政

从例 6.4.1 可看出,$\overline{X}$ 估计 μ 的估计精度和估计可信度是一对矛盾体,当给定样本容量时不可能两者同时变大. 如果估计精度保持不变,那么要提高估计的可信程度,需要加大样本容量. 生活中我们也常常面临两难选择. 孟子曰:“鱼,我所欲也;熊掌,亦我所欲也,二者不可得兼,舍鱼而取熊掌者也. 生,亦我所欲也;义,亦我所欲也,二者不可得兼,舍生而取义者也.”其本意不是说两者必然不可兼得,而是强调当不能兼得的时候,我们应当如何取舍. 生活是有缺憾的,不可能让每个人都得到自己想要的一切. 然而,当你放弃了打游戏和睡懒觉而选择埋头钻研时,人生的另一扇门正在徐徐为你敞开.

二、双正态总体的抽样分布

定理 6.4.2 设 $X\sim N(\mu_1,\sigma_1^2)$,$Y\sim N(\mu_2,\sigma_2^2)$ 是相互独立的两个正态总体. 令 $X_1,X_2,\cdots,X_{n_1}$ 是来自总体 X 的一个样本,$\overline{X}$ 和 S_1^2 分别是此样本的样本均值和样本方差,$Y_1,Y_2,\cdots,Y_{n_2}$ 是来自总体 Y 的一个样本,$\overline{Y}$ 和 S_2^2 分别是此样本的样本均值和样本方差,则有

(1) $\dfrac{(\overline{X}-\overline{Y})-(\mu_1-\mu_2)}{\sqrt{\dfrac{\sigma_1^2}{n_1}+\dfrac{\sigma_2^2}{n_2}}} \sim N(0,1)$;

双正态总体的抽样分布

(2) 当 $\sigma_1^2=\sigma_2^2=\sigma^2$ 时,

$$\frac{(\overline{X}-\overline{Y})-(\mu_1-\mu_2)}{S_w\sqrt{\dfrac{1}{n_1}+\dfrac{1}{n_2}}} \sim t(n_1+n_2-2),$$

其中 $S_w=\sqrt{\dfrac{(n_1-1)S_1^2+(n_2-1)S_2^2}{n_1+n_2-2}}$;

(3) $\dfrac{S_1^2/S_2^2}{\sigma_1^2/\sigma_2^2} \sim F(n_1-1,n_2-1)$.

证明 (1) 由定理 6.4.1 中的结论(3) 可得

$$\overline{X} \sim N\left(\mu_1,\frac{\sigma_1^2}{n_1}\right), \quad \overline{Y} \sim N\left(\mu_2,\frac{\sigma_2^2}{n_2}\right),$$

并且由 X 与 Y 相互独立可知 $\overline{X}$ 与 $\overline{Y}$ 相互独立,因此

$$(\overline{X}-\overline{Y}) \sim N\left(\mu_1-\mu_2,\frac{\sigma_1^2}{n_1}+\frac{\sigma_2^2}{n_2}\right),$$

从而

$$\frac{(\overline{X}-\overline{Y})-(\mu_1-\mu_2)}{\sqrt{\dfrac{\sigma_1^2}{n_1}+\dfrac{\sigma_2^2}{n_2}}} \sim N(0,1).$$

(2) 由定理 6.4.1 中的结论(1) 可得

$$\frac{(n_1-1)S_1^2}{\sigma_1^2} \sim \chi^2(n_1-1), \quad \frac{(n_2-1)S_2^2}{\sigma_2^2} \sim \chi^2(n_2-1),$$

并且由 X 与 Y 相互独立可知 $\dfrac{(n_1-1)S_1^2}{\sigma_1^2}$ 与 $\dfrac{(n_2-1)S_2^2}{\sigma_2^2}$ 相互独立. 根据 χ^2 分布的可加性,有

$$\frac{(n_1-1)S_1^2}{\sigma_1^2}+\frac{(n_2-1)S_2^2}{\sigma_2^2}=\frac{(n_1+n_2-2)S_w^2}{\sigma^2} \sim \chi^2(n_1+n_2-2),$$

其中 $S_w=\sqrt{\dfrac{(n_1-1)S_1^2+(n_2-1)S_2^2}{n_1+n_2-2}}$. 由上式和(1) 及 t 分布的定义可得

$$\frac{(\overline{X}-\overline{Y})-(\mu_1-\mu_2)}{\sqrt{\dfrac{\sigma^2}{n_1}+\dfrac{\sigma^2}{n_2}}}\Bigg/\sqrt{\frac{(n_1+n_2-2)S_w^2}{\sigma^2}\Big/(n_1+n_2-2)} \sim t(n_1+n_2-2),$$

即

$$\frac{(\overline{X}-\overline{Y})-(\mu_1-\mu_2)}{S_w\sqrt{\dfrac{1}{n_1}+\dfrac{1}{n_2}}} \sim t(n_1+n_2-2).$$

(3) 从(2) 的证明过程可知

$$\frac{(n_1-1)S_1^2}{\sigma_1^2}\sim\chi^2(n_1-1),\quad \frac{(n_2-1)S_2^2}{\sigma_2^2}\sim\chi^2(n_2-1),$$

且$\frac{(n_1-1)S_1^2}{\sigma_1^2}$与$\frac{(n_2-1)S_2^2}{\sigma_2^2}$相互独立,由 F 分布的定义可得

$$\frac{S_1^2/S_2^2}{\sigma_1^2/\sigma_2^2}\sim F(n_1-1,n_2-1).$$

例6.4.2 设总体服从正态分布 $N(1,3)$,从中分别抽取容量为 20,30 的两个独立样本,求两个样本的样本均值差的绝对值小于 1 的概率.

解 设两个样本的样本均值分别为 $\overline{X}$ 和 $\overline{Y}$,样本容量分别为 $n_1=20,n_2=30$,由定理 6.4.2(1) 可知,

$$\frac{\overline{X}-\overline{Y}}{\sqrt{\frac{3}{20}+\frac{3}{30}}}=\frac{\overline{X}-\overline{Y}}{\frac{1}{2}}\sim N(0,1),$$

则

$$P\{|\overline{X}-\overline{Y}|<1\}=P\left\{\frac{|\overline{X}-\overline{Y}|}{\frac{1}{2}}<\frac{1}{\frac{1}{2}}\right\}=2\Phi(2)-1=0.954\,4.$$

例6.4.3 (2023,数一、三) 设 $X_1,X_2,\cdots,X_n$ 是来自正态总体 $N(\mu,\sigma^2)$ 的一个样本,$Y_1,Y_2,\cdots,Y_m$ 是来自正态总体 $N(\mu,2\sigma^2)$ 的一个样本,两样本相互独立,记 $\overline{X}=\frac{1}{n}\sum_{i=1}^{n}X_i,\overline{Y}=\frac{1}{m}\sum_{i=1}^{m}Y_i,S_1^2=\frac{1}{n-1}\sum_{i=1}^{n}(X_i-\overline{X})^2,S_2^2=\frac{1}{m-1}\sum_{i=1}^{m}(Y_i-\overline{Y})^2$,则( ).

A. $\frac{S_1^2}{S_2^2}\sim F(n,m)$ B. $\frac{S_1^2}{S_2^2}\sim F(n-1,m-1)$

C. $\frac{2S_1^2}{S_2^2}\sim F(n,m)$ D. $\frac{2S_1^2}{S_2^2}\sim F(n-1,m-1)$

解 由定理 6.4.2(3) 可知

$$\frac{S_1^2/S_2^2}{\sigma^2/2\sigma^2}=\frac{2S_1^2}{S_2^2}=F(n-1,m-1).$$

故选 D.

例6.4.4 (2004,数三) 设总体 $X\sim N(\mu_1,\sigma^2)$,$Y\sim N(\mu_2,\sigma^2)$,$X_1,X_2,\cdots,X_{n_1}$ 和 $Y_1,Y_2,\cdots,Y_{n_2}$ 是分别来自总体 X 和 Y 的两个样本,则

$$E\left(\frac{\sum_{i=1}^{n_1}(X_i-\overline{X})^2+\sum_{j=1}^{n_2}(Y_j-\overline{Y})^2}{n_1+n_2-2}\right)=\underline{\qquad\qquad}.$$

解 由定理 6.4.1 可知

$$\frac{\sum_{i=1}^{n_1}(X_i-\overline{X})^2}{\sigma^2}\sim\chi^2(n_1-1),\quad \frac{\sum_{j=1}^{n_2}(Y_j-\overline{Y})^2}{\sigma^2}\sim\chi^2(n_2-1).$$

另由 §6.3 中的性质 6.3.1 可得

$$E\left(\sum_{i=1}^{n_1}(X_i-\overline{X})^2\right)=(n_1-1)\sigma^2,\quad E\left(\sum_{j=1}^{n_2}(Y_j-\overline{Y})^2\right)=(n_2-1)\sigma^2,$$

故

$$E\left(\frac{\sum_{i=1}^{n_1}(X_i-\overline{X})^2+\sum_{j=1}^{n_2}(Y_j-\overline{Y})^2}{n_1+n_2-2}\right)=\frac{(n_1-1)\sigma^2+(n_2-1)\sigma^2}{n_1+n_2-2}=\sigma^2.$$

三、一般总体的渐近抽样分布

定理 6.4.3　设总体 X 的均值 $E(X)=\mu$ 和方差 $D(X)=\sigma^2$ 存在，$X_1,X_2,\cdots,X_n$ 是来自总体 X 的一个样本，$\overline{X}$ 和 S^2 分别是此样本的样本均值和样本方差，则有

(1) $\lim\limits_{n\to\infty}P\left\{\dfrac{\overline{X}-\mu}{\sigma/\sqrt{n}}\leqslant x\right\}=\dfrac{1}{\sqrt{2\pi}}\displaystyle\int_{-\infty}^{x}e^{-\frac{t^2}{2}}dt$；

(2) $\lim\limits_{n\to\infty}P\left\{\dfrac{\overline{X}-\mu}{\hat{S}/\sqrt{n}}\leqslant x\right\}=\dfrac{1}{\sqrt{2\pi}}\displaystyle\int_{-\infty}^{x}e^{-\frac{t^2}{2}}dt$，**其中** $\hat{S}=\sqrt{\dfrac{1}{n}\displaystyle\sum_{i=1}^{n}(X_i-\overline{X})^2}$.

对于一般总体，$\dfrac{\overline{X}-\mu}{\sigma/\sqrt{n}}$ 和 $\dfrac{\overline{X}-\mu}{\hat{S}/\sqrt{n}}$ 的分布往往难以确定. 定理 6.4.3 表明，在样本容量 n 充分大时，它们近似服从正态分布.

小节要点

熟悉单正态总体、双正态总体的常用统计量的抽样分布，以及一般总体的常用统计量的渐近分布，这些统计量都与样本均值和样本方差有关；熟练掌握抽样分布定理.

习　题　6.4

基础练习

1. 已知每袋食盐的质量(单位：g) X 服从正态分布 $N(500,15^2)$.

(1) 现抽取 121 袋食盐，求样本均值与总体均值之差的绝对值小于 3 的概率.

(2) 独立进行两次抽样，分别抽取 49 袋和 81 袋，求这两个样本均值的差的绝对值大于 5 的概率.

2. 设 $X_1,X_2,\cdots,X_{11}$ 是来自正态总体 $N(\mu,\sigma^2)$ 的一个样本，S^2 是此样本的样本方差，求：

(1) $P\{0.394\sigma^2 < S^2 < 2.048\sigma^2\}$；

(2) $D(S^2)$.

3. 某工厂生产的灯泡的使用寿命(单位:h)$X \sim N(2\,250, 250^2)$. 现进行质量检查,方法如下:任意挑选若干只灯泡,如果这些灯泡的平均寿命超过 2 200 h,就认为该厂生产的灯泡质量合格. 若要使检查能通过的概率超过 0.997,问:至少要检查多少只灯泡?

进阶训练

1. 设 $X_1, X_2, \cdots, X_n, X_{n+1}$ 是来自正态总体 $N(\mu, \sigma^2)$ 的一个样本,求统计量 $Z = \sqrt{\frac{n}{n+1}} \frac{X_{n+1} - \overline{X}}{S}$ 的分布,其中 $\overline{X} = \frac{1}{n}\sum_{i=1}^{n} X_i$, $S^2 = \frac{1}{n-1}\sum_{i=1}^{n}(X_i - \overline{X})^2$.

2. 设 $X_1, X_2, \cdots, X_9$ 和 $Y_1, Y_2, \cdots, Y_{16}$ 是分别来自总体 $X \sim N(a, 2^2)$ 和 $Y \sim N(b, 2^2)$ 的两个样本,且 X 与 Y 相互独立. 求常数 a 和 b,使得 $P\left\{a < \frac{\sum_{i=1}^{9}(X_i - \overline{X})^2}{\sum_{j=1}^{16}(Y_j - \overline{Y})^2} < b\right\} = 0.9$.

3. 设 $X_1, X_2, \cdots, X_{2n}$ 是来自正态总体 $N(\mu, \sigma^2)$ 的一个样本,令 $\overline{X} = \frac{1}{2n}\sum_{i=1}^{2n} X_i$, $Y = \sum_{i=1}^{n}(X_i + X_{n+i} - 2\overline{X})^2$,求 $E(Y)$.

§6.5 应用案例

分布函数虽然对于任何类型的总体都适用,但对于离散型总体和连续型总体,分布律和概率密度比分布函数可以更自然地反映总体的分布情况. 前面我们已经学习了如何用样本的经验分布函数来近似总体的分布函数,现在通过应用案例学习如何整理样本的数据,用频率分布表和频率直方图来分别近似离散型总体的分布律及连续型总体的概率密度.

一、频率分布表

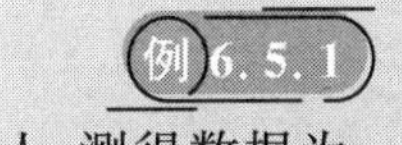

例 6.5.1 设总体 X 为某工厂的工人一周内生产的产品数. 现通过抽样调查 15 名工人,测得数据为

502, 496, 501, 496, 495, 502, 499, 500, 499, 500, 499, 498, 501, 500, 499.

试作频率分布表来近似总体 X 的分布律.

解 (1) 列出频率分布表. 设 $x_1, x_2, \cdots, x_n$ 是总体 X 的样本值,其中不同的数值为 $x_1^*, x_2^*, \cdots, x_l^*$ $(l \leqslant n)$,相应的频数为 $n_1, n_2, \cdots, n_l$,满足 $x_1^* < x_2^* < \cdots < x_l^*$, $\sum_{i=1}^{l} n_i = n$,则样本的频数分布表和频率分布表分别如表 6.5 和表 6.6 所示.

表 6.5

X	x_1^*	x_2^*	…	x_l^*
频数	n_1	n_2	…	n_l

表 6.6

X	x_1^*	x_2^*	…	x_l^*
频率	$\frac{n_1}{n}$	$\frac{n_2}{n}$	…	$\frac{n_l}{n}$

这里的样本频数分布表和频率分布表分别如表 6.7 和表 6.8 所示.

表 6.7

X	495	496	498	499	500	501	502
频数	1	2	1	4	3	2	2

表 6.8

X	495	496	498	499	500	501	502
频率	$\frac{1}{15}$	$\frac{2}{15}$	$\frac{1}{15}$	$\frac{4}{15}$	$\frac{3}{15}$	$\frac{2}{15}$	$\frac{2}{15}$

从表 6.8 可以看出该工厂工人一周内生产产品的数量不低于 500 的概率约为$\frac{7}{15}$.

(2) 作频率分布条形图. 如图 6.7 所示,频率分布条形图直观地反映了总体的分布,绘制时注意:各直方长条的宽度要相同、相邻长条之间的间隔要适当、高度就是对应的频率值.

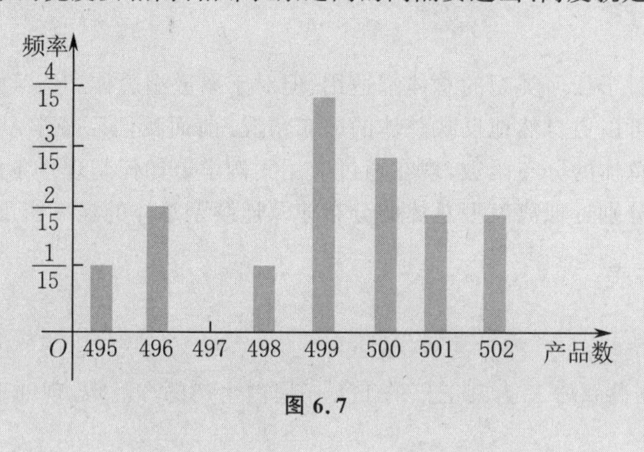

图 6.7

对于离散型总体 X,当样本容量 n 很大时,由伯努利大数定律可知,事件$\{X = x_i^*\}$发生的频率接近该事件发生的概率,因此可以用样本的频率分布近似总体 X 的分布律. 然而对于连续型总体 X,事件$\{X = x_i^*\}$发生的概率为零,这时考察样本的频率分布意义不大,需要使用样本的频率直方图来描述总体 X 的概率密度.

二、频率直方图

例 6.5.2 为了研究患某种疾病的 20 至 45 岁女子血压(单位:mmHg)X 的分布情况,抽查了 72 位女子的血压,测得的数据如下:

100	138	121	141	119	129	140	96	117	110	115	134
120	128	107	126	96	124	107	147	130	122	123	108
141	163	115	119	138	130	135	123	140	155	134	125
100	95	121	135	127	149	150	118	113	127	130	143
111	99	109	114	127	129	121	123	131	135	140	122
135	120	106	105	109	128	130	117	115	124	131	123

设 X 为连续型随机变量,试作这些数据的频率直方图,并画出 X 的概率密度 $f(x)$ 的近似曲线.

解 (1) 整理数据.样本的最小次序统计量、最大次序统计量分别为 $x_{(1)}=95, x_{(72)}=163$,所有数据都包含在区间 $[x_{(1)}, x_{(72)}]$ 内.

(2) 分组.选取包含 $[x_{(1)}, x_{(72)}]$ 的区间 $[a,b]$,其中 a 略小于 $x_{(1)}$,b 略大于 $x_{(72)}$.在 (a,b) 内插入 $m-1$ 个互不相同的分点,将 $[a,b]$ 分为 m 个小区间,每个小区间的长度称为**组距**,小区间的中点称为**组中值**,小区间的个数 m 称为**组数**.实际应用中通常采用等分的方式,即各组的组距相等.为了避免数据落在分点上,分点的精度通常比数据精度高一位.小区间的个数与数据个数 n 有关,一般取 $\sqrt{n}$ 左右为好.这里,$n=72$,$[a,b]$ 可等分为 8 个小区间.又因为 $\frac{x_{(72)}-x_{(1)}}{8}=\frac{163-95}{8}=8.5$,为了方便起见,取组距 $d=9$,则 $[a,b]$ 可取为 $[93.5, 165.5]$.

(3) 列出频数频率分布表.本例的频数频率分布表如表 6.9 所示.

表 6.9

组序	分组区间	组中值	频数 n_i	频率 f_i	累积频率
1	93.5 ~ 102.5	98	6	0.083 3	0.083 3
2	102.5 ~ 111.5	107	9	0.125 0	0.208 3
3	111.5 ~ 120.5	116	12	0.166 7	0.375 0
4	120.5 ~ 129.5	125	20	0.277 8	0.652 8
5	129.5 ~ 138.5	134	14	0.194 4	0.847 2
6	138.5 ~ 147.5	143	7	0.097 2	0.944 4
7	147.5 ~ 156.5	152	3	0.041 7	0.986 1
8	156.5 ~ 165.5	161	1	0.013 9	1

(4) 作频率直方图.如图 6.8 所示,在 x 轴上标出所有小区间,以每个小区间为底作小矩形,小矩形的高为对应的频率 / 组距,称这 m 个小矩形构成的图形为**频率直方图**.

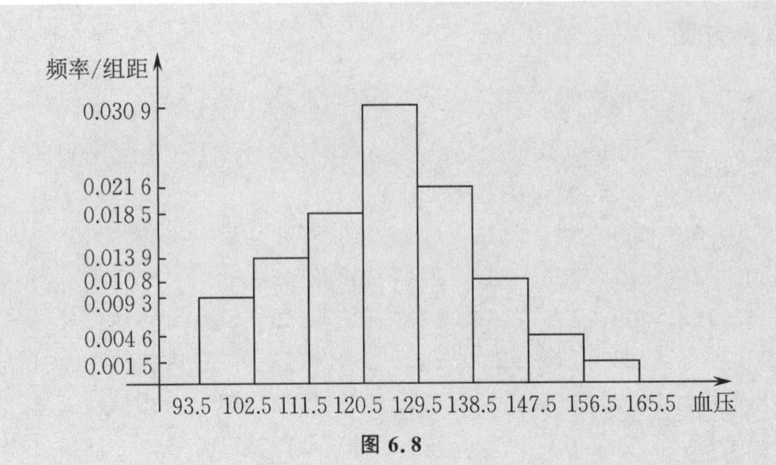

图 6.8

(5) 作概率密度曲线.显然,每个小矩形的面积等于样本值落在这个小区间上的频率,而且所有小矩形面积之和等于1.根据伯努利大数定律,频率依概率收敛于概率.当样本容量 $n \to \infty$,分组的组距 $d \to 0$ 时,所得的频率直方图顶部的台阶形曲线将会无限接近于一条光滑曲线,即 X 的概率密度曲线.实际应用中要使样本容量 $n \to \infty$ 很困难,可以在已有的频率直方图上大致画出一条光滑曲线,使得小区间上的小曲边梯形面积约等于相应小矩形的面积,甚至为了简单起见,可将小矩形顶部的中点用光滑曲线连接起来,这条光滑曲线近似 X 的概率密度曲线,如图 6.9 所示.

图 6.9 的曲线是一条单峰曲线,呈现中间高、两头低、比较对称的形态,看起来很像正态分布的概率密度曲线,可以初步猜测该总体是正态总体,然而这个猜测是否正确?第 8 章将介绍检验该猜测真伪的相关方法.

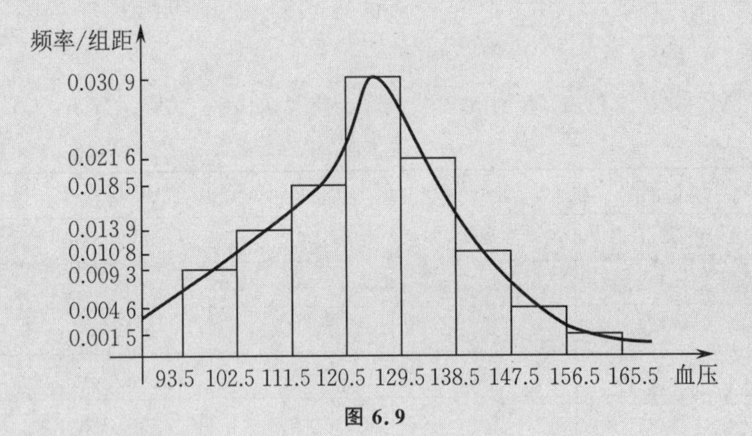

图 6.9

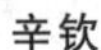
辛钦

费希尔

总 习 题 六

一、填空题

1. 设随机变量 $Z \sim t(15)$，已知 $P\left\{\frac{1}{Z^2} \leqslant C\right\} = 0.05$，则 $C =$ ________.

2. 设 $X_1, X_2, \cdots, X_{n_1}$ 是来自正态总体 $N(\mu_1, \sigma^2)$ 的一个样本，$Y_1, Y_2, \cdots, Y_{n_2}$ 是来自正态总体 $N(\mu_2, \sigma^2)$ 的一个样本，且两个样本相互独立. 若 $S_1^{*2} = \frac{1}{n_1}\sum_{i=1}^{n_1}(X_i - \mu_1)^2$，$S_2^{*2} = \frac{1}{n_2}\sum_{i=1}^{n_2}(Y_i - \mu_2)^2$，则 $Z = \frac{S_1^{*2}}{S_2^{*2}} \sim$ ________.

3. 设 $X_1, X_2, \cdots, X_n, X_{n+1}, \cdots, X_{n+m}$ 是来自正态总体 $N(0, \sigma^2)$ 的一个样本. 若 $\frac{C\sum_{i=1}^{n} X_i}{\sqrt{\sum_{i=n+1}^{n+m} X_i^2}}$ 服从 t 分布，则 $C =$ ________.

4. 设两个相互独立的样本 $X_1, X_2, \cdots, X_{25}$ 与 $Y_1, Y_2, \cdots, Y_9$ 分别来自正态总体 $N(1,6)$ 与 $N(4,2)$，S_1^2, S_2^2 分别是这两个样本的方差. 令 $\chi_1^2 = aS_1^2$，$\chi_2^2 = (a+b)S_2^2$，已知 $\chi_1^2 \sim \chi^2(24)$，$\chi_2^2 \sim \chi^2(8)$，则 $a =$ ________，$b =$ ________.

5. 设 $X_1, X_2, \cdots, X_{13}$ 是来自正态总体 $N(\mu, 3^2)$ 的一个样本，则 $D(S^2) =$ ________.

二、选择题

1. 设总体 $X \sim N(\mu, \sigma^2)$，参数 μ 未知，σ^2 已知，令 $X_1, X_2, \cdots, X_n$ 是来自总体 X 的一个样本，则下列选项中(   )不是统计量.

A. $\sum_{i=1}^{n}\frac{(X_i - \overline{X})^2}{\sigma^2}$　　B. $X_1^2 - E(X_1^2)$　　C. $\frac{(n-1)S^2}{D(X_1)}$　　D. $3X_1^2 + 2X_2^2 + 5X_3^2$

2. 设随机变量 $X \sim N(0,1)$，则下列选项中正确的是(   ).

A. $z_\alpha = -z_\alpha$　　B. $z_{1-\alpha} = z_\alpha$　　C. $z_{1-\alpha} = -z_\alpha$　　D. $z_{1-\alpha} = 1 - z_\alpha$

3. 设随机变量 $F \sim F(n_1, n_2)$，则下列选项中正确的是(   ).

A. $F_\alpha(n_1, n_2) = \frac{1}{F_{1-\alpha}(n_1, n_2)}$　　B. $F_\alpha(n_1, n_2) = 1 - F_{1-\alpha}(n_1, n_2)$

C. $F_\alpha(n_1, n_2) = \frac{1}{F_{1-\alpha}(n_2, n_1)}$　　D. $F_\alpha(n_1, n_2) = -F_{1-\alpha}(n_1, n_2)$

4. 设随机变量 X 与 Y 相互独立，且 $X \sim N(0,1)$，$Y = \chi^2(10)$. 若 $P\left\{\frac{X}{\sqrt{Y/10}} < A\right\} = 0.05$，

则 A 为(　　).

A. $t_{0.05}(9)$　　B. $t_{0.05}(10)$　　C. $t_{0.95}(9)$　　D. $t_{0.95}(10)$

5. 设总体 $X \sim N(\mu,\sigma^2)$，$X_1,X_2,\cdots,X_n$ 是来自 X 的一个样本，令 $U^2=\frac{1}{n-1}\sum_{i=1}^{n}(X_i-\overline{X})^2$，$V^2=\frac{1}{n}\sum_{i=1}^{n}(X_i-\overline{X})^2$，$W^2=\frac{1}{n-1}\sum_{i=1}^{n}(X_i-\mu)^2$，$Z^2=\frac{1}{n}\sum_{i=1}^{n}(X_i-\mu)^2$，则下列选项中服从 $t(n-1)$ 分布的随机变量是(　　).

A. $\frac{\overline{X}-\mu}{U/\sqrt{n-1}}$　　B. $\frac{\overline{X}-\mu}{V/\sqrt{n-1}}$　　C. $\frac{\overline{X}-\mu}{W/\sqrt{n}}$　　D. $\frac{\overline{X}-\mu}{Z/\sqrt{n}}$

三、计算题

1. 设总体 X 服从参数为 p 的(0－1)分布，$X_1,X_2,\cdots,X_n$ 是来自总体 X 的一个样本.

(1) 求 $\sum_{i=1}^{n}X_i$ 的分布律.

(2) 设 $B_2=\frac{1}{n}\sum_{i=1}^{n}(X_i-\overline{X})^2$，求 $E(B_2)$.

(3) 证明：$B_2=\overline{X}(1-\overline{X})$.

2. 设 X_1,X_2,X_3,X_4,X_5 是来自正态总体 $N(0,1)$ 的一个样本，$Z=\frac{C(X_2+X_4)}{(X_1^2+X_3^2+X_5^2)^{1/2}}$，试确定常数 C 使 Z 服从 t 分布.

3. 设 $X_1,X_2,\cdots,X_n$ 是来自正态总体 $N(\mu,3^2)$ 的一个样本，要使下列各式成立，样本容量 n 至少应分别为多大?

(1) $E(|\overline{X}-\mu|^2)<0.5$.

(2) $P\{|\overline{X}-\mu|>2\}\leqslant 0.05$.

4. 设某厂生产的电子元件的使用寿命(单位：h)$X \sim N(2\,000,\sigma^2)$，随机抽取一个容量为9的样本，并测得样本均值及样本方差. 但是由于工作上的失误，事后失去了此试验的结果，只记得样本方差 $s^2=200^2$，试求 $P\{\overline{X}>2\,124\}$.

5. 设 $X_1,X_2,\cdots,X_{13}$ 是来自正态总体 $N(15,3^2)$ 的一个样本，$Y_1,Y_2,\cdots,Y_6$ 是来自正态总体 $N(24,3^2)$ 的一个样本，两者相互独立，令 $Z_1=\frac{\sum_{i=1}^{6}(X_i-15)^2}{\sum_{j=1}^{6}(Y_j-24)^2}$，$Z_2=\frac{\sum_{j=1}^{6}(Y_j-\overline{Y})^2}{\sum_{i=1}^{13}(X_i-\overline{X})^2}$.

(1) 已知 $P\{Z_1\leqslant\alpha\}=0.05$，求 α.

(2) 已知 $P\{Z_2\leqslant\beta\}=0.01$，求 β.

四、证明题

1. 设 $X_1,X_2,\cdots,X_n$ 是来自正态总体 $N(\mu,\sigma^2)$ 的一个样本，$\overline{X}$ 和 S^2 分别表示样本均值和样本方差. 证明：

$$E((\overline{X}S^2)^2)=\left(\frac{\sigma^2}{n}+\mu^2\right)\left(\frac{2\sigma^4}{n-1}+\sigma^4\right).$$

2. 设 $X_1,X_2,\cdots,X_n(n>6)$ 是来自正态总体 $N(0,1)$ 的一个样本,证明:

$$F=\left(\frac{n}{6}-1\right)\sum_{i=1}^{6}X_i^2\Big/\sum_{j=7}^{n}X_j^2\sim F(6,n-6).$$

五、考研题

1.(2004,数一、三)设随机变量 $X\sim N(0,1)$,对于给定的 $\alpha(0<\alpha<1)$,z_α 满足 $P\{X>z_\alpha\}=\alpha$.若 $P\{|X|<x\}=\alpha$,则 x 等于(　　).

A. $z_{\frac{\alpha}{2}}$　　B. $z_{1-\frac{\alpha}{2}}$　　C. $z_{\frac{1-\alpha}{2}}$　　D. $z_{1-\alpha}$

2.(2005,数一)设 $X_1,X_2,\cdots,X_n(n\geqslant 2)$ 是来自正态总体 $N(0,1)$ 的一个样本,$\overline{X}$ 和 S^2 分别表示样本均值和样本方差,则(　　).

A. $n\overline{X}\sim N(0,1)$　　B. $nS^2\sim \chi^2(n)$

C. $\dfrac{(n-1)\overline{X}}{S}\sim t(n-1)$　　D. $\dfrac{(n-1)X_1^2}{\sum\limits_{i=2}^{n}X_i^2}\sim F(1,n-1)$

3.(2012,数三)设 X_1,X_2,X_3,X_4 是来自正态总体 $N(1,\sigma^2)(\sigma>0)$ 的一个样本,则统计量 $\dfrac{X_1-X_2}{|X_3+X_4-2|}$ 的分布为(　　).

A. $N(0,1)$　　B. $t(1)$　　C. $\chi^2(1)$　　D. $F(1,1)$

4.(2013,数一)设随机变量 $X\sim t(n)$,$Y\sim F(1,n)$,对于给定的 $\alpha(0<\alpha<0.5)$,常数 C 满足 $P\{X>C\}=\alpha$,则 $P\{Y>C^2\}=$(　　).

A. α　　B. $1-\alpha$　　C. 2α　　D. $1-2\alpha$

5.(2018,数三)设 $X_1,X_2,\cdots,X_n(n\geqslant 2)$ 是来自正态总体 $N(\mu,\sigma^2)(\sigma>0)$ 的简单随机样本,令 $\overline{X}=\dfrac{1}{n}\sum\limits_{i=1}^{n}X_i$,$S=\sqrt{\dfrac{1}{n-1}\sum\limits_{i=1}^{n}(X_i-\overline{X})^2}$,$S^*=\sqrt{\dfrac{1}{n}\sum\limits_{i=1}^{n}(X_i-\mu)^2}$,则(　　).

A. $\dfrac{\sqrt{n}(\overline{X}-\mu)}{S}\sim t(n)$　　B. $\dfrac{\sqrt{n}(\overline{X}-\mu)}{S}\sim t(n-1)$

C. $\dfrac{\sqrt{n}(\overline{X}-\mu)}{S^*}\sim t(n)$　　D. $\dfrac{\sqrt{n}(\overline{X}-\mu)}{S^*}\sim t(n-1)$

第7章 参数估计

现实问题中，对于一个未知的总体，通常用抽取的样本对总体的分布类型及总体分布的数字特征做出推断，即统计推断. 参数估计和假设检验是统计推断的两类最主要问题. 本章讨论参数估计问题，参数估计分为**点估计**和**区间估计**.

§7.1 点 估 计

假设总体的分布已知，而总体的部分或全部参数未知. 我们从总体中抽取一个样本，估计未知的参数或总体的某些数字特征的值的问题称为参数的点估计问题. 先看一个例子.

某年级有女生 300 人，假设该年级女生的身高（单位：cm）服从正态分布. 要估计该年级女生的平均身高 μ，从中选取 5 个人，得到身高的样本数据如下：

$$158,\quad 162,\quad 156,\quad 165,\quad 152.$$

此处，用样本的平均值 $\overline{x}=158.6$ 估计总体的平均值.

一般地，点估计问题的提法如下：设总体 X 的分布函数为 $F(x;\theta)$，其中 θ 是未知参数，$X_1,X_2,\cdots,X_n$ 是来自总体 X 的一个样本，样本值为 $x_1,x_2,\cdots,x_n$，构造一个统计量 $\hat{\theta}(X_1,X_2,\cdots,X_n)$，用它的观察值 $\hat{\theta}(x_1,x_2,\cdots,x_n)$ 作为 θ 的估计值，这种问题称为点估计问题. 习惯上称随机变量 $\hat{\theta}(X_1,X_2,\cdots,X_n)$ 为 θ 的**估计量**，称 $\hat{\theta}(x_1,x_2,\cdots,x_n)$ 为 θ 的**估计值**.

构造估计量 $\hat{\theta}(X_1,X_2,\cdots,X_n)$ 的方法很多，下面主要介绍矩估计法和极大似然估计法.

1. 矩估计法

由辛钦大数定律知，若总体 X 的 k 阶矩 $E(X^k)$ 存在，则样本 k 阶矩 $A_k=\frac{1}{n}\sum_{i=1}^{n}X_i^k$ 依概率收敛于 $E(X^k)$，且 $E(A_k)=E(X^k)$. 由此启发，当总体分布含有未知参数时，可以用样本矩作为总体矩的估计，从而得到未知参数的估计，这种方法称为矩估计法.

矩估计法由英国统计学家皮尔逊于 1894 年提出，其核心思想是替换，即用样本的 k 阶矩

$A_k=\frac{1}{n}\sum_{i=1}^{n}X_i^k$ 作为总体 k 阶矩 $E(X^k)$ 的估计($k=1,2,\cdots$),或者用样本的 k 阶中心矩 $B_k=\frac{1}{n}\sum_{i=1}^{n}(X_i-\overline{X})^k$ 作为总体 k 阶中心矩 $E((X-E(X))^k)$ 的估计.具体做法如下:

设总体 $X\sim F(x;\theta_1,\theta_2,\cdots,\theta_l)$,其中 $\theta_1,\theta_2,\cdots,\theta_l$ 均未知,且总体 X 的 k 阶矩 $\mu_k=E(X^k)(k=1,2,\cdots,l)$ 均存在.

(1) 求总体 X 的 k 阶矩 $\mu_k=E(X^k)(k=1,2,\cdots,l)$.

若 X 为连续型随机变量,其概率密度为 $f(x;\theta_1,\theta_2,\cdots,\theta_l)$,则有

$$\mu_k=E(X^k)=\int_{-\infty}^{+\infty}x^kf(x;\theta_1,\theta_2,\cdots,\theta_l)\mathrm{d}x,\quad k=1,2,\cdots,l.$$

矩估计及其应用举例

若 X 为离散型随机变量,其分布律为 $P\{X=k\}=p(x;\theta_1,\theta_2,\cdots,\theta_l)$,则有

$$\mu_k=E(X^k)=\sum_{x\in R_X}x^kp(x;\theta_1,\theta_2,\cdots,\theta_l),\quad k=1,2,\cdots,l,$$

其中 R_X 是 X 的可能取值范围.

(2) 用样本矩代替总体矩建立参数方程(组),即令

$$\mu_k=A_k=\frac{1}{n}\sum_{i=1}^{n}X_i^k,\quad k=1,2,\cdots,l. \tag{7.1}$$

(3) 解方程组(7.1)得到解 $\hat{\theta}_1,\hat{\theta}_2,\cdots,\hat{\theta}_l$,即为参数的矩估计.

通常称 $\hat{\theta}_k=\hat{\theta}_k(X_1,X_2,\cdots,X_n)$ 为参数 θ_k 的**矩估计量**,$\hat{\theta}_k=\hat{\theta}_k(x_1,x_2,\cdots,x_n)$ 为参数 θ_k 的**矩估计值**.

例 7.1.1 在某班期末数学考试成绩中随机抽取 9 人的成绩,结果如表 7.1 所示,试求该班数学成绩的平均分、标准差的矩估计值.

表 7.1

序号	1	2	3	4	5	6	7	8	9
分数	98	88	82	78	75	70	66	62	56

解 设 X 为该班数学成绩,且 $\mu=E(X),\sigma^2=D(X)$,则总体一阶及二阶矩分别为

$$\mu_1=E(X)=\mu,\quad \mu_2=E(X^2)=D(X)+(E(X))^2=\sigma^2+\mu^2.$$

而样本一阶及二阶矩分别为

$$A_1=\overline{x}=\frac{1}{9}\sum_{i=1}^{9}x_i=\frac{1}{9}(98+88+82+78+75+70+66+62+56)=75,$$

$$A_2=\frac{1}{9}\sum_{i=1}^{9}x_i^2=\frac{1}{9}(98^2+88^2+82^2+78^2+75^2+70^2+66^2+62^2+56^2)\approx 5\,779.67.$$

根据矩估计的原理,令

$$\begin{cases}\mu_1=A_1,\\ \mu_2=A_2,\end{cases}\quad 即\quad \begin{cases}\mu=A_1,\\ \mu^2+\sigma^2=A_2,\end{cases}$$

解得 $\hat{\mu}=\overline{x}=75$，$\hat{\sigma}^2=A_2-\overline{x}^2=154.67$. 因此，该班数学成绩平均分的矩估计值为 $\hat{\mu}=\overline{x}=75$，标准差的矩估计值为 $\hat{\sigma}=\sqrt{\hat{\sigma}^2}\approx 12.44$.

一般地，设总体 X 的均值为 μ，方差为 σ^2，则 μ 和 σ^2 的矩估计量分别为

$$\hat{\mu}=\overline{X},\quad \hat{\sigma}^2=A_2-\overline{X}^2=\frac{1}{n}\sum_{i=1}^{n}(X_i-\overline{X})^2=\frac{n-1}{n}S^2.$$

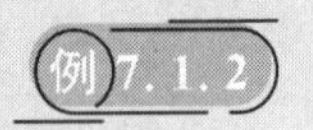

课程思政

从例 7.1.1 上看，不管是均值还是标准差，都是依据原始的样本数据计算. 也就是说，作为总体的一分子，每个数的取值，无论大小，都对总体贡献了自己的影响. 同样的道理，我们每个人，都是社会中的一分子，如果每个人都为我们的国家、我们的社会贡献自己或大或小的力量，就没有干不成的事.

例 7.1.2 设总体 X 的概率密度为

$$f(x)=\begin{cases}(\alpha+1)x^{\alpha}, & 0<x<1,\\ 0, & \text{其他},\end{cases}$$

其中参数 $\alpha>-1$ 未知，$x_1,x_2,\cdots,x_n$ 是来自 X 的样本值，求参数 α 的矩估计值和估计量.

解 样本一阶矩为

$$A_1=\frac{1}{n}\sum_{i=1}^{n}x_i=\overline{x}.$$

总体一阶矩为

$$\mu_1=E(X)=\int_{-\infty}^{+\infty}xf(x)\mathrm{d}x=\int_0^1 x(\alpha+1)x^{\alpha}\mathrm{d}x=\frac{\alpha+1}{\alpha+2}.$$

令 $\mu_1=A_1$，得方程 $\overline{x}=\dfrac{\alpha+1}{\alpha+2}$，解得 α 的矩估计值为

$$\hat{\alpha}=\frac{1-2\overline{x}}{\overline{x}-1},$$

从而得相应的估计量为

$$\hat{\alpha}=\frac{1-2\overline{X}}{\overline{X}-1}.$$

例 7.1.3 设总体 X 服从区间 (a,b) 上的均匀分布，参数 a,b 均未知，$X_1,X_2,\cdots,X_n$ 是来自 X 的一个样本，求参数 a,b 的矩估计量.

解 样本一阶和二阶矩分别为

$$A_1=\overline{X},\quad A_2=\frac{1}{n}\sum_{i=1}^{n}X_i^2.$$

总体一阶和二阶矩分别为

$$\mu_1=E(X)=\frac{a+b}{2},\quad \mu_2=E(X^2)=D(X)+(E(X))^2=\frac{(b-a)^2}{12}+\left(\frac{a+b}{2}\right)^2.$$

令$\begin{cases}\mu_1=A_1,\\ \mu_2=A_2,\end{cases}$得方程组

$$\begin{cases}\dfrac{1}{n}\sum\limits_{i=1}^{n}X_i=\dfrac{a+b}{2},\\ \dfrac{1}{n}\sum\limits_{i=1}^{n}X_i^2=\dfrac{(b-a)^2}{12}+\left(\dfrac{a+b}{2}\right)^2,\end{cases}$$

解得 a,b 的矩估计量分别为

$$\hat{a}=\overline{X}-\sqrt{\frac{3}{n}\sum_{i=1}^{n}(X_i-\overline{X})^2},\quad \hat{b}=\overline{X}+\sqrt{\frac{3}{n}\sum_{i=1}^{n}(X_i-\overline{X})^2}.$$

释疑解惑

(1) 需要指出的是，选择原点矩还是中心矩，采用多少阶矩，都不是唯一的. 在实际应用中多采用低阶矩，是为了计算上的方便. 在估计总体均值和总体方差时，常用样本均值估计总体均值，用样本方差估计总体方差，此处的样本方差并不是样本二阶中心矩，它们相差一个系数 $\frac{n-1}{n}$.

(2) 用矩估计法时无须知道总体的分布，只要知道总体矩即可，如例 7.1.1.

(3) 矩估计量有时不唯一，例如，当总体 X 服从参数为 λ 的泊松分布时，由于 X 的总体均值和总体方差都等于 λ，则 $\overline{X}$ 和 $\frac{1}{n}\sum_{i=1}^{n}(X_i-\overline{X})^2$ 都是参数 λ 的矩估计量.

矩估计法的优点是直观、简便，对某些参数的估计甚至无须知道总体的分布. 但该方法最大的缺点是当总体分布已知时，矩估计法没有充分利用分布的信息，因此得到的估计值精确度一般，且对一些不存在原点矩的总体，该方法不适用.

2. 极大似然估计法

极大似然估计法也称为最大似然估计法，是另一种估计总体参数的点估计方法. 该方法首先由德国数学家高斯于 1821 年提出，后由英国统计学家费希尔加以推广应用. 与矩估计法不同，极大似然估计法的优点是能充分利用总体分布的信息. 它的思想是小概率事件在一次试验中几乎不发生，因此，若在一次试验中某一组样本值 $x_1,x_2,\cdots,x_n$ 出现了，则认为此样本发生的概率最大，即为所谓的**极大似然估计原理**. 为了理解极大似然估计原理，我们先看下面的例子.

假设在一个箱子中装有 1 000 个球，球的颜色只有黑色和白色两种，已知两种颜色的球的比例为 999 : 1，但不知道是哪种颜色的球占多数. 现从中任意取出一个球，若取出的是白球，则

我们自然会认为箱子里的白球数是 999 个的可能性更大，因为只有这样，我们任意取一个球时，取到白球的可能性才最大. 做出这样判断的依据即为极大似然估计原理.

因此，当总体 X 含有未知参数 θ 时，假设我们通过试验获取一组样本值 $x_1,x_2,\cdots,x_n$，则应当选取未知参数 θ 的值，使得出现该样本值的可能性最大.

例 7.1.4 设总体 X 的分布律如表 7.2 所示，其中 $\theta(0<\theta<1)$ 为未知参数，试求样本值 $x_1=2,x_2=2,x_3=1$ 出现的概率.

表 7.2

X	1	2	3
p	θ^2	$2\theta(1-\theta)$	$(1-\theta)^2$

解 由样本的独立性，样本值 $x_1=2,x_2=2,x_3=1$ 出现的概率为

$$P\{X_1=2,X_2=2,X_3=1\}=P\{X_1=2\}P\{X_2=2\}P\{X_3=1\}$$
$$=2\theta(1-\theta)\times 2\theta(1-\theta)\times\theta^2=4\theta^4(1-\theta)^2.$$

例 7.1.4 中，样本出现的概率与未知参数 θ 有关，若令函数 $L(\theta)=4\theta^4(1-\theta)^2$，则要使该样本出现的概率最大，根据极大似然估计原理，应选取使得 $L(\theta)$ 达到最大的 θ 值.

极大似然估计及其应用举例

一般地，求总体未知参数极大似然估计的具体做法如下：

(1) 若总体 X 为离散型随机变量，其分布律 $P\{X=x\}=p(x;\theta),\theta\in\Theta$ 的形式已知，其中 θ 为未知参数，Θ 为 θ 的可能取值范围. 设 $x_1,x_2,\cdots,x_n$ 为样本 $X_1,X_2,\cdots,X_n$ 的一组观察值，则令

$$\begin{aligned}L(\theta)&=P\{X_1=x_1,X_2=x_2,\cdots,X_n=x_n\}\\&=P\{X_1=x_1\}P\{X_2=x_2\}\cdots P\{X_n=x_n\}\\&=p(x_1;\theta)p(x_2;\theta)\cdots p(x_n;\theta)=\prod_{i=1}^{n}p(x_i;\theta),\end{aligned}\tag{7.2}$$

称 $L(\theta)$ 为样本的**似然函数**，它是 θ 的函数. 由极大似然估计原理，对于给定的样本值 $x_1,x_2,\cdots,x_n$，在 θ 的可能取值范围 Θ 内，选取使似然函数达到最大的参数值 $\hat{\theta}$ 为参数 θ 的估计值，即

$$L(x_1,x_2,\cdots,x_n;\hat{\theta})=\max_{\theta\in\Theta}L(x_1,x_2,\cdots,x_n;\theta).\tag{7.3}$$

这样得到的 $\hat{\theta}$ 与样本值 $x_1,x_2,\cdots,x_n$ 有关，记为 $\hat{\theta}(x_1,x_2,\cdots,x_n)$，称为参数 θ 的**极大似然估计值**，相应的统计量 $\hat{\theta}(X_1,X_2,\cdots,X_n)$ 称为参数 θ 的**极大似然估计量**.

(2) 若总体 X 为连续型随机变量，其概率密度 $f(x;\theta),\theta\in\Theta$ 的形式已知，其中 θ 为未知参数，Θ 为 θ 的可能取值范围. 设 $x_1,x_2,\cdots,x_n$ 为样本 $X_1,X_2,\cdots,X_n$ 的一组观察值，则样本的联合概率密度为 $\prod\limits_{i=1}^{n}f(x_i;\theta)$，在样本选定的条件下，它是关于未知参数 θ 的函数. 对于连续型随机变量，可以选取似然函数

$$L(\theta)=\prod_{i=1}^{n}f(x_i;\theta).\tag{7.4}$$

与离散型总体类似，求未知参数 θ 的极大似然估计值问题归结为选取 θ 的取值使式(7.4) 达到

最大的问题.

释疑解惑

当总体 X 为连续型随机变量时,因 X 取到任一点的概率为零,故不能像离散型总体一样用式(7.2)表示似然函数.此时,考虑样本 $X_1,X_2,\cdots,X_n$ 落在以点$(x_1,x_2,\cdots,x_n)$为中心,边长分别为 $\mathrm{d}x_1,\mathrm{d}x_2,\cdots,\mathrm{d}x_n$ 的 n 维立方体构成的邻域内的概率,该概率近似为

$$\prod_{i=1}^{n} f(x_i;\theta)\mathrm{d}x_i, \tag{7.5}$$

则未知参数 θ 的极大似然估计值即为使得式(7.5)取最大值的参数值 $\hat{\theta}$.因为 $\prod\limits_{i=1}^{n}\mathrm{d}x_i$ 不随 θ 变化,所以当总体 X 为连续型随机变量时,似然函数可取为

$$L(\theta)=\prod_{i=1}^{n} f(x_i;\theta).$$

大部分情况下,函数 $p(x;\theta)$ 和 $f(x;\theta)$ 关于未知参数 θ 可导,则可以通过求解方程

$$\frac{\mathrm{d}L(\theta)}{\mathrm{d}\theta}=0 \tag{7.6}$$

得到 θ 的最优值.由于 $\ln L(\theta)$ 与 $L(\theta)$ 在同一 θ 处取得极值,因此为了计算上的方便,通常采用方程

$$\frac{\mathrm{d}\ln L(\theta)}{\mathrm{d}\theta}=0 \tag{7.7}$$

求 θ 的极大似然估计值 $\hat{\theta}$.称 $\ln L(\theta)$ 为**对数似然函数**,方程(7.7)称为**对数似然方程**.

在例 7.1.4 中,似然函数为

$$L(\theta)=4\theta^4(1-\theta)^2,$$

对数似然函数为

$$\ln L(\theta)=\ln 4+4\ln\theta+2\ln(1-\theta),$$

令

$$\frac{\mathrm{d}\ln L(\theta)}{\mathrm{d}\theta}=\frac{4}{\theta}-\frac{2}{1-\theta}=0,$$

解得 θ 的极大似然估计值为 $\hat{\theta}=\frac{2}{3}$.

例 7.1.5 设 $x_1,x_2,\cdots,x_n$ 是来自总体 $X\sim P(\lambda)$ 的样本值,求未知参数 λ 的极大似然估计值和估计量.

解 由题意可知,X 的分布律为

$$P\{X=k\}=\frac{\lambda^k}{k!}\mathrm{e}^{-\lambda},\quad k=0,1,2,\cdots,$$

故似然函数为

$$L(\lambda)=\prod_{i=1}^{n}P\{X=x_i\}=\prod_{i=1}^{n}\frac{\lambda^{x_i}}{x_i!}\mathrm{e}^{-\lambda}=\mathrm{e}^{-n\lambda}\cdot\lambda^{\sum\limits_{i=1}^{n}x_i}\cdot\prod_{i=1}^{n}\frac{1}{x_i!},$$

对数似然函数为

$$\ln L(\lambda)=-n\lambda+\Big(\sum_{i=1}^{n}x_i\Big)\ln\lambda-\ln\prod_{i=1}^{n}(x_i!).$$

令

$$\frac{\mathrm{d}\ln L(\lambda)}{\mathrm{d}\lambda}=-n+\frac{1}{\lambda}\sum_{i=1}^{n}x_i=0,$$

解得 λ 的极大似然估计值为

$$\hat{\lambda}=\frac{1}{n}\sum_{i=1}^{n}x_i=\overline{x},$$

相应的极大似然估计量为

$$\hat{\lambda}=\frac{1}{n}\sum_{i=1}^{n}X_i=\overline{X}.$$

例 7.1.6 要检验一批产品的合格率，现从中随机抽取 100 件，发现其中有 5 件次品，求产品合格率的极大似然估计值.

解 令随机变量

$$X_i=\begin{cases}1, & \text{第 } i \text{ 次取次品},\\ 0, & \text{第 } i \text{ 次取正品},\end{cases}\quad i=1,2,\cdots,100.$$

设产品的不合格率为 p，则 X_i 的分布律为

$$P\{X=x_i\}=p^{x_i}(1-p)^{1-x_i},\quad x_i=0,1.$$

又设 $x_1,x_2,\cdots,x_{100}$ 为样本值，由题知 $\sum\limits_{i=1}^{100}x_i=5$，则似然函数为

$$L(p)=\prod_{i=1}^{100}P\{X_i=x_i\}=\prod_{i=1}^{100}p^{x_i}(1-p)^{1-x_i}=p^{\sum\limits_{i=1}^{100}x_i}(1-p)^{100-\sum\limits_{i=1}^{100}x_i}=p^5(1-p)^{95},$$

对数似然函数为

$$\ln L(p)=5\ln p+95\ln(1-p).$$

令

$$\frac{\mathrm{d}\ln L(\theta)}{\mathrm{d}p}=\frac{5}{p}-\frac{95}{1-p}=0,$$

解得 $\hat{p}=0.05$. 因此，产品合格率的极大似然估计值为 0.95.

当总体 X 的分布中含有多个未知参数 $\theta_1,\theta_2,\cdots,\theta_k$ 时，极大似然估计法也适用. 此时，所得的似然函数是关于 $\theta_1,\theta_2,\cdots,\theta_k$ 的多元函数 $L(\theta_1,\theta_2,\cdots,\theta_k)$，解方程组

$$\frac{\partial \ln L(\theta_1,\theta_2,\cdots,\theta_k)}{\partial \theta_i}=0,\quad i=1,2,\cdots,k, \tag{7.8}$$

即得 $\theta_1,\theta_2,\cdots,\theta_k$ 的极大似然估计，方程组(7.8)称为**对数似然方程组**.

例7.1.7 设 $x_1,x_2,\cdots,x_n$ 是来自正态总体 $N(\mu,\sigma^2)$ 的样本值，试求未知参数 μ 和 σ^2 的极大似然估计值.

解 正态分布的概率密度为

$$f(x)=\frac{1}{\sqrt{2\pi}\sigma}e^{-\frac{(x-\mu)^2}{2\sigma^2}},$$

从而似然函数为

$$\begin{aligned}L(\mu,\sigma^2)&=\prod_{i=1}^{n}\frac{1}{\sqrt{2\pi}\sigma}\exp\left[-\frac{(x_i-\mu)^2}{2\sigma^2}\right]\\&=\left(\frac{1}{\sqrt{2\pi}\sigma}\right)^n\exp\left[-\frac{1}{2\sigma^2}\sum_{i=1}^{n}(x_i-\mu)^2\right],\end{aligned}$$

对数似然函数为

$$\ln L(\mu,\sigma^2)=-\frac{n}{2}\ln 2\pi-\frac{n}{2}\ln\sigma^2-\frac{1}{2\sigma^2}\sum_{i=1}^{n}(x_i-\mu)^2.$$

于是对数似然方程组为

$$\begin{cases}\dfrac{\partial \ln L(\mu,\sigma^2)}{\partial \mu}=\dfrac{1}{\sigma^2}\displaystyle\sum_{i=1}^{n}(x_i-\mu)=0,\\[2ex]\dfrac{\partial \ln L(\mu,\sigma^2)}{\partial \sigma^2}=-\dfrac{n}{2\sigma^2}+\dfrac{1}{2\sigma^4}\displaystyle\sum_{i=1}^{n}(x_i-\mu)^2=0,\end{cases}$$

解得 μ 和 σ^2 的极大似然估计值分别为

$$\begin{cases}\hat{\mu}=\dfrac{1}{n}\displaystyle\sum_{i=1}^{n}x_i=\overline{x},\\[2ex]\hat{\sigma}^2=\dfrac{1}{n}\displaystyle\sum_{i=1}^{n}(x_i-\mu)^2=\dfrac{1}{n}\displaystyle\sum_{i=1}^{n}(x_i-\overline{x})^2.\end{cases}$$

少数情况下，所得到的似然函数对未知参数的导数并不存在驻点，这时需要依据实际情况选择参数的最优值.

例7.1.8 设总体 X 服从区间 $(0,\theta)$ 上的均匀分布，$x_1,x_2,\cdots,x_n$ 是来自 X 的一个样本值，求 θ 的极大似然估计量.

解 由题知 X 的概率密度为

$$f(x)=\begin{cases}\dfrac{1}{\theta},&0<x<\theta,\\0,&\text{其他},\end{cases}$$

从而似然函数为

$$L(\theta)=\prod_{i=1}^{n} f(x_i;\theta)=\frac{1}{\theta^n}, \quad 0<x_i<\theta,$$

对数似然函数为

$$\ln L(\theta)=-n\ln\theta, \quad 0<x_i<\theta.$$

注意到$\frac{\mathrm{d}\ln L(\theta)}{\mathrm{d}\theta}=-\frac{n}{\theta}<0$,即$L(\theta)$关于$\theta$单调递减,故若要$L(\theta)$取得最大值,则$\theta$要取最小值,从而得$\theta$的极大似然估计值为$\hat{\theta}=\max\limits_{1\leqslant i\leqslant n}\{x_i\}$,相应的极大似然估计量为

$$\hat{\theta}=\max_{1\leqslant i\leqslant n}\{X_i\}.$$

例 7.1.9 (2022,数一) 设$X_1,X_2,\cdots,X_n$是来自均值为θ的指数分布的一个样本,$Y_1,Y_2,\cdots,Y_m$是来自均值为2θ的指数分布的一个样本,且$X_1,X_2,\cdots,X_n,Y_1,Y_2,\cdots,Y_m$相互独立,求$\theta$的极大似然估计量$\hat{\theta}$及$D(\hat{\theta})$.

解 由已知可得X和Y的概率密度分别为

$$f_X(x)=\begin{cases}\frac{1}{\theta}\mathrm{e}^{-\frac{x}{\theta}}, & x>0,\\ 0, & \text{其他},\end{cases}$$

$$f_Y(y)=\begin{cases}\frac{1}{2\theta}\mathrm{e}^{-\frac{y}{2\theta}}, & y>0,\\ 0, & \text{其他}.\end{cases}$$

设$x_1,x_2,\cdots,x_n,y_1,y_2,\cdots,y_m$分别为这两个总体的样本值,因样本相互独立,故似然函数为

$$L(\theta)=\begin{cases}\frac{1}{2^m\theta^{n+m}}\mathrm{e}^{-\frac{2\sum\limits_{i=1}^{n}x_i+\sum\limits_{j=1}^{m}y_j}{2\theta}}, & x_i,y_j\geqslant 0,\\ 0, & \text{其他},\end{cases}$$

对数似然函数为

$$\ln L(\theta)=-m\ln 2-(n+m)\ln\theta-\frac{2\sum\limits_{i=1}^{n}x_i+\sum\limits_{j=1}^{m}y_j}{2\theta}.$$

令

$$\frac{\mathrm{d}\ln L(\theta)}{\mathrm{d}\theta}=-\frac{n+m}{\theta}+\frac{2\sum\limits_{i=1}^{n}x_i+\sum\limits_{j=1}^{m}y_j}{2\theta^2}=0,$$

解得θ的极大似然估计值为

$$\hat{\theta}=\frac{2\sum\limits_{i=1}^{n}x_i+\sum\limits_{j=1}^{m}y_j}{2(n+m)},$$

相应的估计量为

$$\hat{\theta}=\frac{2\sum_{i=1}^{n}X_i+\sum_{j=1}^{m}Y_j}{2(n+m)}.$$

$\hat{\theta}$ 的方差为

$$D(\hat{\theta})=D\left(\frac{2\sum_{i=1}^{n}X_i+\sum_{j=1}^{m}Y_j}{2(n+m)}\right)$$

$$=\frac{1}{4(n+m)^2}D\left(2\sum_{i=1}^{n}X_i+\sum_{j=1}^{m}Y_j\right)$$

$$=\frac{4n\theta^2+4m\theta^2}{4(n+m)^2}=\frac{\theta^2}{n+m}.$$

理解点估计的概念;掌握矩估计原理和极大似然估计原理,并能利用它们对离散型分布和连续型分布参数点估计问题进行求解.

习 题 7.1

基础练习

1. 测量某医院 8 名新生儿的体重,得到数据(单位:g) 如下:

3 150, 3 500, 2 570, 3 620,

2 520, 3 200, 2 830, 3 760,

试求该样本的样本一阶矩、样本二阶中心矩和样本方差 s^2.

2. 重复射击 n 次,命中目标的次数服从参数为 n,p 的二项分布,其中 p 为命中率. 设 k_1, $k_2,\cdots,k_m$ 是 m 轮重复试验中各轮实际射击命中的次数. 求 p 的矩估计值和极大似然估计值.

3. 设随机变量 X 的概率密度为

$$f(x)=\begin{cases}e^{-(x-\theta)}, & x\geqslant\theta,\\ 0, & x<\theta,\end{cases}$$

$X_1,X_2,\cdots,X_n$ 是来自总体 X 的一个样本,求 θ 的矩估计量和极大似然估计量.

4. 设随机变量 X 的概率密度为

$$f(x)=\begin{cases}\frac{1}{\theta}x^{\frac{1-\theta}{\theta}}, & 0\leqslant x\leqslant 1,\\ 0, & 其他,\end{cases}$$

其中 $\theta>0$，$X_1,X_2,\cdots,X_n$ 是来自总体 X 的一个样本，求 θ 的矩估计量和极大似然估计量.

5. 设随机变量 X 服从区间 $(0,\theta)$ 上的均匀分布，X 的样本值如下：

$$0.9,\quad 0.85,\quad 0.3,\quad 0.8,$$
$$0.2,\quad 0.4,\quad 0.7,\quad 0.65,$$

求 θ 的矩估计值.

进阶训练

1. 设某种电子元件的寿命(单位:h)T 服从双参数的指数分布，其概率密度为

$$f(x)=\begin{cases}\dfrac{1}{\theta}\mathrm{e}^{-(x-c)/\theta}, & x\geqslant c,\\ 0, & \text{其他},\end{cases}$$

其中 $c,\theta\ (c,\theta>0)$ 为未知参数. 取 n 个样本进行寿命试验，得它们的寿命从小到大分别为

$$x_1\leqslant x_2\leqslant\cdots\leqslant x_n,$$

求参数 c 与 θ 的极大似然估计值.

2. 设随机变量 X 的概率密度为

$$f(x)=\begin{cases}\dfrac{6x}{\theta^3}(\theta-x), & 0<x<\theta,\\ 0, & \text{其他},\end{cases}$$

$X_1,X_2,\cdots,X_n$ 是来自总体 X 的一个样本，求：

(1) θ 的矩估计量；

(2) $D(\hat{\theta})$.

估计量的评价标准

估计量的评价标准

从 §7.1 可知，同一参数，采用不同的估计方法，能得到不同的估计量，那么如何判断不同估计量的好坏？下面给出衡量估计量好坏的评价标准.

1. 无偏性

定义 7.2.1 若估计量 $\hat{\theta}(X_1,X_2,\cdots,X_n)$ 的数学期望存在，且等于未知参数 θ，即有

$$E(\hat{\theta})=\theta, \tag{7.9}$$

则称 $\hat{\theta}$ 为 θ 的**无偏估计量**. 记

$$E(\hat{\theta})-\theta=r_n,$$

则称 r_n 为估计量 $\hat{\theta}$ 的**偏差**，若 $r_n\neq 0$，则称 $\hat{\theta}$ 为 θ 的**有偏估计量**；若 $\lim\limits_{n\to\infty}r_n=0$，则称 $\hat{\theta}$ 为 θ 的**渐近无偏估计量**.

估计量 $\hat{\theta}$ 是一个随机变量，抽取的样本不同，其估计值也不同，但若 $\hat{\theta}$ 满足无偏性，则说

明尽管 $\hat{\theta}$ 的值随样本值的不同而变化,但它的均值会等于 θ 的真值.

例 7.2.1 设 $X_1,X_2,\cdots,X_n$ 是来自总体 X 的一个样本,总体均值 μ 及方差 σ^2 都存在.证明:

(1) 样本均值 $\overline{X}=\frac{1}{n}\sum_{i=1}^{n}X_i$ 是 μ 的无偏估计量;

(2) 样本方差 S^2 是总体方差 σ^2 的无偏估计量;

(3) 样本二阶中心矩 B_2 是 σ^2 的渐近无偏估计量.

证明 由例 6.2.1 可知,

$$E(\overline{X})=\mu,\quad E(S^2)=\sigma^2,$$

故结论(1),(2) 成立.

因为

$$B_2=\frac{1}{n}\sum_{i=1}^{n}(X_i-\overline{X})^2=\frac{n-1}{n}\cdot\frac{1}{n-1}\sum_{i=1}^{n}(X_i-\overline{X})^2=\frac{n-1}{n}S^2,$$

而

$$E(B_2)=\frac{n-1}{n}E(S^2)=\frac{n-1}{n}\sigma^2\to\sigma^2\quad(n\to\infty),$$

所以 B_2 是 σ^2 的渐近无偏估计量,即结论(3) 成立.

释疑解惑

(1) 一般情况下,无偏估计量 $\hat{\theta}$ 的函数 $f(\hat{\theta})$ 并不一定是未知参数 θ 相应函数 $f(\theta)$ 的无偏估计量.例如,当总体 $X\sim N(\mu,\sigma^2)$ 时,$\overline{X}$ 是 μ 的无偏估计量,但 $\overline{X}^2$ 不是 μ^2 的无偏估计量,而有

$$E(\overline{X}^2)=D(\overline{X})+(E(\overline{X}))^2=\frac{\sigma^2}{n}+\mu^2\neq\mu^2.$$

事实上,只有当 $f(\theta)$ 是线性函数时,$f(\hat{\theta})$ 才是 $f(\theta)$ 的无偏估计量.

(2) 总体参数的无偏估计量有时可以不存在,例如,设总体 $X\sim b(1,p)$,X_1 是来自该总体容量为 1 的一个样本,则易知参数 p^2 的无偏估计量不存在.另外,有些参数可以有多个不同的无偏估计量,例如,设总体 $X\sim P(\lambda)$,$X_1,X_2,\cdots,X_n$ 是来自 X 的一个样本,则样本均值 $\overline{X}$ 与样本方差 S^2 都是参数 λ 的无偏估计量.

例 7.2.2 (2023,数一) 设 X_1,X_2 是来自正态总体 $N(\mu,\sigma^2)$ 的一个样本,$\sigma>0$ 未知.若 $\hat{\sigma}=a|X_1-X_2|$ 为 σ 的一个无偏估计量,则 $a=(\quad)$.

A. $\dfrac{\sqrt{\pi}}{2}$　　B. $\dfrac{\sqrt{2\pi}}{2}$　　C. $\sqrt{\pi}$　　D. $\sqrt{2\pi}$

解　由已知条件可知

$$Y=\frac{X_1-X_2}{\sqrt{2}\sigma}\sim N(0,1),$$

且

$$E(\hat{\sigma})=E(\sqrt{2}\sigma a|Y|)=\sigma,$$

则 $a=\dfrac{1}{\sqrt{2}E(|Y|)}$. 而

$$E(|Y|)=\int_{-\infty}^{+\infty}|y|\frac{1}{\sqrt{2\pi}}e^{-\frac{y^2}{2}}dy=2\int_0^{+\infty}y\frac{1}{\sqrt{2\pi}}e^{-\frac{y^2}{2}}dy=\sqrt{\frac{2}{\pi}},$$

于是得

$$a=\frac{\sqrt{\pi}}{2}.$$

故选 A.

参数估计量具有无偏性仅反映其在参数的真值附近波动,但并没有反映出波动的大小,即估计量取值的集中程度. 因此,一个好的估计量,不仅应该是真值 θ 的无偏估计量,还应该具有较小的波动性.

2. 有效性

对于未知参数 θ,假设有两个无偏估计量 $\hat{\theta}_1$ 与 $\hat{\theta}_2$,即满足 $E(\hat{\theta}_1)=E(\hat{\theta}_2)=\theta$,在样本容量相同的条件下,若 $\hat{\theta}_1$ 的观察值比 $\hat{\theta}_2$ 的观察值更靠近真值 θ,则认为 $\hat{\theta}_1$ 比 $\hat{\theta}_2$ 更优. 方差是随机变量取值与其平均水平偏离程度的度量,因此比较 $\hat{\theta}_1$ 与 $\hat{\theta}_2$ 的方差即可判断优劣.

定义 7.2.2　设 $X_1,X_2,\cdots,X_n$ 是来自总体 X 的一个样本,θ 是 X 中包含的未知参数,$\hat{\theta}_1=\hat{\theta}_1(X_1,X_2,\cdots,X_n)$ 和 $\hat{\theta}_2=\hat{\theta}_2(X_1,X_2,\cdots,X_n)$ 都是未知参数 θ 的无偏估计量. 若

$$D(\hat{\theta}_1)\leqslant D(\hat{\theta}_2), \tag{7.10}$$

则称 $\hat{\theta}_1$ 比 $\hat{\theta}_2$ **有效**.

例 7.2.3　设正态总体 $X\sim N(\mu,\sigma^2)$,证明:$\overline{X}=\dfrac{1}{n}\sum\limits_{i=1}^{n}X_i$ 和 X_i 都是 μ 的无偏估计量,且 $\overline{X}$ 比 X_i 有效.

证明　因 $X_i(i=1,2,\cdots,n)$ 是来自正态总体 X 的一个样本,故 X_i 与总体 X 同分布,即 $X_i\sim N(\mu,\sigma^2)$,从而

$$E(X_i)=\mu,\quad E(\overline{X})=E\left(\frac{1}{n}\sum_{i=1}^{n}X_i\right)=\frac{1}{n}\sum_{i=1}^{n}E(X_i)=\frac{n\mu}{n}=\mu,$$

即 $\overline{X}$ 和 X_i 都是 μ 的无偏估计量. 又

$$D(X_i)=D(X)=\sigma^2,$$

$$D(\overline{X})=D\left(\frac{1}{n}\sum_{i=1}^{n}X_i\right)=\frac{1}{n^2}\sum_{i=1}^{n}D(X_i)=\frac{n\sigma^2}{n^2}=\frac{\sigma^2}{n},$$

即

$$D(\overline{X})\leqslant D(X_i),$$

故 $\overline{X}$ 比 X_i 有效.

3. 一致性(相合性)

无偏性和有效性都是在样本容量 n 一定的条件下讨论的,然而 $\hat{\theta}(X_1,X_2,\cdots,X_n)$ 不仅与样本值有关,而且与样本容量 n 也有关. 假设 θ 的估计量为 $\hat{\theta}_n$,我们自然希望 n 越大时,$\hat{\theta}_n$ 稳定地趋于真值 θ,这是因为 n 越大时获取的总体信息越多.

定义 7.2.3 若 $\hat{\theta}_n$ 依概率收敛于 θ,即 $\forall \varepsilon>0$,有

$$\lim_{n\to\infty}P\{|\hat{\theta}_n-\theta|<\varepsilon\}=1, \tag{7.11}$$

则称 $\hat{\theta}_n$ 是 θ 的**一致估计量**.

例 7.2.4 设总体 $X\sim N(\mu,\sigma^2)$. 证明:样本方差 S^2 是总体方差 σ^2 的一致估计量.

证明 因为

$$E(S^2)=\sigma^2,\quad D(S^2)=\frac{2\sigma^4}{n-1},$$

所以由切比雪夫不等式,对于任意的 $\varepsilon>0$,有

$$P\{|S^2-E(S^2)|<\varepsilon\}\geqslant 1-\frac{D(S^2)}{\varepsilon^2},$$

从而有

$$1\geqslant P\{|S^2-\sigma^2|<\varepsilon\}\geqslant 1-\frac{2\sigma^4}{\varepsilon^2(n-1)}.$$

令 $n\to\infty$,得

$$\lim_{n\to\infty}P\{|S^2-\sigma^2|<\varepsilon\}=1,$$

即 S^2 是总体方差 σ^2 的一致估计量.

类似地,可以证明样本二阶中心矩 $B_2=\frac{1}{n}\sum_{i=1}^{n}(X_i-\overline{X})^2$ 也是总体方差 σ^2 的一致估计量. 样本均值是总体均值的一致估计量.

在以上三个评价标准中，一致性是最基本的要求，如果所采用的估计量不满足一致性，那么无论样本容量多么大，都无法使估计值趋于真值，这样的估计量是不可取的.

课程思政

《战国策 · 魏策四》中的一则寓言《南辕北辙》告诉我们一种至真的哲理：方向是我们一切行动正确的前提，选对方向和努力同样重要！点估计中一致性的要求印证了这一道理.

小节要点

掌握估计量无偏性、有效性和一致性的定义，并能利用这三个定义对估计量的优劣做出评价.

习　题　7.2

基础练习

1. 设 X_1,X_2,X_3 是来自正态总体 $N(\mu,2)$ 的一个样本，估计量 $T_1=\frac{1}{6}X_1+\frac{1}{2}X_2+\frac{1}{3}X_3$，$T_2=\frac{1}{5}X_1+\frac{2}{5}X_2+\frac{3}{5}X_3$，$T_3=\frac{1}{3}(X_1+X_2+X_3)$. 问：

(1) 在 T_1,T_2,T_3 中，哪几个是 μ 的无偏估计量？

(2) 在上述 μ 的无偏估计量中哪一个最有效？

2. 设总体 $X\sim P(\lambda)$，从总体中分别选取两个独立样本，$\overline{X}_1$ 和 $\overline{X}_2$ 为这两个样本的均值.

(1) 证明：对于任意 $a,b(a+b=1)$，$Y=a\overline{X}_1+b\overline{X}_2$ 都是 λ 的无偏估计量.

(2) 确定常数 a,b，使得 $D(Y)$ 达到最小.

进阶训练

1. 设总体 $X\sim N(\mu,\sigma^2)$，$X_1,X_2,\cdots,X_n$ 是来自 X 的一个样本. 试确定常数 c，使得 $c\sum_{i=1}^{n-1}(X_{i+1}-X_i)^2$ 为 σ^2 的无偏估计量.

2. 设总体 X 的概率密度为

$$f(x;\theta)=\begin{cases}\theta x^{\theta-1}, & 0\leqslant x\leqslant 1,\\ 0, & \text{其他},\end{cases}$$

其中 $\theta>0$ 为未知参数，$X_1,X_2,\cdots,X_n$ 是来自 X 的一个样本，$\hat{\theta}$ 是 θ 的极大似然估计量，证明：$\frac{1}{\hat{\theta}}$ 是 $\frac{1}{\theta}$ 的无偏估计量.

3. 证明：样本均值是总体均值的一致估计量.

§7.3 区间估计

区间估计的概念

一、区间估计的概念

参数的点估计，仅回答了未知参数的“近似值”为多少的问题，但未回答这个“近似值”的精确度问题，即该估计值与真值的误差范围，也未回答所给结论的可靠度问题. 为此，引入区间估计来有效地解决上述问题.

定义 7.3.1 设总体 X 的分布函数为 $F(x;\theta)$，其中参数 θ 未知，$X_1,X_2,\cdots,X_n$ 是来自 X 的一个样本，构造两个统计量 $\underline{\theta}(X_1,X_2,\cdots,X_n)$ 和 $\overline{\theta}(X_1,X_2,\cdots,X_n)$. 若对于给定的概率 $1-\alpha(0<\alpha<1)$，以及任意的 $\theta\in\Theta$，Θ 为 θ 的可能取值范围，满足

$$P\{\underline{\theta}(X_1,X_2,\cdots,X_n)<\theta<\overline{\theta}(X_1,X_2,\cdots,X_n)\}=1-\alpha, \tag{7.12}$$

则称随机区间 $(\underline{\theta},\overline{\theta})$ 为参数 θ 的**置信区间**，$\underline{\theta}$ 称为**置信下限**，$\overline{\theta}$ 称为**置信上限**，$1-\alpha$ 称为**置信度**.

式(7.12)中的随机区间 $(\underline{\theta},\overline{\theta})$ 的大小取决于随机抽取的样本值，不同的样本取值不同，所得到的随机区间也不同，它可能包含 θ，也可能不包含 θ，式(7.12)的含义是指得到的若干个随机区间 $(\underline{\theta},\overline{\theta})$ 中，包含真值 θ 的约占 $100(1-\alpha)\%$. 例如，做 100 次重复抽样，得到 100 个区间，若取 $\alpha=0.05$，则置信度为 $1-\alpha=0.95$，此时大约有 95 个区间包含参数真值 θ，有 5 个区间不包含参数真值 θ.

下面通过例 7.3.1 给出参数的区间估计的计算方法.

例 7.3.1 设总体 $X\sim N(\mu,\sigma^2)$，μ 未知，$\sigma^2=0.1^2$ 已知，$X_1,X_2,\cdots,X_n$ 是来自 X 的一个样本. 假设样本值为

$$3.2,\quad 2.8,\quad 3.1,\quad 3.12,\quad 2.98,\quad 3.15,\quad 2.99,\quad 3.05,$$

求 μ 的置信度为 $1-\alpha$ 的置信区间.

解 由§7.2的例 7.2.1 知 $\overline{X}$ 是 μ 的无偏估计量，且由第 6 章的定理 6.4.1 知

$$\frac{\overline{X}-\mu}{\sigma/\sqrt{n}}\sim N(0,1). \tag{7.13}$$

对于给定的 α，由标准正态分布上 α 分位数的定义，有(见图 7.1)

$$P\left\{\left|\frac{\overline{X}-\mu}{\sigma/\sqrt{n}}\right|<z_{\alpha/2}\right\}=1-\alpha, \tag{7.14}$$

变形得

$$P\left\{\overline{X}-\frac{\sigma}{\sqrt{n}}z_{\alpha/2}<\mu<\overline{X}+\frac{\sigma}{\sqrt{n}}z_{\alpha/2}\right\}=1-\alpha. \tag{7.15}$$

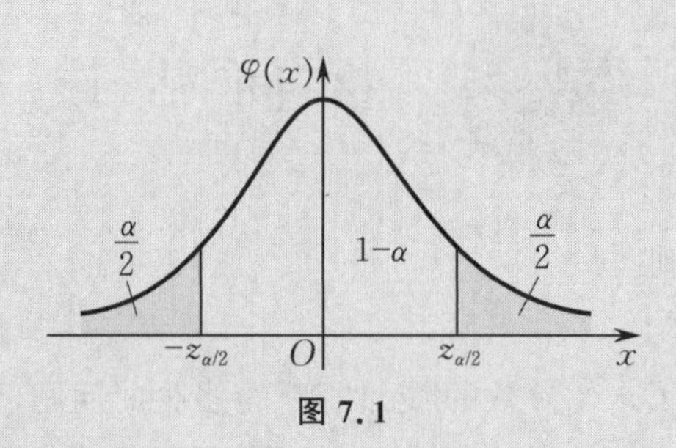

图 7.1

由式(7.15)即得 μ 的置信度为 $1-\alpha$ 的置信区间为

$$\left(\overline{X}-\frac{\sigma}{\sqrt{n}}z_{\alpha/2},\overline{X}+\frac{\sigma}{\sqrt{n}}z_{\alpha/2}\right). \tag{7.16}$$

由题知 $\overline{x}\approx 3.05, n=8, \sigma=0.1$. 若取 $\alpha=0.05$，此时查表得 $z_{\alpha/2}=z_{0.025}=1.96$，将计算的数据代入式(7.16)可得到参数 μ 的置信度为 0.95 的置信区间为(2.98,3.12)；若取 $\alpha=0.1$，此时查表得 $z_{\alpha/2}=z_{0.05}=1.645$，可得到参数 μ 的置信度为 0.9 的置信区间为(2.99,3.11).

释疑解惑

(1) 由例 7.3.1 可知，在样本不变的情况下，置信度 $1-\alpha$ 越大，α 就越小，$z_{\alpha/2}$ 就越大，从而置信区间就越长，精确度下降；置信度 $1-\alpha$ 越小，置信区间就越短，精确度上升. 因此，在样本给定的情况下，需要在精确度和可信度之间做一个平衡.

(2) 在给定置信度的条件下，应选长度最短的置信区间. 需要指出的是，在给定 α 的条件下，置信区间并不是唯一的. 例如在例 7.3.1 中，对于给定的 $\alpha=0.05$，也可以选取满足如下关系的区间：

$$P\left\{\overline{X}-\frac{\sigma}{\sqrt{n}}z_{0.01}<\mu<\overline{X}+\frac{\sigma}{\sqrt{n}}z_{0.04}\right\}=1-\alpha. \tag{7.17}$$

此时区间的长度为 $\frac{\sigma}{\sqrt{n}}(z_{0.01}+z_{0.04})\approx 4.08\frac{\sigma}{\sqrt{n}}$，大于对称情况下式(7.16)的区间长度 $3.92\frac{\sigma}{\sqrt{n}}$. 可以证明，当给定 α 时，对于标准正态分布，关于原点对称的置信区间长度最短.

求未知参数 θ 的置信区间的具体做法如下：

(1) 构造一个包含样本和未知参数的函数 $g(X_1,X_2,\cdots,X_n;\theta)$，使得 g 的分布已知，且其分布不依赖于 θ 和其他任何未知参数，这样的函数称为**枢轴量**. 枢轴量的构造一般可结合参数 θ 的点估计考虑，如在例 7.3.1 中，因 $\overline{X}$ 是 μ 的无偏估计量，故考虑构造一个包含 $\overline{X}$ 和 μ 的枢轴量 $\frac{\overline{X}-\mu}{\sigma/\sqrt{n}}$.

(2) 对于给定的置信度 $1-\alpha$，确定常数 a,b，使得

$$P\{a<g(X_1,X_2,\cdots,X_n;\theta)<b\}=1-\alpha.$$

因枢轴量 g 的分布已知，故 a,b 可通过枢轴量分布的上 α 分位数得到. 确定 a,b 时要考虑估计的精确度，并尽可能选取使置信区间长度最短的 a,b，如例 7.3.1 中选取 $a=-b=-z_{\alpha/2}$.

(3) 将不等式 $a < g(X_1, X_2, \cdots, X_n; \theta) < b$ 恒等变形，即得到未知参数 θ 的置信度为 $1-\alpha$ 的置信区间 $(\underline{\theta}(X_1, X_2, \cdots, X_n), \overline{\theta}(X_1, X_2, \cdots, X_n))$.

二、单正态总体参数的区间估计

单正态总体参数的区间估计

假定正态总体 $X \sim N(\mu, \sigma^2)$，$X_1, X_2, \cdots, X_n$ 是来自 X 的一个样本，$\overline{X}$ 和 S^2 分别为样本均值和样本方差. 对于给定的置信度 $1-\alpha$，下面研究单正态总体参数的区间估计问题.

1. 单正态总体均值的区间估计

(1) σ^2 已知.

当 σ^2 已知时，对于给定的置信度 $1-\alpha$，由例 7.3.1 得 μ 的置信区间为

$$\left(\overline{X} - \frac{\sigma}{\sqrt{n}} z_{\alpha/2}, \overline{X} + \frac{\sigma}{\sqrt{n}} z_{\alpha/2}\right).$$

(2) σ^2 未知.

当 σ^2 未知时，不能使用 $\dfrac{\overline{X}-\mu}{\sigma/\sqrt{n}}$ 作为枢轴量，因样本方差 S^2 是 σ^2 的无偏估计量，由第 6 章定理 6.4.1 知，若将 $\dfrac{\overline{X}-\mu}{\sigma/\sqrt{n}}$ 中的 σ 换成 S，则有

$$\frac{\overline{X}-\mu}{S/\sqrt{n}} \sim t(n-1).$$

故可取上式左边的函数作为枢轴量，对于给定的置信度 $1-\alpha$，注意到 t 分布的对称性，由 t 分布的上 α 分位数(见图 7.2)，有

$$P\left\{\left|\frac{\overline{X}-\mu}{S/\sqrt{n}}\right| < t_{\alpha/2}(n-1)\right\} = 1-\alpha,$$

即

$$P\left\{\overline{X} - \frac{S}{\sqrt{n}} t_{\alpha/2}(n-1) < \mu < \overline{X} + \frac{S}{\sqrt{n}} t_{\alpha/2}(n-1)\right\} = 1-\alpha. \tag{7.18}$$

由式(7.18) 即得 μ 的置信度为 $1-\alpha$ 的置信区间为

$$\left(\overline{X} - \frac{S}{\sqrt{n}} t_{\alpha/2}(n-1), \overline{X} + \frac{S}{\sqrt{n}} t_{\alpha/2}(n-1)\right). \tag{7.19}$$

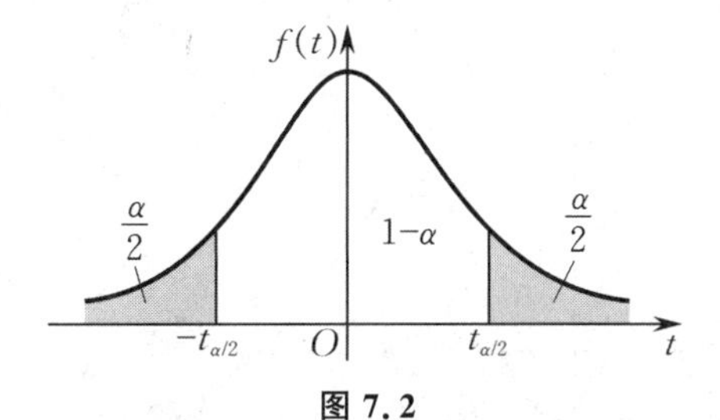

图 7.2

例 7.3.2 某车间生产一种同型号的产品，已知产品直径（单位:mm）$X \sim N(\mu,\sigma^2)$. 现从某一天生产的产品中随机地抽出 6 个，测得直径分别为

14.6， 15.1， 14.9， 14.8， 15.2， 15.1.

试给出该产品直径 X 的均值 μ 的置信度为 0.95 的置信区间.

解 因总体方差 σ^2 未知，故 μ 的置信度为 $1-\alpha$ 的置信区间为

$$\left(\overline{X}-\frac{S}{\sqrt{n}}t_{\alpha/2}(n-1),\overline{X}+\frac{S}{\sqrt{n}}t_{\alpha/2}(n-1)\right).$$

由样本值求得

$$\overline{x}=\frac{1}{6}\sum_{i=1}^{6}x_i=\frac{14.6+15.1+14.9+14.8+15.2+15.1}{6}=14.95,$$

$$s=\sqrt{\frac{1}{6-1}\sum_{i=1}^{6}(x_i-\overline{x})^2}\approx 0.225\,8.$$

另外，由题知 $n=6,\alpha=0.05$，查表得

$$t_{\alpha/2}(n-1)=t_{0.025}(5)=2.570\,6.$$

将数据代入上述置信区间的表达式，得 μ 的置信度为 0.95 的置信区间为(14.71,15.19).

2. 单正态总体方差的区间估计

我们只考虑 μ 未知的情形. 因 S^2 是 σ^2 的无偏估计量，且由第 6 章定理 6.4.1 知

$$\frac{(n-1)S^2}{\sigma^2}\sim\chi^2(n-1),$$

故取上式左边的函数作为枢轴量，则对于给定的置信度 $1-\alpha$，由 χ^2 分布的上 α 分位数(见图 7.3)，有

$$P\left\{\chi^2_{1-\alpha/2}(n-1)<\frac{(n-1)S^2}{\sigma^2}<\chi^2_{\alpha/2}(n-1)\right\}=1-\alpha,$$

即

$$P\left\{\frac{(n-1)S^2}{\chi^2_{\alpha/2}(n-1)}<\sigma^2<\frac{(n-1)S^2}{\chi^2_{1-\alpha/2}(n-1)}\right\}=1-\alpha. \tag{7.20}$$

由式(7.20) 即得 σ^2 的置信度为 $1-\alpha$ 的置信区间为

$$\left(\frac{(n-1)S^2}{\chi^2_{\alpha/2}(n-1)},\frac{(n-1)S^2}{\chi^2_{1-\alpha/2}(n-1)}\right). \tag{7.21}$$

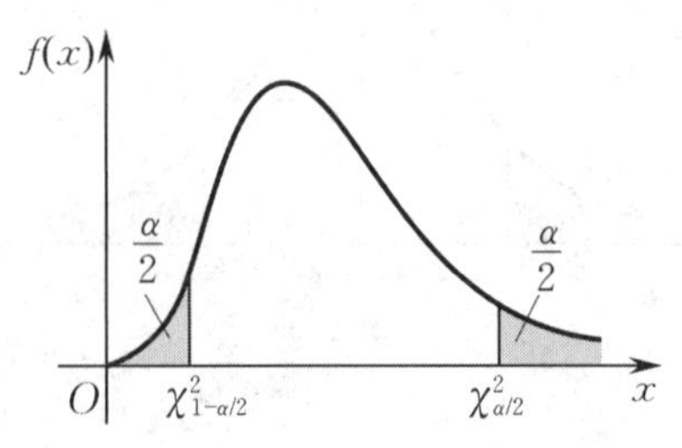

图 7.3

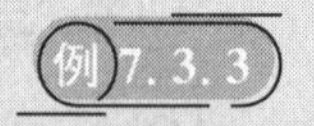 求例 7.3.2 中总体标准差 σ 的置信度为 0.9 的置信区间.

解 由题知 $\alpha=0.1, n=6$,查表得

$$\chi^2_{\alpha/2}(n-1)=\chi^2_{0.05}(5)=11.071,\quad \chi^2_{1-\alpha/2}(n-1)=\chi^2_{0.95}(5)=1.145.$$

另由例 7.3.2 知样本标准差 $s=0.2258$,由式(7.21)得总体标准差 σ 的置信度为 0.9 的置信区间为

$$\left(\sqrt{\frac{(n-1)s^2}{\chi^2_{\alpha/2}(n-1)}},\sqrt{\frac{(n-1)s^2}{\chi^2_{1-\alpha/2}(n-1)}}\right)=\left(\sqrt{\frac{5\times(0.2258)^2}{11.071}},\sqrt{\frac{5\times(0.2258)^2}{1.145}}\right),$$

即(0.152,0.472).

例7.3.4 (2016,数一)设 $X_1,X_2,\cdots,X_n$ 是来自正态总体 $N(\mu,\sigma^2)$ 的一个样本,样本均值为 $\overline{x}=9.5$,参数 μ 的置信度为 0.95 的置信区间的置信上限为 10.8,则 μ 的置信度为 0.95 的置信区间为________.

解 μ 的置信度为 $1-\alpha$ 的置信区间为

$$\left(\overline{X}-\frac{S}{\sqrt{n}}t_{\alpha/2}(n-1),\overline{X}+\frac{S}{\sqrt{n}}t_{\alpha/2}(n-1)\right).$$

因置信上限为 10.8,即

$$\overline{x}+\frac{s}{\sqrt{n}}t_{\alpha/2}(n-1)=10.8,$$

得

$$\frac{s}{\sqrt{n}}t_{\alpha/2}(n-1)=10.8-9.5=1.3,$$

从而置信下限为

$$\overline{x}-\frac{s}{\sqrt{n}}t_{\alpha/2}(n-1)=9.5-1.3=8.2.$$

故所求置信区间为(8.2,10.8).

三、双正态总体参数的区间估计

在生产和生活实际中,经常碰到这样的问题:已知产品的某性能或质量指标服从正态分布,在某一生产条件改进后,需要知道产品的均值、方差是否有所改变,以及变化有多大.如果把生产条件改进前和改进后生产的产品看作两个不同的总体,那么上述问题便转化为考虑两个正态总体均值差或方差比的估计问题.

假定总体 $X\sim N(\mu_1,\sigma_1^2)$,$X_1,X_2,\cdots,X_{n_1}$ 是来自 X 的一个样本,$\overline{X}$ 和 S_1^2 分别为其样本均值和样本方差;总体 $Y\sim N(\mu_2,\sigma_2^2)$,$Y_1,Y_2,\cdots,Y_{n_2}$ 是来自 Y 的一个样本,$\overline{Y}$ 和 S_2^2 分别为其样本均值和样本方差.对于给定的置信度 $1-\alpha$,我们研究两个正态总体均值差和方差比的区间估计问题.

1. 双正态总体均值差的区间估计

双正态总体均值差的区间估计

(1) σ_1^2 与 σ_2^2 均已知.

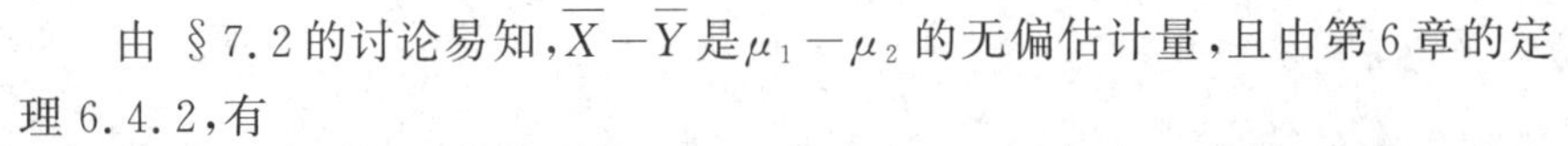

由 §7.2 的讨论易知,$\overline{X}-\overline{Y}$ 是 $\mu_1-\mu_2$ 的无偏估计量,且由第6章的定理6.4.2,有

$$\frac{(\overline{X}-\overline{Y})-(\mu_1-\mu_2)}{\sqrt{\dfrac{\sigma_1^2}{n_1}+\dfrac{\sigma_2^2}{n_2}}}\sim N(0,1). \tag{7.22}$$

取式(7.22)左边的函数为枢轴量,则类似式(7.16)的推导过程,可得 $\mu_1-\mu_2$ 的置信度为 $1-\alpha$ 的置信区间为

$$\left(\overline{X}-\overline{Y}-z_{\alpha/2}\sqrt{\frac{\sigma_1^2}{n_1}+\frac{\sigma_2^2}{n_2}},\overline{X}-\overline{Y}+z_{\alpha/2}\sqrt{\frac{\sigma_1^2}{n_1}+\frac{\sigma_2^2}{n_2}}\right). \tag{7.23}$$

例 7.3.5 某卫生管理部门想估计南方城市A和北方城市B成年男性的身高差异.据以往的资料可知,两城市成年男性的身高(单位:cm)X 和 Y 分别服从正态分布 $N(\mu_1,8^2)$ 和 $N(\mu_2,8^2)$,在两城市中抽取若干名成年男性测量身高,得两组随机样本,数据如下:

$$\text{城市 A}:n_1=50,\quad \overline{x}=172;\quad \text{城市 B}:n_2=52,\quad \overline{y}=175.$$

求两城市成年男性平均身高之差的置信度为0.95的置信区间.

解 依题意,可认为两城市成年男性身高是两个相互独立的正态总体,且方差已知,此时均值差的置信区间为

$$\left(\overline{X}-\overline{Y}-z_{\alpha/2}\sqrt{\frac{\sigma_1^2}{n_1}+\frac{\sigma_2^2}{n_2}},\overline{X}-\overline{Y}+z_{\alpha/2}\sqrt{\frac{\sigma_1^2}{n_1}+\frac{\sigma_2^2}{n_2}}\right).$$

当 $1-\alpha=0.95$ 时,$\alpha=0.05$,查表得 $z_{0.025}=1.96$.将数据 $\overline{x}=172,\overline{y}=175,n_1=50,n_2=52,\sigma_1^2=8^2,\sigma_2^2=8^2$ 代入上述表达式,得 $\mu_1-\mu_2$ 的置信度为0.95的置信区间为

$$(-6.106,0.106).$$

(2) σ_1^2 与 σ_2^2 均未知,但 $\sigma_1^2=\sigma_2^2$.

由第6章的定理6.4.2得

$$\frac{(\overline{X}-\overline{Y})-(\mu_1-\mu_2)}{S_w\sqrt{\dfrac{1}{n_1}+\dfrac{1}{n_2}}}\sim t(n_1+n_2-2), \tag{7.24}$$

其中 $S_w=\sqrt{\dfrac{(n_1-1)S_1^2+(n_2-1)S_2^2}{n_1+n_2-2}}$.取式(7.24)左边的函数作为枢轴量,类似式(7.19)的推导过程,可得 $\mu_1-\mu_2$ 的置信度为 $1-\alpha$ 的置信区间为

$$\left(\overline{X}-\overline{Y}-t_{\alpha/2}(n_1+n_2-2)S_w\sqrt{\frac{1}{n_1}+\frac{1}{n_2}},\overline{X}-\overline{Y}+t_{\alpha/2}(n_1+n_2-2)S_w\sqrt{\frac{1}{n_1}+\frac{1}{n_2}}\right). \tag{7.25}$$

例 7.3.6 从某厂生产的第1批导线中抽取4根，测得其电阻(单位:Ω)的样本均值 $\overline{x}=0.141\,25$，样本标准差 $s_1=0.002\,87$；从该厂生产的第2批导线中抽取5根，测得其电阻(单位:Ω)的样本均值 $\overline{y}=0.139\,2$，样本标准差 $s_2=0.002\,28$. 设这两批导线的电阻分别服从正态分布 $N(\mu_1,\sigma_1^2)$ 和 $N(\mu_2,\sigma_2^2)$，其中 $\sigma_1^2=\sigma_2^2$，分别求 $\mu_1-\mu_2$ 的置信度为0.95和0.9的置信区间.

解 依题意，可认为两批导线的电阻是两个相互独立的正态总体，且方差未知但相等，此时均值差的置信区间为

$$\left(\overline{X}-\overline{Y}-t_{\alpha/2}(n_1+n_2-2)S_w\sqrt{\frac{1}{n_1}+\frac{1}{n_2}},\overline{X}-\overline{Y}+t_{\alpha/2}(n_1+n_2-2)S_w\sqrt{\frac{1}{n_1}+\frac{1}{n_2}}\right),$$

其中 $S_w=\sqrt{\dfrac{(n_1-1)S_1^2+(n_2-1)S_2^2}{n_1+n_2-2}}$.

当 $1-\alpha=0.95$ 时，$\alpha=0.05$，查表得 $t_{\alpha/2}(n_1+n_2-2)=t_{0.025}(7)=2.364\,6$. 将数据 $\overline{x}=0.141\,25$，$\overline{y}=0.139\,2$，$s_1=0.002\,87$，$s_2=0.002\,28$，$n_1=4$，$n_2=5$ 代入表达式，得 $\mu_1-\mu_2$ 的置信度为0.95的置信区间为

$$(-0.002\,0,0.006\,1).$$

类似地，当 $1-\alpha=0.9$ 时，$\alpha=0.1$，查表得 $t_{\alpha/2}(n_1+n_2-2)=t_{0.05}(7)=1.894\,6$. 将数据代入表达式，得 $\mu_1-\mu_2$ 的置信度为0.9的置信区间为

$$(-0.001\,2,0.005\,3).$$

课程思政

例7.3.6表明，在给定的样本容量下，当置信度由0.95下降为0.9时，置信区间的长度变短，即精确度增加；反之，如果想提高置信度，估计的精确度就得下降.《后汉书·冯异传》中所说的“失之东隅，收之桑榆”就表达了这种思想. 在现实问题中，需要对具体问题进行取舍，看重点是考察置信度还是精确度，针对问题的主次矛盾，做出不同的选择.

2. 双正态总体方差比的区间估计

此处仅讨论两个正态总体均值均未知的情况. 因 S_1^2,S_2^2 分别是 σ_1^2 和 σ_2^2 的无偏估计量，且由第6章的定理6.4.2，有

$$\frac{S_1^2/S_2^2}{\sigma_1^2/\sigma_2^2}\sim F(n_1-1,n_2-1), \tag{7.26}$$

故取式(7.26)左边的函数作为枢轴量，对于给定的置信度 $1-\alpha$，由 F 分布的上 α 分位数，有

$$P\left\{F_{1-\alpha/2}(n_1-1,n_2-1)<\frac{S_1^2/S_2^2}{\sigma_1^2/\sigma_2^2}<F_{\alpha/2}(n_1-1,n_2-1)\right\}=1-\alpha. \tag{7.27}$$

由式(7.27)即得 $\dfrac{\sigma_1^2}{\sigma_2^2}$ 的置信度为 $1-\alpha$ 的置信区间为

$$\left(\frac{S_1^2}{S_2^2F_{\alpha/2}(n_1-1,n_2-1)},\frac{S_1^2}{S_2^2F_{1-\alpha/2}(n_1-1,n_2-1)}\right). \tag{7.28}$$

例 7.3.7 对甲、乙两厂生产的电池进行抽查,测得使用寿命(单位:h)如下:

甲厂电池寿命:550,540,600,510;

乙厂电池寿命:635,580,595,660,640.

设甲、乙两厂的电池使用寿命分别为 $X \sim N(\mu_1, \sigma_1^2)$ 和 $Y \sim N(\mu_2, \sigma_2^2)$,求 $\frac{\sigma_1^2}{\sigma_2^2}$ 的置信度为 0.95 的置信区间.

解 甲、乙两厂的电池使用寿命为两个相互独立的正态总体,因均值未知,故 $\frac{\sigma_1^2}{\sigma_2^2}$ 的置信度为 $1-\alpha$ 的置信区间为

$$\left(\frac{S_1^2}{S_2^2 F_{\alpha/2}(n_1-1, n_2-1)}, \frac{S_1^2}{S_2^2 F_{1-\alpha/2}(n_1-1, n_2-1)}\right).$$

由题知

$$n_1 = 4, \quad n_2 = 5, \quad s_1^2 = 1\,400, \quad s_2^2 = 1\,107.5, \quad \alpha = 0.05,$$

查表可得

$$F_{\alpha/2}(n_1-1, n_2-1) = F_{0.025}(3,4) = 9.98,$$

$$F_{1-\alpha/2}(n_1-1, n_2-1) = \frac{1}{F_{\alpha/2}(n_2-1, n_1-1)} = \frac{1}{F_{0.025}(4,3)} = \frac{1}{15.1}.$$

代入数据得 $\frac{\sigma_1^2}{\sigma_2^2}$ 的置信度为 0.95 的置信区间为

$$(0.126\,7, 19.088\,0).$$

小节要点

理解置信区间的相关概念,如置信度、置信下限、置信上限和置信区间长度等;熟练掌握单正态总体和双正态总体均值差与方差比的置信区间的求法,并能利用它们对实际问题中的未知参数进行区间估计.

习 题 7.3

基础练习

1. 设某种手机电池的 9 个样品的待机时间(单位:h)分别为

$$24.0,\quad 25.7,\quad 25.8,\quad 26.5,\quad 27.0,\quad 26.3,\quad 25.6,\quad 26.1,\quad 25.0.$$

已知待机时间总体服从正态分布 $N(\mu, \sigma^2)$.

(1) 若由以往经验知 $\sigma = 2.6$,求 μ 的置信度为 0.95 的置信区间.

(2) 若 σ 未知,求 μ 的置信度为 0.95 的置信区间.

2. 设某种铜丝的折断力(单位:N)$X \sim N(\mu, \sigma^2)$,从一批铜丝中任取 10 根测试其折断力,得样本标准差为 $s = 9$.求这种铜丝折断力的标准差 σ 的置信度为 0.9 的置信区间.

3. 研究两种固体燃料火箭推进器的燃烧率(单位:cm/s). 设两者都服从正态分布,均值 μ_1,μ_2 未知,且已知燃烧率的标准差均近似地为 0.05,取样本容量为 $n_1=n_2=20$,得燃烧率的样本均值分别为 $\overline{x}=18,\overline{y}=24$. 设两样本相互独立,求 $\mu_1-\mu_2$ 的置信度为 0.99 的置信区间.

4. 随机地从 A 批导线中抽 8 根,从 B 批导线中抽 10 根,测得电阻(单位:Ω) 如下:

A 批导线:0.132,0.14,0.138,0.136,0.141,0.137,0.139,0.138;

B 批导线:0.14,0.14,0.131,0.123,0.137,0.136,0.135,0.134,0.133,0.134.

设测定数据分别来自两个正态总体 $N(\mu_1,\sigma^2)$ 和 $N(\mu_2,\sigma^2)$,且两个样本相互独立,μ_1,μ_2,σ^2 均未知,求 $\mu_1-\mu_2$ 的置信度为 0.95 的置信区间.

5. 两位化验员 A,B 独立地对某种聚合物中的含氯量(单位:%) 用同样的方法各做 10 次测定,他们测定值的样本方差分别为 $s_1^2=0.541\,9,s_2^2=0.606\,5$. 设 σ_1^2,σ_2^2 分别为 A,B 的测定值的总体方差,两个总体均服从正态分布,且两个样本相互独立,求 σ_1^2/σ_2^2 的置信度为 0.95 的置信区间.

进阶训练

1. 设总体 $X\sim N(\mu,\sigma^2)$,σ^2 已知,问:需抽取容量 n 为多大的样本,才能使 μ 的置信度为 $1-\alpha$ 的置信区间的长度不大于 L?

2. 假设 0.5,1.25,0.8,2 是来自总体 X 的样本值. 已知 $Y=\ln X$ 服从正态分布 $N(\mu,1)$.

(1) 求 X 的均值 $E(X)$.

(2) 求 μ 的置信度为 0.95 的置信区间.

(3) 利用上述结果求 $E(X)$ 的置信度为 0.95 的置信区间.

3. 设 $X_1,X_2,\cdots,X_n$ 是来自正态总体 $X\sim N(\mu,\sigma^2)$ 的一个样本,μ 已知,σ^2 未知. 求 σ^2 的置信度为 $1-\alpha$ 的置信区间.

§7.4 单侧置信区间

在前面对参数区间估计的讨论中,对于未知参数 θ 的估计,置信区间 $(\underline{\theta},\overline{\theta})$ 都是双侧的. 但在某些实际问题中,只需要讨论单侧置信区间. 例如,在某入学考试中,我们所关心的是录取分数线的下限;对于产品质量的均值或不合格率,我们所关心的是质量水平的上限. 这就要求我们给出单侧置信区间的估计.

定义 7.4.1 设总体 $X\sim F(x;\theta)$,其中 θ 为未知参数,$X_1,X_2,\cdots,X_n$ 是来自 X 的一个样本. 对于给定的 α,以及任意的 $\theta\in\Theta$,Θ 为 θ 的可能取值范围,若统计量 $\underline{\theta}=\underline{\theta}(X_1,X_2,\cdots,X_n)$ 满足

$$P\{\underline{\theta}(X_1,X_2,\cdots,X_n)<\theta\}=1-\alpha, \tag{7.29}$$

则称 $(\underline{\theta},+\infty)$ 为 θ 的置信度为 $1-\alpha$ 的**单侧置信区间**,$\underline{\theta}$ 称为 θ 的置信度为 $1-\alpha$ 的**单侧置信下限**;若统计量 $\overline{\theta}=\overline{\theta}(X_1,X_2,\cdots,X_n)$ 满足

$$P\{\theta<\overline{\theta}(X_1,X_2,\cdots,X_n)\}=1-\alpha, \tag{7.30}$$

则称 $(-\infty,\overline{\theta})$ 为 θ 的置信度为 $1-\alpha$ 的单侧置信区间,$\overline{\theta}$ 称为 θ 的置信度为 $1-\alpha$ 的**单侧置信**

上限.

与双侧置信区间类似,求未知参数 θ 的单侧置信区间的具体做法如下:

(1) 构造一个包含样本和未知参数的枢轴量 $g(X_1,X_2,\cdots,X_n;\theta)$. 一般地,求参数的单侧置信区间构造枢轴量的方法与求双侧置信区间的构造方法相同.

(2) 对于给定的置信度 $1-\alpha$,确定常数 a 或 b,使得

$$P\{g(X_1,X_2,\cdots,X_n;\theta)>a\}=1-\alpha \quad \text{或} \quad P\{g(X_1,X_2,\cdots,X_n;\theta)<b\}=1-\alpha,$$

再通过枢轴量分布的上 α 分位数确定 a,b 的值.

(3) 将不等式 $g(X_1,X_2,\cdots,X_n;\theta)>a$ 或 $g(X_1,X_2,\cdots,X_n;\theta)<b$ 恒等变形,即得参数 θ 的置信度为 $1-\alpha$ 的单侧置信区间为 $(-\infty,\overline{\theta})$ 或 $(\underline{\theta},+\infty)$.

例 7.4.1 设正态总体 $X\sim N(\mu,\sigma^2)$,参数 μ 和 σ^2 未知,$X_1,X_2,\cdots,X_n$ 是来自 X 的一个样本,对于给定的置信度 $1-\alpha$,求:

(1) μ 的单侧置信下限;

(2) σ^2 的单侧置信上限.

解 (1) 由第 6 章的定理 6.4.1 知

$$\frac{\overline{X}-\mu}{S/\sqrt{n}}\sim t(n-1),$$

故(见图 7.4)

$$P\left\{\frac{\overline{X}-\mu}{S/\sqrt{n}}<t_\alpha(n-1)\right\}=1-\alpha, \quad \text{即} \quad P\left\{\mu>\overline{X}-\frac{S}{\sqrt{n}}t_\alpha(n-1)\right\}=1-\alpha.$$

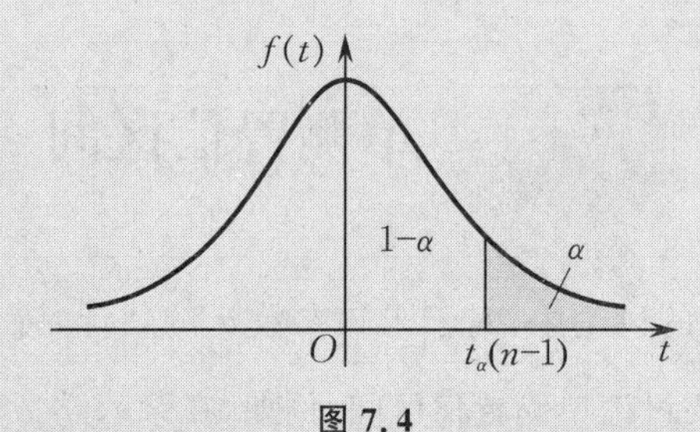

图 7.4

于是,得 μ 的置信度为 $1-\alpha$ 的单侧置信区间为

$$\left(\overline{X}-\frac{S}{\sqrt{n}}t_\alpha(n-1),+\infty\right), \tag{7.31}$$

其中 $\overline{X}-\frac{S}{\sqrt{n}}t_\alpha(n-1)$ 为 μ 的单侧置信下限.

(2) 由第 6 章的定理 6.4.1 知

$$\frac{(n-1)S^2}{\sigma^2}\sim\chi^2(n-1),$$

故(见图 7.5)

$$P\left\{\frac{(n-1)S^2}{\sigma^2} > \chi^2_{1-\alpha}(n-1)\right\}=1-\alpha,$$

即

$$P\left\{\sigma^2 < \frac{(n-1)S^2}{\chi^2_{1-\alpha}(n-1)}\right\}=1-\alpha.$$

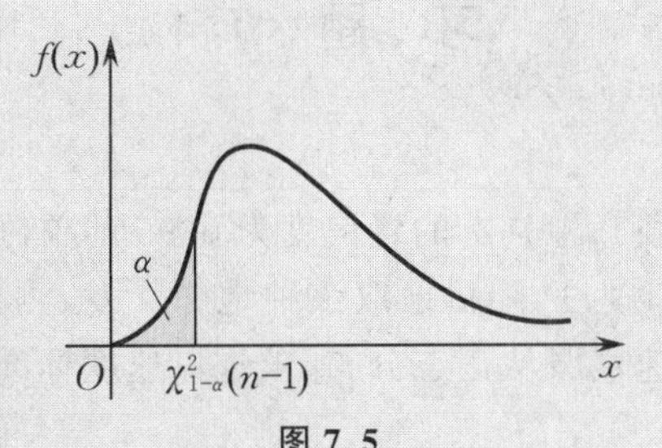

图 7.5

于是，得 σ^2 的置信度为 $1-\alpha$ 的单侧置信区间为

$$\left(0,\frac{(n-1)S^2}{\chi^2_{1-\alpha}(n-1)}\right), \tag{7.32}$$

其中 $\frac{(n-1)S^2}{\chi^2_{1-\alpha}(n-1)}$ 为 σ^2 的单侧置信上限.

其他情形下的正态总体参数的单侧置信区间可类似求得.

例 7.4.2 假设某学校的入学考试成绩服从正态分布. 现需要对考试情况做一估计，从考生成绩中选取 9 个样本，测得样本均值和样本方差分别为 85 和 5.5，求学生成绩平均值和方差的置信度为 0.95 的单侧置信下限.

解 因总体方差未知，由例 7.4.1 知，成绩平均值的置信度为 0.95 的单侧置信区间为式(7.31). 由题知

$$1-\alpha=0.95,\quad n=9,\quad \overline{x}=85,\quad s^2=5.5,$$

查表得 $t_\alpha(n-1)=t_{0.05}(8)=1.8595$. 故成绩平均值的置信度为 0.95 的单侧置信下限为

$$\overline{x}-\frac{s}{\sqrt{n}}t_\alpha(n-1)=85-\frac{\sqrt{5.5}}{\sqrt{9}}\times 1.8595\approx 83.55.$$

又由 $P\left\{\frac{(n-1)S^2}{\sigma^2} < \chi^2_\alpha(n-1)\right\}=1-\alpha$，可得成绩方差的置信度为 0.95 的单侧置信区间为

$$\left(\frac{(n-1)S^2}{\chi^2_\alpha(n-1)},+\infty\right),$$

查表得 $\chi^2_\alpha(n-1)=\chi^2_{0.05}(8)=15.507$，从而成绩方差的置信度为 0.95 的单侧置信下限为

$$\frac{(n-1)s^2}{\chi^2_\alpha(n-1)}=\frac{8\times 5.5}{15.507}\approx 2.837.$$

正态总体均值和方差在各种情形下的置信区间与单侧置信限见附表 7.

理解单侧置信区间的相关概念；掌握正态总体均值和方差在各种情形下单侧置信区间的求法.

习 题 7.4

基础练习

1. 求习题7.3基础练习第1题中 μ 的置信度为0.95的单侧置信上限.

2. 为测试某种炮弹的炮口速度，随机地取该种炮弹9发，测得炮口速度(单位：m/s)的样本标准差为 $s=15$. 已知炮口速度服从正态分布，求炮口速度标准差 σ 的置信度为0.95的单侧置信上限.

进阶训练

1. 假定总体 $X \sim N(\mu_1,\sigma_1^2)$，$X_1,X_2,\cdots,X_m$ 是来自 X 的一个样本，总体 $Y \sim N(\mu_2,\sigma_2^2)$，$Y_1,Y_2,\cdots,Y_n$ 是来自 Y 的一个样本，两个样本相互独立. 若 σ_1^2 和 σ_2^2 已知，求 $\mu_1-\mu_2$ 的置信度为 $1-\alpha$ 的单侧置信下限.

2. 假定总体 $X \sim N(\mu_1,\sigma_1^2)$，$X_1,X_2,\cdots,X_m$ 是来自 X 的一个样本，总体 $Y \sim N(\mu_2,\sigma_2^2)$，$Y_1,Y_2,\cdots,Y_n$ 是来自 Y 的一个样本，两个样本相互独立. 若 μ_1 和 μ_2 均未知，求 $\dfrac{\sigma_1^2}{\sigma_2^2}$ 的置信度为 $1-\alpha$ 的单侧置信下限.

§7.5 应用案例

一、极大似然估计的思想

例 7.5.1 某校工科专业的“概率论与数理统计”课程共48学时，分24次讲授，教师通过随机方式考勤5次. 某学生5次考勤中缺勤3次，他坚称自己只有这3次课没有出席，问：任课老师应该如何给该生考勤的平时成绩打分？

解 记该生缺勤次数为 X，则 X 服从二项分布. 设 p 为该生缺勤的概率，则该生考勤的平时成绩应为 $100(1-p)$ 分.

若依据该生本人所说，这里的 $p=\dfrac{3}{24}$，则在5次考勤中，有3次缺勤的概率为

$$P\{X=3\}=\mathrm{C}_5^3\left(\frac{3}{24}\right)^3\left(\frac{21}{24}\right)^2 \approx 0.0150.$$

若依据老师的统计，这里的 $p=\dfrac{3}{5}$，则在5次考勤中，有3次缺勤的概率为

$$P\{X=3\}=C_5^3\left(\frac{3}{5}\right)^3\left(\frac{2}{5}\right)^2=0.345\,6.$$

事实上，我们要找出 p 的取值，使得在 5 次重复考勤的这一试验中 $P\{X=3\}$ 最大. 易知，似然函数为

$$L(p)=P\{X=3\}=C_5^3 p^3(1-p)^2,$$

对数似然函数为

$$\ln L(p)=\ln C_5^3+3\ln p+2\ln(1-p),$$

令

$$\frac{\mathrm{d}\ln L(p)}{\mathrm{d}p}=\frac{3}{p}-\frac{2}{1-p}=0,$$

解得 $\hat{p}=\frac{3}{5}$. 因此，该生考勤的平时成绩应为 40 分.

结果表明，样本来源于总体，样本能很好地反映总体的特征，同学们在平时学习的过程中，应该踏踏实实学习，不要想着投机取巧.

二、区间估计

例 7.5.2 某企业在生产过程中，需要对某环节半成品的损耗情况进行评估，并据此制订相应的质量管理政策，以提高产品生产质量及降低成本. 现收集了 200 次该半成品的生产损害情况资料，如表 7.3 所示.

表 7.3

损耗金额 / 元	次数
100	5
150	8
200	13
250	30
300	45
350	37
400	28
450	22
500	7
550	5

假设样本来自正态总体 $N(\mu,\sigma^2)$，总体(半成品的生产损耗金额) 均值和方差的点估计分别为

$$\hat{\mu}=\frac{100\times5+150\times8+\cdots+550\times5}{200}=328,$$

$$\hat{\sigma}=\sqrt{\frac{(100-328)^2\times5+(150-328)^2\times8+\cdots+(550-328)^2\times5}{200-1}}\approx97.4.$$

为提高预测的严谨性和可信度，下面给出均值的区间估计. 在总体方差未知的条件下，由

$$P\left\{-t_{\alpha/2}(n-1)<\frac{\overline{X}-\mu}{S/\sqrt{n}}<t_{\alpha/2}(n-1)\right\}=1-\alpha,$$

得总体均值 μ 的区间估计为

$$\left(\overline{X}-\frac{S}{\sqrt{n}}t_{\alpha/2}(n-1),\overline{X}+\frac{S}{\sqrt{n}}t_{\alpha/2}(n-1)\right).$$

当 $\alpha=0.05$ 时，$t_{\alpha/2}(n-1)=t_{0.025}(199)\approx z_{0.025}=1.96$，此时区间为

$$(314.5,341.5).$$

当 $\alpha=0.1$ 时，$t_{\alpha/2}(n-1)=t_{0.05}(199)\approx z_{0.05}=1.645$，此时区间为

$$(316.7,339.3).$$

该结果再一次验证了在样本容量给定的情况下，区间估计的精确度和可信度之间是类似“鱼和熊掌”不可兼得的关系. 这与哲学中矛盾的辩证统一一致，需要估计者在对立中把握统一.

皮尔逊

总 习 题 七

一、填空题

1. 设总体 $X\sim b(n,p)$，n 已知，$X_1,X_2,\cdots,X_n$ 是来自 X 的一个样本，则未知参数 p 的矩估计量为________.

2. 设学生的考试成绩 $X\sim N(\mu,4^2)$. 现抽取 36 位学生的成绩，测得其平均成绩 $\overline{x}=75$，则总体均值 μ 的置信度为 0.95 的置信区间为________.

3. 某种清漆的干燥时间(单位:h)$X\sim N(\mu,\sigma^2)$. 现取该种清漆的 25 个样品，测得其样本均值为 $\overline{x}=6$，样本标准差为 $s=0.5$，则总体均值 μ 的置信度为 0.95 的置信区间为________.

4. 某地区的年降雨量(单位:mm)$X\sim N(\mu,\sigma^2)$. 现对该地区年降雨量连续进行 5 次观

察,测得样本方差 $s^2=23^2$,则未知参数 σ^2 的置信度为 0.9 的置信区间为________.

5. 已知样本 $X_1,X_2,\cdots,X_{25}$ 来自正态总体 $N(\mu,\sigma^2)$,其样本方差 S^2 满足 $\frac{24S^2}{\sigma^2}\sim\chi^2(24)$,则未知参数 σ^2 的置信度为 0.95 的置信上限是________(可保留分位数).

二、选择题

1. 设 $X_1,X_2,\cdots,X_n$ 是来自总体 X 的一个样本,且 $X\sim U(a,b)$,a,b 未知,则下列说法中正确的是(　　).

A. a 的矩估计量为 $\min\{X_1,X_2,\cdots,X_n\}$

B. a 的矩估计量为 $\max\{X_1,X_2,\cdots,X_n\}$

C. b 的极大似然估计量为 $\min\{X_1,X_2,\cdots,X_n\}$

D. b 的极大似然估计量为 $\max\{X_1,X_2,\cdots,X_n\}$

2. 设样本 $X_1,X_2,\cdots,X_n$ 是来自正态总体 $N(\mu,\sigma^2)$ 的一个样本,则下列估计量中(　　)不是总体均值 μ 的无偏估计量.

A. $\overline{X}$　　B. X_1+X_2　　C. $\frac{X_1+X_2}{2}$　　D. $X_1+X_2-X_3$

3. 设 $\hat{\theta}$ 是未知参数 θ 的估计量,且 $D(\hat{\theta})>0$,则(　　).

A. $\hat{\theta}^2$ 不是 θ^2 的无偏估计量　　B. $\hat{\theta}^2$ 是 θ^2 的无偏估计量

C. $\hat{\theta}^2$ 不一定是 θ^2 的无偏估计量　　D. $\hat{\theta}^2$ 不是 θ^2 的估计量

4. 假设总体 X 的均值 μ 的置信度是 0.95,置信区间上下限分别为样本函数 $b(X_1,X_2,\cdots,X_n)$ 与 $a(X_1,X_2,\cdots,X_n)$,则该区间的意义是(　　).

A. $P\{a<\mu<b\}=0.95$　　B. $P\{a<X<b\}=0.95$

C. $P\{a<\overline{X}<b\}=0.95$　　D. $P\{a<\overline{X}-\mu<b\}=0.95$

5. 下列总体均值的区间估计中,正确的是(　　).

A. 置信度 $1-\alpha$ 一定时,样本容量增加,则置信区间长度变长

B. 置信度 $1-\alpha$ 一定时,样本容量增加,则置信区间长度变短

C. 置信度 $1-\alpha$ 增大,则置信区间长度变短

D. 置信度 $1-\alpha$ 减小,则置信区间长度变短

三、计算题

1. 设总体 X 的概率密度为

$$f(x;\theta)=\begin{cases}\frac{2}{\theta^2}(\theta-x), & 0<x<\theta,\\ 0, & 其他,\end{cases}$$

$X_1,X_2,\cdots,X_n$ 是来自 X 的一个样本,求未知参数 θ 的矩估计量.

2. 设总体 X 具有分布律

$$P\{X=-1\}=\theta,\quad P\{X=1\}=3\theta,\quad P\{X=2\}=1-4\theta,$$

其中 $\theta>0$. 若 $-1,-1,2,1,1,2$ 是来自 X 的一个样本,求未知参数 θ 的矩估计值和极大似然

估计值.

3. 设 $X_1, X_2, \cdots, X_n$ 是来自总体 X 的一个样本, $E(X)=\mu$, $D(X)=\sigma^2$. 试确定常数 c, 使得 $\overline{X}^2 - cS^2$ 为 μ^2 的无偏估计量, 其中 $\overline{X}$ 和 S^2 分别为样本均值和样本方差.

4. 设某元件的寿命(单位:h) 服从正态分布 $N(\mu, \sigma^2)$, 选 10 个样本, 得到样本均值和样本标准差分别为 1 500 和 14. 求 $\overline{x}$ 作为 μ 的估计值, 误差绝对值不超过 10 的概率.

5. 求习题 7.3 基础练习第 5 题中 $\dfrac{\sigma_1^2}{\sigma_2^2}$ 的置信度为 0.95 的单侧置信上限.

四、证明题

1. 证明: 总习题七考研题第 3(1) 题中 θ 的矩估计量是 θ 的无偏估计量.

2. 设总体 $X \sim N(\mu, \sigma^2)$, $X_1, X_2, \cdots, X_n$ 是来自 X 的一个样本. 已知 $S^2 = \dfrac{1}{n-1}\sum\limits_{i=1}^{n}(X_i - \overline{X})^2$ 和 $S'^2 = \dfrac{1}{n}\sum\limits_{i=1}^{n}(X_i - \mu)^2$ 均为 σ^2 的无偏估计量, 证明: S'^2 比 S^2 更有效.

五、考研题

1. (2004, 数三) 设总体 X 的分布函数为

$$F(x;\beta)=\begin{cases}1-\dfrac{\alpha^\beta}{x^\beta}, & x>\alpha,\\ 0, & x\leqslant\alpha,\end{cases}$$

其中参数 $\alpha>0$, $\beta>1$, $X_1, X_2, \cdots, X_n$ 是来自 X 的一个样本.

(1) 当 $\alpha=1$ 时, 求未知参数 β 的矩估计量.

(2) 当 $\alpha=1$ 时, 求未知参数 β 的极大似然估计量.

(3) 当 $\beta=2$ 时, 求未知参数 α 的极大似然估计量.

2. (2006, 数一、三) 设总体 X 的概率密度为

$$f(x;\theta)=\begin{cases}\theta, & 0<x<1,\\ 1-\theta, & 1\leqslant x<2,\\ 0, & \text{其他},\end{cases}$$

其中 θ 是未知参数 $(0<\theta<1)$, $X_1, X_2, \cdots, X_n$ 是来自 X 的一个样本, 记 N 为样本值 $x_1, x_2, \cdots, x_n$ 中小于 1 的个数, 求 θ 的极大似然估计值.

3. (2007, 数一、三) 设总体 X 的概率密度为

$$f(x;\theta)=\begin{cases}\dfrac{1}{2\theta}, & 0<x<\theta,\\ \dfrac{1}{2(1-\theta)}, & \theta\leqslant x<1,\\ 0, & \text{其他},\end{cases}$$

$X_1, X_2, \cdots, X_n$ 是来自 X 的一个样本.

(1) 求未知参数 θ $(0<\theta<1)$ 的矩估计量.

(2) 判断 $4\overline{X}^2$ 是否为 θ^2 的无偏估计量, 并说明理由.

4.(2016,数三) 设总体 X 的概率密度为

$$f(x;\theta)=\begin{cases}\dfrac{3x^2}{\theta^3}, & 0<x<\theta,\\ 0, & \text{其他},\end{cases}$$

其中 $\theta\in(0,+\infty)$ 为未知参数,X_1,X_2,X_3 为来自 X 的一个样本,令 $T=\max\{X_1,X_2,X_3\}$.

(1) 求 T 的概率密度.

(2) 确定 a,使得 aT 为 θ 的无偏估计量.

5.(2020,数一、三) 设某种元件的使用寿命 T 的分布函数为

$$F(t)=\begin{cases}1-\mathrm{e}^{-\left(\frac{t}{\theta}\right)^m}, & t>0,\\ 0, & \text{其他},\end{cases}$$

其中 θ 和 m 为参数且大于零.

(1) 求 $P\{T>t\}$,$P\{T>s+t\mid T>s\}$,其中 $s>0,t>0$.

(2) 任取 n 个这种元件做寿命试验,测得它们的寿命分别为 $t_1,t_2,\cdots,t_n$,若 m 已知,求 θ 的极大似然估计值.

6.(2021,数三) 设总体 X 的分布律为

$$P\{X=1\}=\frac{1-\theta}{2},\quad P\{X=2\}=P\{X=3\}=\frac{1+\theta}{4},$$

利用来自总体的样本值 1,3,2,2,1,3,1,2,则 θ 的极大似然估计值为( ).

A. $\dfrac{1}{4}$　　B. $\dfrac{3}{8}$　　C. $\dfrac{1}{2}$　　D. $\dfrac{5}{2}$

第8章　假设检验

§8.1　假设检验

统计推断的另一类重要问题是假设检验.对于总体分布函数未知,或只知其形式而不知其参数的情况,为了判断总体是否具有某些特性,我们会提出某些关于总体分布或关于总体参数的假设,然后根据样本对所提出的假设进行检验,进而给出是接受还是拒绝的推断.这就是假设检验的实施过程.下面先结合例子来说明假设检验的思想和做法.

一、假设检验的基本原理

例8.1.1　某工厂用包装机包装咖啡,假设咖啡净重(单位:kg)$X \sim N(\mu,\sigma^2)$,额定标准为每袋净重 0.5 kg.根据长期的经验知其方差 $\sigma^2=0.015^2$.某天开工,为检验某台包装机的工作是否正常,随机抽取包装的咖啡 9 袋,称得净重如下:

0.498,　0.512,　0.511,　0.510,　0.498,　0.513,　0.518,　0.515,　0.522.

问:该天该台包装机的工作是否正常?

我们分以下步骤来分析上述问题.

1. 根据问题提出假设

由题知长期以来每袋咖啡净重的标准差比较稳定,所以若咖啡净重 X 的均值 $\mu=0.5$,则认为包装机的工作是正常的.于是,可提出两个相互对立的假设

$$H_0:\mu=\mu_0=0.5, \quad H_1:\mu\neq\mu_0, \tag{8.1}$$

这样的假设叫作**统计假设**.然后给出一个检验的法则,根据这一法则,利用抽样所得样本数据做出是接受 H_0 还是拒绝 H_0 的决策.

假设检验的基本原理

2. 构造假设检验法则

要检验的假设涉及总体均值 μ,自然优先考虑用样本均值这一统计量来进行判断.由于 $\overline{X}$ 是 μ 的无偏估计量,因此 $\overline{X}$ 的观察值 $\overline{x}$ 的大小在一定程度上反映了 μ 的大小.若 H_0 为真,则观察值 $\overline{x}$ 与 μ_0 的偏差 $|\overline{x}-\mu_0|$ 不应太大.如果这一偏差太大,那么就有理由怀疑 H_0 的真实

性从而拒绝 H_0. 基于上述分析,我们可以依据一定的法则选定一个正数 k,在一次抽样后,若出现 $|\overline{x}-\mu_0|\geqslant k$,则拒绝 H_0;若出现 $|\overline{x}-\mu_0|< k$,则接受 H_0.

3. 确定假设检验 k 值

考虑到衡量 $|\overline{x}-\mu_0|$ 的大小可以归结为衡量 $\dfrac{|\overline{x}-\mu_0|}{\sigma/\sqrt{n}}$ 的大小,且当 H_0 为真时,$\dfrac{\overline{X}-\mu_0}{\sigma/\sqrt{n}}\sim N(0,1)$. 因此,在假设检验的实施过程中,采用"若出现 $\dfrac{|\overline{x}-\mu_0|}{\sigma/\sqrt{n}}\geqslant k$,则拒绝 H_0;若出现 $\dfrac{|\overline{x}-\mu_0|}{\sigma/\sqrt{n}}< k$,则接受 H_0"的原则.

然而,据此做出决策的依据是一个样本,由于抽样的随机性,仍有可能在 H_0 为真时做出拒绝 H_0 的决策,这种可能性是无法消除的,但我们希望将犯这类错误的概率控制在一定的限度之内,即给出一个较小的数 α(通常 α 取 0.1,0.05 等),使得

$$P\{\text{当 } H_0 \text{ 为真时拒绝 } H_0\}\leqslant\alpha.$$

数 α 称为**显著性水平**. 为求出 k,将上式取等号,并表示成

$$P\left\{\left|\frac{\overline{X}-\mu_0}{\sigma/\sqrt{n}}\right|\geqslant k\,\middle|\,H_0 \text{ 为真}\right\}=\alpha.$$

当 H_0 为真时,$\dfrac{\overline{X}-\mu_0}{\sigma/\sqrt{n}}\sim N(0,1)$,由标准正态分布上 α 分位数的定义,可知 $k=z_{\alpha/2}$(见图 8.1).

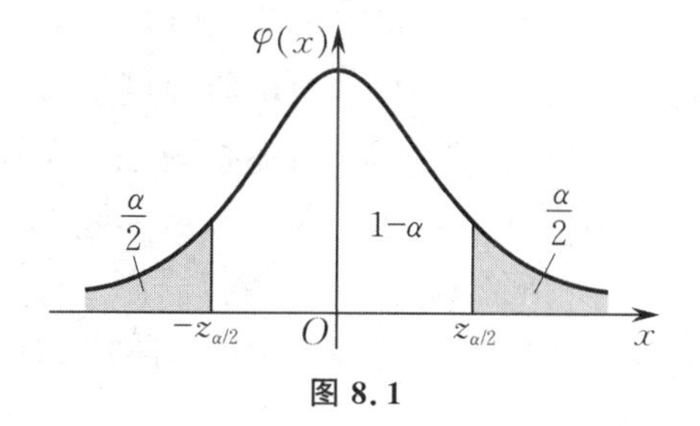

图 8.1

4. 根据样本对假设做出检验

在例 8.1.1 中,由所取出的样本值计算得

$$\overline{x}\approx 0.511,\quad \left|\frac{\overline{x}-\mu_0}{\sigma/\sqrt{n}}\right|=\left|\frac{0.511-0.5}{0.015/\sqrt{9}}\right|=2.2.$$

如果给定 $\alpha=0.05$,查表知 $k=z_{\alpha/2}=z_{0.025}=1.96$. 因为 $2.2>1.96$,所以得出拒绝 H_0 的结论,认为该天该台包装机工作不正常.

在上述的检验过程中,用到的基本原理是:小概率事件在一次试验中几乎不发生. 在例 8.1.1 中,H_0 为真的条件下,$\left|\dfrac{\overline{X}-\mu_0}{\sigma/\sqrt{n}}\right|\geqslant z_{\alpha/2}$ 是一个小概率事件,而该小概率事件居然在一次抽样中发生了,这使人有理由怀疑假设 H_0 的正确性,所以在显著性水平 $\alpha=0.05$ 下,我们做出拒绝 H_0 的决策,即认为这一天包装机的工作是不正常的.

二、假设检验中的基本概念

1. 假设的类型

在例 8.1.1 的检验过程中，假设 H_0 称为**原假设**或**零假设**，H_1 称为**备择假设**. 检验的过程就是根据所选的样本，按照上述检验过程，在 H_0 与 H_1 两者之间选其一.

例 8.1.1 中的备择假设 H_1 表示 μ 可能大于 μ_0，也可能小于 μ_0，称为**双边备择假设**，相应式(8.1) 的假设检验称为**双边检验**. 在现实问题中，有时检验者只关心待检验的总体参数是否增大或减小，例如改进了技术，产品的平均产量 μ 是否提高. 此时，可提出假设

$$H_0:\mu \leqslant \mu_0,\quad H_1:\mu > \mu_0. \tag{8.2}$$

检验形如式(8.2) 的假设问题称为**右边检验**. 类似地，根据实际问题也可能提出假设

$$H_0:\mu \geqslant \mu_0,\quad H_1:\mu < \mu_0. \tag{8.3}$$

相应的假设问题称为**左边检验**. 左边检验和右边检验统称为**单边检验**.

2. 检验统计量与拒绝域

例 8.1.1 中的统计量 $Z=\dfrac{\overline{X}-\mu_0}{\sigma/\sqrt{n}}$ 称为**检验统计量**. 当 H_0 为真时，事件 $\{|Z|\geqslant z_{\alpha/2}\}$ 为小概率事件，若样本值使得 $|z|=\left|\dfrac{\overline{x}-\mu_0}{\sigma/\sqrt{n}}\right|\geqslant z_{\alpha/2}$，则拒绝 H_0，否则接受 H_0，故称 $\{|Z|\geqslant z_{\alpha/2}\}$ 为**拒绝域**，拒绝域的边界点 $z_{\alpha/2}$ 称为**临界点**.

3. 两类错误

由于接受 H_0 或拒绝 H_0 的决策是根据样本做出的，而样本具有随机性，因此在给出结论时，总有可能犯错误. 假设检验可能犯两类错误：一类是当 H_0 为真时，我们拒绝了 H_0，这种“弃真”的错误称为**第一类错误**，其发生的概率通常记为 α，表示为

$$P\{\text{拒绝 } H_0 \mid H_0 \text{ 为真}\}=\alpha.$$

另一类是当 H_0 不为真时，我们却接受了 H_0，这种“取伪”的错误称为**第二类错误**，其发生的概率通常记为 β，表示为

$$P\{\text{接受 } H_0 \mid H_0 \text{ 不为真}\}=\beta.$$

对于给定的原假设和备择假设，我们希望在确定检验法则时，使得犯两类错误的概率 α 与 β 都较小. 但是在样本容量 n 固定时，要使 α 与 β 都很小是无法实现的. 一般情形下，减小犯其中一类错误的概率，会增加犯另一类错误的概率，它们之间的关系犹如区间估计问题中精确度与可信度的关系那样，此消彼长. 在给定样本容量的情况下，通常的做法是控制犯第一类错误的概率，使其不超过某个事先指定的显著性水平 $\alpha(0<\alpha<1)$，对犯第二类错误的概率不予考虑，称这类假设检验问题为**显著性检验问题**，相应的检验称为**显著性检验**.

三、假设检验的基本步骤

通过上面的分析，我们给出假设检验的基本步骤如下：

(1) 根据实际问题的要求，提出原假设 H_0 及备择假设 H_1；

(2) 选取适当的显著性水平 α(通常取 $\alpha=0.1,0.05$ 等) 及样本容量 n；

(3) 构造检验统计量，并根据 $P\{\text{拒绝 } H_0 \mid H_0 \text{ 为真}\}\leqslant\alpha$ 求出 H_0 的拒绝域；

(4) 取样,根据样本值计算检验统计量的观察值;

(5) 做出判断,将观察值与临界点的取值比较,若检验统计量的观察值落入拒绝域内,则拒绝 H_0,否则接受 H_0.

例8.1.2 (2021,数一) 设 $X_1,X_2,\cdots,X_{16}$ 是来自正态总体 $N(\mu,2^2)$ 的一个样本,考虑假设检验问题 $H_0:\mu\leqslant 10,H_1:\mu>10$. $\Phi(x)$ 表示标准正态分布函数,若该检验问题的拒绝域为 $W=\{\overline{X}\geqslant 11\}$,其中 $\overline{X}=\frac{1}{16}\sum_{i=1}^{16}X_i$,则当 $\mu=11.5$ 时,该检验犯第二类错误的概率为( ).

A. $1-\Phi(0.5)$　　B. $1-\Phi(1)$　　C. $1-\Phi(1.5)$　　D. $1-\Phi(2)$

解 当 $\mu=11.5$ 时,$H_1:\mu>10$ 成立,$X\sim N(11.5,2^2)$. 此时,犯第二类错误的概率为

$$\beta=P\{接受 H_0 \mid H_1 为真\}=P\{\overline{X}<11|H_1为真\}$$
$$=P\left\{\frac{\overline{X}-11.5}{2/\sqrt{16}}<\frac{11-11.5}{2/\sqrt{16}}\right\}=\Phi(-1)=1-\Phi(1).$$

故选 B.

理解假设检验的基本原理;掌握假设检验的相关概念,如原假设、备择假设、拒绝域等;熟悉假设检验的基本步骤;了解假设检验可能产生的两类错误.

习　题　8.1

基础练习

1. 假设检验的基本原理是什么?
2. 什么是假设检验中的显著性水平?
3. 简述假设检验的基本步骤.

进阶训练

1. 设总体 $X\sim N(\mu,2^2)$,$X_1,X_2,\cdots,X_{16}$ 是来自 X 的一个样本. 假设检验问题

$$H_0:\mu=0,\quad H_1:\mu=-1$$

有以下两种检验法则:$W_1=\{2\overline{X}\leqslant -1.645\}$,$W_2=\{|2\overline{X}|\geqslant 1.96\}$. 分别计算这两种法则下犯第一类错误的概率.

2. 设某种元件的电气性能指标服从正态分布 $N(\mu,(3.6)^2)$,现从总体中抽取容量为36的样本,对未知参数 μ 提出假设 $H_0:\mu=68,H_1:\mu\neq 68$ 且 $\mu=70$. 如果接受域为(67,69),求犯两类错误的概率.

§8.2 正态总体均值的假设检验

一、单正态总体均值的检验

1.σ^2 已知,关于 μ 的检验

正态总体 $N(\mu,\sigma^2)$ 在方差已知时关于 μ 的检验问题包括双边检验(8.1)和单边检验(8.2)及(8.3).假设给定显著性水平 α,$X_1,X_2,\cdots,X_n$ 是来自正态总体 $N(\mu,\sigma^2)$ 的一个样本,下面分别给出在方差已知时关于 μ 的双边和单边检验问题的检验法则.

(1) 双边检验问题 $H_0:\mu=\mu_0,H_1:\mu\neq\mu_0$.

选取检验统计量

单正态总体的双边检验

$$Z=\frac{\overline{X}-\mu_0}{\sigma/\sqrt{n}},$$

由例 8.1.1 的讨论知该检验问题的拒绝域为

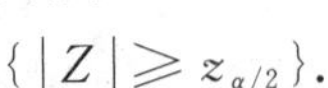

$$\{|Z|\geqslant z_{\alpha/2}\}.$$

检验法则为:当样本值满足 $|z|\geqslant z_{\alpha/2}$ 时,拒绝 H_0,否则接受 H_0.

(2) 右边检验问题 $H_0:\mu\leqslant\mu_0,H_1:\mu>\mu_0$.

选取检验统计量

$$Z=\frac{\overline{X}-\mu_0}{\sigma/\sqrt{n}},$$

因 $\overline{X}$ 是 μ 的无偏估计量,故当 H_0 为真时,一般应有 $\overline{X}\leqslant\mu_0$,从而 Z 的值偏大太多时不合理.另因 H_0 为真时,不一定有 $\mu=\mu_0$,故 Z 的分布未知.但对于实数 k,有

$$P\left\{\frac{\overline{X}-\mu_0}{\sigma/\sqrt{n}}\geqslant k\right\}\leqslant P\left\{\frac{\overline{X}-\mu}{\sigma/\sqrt{n}}\geqslant k\right\},$$

且 $\frac{\overline{X}-\mu}{\sigma/\sqrt{n}}\sim N(0,1)$.对于给定的显著性水平 α,令 $P\left\{\frac{\overline{X}-\mu}{\sigma/\sqrt{n}}\geqslant k\right\}=\alpha$,由标准正态分布上 α 分位数的定义,得 $k=z_\alpha$.于是,有

$$P\left\{\frac{\overline{X}-\mu_0}{\sigma/\sqrt{n}}\geqslant z_\alpha\right\}\leqslant P\left\{\frac{\overline{X}-\mu}{\sigma/\sqrt{n}}\geqslant z_\alpha\right\}=\alpha, \tag{8.4}$$

即知该检验问题的拒绝域为

$$\{Z\geqslant z_\alpha\}.$$

检验法则为:当样本值满足 $z\geqslant z_\alpha$ 时,拒绝 H_0,否则接受 H_0(见图 8.2).

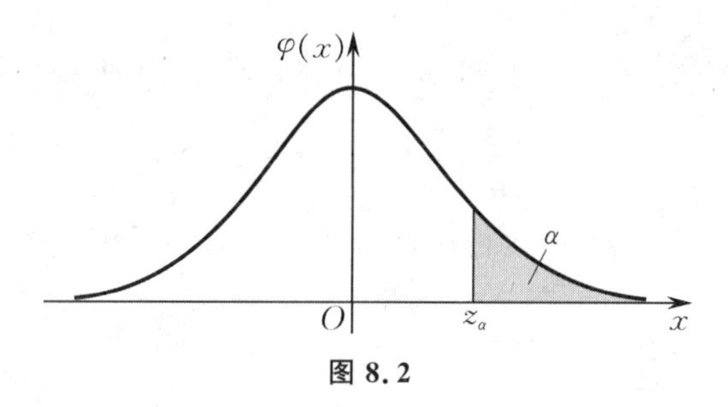

图 8.2

(3) 左边检验问题 $H_0:\mu \geqslant \mu_0, H_1:\mu < \mu_0$.

选取检验统计量

$$Z=\frac{\overline{X}-\mu_0}{\sigma/\sqrt{n}},$$

类似于右边检验问题的讨论,当 H_0 为真时,一般应有 $\overline{X} \geqslant \mu_0$,从而 Z 的值偏小太多时不合理. 当 H_0 为真时,对于实数 k,有

$$P\left\{\frac{\overline{X}-\mu_0}{\sigma/\sqrt{n}} \leqslant k\right\} \leqslant P\left\{\frac{\overline{X}-\mu}{\sigma/\sqrt{n}} \leqslant k\right\},$$

且 $\frac{\overline{X}-\mu}{\sigma/\sqrt{n}} \sim N(0,1)$. 对于给定的显著性水平 α,令 $P\left\{\frac{\overline{X}-\mu}{\sigma/\sqrt{n}} \leqslant k\right\}=\alpha$,由标准正态分布上 α 分位数的定义,得 $k=z_{1-\alpha}=-z_\alpha$. 于是,有

$$P\left\{\frac{\overline{X}-\mu_0}{\sigma/\sqrt{n}} \leqslant -z_\alpha\right\} \leqslant P\left\{\frac{\overline{X}-\mu}{\sigma/\sqrt{n}} \leqslant -z_\alpha\right\}=\alpha, \tag{8.5}$$

即知该检验问题的拒绝域为

$$\{Z \leqslant -z_\alpha\}.$$

检验法则为:当样本值满足 $z \leqslant -z_\alpha$ 时,拒绝 H_0,否则接受 H_0.

以上三类检验问题中,都采用统计量 $Z=\frac{\overline{X}-\mu_0}{\sigma/\sqrt{n}}$ 来确定拒绝域,故称为 Z **检验法**.

例 8.2.1 根据长期经验和资料的分析,某钢铁厂生产的钢材的抗断强度(单位:kg/cm²)X 服从正态分布,方差 $\sigma^2=1.44$. 该厂声称,钢材的平均抗断强度为 32.5 kg/cm². 现从该厂产品中随机抽取 6 块钢材,测得平均抗断强度为 31.25,能否接受该厂的断言($\alpha=0.05$)?

解 提出假设

$$H_0:\mu=\mu_0=32.5, \quad H_1:\mu \neq 32.5.$$

选取检验统计量

$$Z=\frac{\overline{X}-\mu_0}{\sigma/\sqrt{n}} \overset{H_0\text{为真}}{\sim} N(0,1).$$

对于给定的显著性水平 α,拒绝域为

$$\left\{|Z|=\left|\frac{\overline{X}-\mu_0}{\sigma/\sqrt{n}}\right| \geqslant z_{\alpha/2}\right\}.$$

由题知 $n=6,\overline{x}=31.25,\sigma=1.2$,代入检验统计量计算得 Z 的观察值

$$|z|=\left|\frac{\overline{x}-\mu_0}{\sigma/\sqrt{n}}\right|=\left|\frac{31.25-32.5}{1.2/\sqrt{6}}\right|\approx 2.55.$$

因为 $|z|=2.55>z_{0.025}=1.96$,所以在显著性水平 $\alpha=0.05$ 下拒绝 H_0,即不能认为这批钢材的平均抗断强度为 32.5 kg/cm^2.

2.σ^2 未知,关于 μ 的检验

设正态总体 $X\sim N(\mu,\sigma^2)$,方差 σ^2 未知. 与方差已知的情形类似,关于 μ 的检验问题也分为双边检验和单边检验,下面分别进行讨论.

(1) 双边检验问题 $H_0:\mu=\mu_0,H_1:\mu\neq\mu_0$.

因样本方差 S^2 是总体方差 σ^2 的无偏估计量,故考虑用 S^2 代替 σ^2. 构造检验统计量

$$t=\frac{\overline{X}-\mu_0}{S/\sqrt{n}},$$

由第 6 章的定理 6.4.1 知,当 H_0 为真时,有

$$t=\frac{\overline{X}-\mu_0}{S/\sqrt{n}}=\frac{\overline{X}-\mu}{S/\sqrt{n}}\sim t(n-1).$$

因当 H_0 为真时,一般应有 $\overline{X}\approx\mu_0$,故 $|t|$ 的值应该在 0 附近,偏离太大不合理. 对于给定的显著性水平 α,存在实数 k,使得 $P\{|t|\geqslant k\}=\alpha$,当 H_0 为真时,由 t 分布上 α 分位数的定义,可得 $k=t_{\alpha/2}(n-1)$. 于是,有

$$P\left\{\left|\frac{\overline{X}-\mu_0}{S/\sqrt{n}}\right|\geqslant t_{\alpha/2}(n-1)\right\}=\alpha, \tag{8.6}$$

即知该检验问题的拒绝域为

$$\{|t|\geqslant t_{\alpha/2}(n-1)\}.$$

检验法则为:当样本值满足 $|t|\geqslant t_{\alpha/2}(n-1)$ 时,拒绝 H_0,否则接受 H_0.

(2) 右边检验问题 $H_0:\mu\leqslant\mu_0,H_1:\mu>\mu_0$.

选取检验统计量

$$t=\frac{\overline{X}-\mu_0}{S/\sqrt{n}},$$

与方差已知时均值的右边检验类似,对于给定的显著性水平 α,存在实数 k,使得

$$P\left\{\frac{\overline{X}-\mu_0}{S/\sqrt{n}}\geqslant k\right\}\leqslant P\left\{\frac{\overline{X}-\mu}{S/\sqrt{n}}\geqslant k\right\}=\alpha. \tag{8.7}$$

当 H_0 为真时,由 t 分布上 α 分位数的定义,可得 $k=t_\alpha(n-1)$,即知该检验问题的拒绝域为

$$\{t\geqslant t_\alpha(n-1)\}.$$

检验法则为:当样本值满足 $t\geqslant t_\alpha(n-1)$ 时,拒绝 H_0,否则接受 H_0.

(3) 左边检验问题 $H_0:\mu\geqslant\mu_0,H_1:\mu<\mu_0$.

选取检验统计量

$$t=\frac{\overline{X}-\mu_0}{S/\sqrt{n}},$$

与方差已知时均值的左边检验类似，对于给定的显著性水平 α，存在实数 k，使得

$$P\left\{\frac{\overline{X}-\mu_0}{S/\sqrt{n}}\leqslant k\right\}\leqslant P\left\{\frac{\overline{X}-\mu}{S/\sqrt{n}}\leqslant k\right\}=\alpha. \tag{8.8}$$

当 H_0 为真时，由 t 分布上 α 分位数的定义，可得 $k=-t_\alpha(n-1)$，即知该检验问题的拒绝域为

$$\{t\leqslant -t_\alpha(n-1)\}.$$

检验法则为：当样本值满足 $t\leqslant -t_\alpha(n-1)$ 时，拒绝 H_0，否则接受 H_0.

上述采用统计量 $t=\dfrac{\overline{X}-\mu_0}{S/\sqrt{n}}$ 来确定拒绝域的检验法称为 t **检验法**.

例 8.2.2 某物体的温度(单位：℃)服从正态分布 $N(\mu,\sigma^2)$，μ 和 σ^2 均未知. 现改进了测温方法，抽样 5 次，测得样本数据为

$$1\,250,\quad 1\,265,\quad 1\,245,\quad 1\,260,\quad 1\,275,$$

给定显著性水平 $\alpha=0.05$，是否有理由认为该物体的平均温度仍为 1 277 ℃？

解 按题意，需检验假设

$$H_0:\mu=\mu_0=1\,277,\quad H_1:\mu\neq\mu_0.$$

因 σ^2 未知，故选取检验统计量

$$t=\frac{\overline{X}-\mu_0}{S/\sqrt{n}}\overset{H_0\text{为真}}{\sim} t(n-1).$$

相应检验问题的拒绝域为

$$\{|t|\geqslant t_{\alpha/2}(n-1)\}.$$

由题知 $n=5$，$\overline{x}=1\,259$，$s\approx 11.94$，代入检验统计量计算得 t 的观察值

$$|t|=\left|\frac{\overline{x}-\mu_0}{s/\sqrt{n}}\right|=\left|\frac{1\,259-1\,277}{11.94/\sqrt{5}}\right|\approx 3.37.$$

由 $\alpha=0.05$，查表得 $t_{\alpha/2}(n-1)=t_{0.025}(4)=2.776\,4$. 因为 $|t|=3.37>2.776\,4$，故拒绝 H_0，认为该测温方法对物体的测量值与原方法有明显差异.

例 8.2.3 (2018，数一) 设总体 $X\sim N(\mu,\sigma^2)$，σ^2 已知，给定样本 $X_1,X_2,\cdots,X_n$，对总体均值 μ 检验 $H_0:\mu=\mu_0$，$H_1:\mu\neq\mu_0$，则(   ).

A. 若显著性水平 $\alpha=0.05$ 时拒绝 H_0，则 $\alpha=0.01$ 时也拒绝 H_0

B. 若显著性水平 $\alpha=0.05$ 时接受 H_0，则 $\alpha=0.01$ 时拒绝 H_0

C. 若显著性水平 $\alpha=0.05$ 时拒绝 H_0，则 $\alpha=0.01$ 时接受 H_0

D. 若显著性水平 $\alpha=0.05$ 时接受 H_0，则 $\alpha=0.01$ 时也接受 H_0

解 当 $\alpha=0.05$ 时，拒绝域为 $\left\{\left|\dfrac{\overline{X}-\mu_0}{\sigma/\sqrt{n}}\right|\geqslant z_{0.025}\right\}$，接受域为 $\left\{\left|\dfrac{\overline{X}-\mu_0}{\sigma/\sqrt{n}}\right|<z_{0.025}\right\}$.

而当 $\alpha=0.01$ 时，拒绝域为 $\left\{\left|\dfrac{\overline{X}-\mu_0}{\sigma/\sqrt{n}}\right|\geqslant z_{0.005}\right\}$，接受域为 $\left\{\left|\dfrac{\overline{X}-\mu_0}{\sigma/\sqrt{n}}\right|< z_{0.005}\right\}$.

因为 $\left\{\left|\dfrac{\overline{X}-\mu_0}{\sigma/\sqrt{n}}\right|< z_{0.025}\right\}\subset\left\{\left|\dfrac{\overline{X}-\mu_0}{\sigma/\sqrt{n}}\right|< z_{0.005}\right\}$，所以选 D.

上面讨论的是单正态总体均值的检验问题，在实际工作中还常碰到双正态总体均值的比较问题.

二、双正态总体均值差的检验

设 X,Y 是两个相互独立的总体，且 $X\sim N(\mu_1,\sigma_1^2)$，$Y\sim N(\mu_2,\sigma_2^2)$，样本 $X_1,X_2,\cdots,X_{n_1}$ 来自总体 X，$\overline{X}$ 和 S_1^2 分别为其样本均值和样本方差，样本 $Y_1,Y_2,\cdots,Y_{n_2}$ 来自总体 Y，$\overline{Y}$ 和 S_2^2 分别为其样本均值和样本方差. 下面主要讨论双正态总体均值差 $\mu_1-\mu_2$ 的假设检验问题，较为常见有以下三种双边或单边检验：

$$H_0:\mu_1-\mu_2=\delta,\quad H_1:\mu_1-\mu_2\neq\delta, \tag{8.9}$$

$$H_0:\mu_1-\mu_2\leqslant\delta,\quad H_1:\mu_1-\mu_2>\delta, \tag{8.10}$$

$$H_0:\mu_1-\mu_2\geqslant\delta,\quad H_1:\mu_1-\mu_2<\delta. \tag{8.11}$$

下面分两总体方差已知或未知但相等两种情形进行讨论.

1. σ_1^2 与 σ_2^2 已知，关于 $\mu_1-\mu_2$ 的检验

(1) 双边检验问题 $H_0:\mu_1-\mu_2=\delta$，$H_1:\mu_1-\mu_2\neq\delta$.

选择检验统计量

$$Z=\frac{(\overline{X}-\overline{Y})-\delta}{\sqrt{\dfrac{\sigma_1^2}{n_1}+\dfrac{\sigma_2^2}{n_2}}}. \tag{8.12}$$

由第 6 章的定理 6.4.2 知，当 H_0 为真时，$Z\sim N(0,1)$. 因当 H_0 为真时，一般应有 $\overline{X}-\overline{Y}\approx\delta$，故 $|Z|$ 的值应该在 0 附近，偏离太大不合理. 对于给定的显著性水平 α，存在实数 k，使得 $P\{|Z|\geqslant k\}=\alpha$，查表可得 $k=z_{\alpha/2}$. 于是，有

$$P\{|Z|\geqslant z_{\alpha/2}\}=\alpha,$$

即知该检验问题的拒绝域为

$$\{|Z|\geqslant z_{\alpha/2}\}.$$

检验法则为：当样本值满足 $|z|\geqslant z_{\alpha/2}$ 时，拒绝 H_0，否则接受 H_0.

(2) 右边检验问题 $H_0:\mu_1-\mu_2\leqslant\delta$，$H_1:\mu_1-\mu_2>\delta$.

选择检验统计量同式(8.12)，则类似于单正态总体均值右边检验的讨论，易知当 H_0 为真时，对于给定的显著性水平 α，有

$$P\left\{\frac{(\overline{X}-\overline{Y})-\delta}{\sqrt{\dfrac{\sigma_1^2}{n_1}+\dfrac{\sigma_2^2}{n_2}}}\geqslant z_\alpha\right\}\leqslant P\left\{\frac{(\overline{X}-\overline{Y})-(\mu_1-\mu_2)}{\sqrt{\dfrac{\sigma_1^2}{n_1}+\dfrac{\sigma_2^2}{n_2}}}\geqslant z_\alpha\right\}=\alpha,$$

即知该检验问题的拒绝域为

$$\{Z \geqslant z_\alpha\}.$$

检验法则为：当样本值满足 $z \geqslant z_\alpha$ 时，拒绝 H_0，否则接受 H_0.

(3) 左边检验问题 $H_0:\mu_1-\mu_2 \geqslant \delta, H_1:\mu_1-\mu_2<\delta$.

选择检验统计量同式(8.12)，则类似于单正态总体均值左边检验的讨论，易知当 H_0 为真时，对于给定的显著性水平 α，有

$$P\left\{\frac{(\overline{X}-\overline{Y})-\delta}{\sqrt{\frac{\sigma_1^2}{n_1}+\frac{\sigma_2^2}{n_2}}} \leqslant -z_\alpha\right\} \leqslant P\left\{\frac{(\overline{X}-\overline{Y})-(\mu_1-\mu_2)}{\sqrt{\frac{\sigma_1^2}{n_1}+\frac{\sigma_2^2}{n_2}}} \leqslant -z_\alpha\right\}=\alpha,$$

即知该检验问题的拒绝域为

$$\{Z \leqslant -z_\alpha\}.$$

检验法则为：当样本值满足 $z \leqslant -z_\alpha$ 时，拒绝 H_0，否则接受 H_0.

例 8.2.4 A,B两台车床加工同一种轴承，现在要测量轴承的椭圆度(单位:mm). 设A车床加工的轴承的椭圆度 $X \sim N(\mu_1,\sigma_1^2)$，B车床加工的轴承的椭圆度 $Y \sim N(\mu_2,\sigma_2^2)$，且 $\sigma_1^2=0.000\,6, \sigma_2^2=0.003\,8$. 现从A,B两台车床加工的轴承中分别测量了 $n_1=200$，$n_2=150$ 根轴承的椭圆度，并计算得样本均值分别为 $\overline{x}=0.081, \overline{y}=0.060$. 问：这两台车床加工的轴承的椭圆度是否有显著性差异($\alpha=0.05$)?

解 提出假设

$$H_0:\mu_1=\mu_2, \quad H_1:\mu_1 \neq \mu_2.$$

选取检验统计量

$$Z=\frac{\overline{X}-\overline{Y}}{\sqrt{\frac{\sigma_1^2}{n_1}+\frac{\sigma_2^2}{n_2}}} \overset{H_0\text{为真}}{\sim} N(0,1).$$

对于给定的显著性水平 α，拒绝域为

$$\{|Z| \geqslant z_{\alpha/2}\}.$$

计算得统计量 Z 的观察值

$$|z|=\left|\frac{\overline{x}-\overline{y}}{\sqrt{\frac{\sigma_1^2}{n_1}+\frac{\sigma_2^2}{n_2}}}\right|=\left|\frac{0.081-0.060}{\sqrt{0.000\,6/200+0.003\,8/150}}\right| \approx 3.95.$$

对于 $\alpha=0.05$，查表得 $z_{\alpha/2}=z_{0.025}=1.96$. 由于 $3.95>1.96$，因此拒绝 H_0，认为两台车床加工的轴承的椭圆度有显著差异.

课程思政

从例8.2.4来看，精湛的工艺，误差都在毫米甚至微米以下. 在这个“创新为王”的时代，我们应该保持持之以恒的研究精神，在自己喜欢的、擅长的领域，沉住气不断精进、勇争上游. 荀子的《劝学》也早已阐述了这个道理：“君子知夫不全不粹之不足以为美也，故诵数以贯之，思

索以通之,为其人以处之,除其害者以持养之."这句话告诉我们,学习要讲究方法,要不断追求完美.

用Z检验法对双正态总体的均值做假设检验时,必须知道总体的方差,但在许多实际问题中总体方差σ_1^2与σ_2^2往往是未知的,这时可用t检验法.

2.σ_1^2与σ_2^2未知但相等,关于$\mu_1-\mu_2$的检验

(1) 双边检验问题$H_0:\mu_1-\mu_2=\delta, H_1:\mu_1-\mu_2\neq\delta$.

因σ_1^2与σ_2^2未知但相等,此时用样本方差代替总体方差,故选取检验统计量

$$t=\frac{(\overline{X}-\overline{Y})-\delta}{S_w\sqrt{\dfrac{1}{n_1}+\dfrac{1}{n_2}}}, \tag{8.13}$$

其中$S_w^2=\dfrac{(n_1-1)S_1^2+(n_2-1)S_2^2}{n_1+n_2-2}$.由第6章的定理6.4.2知,当$H_0$为真时,$t\sim t(n_1+n_2-2)$,则和$\sigma_1^2$与$\sigma_2^2$已知的情形类似,当$H_0$为真时,对于给定的显著性水平$\alpha$,有

$$P\{|t|\geqslant t_{\alpha/2}(n_1+n_2-2)\}=\alpha,$$

即知该检验问题的拒绝域为

$$\{|t|\geqslant t_{\alpha/2}(n_1+n_2-2)\}.$$

检验法则为:当样本值满足$|t|\geqslant t_{\alpha/2}(n_1+n_2-2)$时,拒绝$H_0$,否则接受$H_0$.

(2) 右边检验问题$H_0:\mu_1-\mu_2\leqslant\delta, H_1:\mu_1-\mu_2>\delta$.

选择检验统计量同式(8.13),易知当H_0为真时,对于给定的显著性水平α,有

$$P\left\{\frac{(\overline{X}-\overline{Y})-\delta}{S_w\sqrt{\dfrac{1}{n_1}+\dfrac{1}{n_2}}}\geqslant t_\alpha(n_1+n_2-2)\right\}\leqslant P\left\{\frac{(\overline{X}-\overline{Y})-(\mu_1-\mu_2)}{S_w\sqrt{\dfrac{1}{n_1}+\dfrac{1}{n_2}}}\geqslant t_\alpha(n_1+n_2-2)\right\}=\alpha,$$

即知该检验问题的拒绝域为

$$\{t\geqslant t_\alpha(n_1+n_2-2)\}.$$

检验法则为:当样本值满足$t\geqslant t_\alpha(n_1+n_2-2)$时,拒绝$H_0$,否则接受$H_0$.

(3) 左边检验问题$H_0:\mu_1-\mu_2\geqslant\delta, H_1:\mu_1-\mu_2<\delta$.

选择检验统计量同式(8.13),易知当H_0成立时,对于给定的显著性水平α,有

$$P\left\{\frac{(\overline{X}-\overline{Y})-\delta}{S_w\sqrt{\dfrac{1}{n_1}+\dfrac{1}{n_2}}}\leqslant -t_\alpha(n_1+n_2-2)\right\}\leqslant P\left\{\frac{(\overline{X}-\overline{Y})-(\mu_1-\mu_2)}{S_w\sqrt{\dfrac{1}{n_1}+\dfrac{1}{n_2}}}\leqslant -t_\alpha(n_1+n_2-2)\right\}=\alpha,$$

即知该检验问题的拒绝域为

$$\{t\leqslant -t_\alpha(n_1+n_2-2)\}.$$

检验法则为:当样本值满足$t\leqslant -t_\alpha(n_1+n_2-2)$时,拒绝$H_0$,否则接受$H_0$.

例 8.2.5 对一台机器改进前和改进后生产的轴分别取样测量,得数据(单位:cm)如表8.1所示.假设轴的直径服从正态分布,且改进前后方差不变,问:机器改进前后生产的轴的平均直径是否有显著性差异($\alpha=0.01$)?

表 8.1

改进前	2.056	2.053	2.058	2.049	2.057	2.052	2.059	2.052	2.055	2.055	2.050
改进后	2.051	2.050	2.047	2.046	2.048	2.048	2.052	2.049	2.049	2.047	

解 设机器改进前和改进后生产的轴的直径分别为 X,Y，且 $X \sim N(\mu_1,\sigma^2)$，$Y \sim N(\mu_2,\sigma^2)$，提出假设

$$H_0:\mu_1=\mu_2,\quad H_1:\mu_1\neq\mu_2.$$

选取检验统计量

$$t=\frac{\overline{X}-\overline{Y}}{S_w\sqrt{\dfrac{1}{n_1}+\dfrac{1}{n_2}}},$$

其中 $S_w=\sqrt{\dfrac{(n_1-1)S_1^2+(n_2-1)S_2^2}{n_1+n_2-2}}$.

对于给定的显著性水平 α，拒绝域为

$$\{|t|\geqslant t_{\alpha/2}(n_1+n_2-2)\}.$$

由样本值计算得

$$\overline{x}\approx 2.0542,\quad \overline{y}\approx 2.0487,\quad s_1^2\approx 1.0564\times 10^{-5},\quad s_2^2\approx 3.5667\times 10^{-6},$$

从而

$$s_w^2=\frac{10s_1^2+9s_2^2}{19}\approx 7.2495\times 10^{-6}.$$

代入检验统计量计算得

$$t=\frac{2.0542-2.0487}{\sqrt{7.2495\times 10^{-6}\times\left(\dfrac{1}{11}+\dfrac{1}{10}\right)}}\approx 4.6752.$$

对于 $\alpha=0.01$，查表得 $t_{0.005}(19)=2.8609$. 因 $4.6752>2.8609$，故拒绝 H_0，认为这两种方法在测量结果上有显著性差异.

三、基于成对数据的检验

在实际中，常常遇到要比较两种方法或两种产品有无显著性差异等类似问题，此时，样本不一定要来自正态总体，我们可以在相同的条件下做对比试验，得到一组成对的观察值，再通过分析观察值做出推断. 这种方法称为**逐对比较法**. 下面对例 8.2.5 稍做修改来说明这一方法.

例 8.2.6 为比较两种方法 A,B 的测量结果有无显著性差异，准备了 10 种不同型号的轴（它们的长度、直径等各不相同），测量它们的直径（单位：cm），得 10 对观察值如表 8.2 所示. 问：两种测量方法是否有显著性差异（$\alpha=0.01$）?

表 8.2

轴编号	1	2	3	4	5	6	7	8	9	10
方法 A	2.056	4.053	8.049	12.039	6.032	9.052	52.049	22.05	52.06	2.88
方法 B	2.051	4.050	8.037	12.025	6.022	9.048	52.042	22.04	52.05	2.81

解 因为轴的直径各不相同，所以不能认为不同型号的轴的直径服从正态分布，因而表中第二行不能看成来自同一总体的样本值. 同样，表中第三行也不能看成来自同一总体的样本值. 再者，对于每一对数据，它们是同一轴用不同方法测得的结果，因此它们也不是两个相互独立的随机变量的观察值. 综上所述，我们不能用例 8.2.5 中的检验法来做检验. 但是，同一数据对中的两个数据的差异可看成仅由这两种方法的差异所引起，局限于各对中两个数据来比较就能排除其他因素，而只单独考虑由方法不同所产生的差异，从而能比较这两种方法的测量结果是否有显著性差异.

一般地，设有 n 对相互独立的观察结果

$$(X_1,Y_1),\ (X_2,Y_2),\ \cdots,\ (X_n,Y_n),$$

令

$$D_1=X_1-Y_1,\ D_2=X_2-Y_2,\ \cdots,\ D_n=X_n-Y_n,$$

则 $D_1,D_2,\cdots,D_n$ 相互独立. 又由于 $D_1,D_2,\cdots,D_n$ 是由同一因素所引起的差异，因此可认为它们服从同一分布. 假设 $D_i \sim N(\mu_D,\sigma_D^2)$，$i=1,2,\cdots,n$，则可将 $D_1,D_2,\cdots,D_n$ 看成来自正态总体 $N(\mu_D,\sigma_D^2)$ 的一个样本，其中 μ_D,σ_D^2 未知，此时检验假设

$$H_0:\mu_D=0,\quad H_1:\mu_D\neq 0, \tag{8.14}$$

$$H_0:\mu_D\leqslant 0,\quad H_1:\mu_D>0, \tag{8.15}$$

$$H_0:\mu_D\geqslant 0,\quad H_1:\mu_D<0. \tag{8.16}$$

这是一个方差未知的单正态总体均值的假设检验问题，用 t 检验法. 假设 $D_1,D_2,\cdots,D_n$ 的样本均值和样本方差分别为 $\overline{D},S_D^2$，选取检验统计量

$$t=\frac{\overline{D}}{S_D/\sqrt{n}},$$

则检验问题(8.14)，(8.15)，(8.16) 的拒绝域分别为(显著性水平为 α)

$$\left\{|t|=\left|\frac{\overline{D}}{S_D/\sqrt{n}}\right|\geqslant t_{\alpha/2}(n-1)\right\}, \tag{8.17}$$

$$\left\{t=\frac{\overline{D}}{S_D/\sqrt{n}}\geqslant t_{\alpha}(n-1)\right\}, \tag{8.18}$$

$$\left\{t=\frac{\overline{D}}{S_D/\sqrt{n}}\leqslant -t_{\alpha}(n-1)\right\}. \tag{8.19}$$

对于例 8.2.6，需检验假设

$$H_0:\mu_D=0,\quad H_1:\mu_D\neq 0.$$

由题知，$n=10$，$t_{0.005}(9)=3.2498$，由样本值计算检验统计量的观察值得

$$t=\frac{0.0145}{0.0198/\sqrt{10}}\approx 2.3158.$$

因 $|t|=2.3158<3.2498$，故接受 H_0，说明这两种测量方法无显著性差异.

掌握单正态总体均值的假设检验的步骤和方法；了解双正态总体均值差的假设检验的步骤和方法，并能利用它们对简单实际问题提出恰当的假设并完成检验.

习 题 8.2

基础练习

1. 已知某复合材料的含碳量(单位：%)在正常情况下服从正态分布 $N(4.51,(0.66)^2)$. 现对该复合材料抽查检测了 9 次，测得样本的平均含碳量为 $\overline{x}=4.25$. 若方差无变化，在显著性水平 $\alpha=0.05$ 下，问：该复合材料含碳量是否正常？

2. 检测某种矿砂的 16 个样品中的含镍量(单位：%)，测得平均含镍量为 $\overline{x}=3.09$，标准差为 $s=0.059$. 设含镍量服从正态分布，问：在显著性水平 $\alpha=0.01$ 下能否接受 H_0：这批矿砂的含镍量为 3.05%？

3. 有两批棉纱，为比较其断裂强度(单位：kg)，从中各取一个样本，测试得如下数据：

第 1 批棉纱样本：$n_1=20,\overline{x}=0.532,s_1=0.218$；

第 2 批棉纱样本：$n_2=20,\overline{y}=0.57,s_2=0.176$.

假设两批棉纱的断裂强度均可看成正态分布，总体方差未知但相等，问：两批棉纱断裂强度的均值有无显著性差异($\alpha=0.05$)？

4. 某银行为保证存款的稳定，设计了一个有奖措施以减少储户的取款数. 为了比较措施的有效性，随机选择了该银行的 15 位储户，对比他们在措施实施前后的存款情况(单位：元)，如表 8.3 所示. 在显著性水平 $\alpha=0.01$ 下检验该银行的措施是否有效.

表 8.3

储户	1	2	3	4	5	6	7	8
措施实施前	10 020	700	9 108	1 060	3 900	4 401	8 005	12 000
措施实施后	10 550	780	9 552	1 568	3 958	4 681	8 200	12 568
储户	9	10	11	12	13	14	15	
措施实施前	850	6 580	4 600	8 500	180	6 750	2 735	
措施实施后	960	7 500	4 980	8 800	650	6 970	2 410	

进阶训练

1. 设有一批铁钉长度(单位:cm)$X \sim N(\mu,\sigma^2)$,抽取25枚得样本均值$\overline{x}=1.262$,样本标准差$s=0.035$,在显著性水平$\alpha=0.05$下,问:是否能认为这批铁钉平均长度大于1.25 cm?

2. 设总体$X \sim N(\mu,1)$,$x_1,x_2,\cdots,x_{10}$是来自X的样本值,在显著性水平$\alpha=0.01$下检验$H_0:\mu=0$,$H_1:\mu \neq 0$.

(1) 写出该问题的拒绝域$J_\alpha=\{|\overline{X}| \geqslant c\}$.

(2) 若已知$\overline{x}=1$,是否可以根据这一样本推断H_0为真?

§8.3 正态总体方差的假设检验

一、单正态总体方差的检验

设正态总体$X \sim N(\mu,\sigma^2)$,$X_1,X_2,\cdots,X_n$是来自X的一个样本,S^2为样本方差.在此,我们仅对μ未知的情形讨论关于总体方差σ^2的假设检验问题,常见的有以下三种双边或单边检验(σ_0^2为已知常数):

$$H_0:\sigma^2=\sigma_0^2,\quad H_1:\sigma^2 \neq \sigma_0^2, \tag{8.20}$$

$$H_0:\sigma^2 \leqslant \sigma_0^2,\quad H_1:\sigma^2 > \sigma_0^2, \tag{8.21}$$

$$H_0:\sigma^2 \geqslant \sigma_0^2,\quad H_1:\sigma^2 < \sigma_0^2. \tag{8.22}$$

(1) 双边检验问题$H_0:\sigma^2=\sigma_0^2$,$H_1:\sigma^2 \neq \sigma_0^2$.

由于样本方差S^2是σ^2的无偏估计量,考虑选取检验统计量

$$\chi^2=\frac{(n-1)S^2}{\sigma_0^2}. \tag{8.23}$$

由第6章的定理6.4.1知,当H_0为真时,$\chi^2 \sim \chi^2(n-1)$.因当H_0为真时,一般应有$S^2 \approx \sigma_0^2$,故χ^2的值应该在$n-1$附近,偏离太大或太小都不合理.对于给定的显著性水平α,存在两个实数$k_1<k_2$,使得

$$P\{\chi^2 \leqslant k_1 \cup \chi^2 \geqslant k_2\}=P\{\chi^2 \leqslant k_1\}+P\{\chi^2 \geqslant k_2\}=\alpha.$$

为简便运算,一般取

$$P\{\chi^2 \leqslant k_1\}=P\{\chi^2 \geqslant k_2\}=\frac{\alpha}{2}.$$

查表可得

$$k_1=\chi^2_{1-\alpha/2}(n-1),\quad k_2=\chi^2_{\alpha/2}(n-1),$$

即知该检验问题的拒绝域为

$$\{\chi^2 \leqslant \chi^2_{1-\alpha/2}(n-1) \text{ 或 } \chi^2 \geqslant \chi^2_{\alpha/2}(n-1)\}. \tag{8.24}$$

检验法则为:当样本值满足式(8.24)时,拒绝H_0,否则接受H_0.

(2) 右边检验问题$H_0:\sigma^2 \leqslant \sigma_0^2$,$H_1:\sigma^2 > \sigma_0^2$.

选取检验统计量同式(8.23),则类似于单正态总体均值右边检验的讨论,易知当H_0为真时,一般应有$S^2 \leqslant \sigma_0^2$.对于给定的显著性水平α,有

$$P\left\{\frac{(n-1)S^2}{\sigma_0^2} \geqslant \chi_\alpha^2(n-1)\right\} \leqslant P\left\{\frac{(n-1)S^2}{\sigma^2} \geqslant \chi_\alpha^2(n-1)\right\}=\alpha,$$

即知该检验问题的拒绝域为

$$\{\chi^2 \geqslant \chi_\alpha^2(n-1)\}. \tag{8.25}$$

检验法则为：当样本值满足式(8.25)时，拒绝 H_0，否则接受 H_0(见图 8.3).

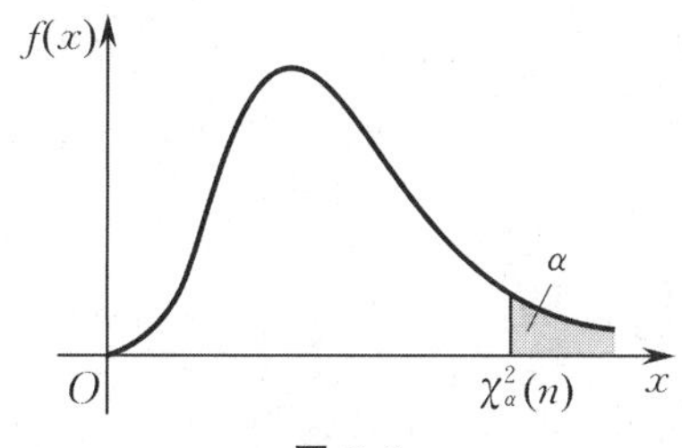

图 8.3

(3) 左边检验问题 $H_0:\sigma^2 \geqslant \sigma_0^2, H_1:\sigma^2 < \sigma_0^2$.

选取检验统计量同式(8.23)，易知当 H_0 为真时，一般应有 $S^2 \geqslant \sigma_0^2$. 对于给定的显著性水平 α，有

$$P\left\{\frac{(n-1)S^2}{\sigma_0^2} \leqslant \chi_{1-\alpha}^2(n-1)\right\} \leqslant P\left\{\frac{(n-1)S^2}{\sigma^2} \leqslant \chi_{1-\alpha}^2(n-1)\right\}=\alpha,$$

即知该检验问题的拒绝域为

$$\{\chi^2 \leqslant \chi_{1-\alpha}^2(n-1)\}. \tag{8.26}$$

检验法则为：当样本值满足式(8.26)时，拒绝 H_0，否则接受 H_0.

上述利用 χ^2 统计量对单正态总体方差进行假设检验的方法，称为 χ^2 **检验法**.

例 8.3.1 某厂生产的某种型号的电池，其寿命(单位:h)长期以来服从方差 $\sigma^2=5\,000$ 的正态分布. 现有一批这种电池，从它的生产情况来看，寿命的波动性有所改变，现随机抽取 26 只电池，测得其寿命的样本方差 $s^2=9\,200$. 问：根据这一数据能否推断这批电池寿命的波动性较以往有显著性增加($\alpha=0.01$)？

解 提出假设

$$H_0:\sigma^2 \leqslant \sigma_0^2, \quad H_1:\sigma^2 > \sigma_0^2.$$

选取检验统计量

$$\chi^2=\frac{(n-1)S^2}{\sigma_0^2}.$$

对于给定的显著性水平 α，拒绝域为 $\{\chi^2 \geqslant \chi_\alpha^2(n-1)\}$. 由题知 $n=26, \sigma_0^2=5\,000, s^2=9\,200$，计算得检验统计量的观察值

$$\chi^2=\frac{(n-1)s^2}{\sigma_0^2}=\frac{25 \times 9\,200}{5\,000}=46.$$

对于 $\alpha=0.01$，查表得 $\chi_\alpha^2(n-1)=\chi_{0.01}^2(25)=44.314$. 因 $46>44.314$，故拒绝 H_0，认为这批电池寿命的波动性较以往有显著性增加.

释疑解惑

以上讨论的是在总体均值未知的情况下对方差的假设检验,这种情况在实际问题中较多.而在总体均值已知的情况下对方差的假设检验,其方法类似,只是所选的检验统计量为

$$\chi^2=\frac{\sum_{i=1}^{n}(X_i-\mu)^2}{\sigma_0^2}\overset{H_0\text{为真}}{\sim}\chi^2(n).$$

二、双正态总体方差比的检验

设有两个相互独立的正态总体 $X\sim N(\mu_1,\sigma_1^2)$ 和 $Y\sim N(\mu_2,\sigma_2^2)$,且 μ_1 与 μ_2 未知,X_1,X_2,$\cdots$,X_{n_1} 与 Y_1,Y_2,$\cdots$,Y_{n_2} 分别是来自 X 和 Y 的两个样本,其样本方差分别为 S_1^2 和 S_2^2. 现要检验以下三种假设:

$$H_0:\sigma_1^2=\sigma_2^2,\quad H_1:\sigma_1^2\neq\sigma_2^2, \tag{8.27}$$

$$H_0:\sigma_1^2\leqslant\sigma_2^2,\quad H_1:\sigma_1^2>\sigma_2^2, \tag{8.28}$$

$$H_0:\sigma_1^2\geqslant\sigma_2^2,\quad H_1:\sigma_1^2<\sigma_2^2. \tag{8.29}$$

(1) 双边检验问题 $H_0:\sigma_1^2=\sigma_2^2,H_1:\sigma_1^2\neq\sigma_2^2$.

选取检验统计量

$$F=\frac{S_1^2}{S_2^2}. \tag{8.30}$$

由第 6 章的定理 6.4.2 知,当 H_0 为真时,$F\sim F(n_1-1,n_2-1)$. 因当 H_0 为真时,一般应有 $S_1^2\approx S_2^2$,故 F 的值应该在 1 附近,偏离太大或太小都不合理. 类似于对单正态总体方差的假设检验的分析,对于给定的显著性水平 α,有

$$P\{F\leqslant F_{1-\alpha/2}(n_1-1,n_2-1)\cup F\geqslant F_{\alpha/2}(n_1-1,n_2-1)\}=\alpha,$$

即知该检验问题的拒绝域为

$$\{F\leqslant F_{1-\alpha/2}(n_1-1,n_2-1)\text{ 或 }F\geqslant F_{\alpha/2}(n_1-1,n_2-1)\}. \tag{8.31}$$

检验法则为:当样本值满足式(8.31)时,拒绝 H_0,否则接受 H_0.

(2) 右边检验问题 $H_0:\sigma_1^2\leqslant\sigma_2^2,H_1:\sigma_1^2>\sigma_2^2$.

选取检验统计量同式(8.30),易知当 H_0 为真时,一般应有 $S_1^2\leqslant S_2^2$,即 F 不会太大. 对于给定的显著性水平 α,有

$$P\{F\geqslant F_\alpha(n_1-1,n_2-1)\}=\alpha,$$

即知该检验问题的拒绝域为

$$\{F\geqslant F_\alpha(n_1-1,n_2-1)\}. \tag{8.32}$$

检验法则为:当样本值满足式(8.32)时,拒绝 H_0,否则接受 H_0.

(3) 左边检验问题 $H_0:\sigma_1^2\geqslant\sigma_2^2,H_1:\sigma_1^2<\sigma_2^2$.

选取检验统计量同式(8.30)，易知当 H_0 为真时，一般应有 $S_1^2 \geqslant S_2^2$，即 F 不会太小. 对于给定的显著性水平 α，有

$$P\{F \leqslant F_{1-\alpha}(n_1-1, n_2-1)\} = \alpha,$$

即知该检验问题的拒绝域为

$$\{F \leqslant F_{1-\alpha}(n_1-1, n_2-1)\}. \tag{8.33}$$

检验法则为：当样本值满足式(8.33)时，拒绝 H_0，否则接受 H_0.

上述用 F 统计量对双正态总体方差比进行假设检验的方法，称为 F **检验法**.

例 8.3.2 在例 8.2.5 中我们认为两个正态总体的方差 $\sigma_1^2 = \sigma_2^2$，它们是否真的相等呢？为此检验假设 $H_0: \sigma_1^2 = \sigma_2^2 (\alpha = 0.1)$.

解 由题知 $n_1 = 11, n_2 = 10$，另由样本值求得 $s_1^2 \approx 1.0564 \times 10^{-5}$，$s_2^2 \approx 3.5667 \times 10^{-6}$. 于是检验统计量 F 的观察值为

$$f = \frac{s_1^2}{s_2^2} \approx 2.96.$$

由 $\alpha = 0.1$，查表得 $F_{0.05}(10,9) = 3.14$，$F_{0.95}(10,9) = \dfrac{1}{F_{0.05}(9,10)} \approx 0.331$. 因

$$0.331 < 2.96 < 3.14,$$

故接受 H_0，认为两个正态总体的方差无显著性差异.

释疑解惑

在 μ_1 与 μ_2 已知时，要检验假设 $H_0: \sigma_1^2 = \sigma_2^2$，其检验方法类似均值未知的情况，此时所采用的检验统计量为

$$F = \frac{\dfrac{1}{n_1}\sum_{i=1}^{n_1}(X_i - \mu_1)^2}{\dfrac{1}{n_2}\sum_{i=1}^{n_2}(Y_i - \mu_2)^2} \overset{H_0 \text{为真}}{\sim} F(n_1, n_2).$$

正态总体均值和方差在各种情形下的检验法见附表 8.

小节要点

掌握单正态总体方差的假设检验的步骤和方法；了解双正态总体方差比的假设检验的步骤和方法，并能利用它们对简单的实际问题提出恰当的假设并完成检验.

习 题 8.3

基础练习

1. 设某种导线的电阻(单位:Ω)$X\sim N(\mu,(0.005)^2)$,现从新生产的一批导线中抽取 9 根,得样本标准差为 $s=0.009$. 问:对于显著性水平 $\alpha=0.05$,能否认为新生产的一批导线的稳定性无变化?

2. 化验员的技术水平可以用他们检测同一类产品的稳定性来刻画. 为了对比两位化验员 A,B 的技术水平有无显著性差异,让他们各自独立地用同一种方法对一种矿砂的含铁量(单位:%)分别做 9 次分析,得到样本方差分别为 0.432 2 与 0.500 6. 假设 A,B 所得的测定值可认为来自两个正态总体,其方差分别为 σ_1^2,σ_2^2,试在显著性水平 $\alpha=0.05$ 下检验方差是否相等的假设

$$H_0:\sigma_1^2=\sigma_2^2,\quad H_1:\sigma_1^2\neq\sigma_2^2.$$

进阶训练

1. 从过去十年的投资数据看,某项投资的利润(单位:万元) 近似服从方差为 5 的正态分布. 现从过去三年来该项投资的利润总体中随机抽取 9 个样本,其观察值为

$$4.8,\quad 2.8,\quad 7.6,\quad 9.5,\quad 6,\quad 6.4,\quad 9.9,\quad -5.5,\quad 2.6.$$

问:是否可以根据此样本认为利润的方差有所上升($\alpha=0.05$)?

2. 为比较甲、乙两台机床的性能,用这两台机床加工同一种零件,并分别取 6 个和 9 个样本测量其长度(单位:cm),得样本方差 $s_1^2=0.245$,$s_2^2=0.357$. 假定零件长度服从正态分布,问:是否可以根据此样本认为甲机床的精度比乙机床的高($\alpha=0.05$)?

§8.4 分布函数的假设检验

上述介绍的参数假设检验问题,都是在总体分布形式已知的前提下进行的. 然而在实际问题中,很多时候无法确切知道总体服从什么类型的分布,此时就要根据样本来检验关于总体分布的假设,如检验假设:总体服从正态分布等. 这类用样本检验其来源的总体是否服从某种理论分布的假设检验通常称为**分布拟合检验**. 分布拟合检验的方法有若干种,下面仅介绍 χ^2 拟合检验法.

设总体 X 的分布未知,$x_1,x_2,\cdots,x_n$ 是来自总体 X 的样本值,检验关于总体分布的假设

$$H_0:\text{总体 } X \text{ 的分布函数为 } F(x). \tag{8.34}$$

若总体 X 为离散型随机变量,则假设检验问题(8.34) 等价于

$$H_0:\text{总体 } X \text{ 的分布律为 } P\{X=x_i\}=p_i,\ i=1,2,\cdots. \tag{8.35}$$

若总体 X 为连续型随机变量,则假设检验问题(8.34) 等价于

$$H_0:\text{总体 } X \text{ 的概率密度为 } f(x). \tag{8.36}$$

χ^2 拟合检验法的检验思路和过程如下:

(1) 将 X 的所有可能取值的全体 Ω 分为 k 个互不相容的子集 $A_1,A_2,\cdots,A_k$($\bigcup\limits_{i=1}^{k}A_i=\Omega$,$A_iA_j=\varnothing,i\neq j;i,j=1,2,\cdots,k$),于是当 H_0 为真时,可以计算理论概率

$$p_i = P(A_i) \quad (i=1,2,\cdots,k).$$

(2) 记 $f_i(i=1,2,\cdots,n)$ 为样本值 $x_1, x_2, \cdots, x_n$ 中落入 A_i 的次数，这表明在 n 次试验中，事件 A_i 发生了 f_i 次，即事件 A_i 发生的频率为 $\frac{f_i}{n}$.

(3) 在 n 次试验中，事件 A_i 发生的频率 $\frac{f_i}{n}$ 与概率 p_i 会有差异，但由大数定律可知，当样本容量 n 较大时（一般要求 n 至少为 50，最好在 100 以上），在 H_0 为真的条件下，$\left(\frac{f_i}{n} - p_i\right)^2$ 的值应该比较小. 基于这种想法，皮尔逊选取

$$\chi^2 = \sum_{i=1}^{k} \frac{(f_i - np_i)^2}{np_i} \tag{8.37}$$

作为检验 H_0 的统计量，并证明了如下定理.

定理 8.4.1　若 n 充分大（$n \geqslant 50$），则当 H_0 为真时（不论 H_0 中的分布属什么分布），统计量(8.37) 总是近似服从自由度为 $k-r-1$ 的 χ^2 分布，其中 r 是总体分布中未知参数的个数.

(4) 由式(8.37) 知，当 H_0 为真时，χ^2 的值不会太大. 因此，对于给定的显著性水平 α，查表确定临界点 $\chi^2_\alpha(k-r-1)$，使得

$$P\{\chi^2 \geqslant \chi^2_\alpha(k-r-1)\} = \alpha,$$

从而得到 H_0 的拒绝域为

$$\{\chi^2 \geqslant \chi^2_\alpha(k-r-1)\}. \tag{8.38}$$

(5) 由样本值 $x_1, x_2, \cdots, x_n$ 计算 χ^2 检验统计量的观察值，并与 $\chi^2_\alpha(k-r-1)$ 比较. 若 $\chi^2 > \chi^2_\alpha(k-r-1)$，则拒绝 H_0，即不能认为总体分布函数为 $F(x)$，否则接受 H_0.

注意　np_i 不能太小，一般要求 $np_i \geqslant 5$，否则相邻组要做适当的合并以满足这个要求.

例 8.4.1　检查一本书中每页的印刷错误个数，共检查了 100 页，其结果如表 8.4 所示. 问：能否认为一页书中的错误个数 X 服从参数为 1 的泊松分布（$\alpha = 0.05$）？

表 8.4

每页错误个数 i	0	1	2	3	4	5	6	$\geqslant 7$
事件 A_i	A_0	A_1	A_2	A_3	A_4	A_5	A_6	A_7
含 i 个错误的页数 f_i	36	40	19	2	0	2	1	0

解　由题意，提出假设

$$H_0\text{：总体 } X \text{ 服从参数为 1 的泊松分布.}$$

选取检验统计量

$$\chi^2 = \sum_{i=0}^{k} \frac{(f_i - np_i)^2}{np_i}.$$

这里泊松分布的参数已知，故未知参数的个数 $r=0$，从而当 H_0 为真时，有 $\chi^2 \sim \chi^2(k-1)$. 将全部试验结果分为两两互不相容的事件 $A_0, A_1, A_2, \cdots, A_7$. 若 H_0 为真，则 $p_i = P(A_i)$ 可由下式计算：

$$p_i=P\{X=i\}=\frac{1^i\mathrm{e}^{-1}}{i!}=\frac{\mathrm{e}^{-1}}{i!},\quad i=0,1,2,\cdots,6,$$

有

$$p_0=P\{X=0\}=\mathrm{e}^{-1},$$

$$p_1=P\{X=1\}=\mathrm{e}^{-1},$$

$$p_2=P\{X=2\}=\frac{\mathrm{e}^{-1}}{2},$$

……

$$p_6=P\{X=6\}=\frac{\mathrm{e}^{-1}}{6!},$$

以及

$$p_7=P\{X\geqslant 7\}=1-\sum_{i=0}^{6}p_i=1-\sum_{i=0}^{6}\frac{\mathrm{e}^{-1}}{i!}.$$

相关数据的计算结果如表 8.5 所示.

表 8.5

<table>
<tr><th>A_i</th><th>f_i</th><th>p_i</th><th>np_i</th><th>f_i-np_i</th><th>$(f_i-np_i)^2/(np_i)$</th></tr>
<tr><td>A_0</td><td>36</td><td>e^{-1}</td><td>36.788</td><td>−0.788</td><td>0.017</td></tr>
<tr><td>A_1</td><td>40</td><td>e^{-1}</td><td>36.788</td><td>3.212</td><td>0.280</td></tr>
<tr><td>A_2</td><td>19</td><td>$\mathrm{e}^{-1}/2$</td><td>18.394</td><td>0.606</td><td>0.020</td></tr>
<tr><td>A_3</td><td>2</td><td>$\mathrm{e}^{-1}/6$</td><td>6.131</td><td rowspan="5">−3.03</td><td rowspan="5">1.143</td></tr>
<tr><td>A_4</td><td>0</td><td>$\mathrm{e}^{-1}/24$</td><td>1.533</td></tr>
<tr><td>A_5</td><td>2</td><td>$\mathrm{e}^{-1}/120$</td><td>0.307</td></tr>
<tr><td>A_6</td><td>1</td><td>$\mathrm{e}^{-1}/720$</td><td>0.051</td></tr>
<tr><td>A_7</td><td>0</td><td>$1-\sum_{i=0}^{6}p_i$</td><td>0.008</td></tr>
<tr><td colspan="5">$\sum$</td><td>1.460</td></tr>
</table>

对于每页错误个数为 4 个及 4 个以上的事件,因为 $np_i<5,i=4,5,6,7$,则将这些事件与 A_3 进行合并,使新的每一组均满足 $np_i\geqslant 5$.并组后 $k=4$,计算检验统计量的观察值为 $\chi^2=1.460$.因为 $\chi_\alpha^2(k-1)=\chi_{0.05}^2(3)=7.815>1.460$,不落入拒绝域,所以在显著性水平 $\alpha=0.05$ 下接受 H_0,即认为总体服从参数为 1 的泊松分布.

例 8.4.2 表 8.6 给出了某大学概率论与数理统计期末考试的成绩 X 的区间统计数据,其中 $n=\sum_{i=1}^{6}f_i=200$.要求在给定的显著性水平 $\alpha=0.05$ 下检验假设 $H_0:X\sim N(60,15^2)$.

表 8.6

成绩 x_i	频数 f_i
$20 \leqslant x \leqslant 30$	5
$30 < x \leqslant 40$	15
$40 < x \leqslant 50$	30
$50 < x \leqslant 60$	51
$60 < x \leqslant 70$	60
$70 < x \leqslant 80$	23
$80 < x \leqslant 90$	10
$90 < x \leqslant 100$	6

解 需要检验假设

$$H_0: X \sim N(60, 15^2).$$

选取检验统计量

$$\chi^2 = \sum_{i=1}^{k} \frac{(f_i - np_i)^2}{np_i}.$$

当 H_0 为真时，分组计算每个区间的理论概率值，如

$$p_2 = P\{30 \leqslant X \leqslant 40\} = \Phi\left(\frac{40-60}{15}\right) - \Phi\left(\frac{30-60}{15}\right).$$

相关数据的计算结果如表 8.7 所示.

表 8.7

<table>
<tr><th>成绩 x_i</th><th>频数 f_i</th><th>p_i</th><th>np_i</th><th>$(f_i - np_i)^2$</th><th>$\frac{(f_i - np_i)^2}{np_i}$</th></tr>
<tr><td>$x \leqslant 30$</td><td>5</td><td>0.022 8</td><td>4.56</td><td rowspan="2">2.69</td><td rowspan="2">0.15</td></tr>
<tr><td>$30 < x \leqslant 40$</td><td>15</td><td>0.069</td><td>13.8</td></tr>
<tr><td>$40 < x \leqslant 50$</td><td>30</td><td>0.159 6</td><td>31.92</td><td>3.69</td><td>0.12</td></tr>
<tr><td>$50 < x \leqslant 60$</td><td>51</td><td>0.248 6</td><td>49.72</td><td>1.64</td><td>0.03</td></tr>
<tr><td>$60 < x \leqslant 70$</td><td>60</td><td>0.248 6</td><td>49.72</td><td>105.68</td><td>2.13</td></tr>
<tr><td>$70 < x \leqslant 80$</td><td>23</td><td>0.159 6</td><td>31.92</td><td>79.57</td><td>2.49</td></tr>
<tr><td>$80 < x \leqslant 90$</td><td>10</td><td>0.069</td><td>13.8</td><td rowspan="2">5.57</td><td rowspan="2">0.30</td></tr>
<tr><td>$x > 90$</td><td>6</td><td>0.022 8</td><td>4.56</td></tr>
<tr><td colspan="5">$\sum$</td><td>5.22</td></tr>
</table>

表中对某些 $np_i < 5$ 的组进行合并，并组后 $k=6$，从上面计算得检验统计量的观察值 $\chi^2 = 5.22$. 因为 $\chi^2_\alpha(6-1) = \chi^2_{0.05}(5) = 11.071 > 5.22$，不落入拒绝域，即认为概率论与数理统计期末考试成绩服从正态分布 $N(60, 15^2)$.

释疑解惑

在用 χ^2 拟合检验法检验假设 H_0 时，若在原假设 H_0 下 $F(x)$ 的形式已知，而其参数值未知，需先用第 7 章参数估计的方法估计参数，然后进行检验. 此时假设检验问题为

$$H_0: \text{总体 } X \text{ 的分布函数为 } F(x;\theta_1,\theta_2,\cdots,\theta_r),$$

$$H_1: \text{总体 } X \text{ 的分布函数不是 } F(x;\theta_1,\theta_2,\cdots,\theta_r),$$

其中 $\theta_1,\theta_2,\cdots,\theta_r$ 为未知参数，选取检验统计量为

$$\chi^2=\sum_{i=1}^{k}\frac{(f_i-np_i)^2}{np_i}\overset{H_0\text{为真}}{\sim}\chi^2(k-r-1),$$

其中 r 是被估计的参数的个数.

小节要点

掌握 χ^2 拟合检验法的基本原理和方法，并能利用该方法对简单的离散型总体和连续型总体的分布做假设检验.

习　题　8.4

基础练习

1. 测得 300 只某电子元件的寿命(单位:h) 如表 8.8 所示. 试在显著性水平 $\alpha=0.05$ 下检验假设 H_0:寿命 X 服从指数分布，其概率密度为

$$f(t)=\begin{cases}\dfrac{1}{200}\mathrm{e}^{-\frac{t}{200}}, & t>0,\\ 0, & \text{其他}.\end{cases}$$

表 8.8

寿命	只数
$0<t\leqslant 100$	121
$100<t\leqslant 200$	78
$200<t\leqslant 300$	43
$t>300$	58

2. 一袋中装有 6 只球，其中红球数未知. 从中一次任取 2 只球，记录红球的数目 X，然后放回，重复试验 100 次，结果如表 8.9 所示. 试在显著性水平 $\alpha=0.05$ 下检验假设 H_0:X 服从超几何分布，$P\{X=k\}=\dfrac{C_3^kC_3^{3-k}}{C_6^3}$，$k=0,1,2,3$，即检验假设 H_0:红球数为 3 只.

表 8.9

红球数 x_i	0	1	2	3
频数 f_i	6	31	40	23

进阶训练

1. 一副扑克牌(52 张)中任意抽 3 张,记录 3 张牌中含红桃的张数 Y,放回,再任抽 3 张,如此重复 64 次,结果如表 8.10 所示. 试在显著性水平 $\alpha=0.01$ 下检验假设 H_0:Y 服从二项分布,即

$$P\{Y=i\}=C_3^i\left(\frac{1}{4}\right)^i\left(\frac{3}{4}\right)^{3-i},\quad i=0,1,2,3.$$

表 8.10

含红桃张数 y_i	0	1	2	3
出现次数 f_i	21	31	12	0

2. 在某红绿灯路口,60 min 之间,观察每 15 s 内等待过路口的汽车的辆数 X,得到频数分布如表 8.11 所示. 问:这个分布能否认为是泊松分布($\alpha=0.1$)?

表 8.11

过路的车辆数 x_i	0	1	2	3	4	5
频数 f_i	101	99	28	11	1	0

§8.5 应用案例

一、母亲嗜酒是否影响下一代的智商

例 8.5.1 美国的琼斯医生于 1974 年观察了母亲在妊娠时曾患慢性酒精中毒的 6 名七岁儿童(甲组). 另外找了 46 名七岁儿童做对照组(乙组),该对照组的母亲的年龄、文化程度和婚姻状况与甲组 6 名儿童的母亲相同或相近. 测定两组儿童的智商,结果如表 8.12 所示. 由此样本能否判定母亲嗜酒影响下一代的智商($F_{0.05}(5,45)=2.42$,$F_{0.05}(45,5)=4.45$)?

表 8.12

	人数	样本均值	样本标准差
甲组	6	78	19
乙组	46	99	16

解 儿童的智商可以认为服从正态分布,从而这是一个双正态总体且方差未知的假设检验问题. 因不是大样本,故考虑选择方差未知条件下的双正态总体均值的 t 检验法. 为此,需要首先检验方差是否相等,再比较均值.

第 1 步:检验假设

$$H_0:\sigma_{甲}^2=\sigma_{乙}^2,\quad H_1:\sigma_{甲}^2\neq\sigma_{乙}^2.$$

选取检验统计量

$$F=\frac{S_{甲}^2}{S_{乙}^2},$$

则拒绝域为

$$\{F \geqslant F_{\alpha/2}(n_{甲}-1,n_{乙}-1) \text{ 或 } F \leqslant F_{1-\alpha/2}(n_{甲}-1,n_{乙}-1)\}.$$

取显著性水平 $\alpha=0.1$,有

$$F_{0.05}(5,45)=2.42,\quad F_{1-0.05}(5,45)=\frac{1}{F_{0.05}(45,5)}\approx 0.22.$$

由题知,$s_{甲}^2=19^2$,$s_{乙}^2=16^2$,则检验统计量的观察值为

$$f=\frac{s_{甲}^2}{s_{乙}^2}=\frac{19^2}{16^2}\approx 1.41.$$

因 $0.22<1.41<2.42$,不落入拒绝域,故接受 H_0,即可认为两总体方差相等.

第 2 步:检验假设

$$H_0:\mu_{甲}\geqslant\mu_{乙},\quad H_1:\mu_{甲}<\mu_{乙}.$$

选取检验统计量

$$t=\frac{\overline{X}-\overline{Y}}{S_w\sqrt{\frac{1}{n_{甲}}+\frac{1}{n_{乙}}}},$$

其中 $S_w=\sqrt{\frac{(n_{甲}-1)S_{甲}^2+(n_{乙}-1)S_{乙}^2}{n_{甲}+n_{乙}-2}}$,则拒绝域为

$$\{t\leqslant -t_{\alpha}(n_{甲}+n_{乙}-2)\}.$$

由样本值算得

$$t=\frac{78-99}{\sqrt{\frac{5\times 19^2+45\times 16^2}{6+46-2}}\times\sqrt{\frac{1}{6}+\frac{1}{46}}}\approx -2.96.$$

取 $\alpha=0.01$,有 $t_{0.01}(50)\approx z_{0.01}=2.326$. 因 $t=-2.96<-2.326$,故拒绝 H_0,说明与不嗜酒相比,母亲嗜酒会导致孩子的智商显著降低.

释疑解惑

关于显著性水平的选取,不同的显著性水平,会得到不同长度的拒绝域和接受域. 显著性水平越小,拒绝域也会越小,即接受域增大,原假设越难以被拒绝. 因此,显著性水平取得越小,就体现了"保护原假设"的原则. 在例 8.5.1 中,第 1 步中的显著性水平取 0.1,较大,此时拒绝域较大而接受域较小,在接受域较小的情况下,仍能接受原假设,说明得到"方差相等"这一结论有充足的理由. 第 2 步中的显著性水平取 0.01,较小,此时拒绝域较小而接受域较大,在拒绝域较小的情况下,仍拒绝了原假设,说明接受"母亲嗜酒会导致孩子的智商显著降低"这一结论有充足的理由.

课程思政

过度饮酒会影响身体的健康.一个人无论志向几何,身体健康是根本.我们应养成良好的生活习惯,杜绝不良行为,积极向上,努力奋斗,不负青春韶华,不负国家.

二、对产品质量的假设检验

例 8.5.2 某厂生产的小型马达说明书声称:在正常负载下平均消耗电流不超过 0.8 A.为验证该结论,随机选取 16 台马达,测得消耗电流的平均值为 0.92 A,样本标准差为 0.32 A.假设马达所消耗的电流(单位:A)X 服从正态分布 $N(\mu,\sigma^2)$,试分别在显著性水平 $\alpha=0.05$ 和 $\alpha=0.1$ 下讨论据此样本能否否定厂家的断言.

解 这是单正态总体且方差未知的均值的假设检验,采用 t 检验法.

(1) 对于显著性水平 $\alpha=0.05$.

方法一 提出假设

$$H_0:\mu\leqslant 0.8,\quad H_1:\mu>0.8.$$

选取检验统计量

$$t=\frac{\overline{X}-\mu_0}{S/\sqrt{n}},$$

则拒绝域为

$$\{t\geqslant t_\alpha(n-1)\}.$$

将样本数据代入,计算得统计量的观察值

$$t=\frac{\overline{x}-\mu_0}{s/\sqrt{n}}=\frac{0.92-0.8}{0.32/\sqrt{16}}=1.5.$$

因 $t=1.5<t_{0.05}(15)=1.7531$,故接受原假设,即不否定厂家的断言.

方法二 提出假设

$$H_0:\mu\geqslant 0.8,\quad H_1:\mu<0.8.$$

选取检验统计量

$$t=\frac{\overline{X}-\mu_0}{S/\sqrt{n}},$$

则拒绝域为

$$\{t\leqslant -t_\alpha(n-1)\}.$$

将样本数据代入,计算得统计量的观察值

$$t=\frac{\overline{x}-\mu_0}{s/\sqrt{n}}=\frac{0.92-0.8}{0.32/\sqrt{16}}=1.5.$$

因 $t=1.5>-t_{0.05}(15)=-1.7531$,故接受原假设,即否定厂家的断言.

(2) 对于显著性水平 $\alpha=0.1$.

方法一 提出假设

$$H_0:\mu \leqslant 0.8, \quad H_1:\mu > 0.8.$$

选取检验统计量

$$t=\frac{\overline{X}-\mu_0}{S/\sqrt{n}},$$

则拒绝域为

$$\{t \geqslant t_\alpha(n-1)\}.$$

将样本数据代入,计算得统计量的观察值

$$t=\frac{\overline{x}-\mu_0}{s/\sqrt{n}}=\frac{0.92-0.8}{0.32/\sqrt{16}}=1.5.$$

因 $t=1.5>t_{0.1}(15)=1.3406$,故拒绝原假设,即否定厂家的断言.

方法二 提出假设

$$H_0:\mu \geqslant 0.8, \quad H_1:\mu < 0.8.$$

选取检验统计量

$$t=\frac{\overline{X}-\mu_0}{S/\sqrt{n}},$$

则拒绝域为

$$\{t \leqslant -t_\alpha(n-1)\}.$$

将样本数据代入,计算得统计量的观察值

$$t=\frac{\overline{x}-\mu_0}{s/\sqrt{n}}=\frac{0.92-0.8}{0.32/\sqrt{16}}=1.5.$$

因 $t=1.5>-t_{0.1}(15)=-1.3406$,故接受原假设,即否定厂家的断言.

释疑解惑

(1) 在同样的显著性水平下,原假设和备择假设写法不同,结论有可能相同(如 $\alpha=0.1$),也有可能不同(如 $\alpha=0.05$).关于如何选择原假设和备择假设,通常情况下,将我们“希望”证实的结论作为备择假设.若这时(特别是当显著性水平 α 较小时)还能拒绝原假设,则“希望”证实的断言就能得到更有力的支持.若把“希望”证实的结论作为原假设,则当该结论被接受时,只能说明观察数据与该结论一致,并不能说明它受到观察数据的有力支持.

例 8.5.2 中,需要回答的是能否“否定厂家的断言”,方法一将“接受厂家的断言即平均消耗电流不超过 0.8 A”作为原假设,若在 α 较小时,此时拒绝域小,还能拒绝原假设,则“平均消耗电流大于 0.8 A”的断言就能得到有力的支持.

在方法二中,将“平均消耗电流大于 0.8 A”作为原假设,若 α 较小,此时接受域大,当该结论被接受时,只能说明观察数据与该结论一致,并不能说明它受到观察数据的有力支持.而若 α 较大,此时接受域小,当该结论被接受时,说明原假设为真的依据很充分.例 8.5.2 在 $\alpha=0.1$ 这一较大的显著性水平下,此时方法二的接受域小,仍接受 H_0,说明“H_0 为真”即“平均消耗电流大于 0.8 A”这一结论的依据很充分.

(2) 同为方法一,不同的显著性水平得到了不一样的结论. 当 α 较小时,倾向于保护原假设,此时得到的结论是“不否定厂家的断言”. α 增大后,此时不倾向于保护原假设,得到“否定厂家的断言”的结论,对厂家的断言持谨慎的态度.

课程思政

从上述两个案例可见,对同一假设检验问题,在不同的显著性水平下,可以得到不同的结论. 或者在同一显著性水平下,针对不同的原假设和备择假设的提法,结论也不同. 我们生活、工作中的许多事物,都不同程度存在内在或外在、直接或间接、偶然或必然的联系,我们应该学会用联系、发展的观点看问题,明白对同一事情,采用不同的标准、角度会有不同的看法,不可偏执一端.

许宝騄

总 习 题 八

一、填空题

1. 设样本 $X_1, X_2, \cdots, X_n$ 来自正态总体 $N(\mu, \sigma^2)$, μ 未知, σ^2 已知, $\overline{X}, S^2$ 分别为样本均值和样本方差,则备择假设 $H_1: \mu \neq 10$ 选用的统计量为________.

2. 设样本 $X_1, X_2, \cdots, X_n$ 来自正态总体 $N(\mu, \sigma^2)$, μ, σ^2 均未知, $\overline{X}, S^2$ 分别为样本均值和样本方差,则原假设 $H_0: \mu \geqslant 10$ 选用的统计量为________.

3. 对正态总体的均值 μ 进行假设检验,如果在显著性水平 $\alpha = 0.01$ 下拒绝原假设 $H_0: \mu = \mu_0$,那么在显著性水平 $\alpha = 0.05$ 下,________ H_0.

4. 设 $X_1, X_2, \cdots, X_n$ 是来自正态总体 $N(\mu, \sigma^2)$ 的一个样本,其中 μ, σ^2 未知,记样本均值和样本方差分别为 $\overline{X}$ 和 S^2,在显著性水平 α 下,假设检验问题 $H_0: \sigma^2 = 3^2$, $H_1: \sigma^2 \neq 3^2$ 的拒绝域为________.

5. 设正态总体 $X \sim N(\mu, \sigma_0^2)$, σ_0^2 已知,假设检验问题 $H_0: \mu \leqslant \mu_0$, $H_1: \mu > \mu_0$ 的拒绝域为 $J = \{\overline{X} \geqslant c\}$,固定样本容量 n,犯第一类错误的概率 α 随 c 的增大而________.

二、选择题

1. 某种细纱支数服从正态分布 $N(\mu_0, \sigma_0^2)$, μ_0, σ_0^2 已知. 现从某日生产的一批产品中随机抽取一样本,检验细纱支数的均匀度是否变差,则应提出的假设是(　　).

A. $H_0:\mu=\mu_0, H_1:\mu\neq\mu_0$　　B. $H_0:\mu\leqslant\mu_0, H_1:\mu>\mu_0$

C. $H_0:\sigma^2=\sigma_0^2, H_1:\sigma^2\neq\sigma_0^2$　　D. $H_0:\sigma^2\leqslant\sigma_0^2, H_1:\sigma^2>\sigma_0^2$

2. 假设检验中的"弃真错误"指的是(　　).

A. 当 H_0 为真时,接受 H_0　　B. 当 H_0 为真时,拒绝 H_0

C. 当 H_1 为真时,接受 H_0　　D. 当 H_1 为真时,拒绝 H_0

3. 假设检验中,关于犯第一类错误的概率 α 和犯第二类错误的概率 β 的描述,错误的是(　　).

A. 样本容量固定,α 和 β 可同时减小　　B. 样本容量固定,α 增大,β 减小

C. 增加样本容量,α 和 β 可同时减小　　D. 减小样本容量,α 和 β 同时增大

4. 假设检验中的"取伪错误"指的是(　　).

A. 当 H_0 为真时,接受 H_0　　B. 当 H_0 为真时,拒绝 H_0

C. 当 H_1 为真时,接受 H_0　　D. 当 H_1 为真时,拒绝 H_0

5. 有两相互独立的正态总体 $X\sim N(\mu_1,\sigma^2)$ 和 $Y\sim N(\mu_2,\sigma^2)$,从 X 中抽取样本容量 $n_1=5$ 的样本,得样本均值 $\overline{x}=9.8$ 和样本标准差 $s_1=1.789$,从 Y 中抽取样本容量 $n_2=6$ 的样本,得样本均值 $\overline{y}=9.5$ 和样本标准差 $s_2=2.074$. 在显著性水平 $\alpha=0.05$ 下,对于假设检验问题 $H_0:\mu_1=\mu_2, H_1:\mu_1\neq\mu_2$,下列说法中正确的是(　　).

A. 检验统计量用总体方差,接受 H_0　　B. 检验统计量用总体方差,拒绝 H_0

C. 检验统计量用样本方差,接受 H_0　　D. 检验统计量用样本方差,拒绝 H_0

三、计算题

1. 设正态总体 $X\sim N(\mu,1)$,均值 μ 只能取0或1,$X_1,X_2,\cdots,X_{16}$ 是来自 X 的一个样本. 检验假设 $H_0:\mu=0, H_1:\mu=1$. 检验法则为:当 $\overline{X}\geqslant 0.5$ 时拒绝 H_0,当 $\overline{X}<0.5$ 时接受 H_0. 试计算此检验法则犯两类错误的概率.

2. 设某次考试中考生的成绩(单位:分)$X\sim N(\mu,\sigma^2)$,随机抽取25名考生,测得成绩的平均值 $\overline{x}=73.1$,标准差 $s=1.2$,试用假设检验的方法检验"$\mu\geqslant 72.1$"($\alpha=0.05$).

3. 某测距机在500 m范围内,测距精度为 $\sigma=10$ m,现对距离为500 m的目标测量9次,得到平均距离为 $\overline{x}=510$ m,在显著性水平 $\alpha=0.05$ 下,问:该测距机是否存在系统误差?如果取 $\alpha=0.01$ 结论又如何?

4. 有研究指出:人的身高在早晨起床时比晚上要高. 为验证该结论,随机选择10个人,测得他们在早晨和晚上的身高(单位:cm)如表8.13所示.

表 8.13

序号	1	2	3	4	5	6	7	8	9	10
早晨	172	168	180	181	160	163	165	177	158	154
晚上	172	167	177	179	159	161	166	175	157	153

设早晨和晚上的身高分别为 X,Y,各对数据的差 $D_i=X_i-Y_i(i=1,2,\cdots,10)$ 是来自正

态总体 $N(\mu_D,\sigma_D^2)$ 的样本，μ_D,σ_D^2 均未知. 问：在显著性水平 $\alpha=0.05$ 下，是否能认为早晨身高比晚上高？

5. 二十世纪七十年代，人们发现酿造啤酒时，麦芽在干燥过程中会形成致癌物质. 八十年代开发了新的麦芽干燥过程. 为比较改进工艺前后致癌物质的含量(以10亿份中的份数计)是否有显著下降，对两种过程中生成的致癌物质含量各取 12 个样本，取值如表 8.14 所示.

表 8.14

老过程	6	4	5	5	6	5	5	6	4	6	7	4
新过程	2	1	2	2	1	0	3	2	1	0	1	3

假设两个样本分别来自正态总体 $N(\mu_1,\sigma_1^2)$ 和 $N(\mu_2,\sigma_2^2)$，参数均未知，两个样本相互独立. 试在显著性水平 $\alpha=0.05$ 下检验假设 $H_0:\mu_1-\mu_2\leqslant 2, H_1:\mu_1-\mu_2>2$.

6. 检验某机床生产的产品的尺寸，选取了 200 个零件，按测量结果与额定尺寸的偏差按区间长度 5 μm 进行分组，统计这些零件的偏差 x_i 落在各组内的频数 f_i，如表 8.15 所示. 使用 χ^2 拟合检验法检验尺寸的偏差是否服从 $N(5,1)(\alpha=0.05)$？

表 8.15

误差 x_i	频数 f_i
$-20\leqslant x<-15$	7
$-15\leqslant x<-10$	11
$-10\leqslant x<-5$	15
$-5\leqslant x<0$	24
$0\leqslant x<5$	49
$5\leqslant x<10$	41
$10\leqslant x<15$	26
$15\leqslant x<20$	17
$20\leqslant x<25$	7
$25\leqslant x<30$	3

四、证明题

1. 设正态总体 $X\sim N(\mu,2^2)$，$X_1,X_2,\cdots,X_{16}$ 是来自 X 的一个样本. 检验假设

$$H_0:\mu=0,\quad H_1:\mu=-1.$$

现有两种检验法则：

(1) 拒绝域为 $W_1=\{2\overline{X}\leqslant -1.645\}$；

(2) 拒绝域为 $W_2=\{|2\overline{X}|\geqslant 1.96\}$.

证明：法则(1) 犯第二类错误的概率比法则(2) 小.

附　　表

附表 1　几种常用的概率分布

分　布	参　数	分布律或概率密度	数学期望	方　差
(0−1)分布	$0<p<1$	$P\{X=k\}=p^k(1-p)^{1-k}$, $k=0,1$	p	$p(1-p)$
二项分布	$n\geqslant 1$, $0<p<1$	$P\{X=k\}=\mathrm{C}_n^k p^k(1-p)^{n-k}$, $k=0,1,2,\cdots,n$	np	$np(1-p)$
负二项分布	$r\geqslant 1$, $0<p<1$	$P\{X=k\}=\mathrm{C}_{k-1}^{r-1} p^r(1-p)^{k-r}$, $k=r,r+1,\cdots$	$\dfrac{r}{p}$	$\dfrac{r(1-p)}{p^2}$
几何分布	$0<p<1$	$P\{X=k\}=p(1-p)^{k-1}$, $k=1,2,\cdots$	$\dfrac{1}{p}$	$\dfrac{1-p}{p^2}$
超几何分布	N,M,n $(M\leqslant N,n\leqslant M)$	$P\{X=k\}=\dfrac{\mathrm{C}_M^k\mathrm{C}_{N-M}^{n-k}}{\mathrm{C}_N^n}$, $k=0,1,2,\cdots,n$	$\dfrac{nM}{N}$	$\dfrac{nM}{N}\left(1-\dfrac{M}{N}\right)\left(\dfrac{N-n}{N-1}\right)$
泊松分布	$\lambda>0$	$P\{X=k\}=\dfrac{\lambda^k\mathrm{e}^{-\lambda}}{k!}$, $k=0,1,2,\cdots$	λ	λ
均匀分布	$a<b$	$f(x)=\begin{cases}\dfrac{1}{b-a}, & a<x<b,\\ 0, & \text{其他}\end{cases}$	$\dfrac{a+b}{2}$	$\dfrac{(b-a)^2}{12}$
正态分布	μ 为实数, $\sigma>0$	$f(x)=\dfrac{1}{\sqrt{2\pi}\sigma}\mathrm{e}^{-\frac{(x-\mu)^2}{2\sigma^2}}$	μ	σ^2
Γ 分布	$\alpha>0$, $\beta>0$	$f(x)=\begin{cases}\dfrac{1}{\beta^\alpha\Gamma(\alpha)}x^{\alpha-1}\mathrm{e}^{-\frac{x}{\beta}}, & x>0,\\ 0, & \text{其他}\end{cases}$	$\alpha\beta$	$\alpha\beta^2$

续表

分布	参数	分布律或概率密度	数学期望	方差
指数分布	$\theta>0$	$f(x)=\begin{cases}\frac{1}{\theta}e^{-x/\theta}, & x>0,\\ 0, & \text{其他}\end{cases}$	θ	θ^2
χ^2 分布	$n\geqslant1$	$f(x)=\begin{cases}\frac{1}{2^{n/2}\Gamma(n/2)}x^{n/2-1}e^{-x/2}, & x>0,\\ 0, & \text{其他}\end{cases}$	n	$2n$
威布尔分布	$\eta>0$， $\beta>0$	$f(x)=\begin{cases}\frac{\beta}{\eta}\left(\frac{x}{\eta}\right)^{\beta-1}e^{-\left(\frac{x}{\eta}\right)^{\beta}}, & x>0,\\ 0, & \text{其他}\end{cases}$	$\eta\Gamma\left(\frac{1}{\beta}+1\right)$	$\eta^2\left\{\Gamma\left(\frac{2}{\beta}+1\right)-\left[\Gamma\left(\frac{1}{\beta}+1\right)\right]^2\right\}$
瑞利分布	$\sigma>0$	$f(x)=\begin{cases}\frac{1}{\sigma^2}e^{-x^2/(2\sigma^2)}, & x>0,\\ 0, & \text{其他}\end{cases}$	$\sqrt{\frac{\pi}{2}}\sigma$	$\frac{4-\pi}{2}\sigma^2$
β 分布	$\alpha>0$， $\beta>0$	$f(x)=\begin{cases}\frac{\Gamma(\alpha+\beta)}{\Gamma(\alpha)\Gamma(\beta)}x^{\alpha-1}(1-x)^{\beta-1}, & 0<x<1,\\ 0, & \text{其他}\end{cases}$	$\frac{\alpha}{\alpha+\beta}$	$\frac{\alpha\beta}{(\alpha+\beta)^2(\alpha+\beta+1)}$
对数正态分布	μ 为实数， $\sigma>0$	$f(x)=\begin{cases}\frac{1}{\sqrt{2\pi}\sigma x}e^{-\frac{(\ln x-\mu)^2}{2\sigma^2}}, & x>0,\\ 0, & \text{其他}\end{cases}$	$e^{\mu+\frac{\sigma^2}{2}}$	$e^{2\mu+\sigma^2}(e^{\sigma^2}-1)$
柯西分布	α 为实数， $\lambda>0$	$f(x)=\frac{1}{\pi}\frac{1}{\lambda^2+(x-\alpha)^2}$	不存在	不存在
t 分布	$n\geqslant1$	$f(x)=\frac{\Gamma\left(\frac{n+1}{2}\right)}{\sqrt{n\pi}\Gamma(n/2)}\left(1+\frac{x^2}{n}\right)^{-(n+1)/2}$	0	$\frac{n}{n-2},n>2$
F 分布	n_1,n_2	$f(x)=\begin{cases}\frac{\Gamma[(n_1+n_2)/2]}{\Gamma(n_1/2)\Gamma(n_2/2)}\left(\frac{n_1}{n_2}\right)\left(\frac{n_1}{n_2}x\right)^{\frac{n_1}{2}-1}\cdot\left(1+\frac{n_1}{n_2}x\right)^{-(n_1+n_2)/2}, & x>0,\\ 0, & \text{其他}\end{cases}$	$\frac{n_2}{n_2-2}$， $n_2>2$	$\frac{2n_2^2(n_1+n_2-2)}{n_1(n_2-2)^2(n_2-4)}$， $n_2>4$

附表 2　泊松分布表

$$1-F(x-1)=\sum_{r=x}^{\infty}\frac{e^{-\lambda}\lambda^{r}}{r!}$$

x	$\lambda=0.2$	$\lambda=0.3$	$\lambda=0.4$	$\lambda=0.5$	$\lambda=0.6$
0	1.000 000 0	1.000 000 0	1.000 000 0	1.000 000 0	1.000 000 0
1	0.181 269 2	0.259 181 8	0.329 680 0	0.393 469	0.451 188
2	0.017 523 1	0.036 936 3	0.061 551 9	0.090 204	0.121 901
3	0.001 148 5	0.003 599 5	0.007 926 3	0.014 388	0.023 115
4	0.000 056 8	0.000 265 8	0.000 776 3	0.001 752	0.003 358
5	0.000 002 3	0.000 015 8	0.000 061 2	0.000 172	0.000 394
6	0.000 000 1	0.000 000 8	0.000 004 0	0.000 014	0.000 039
7			0.000 000 2	0.000 001	0.000 003

x	$\lambda=0.7$	$\lambda=0.8$	$\lambda=0.9$	$\lambda=1.0$	$\lambda=1.2$
0	1.000 000 0	1.000 000 0	1.000 000 0	1.000 000 0	1.000 000 0
1	0.503 415	0.550 671	0.593 430	0.632 121	0.698 806
2	0.155 805	0.191 208	0.227 518	0.264 241	0.337 373
3	0.034 142	0.047 423	0.062 857	0.080 301	0.120 513
4	0.005 753	0.009 080	0.013 459	0.018 988	0.033 769
5	0.000 786	0.001 411	0.002 344	0.003 660	0.007 746
6	0.000 090	0.000 184	0.000 343	0.000 594	0.001 500
7	0.000 009	0.000 021	0.000 043	0.000 083	0.000 251
8	0.000 001	0.000 002	0.000 005	0.000 010	0.000 037
9				0.000 001	0.000 005
10					0.000 001

x	$\lambda=1.4$	$\lambda=1.6$	$\lambda=1.8$	$\lambda=2.0$	$\lambda=2.5$
0	1.000 000	1.000 000	1.000 000	1.000 000	1.000 000
1	0.753 403	0.798 103	0.834 701	0.864 665	0.917 915
2	0.408 167	0.475 069	0.537 163	0.593 994	0.712 703
3	0.166 502	0.216 642	0.269 379	0.323 324	0.456 187
4	0.053 725	0.078 813	0.108 708	0.142 877	0.242 424
5	0.014 253	0.023 682	0.036 407	0.052 653	0.108 822
6	0.003 201	0.006 040	0.010 378	0.016 564	0.042 021
7	0.000 622	0.001 336	0.002 569	0.004 534	0.014 187
8	0.000 107	0.000 260	0.000 562	0.001 097	0.004 247
9	0.000 016	0.000 045	0.000 110	0.000 237	0.001 140
10	0.000 002	0.000 007	0.000 019	0.000 046	0.000 277
11		0.000 001	0.000 003	0.000 008	0.000 062
12				0.000 001	0.000 013
13					0.000 020

续表

x	$\lambda=3.0$	$\lambda=3.5$	$\lambda=4.0$	$\lambda=4.5$	$\lambda=5.0$
0	1.000 000	1.000 000	1.000 000	1.000 000	1.000 000
1	0.950 213	0.969 803	0.981 684	0.988 891	0.993 262
2	0.800 852	0.864 112	0.908 422	0.938 901	0.959 572
3	0.576 810	0.679 153	0.761 897	0.826 422	0.875 348
4	0.352 768	0.463 367	0.566 530	0.657 704	0.734 974
5	0.184 737	0.274 555	0.371 163	0.467 896	0.559 507
6	0.083 918	0.142 386	0.214 870	0.297 070	0.384 039
7	0.033 509	0.065 288	0.110 674	0.168 949	0.237 817
8	0.011 905	0.026 739	0.051 134	0.086 586	0.133 372
9	0.003 803	0.009 874	0.021 363	0.040 257	0.068 094
10	0.001 102	0.003 315	0.008 132	0.017 093	0.031 828
11	0.000 292	0.001 019	0.002 840	0.006 669	0.013 695
12	0.000 071	0.000 289	0.000 915	0.002 404	0.005 453
13	0.000 016	0.000 076	0.000 274	0.000 805	0.002 019
14	0.000 003	0.000 019	0.000 076	0.000 252	0.000 698
15	0.000 001	0.000 004	0.000 020	0.000 074	0.000 226
16		0.000 001	0.000 005	0.000 020	0.000 069
17			0.000 001	0.000 005	0.000 020
18				0.000 001	0.000 005
19					0.000 001

附表 3 标准正态分布表

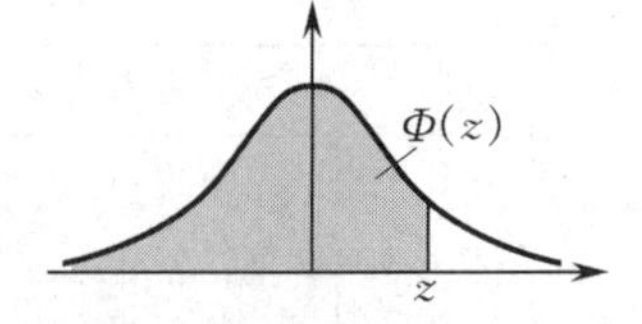

$$\Phi(z)=\int_{-\infty}^{z}\frac{1}{\sqrt{2\pi}}e^{-u^2/2}du=P\{Z\leqslant z\}$$

z	0	1	2	3	4	5	6	7	8	9
0.0	0.500 0	0.504 0	0.508 0	0.512 0	0.516 0	0.519 9	0.523 9	0.527 9	0.531 9	0.535 9
0.1	0.539 8	0.543 8	0.547 8	0.551 7	0.555 7	0.559 6	0.563 6	0.567 5	0.571 4	0.575 3
0.2	0.579 3	0.583 2	0.587 1	0.591 0	0.594 8	0.598 7	0.602 6	0.606 4	0.610 3	0.614 1
0.3	0.617 9	0.621 7	0.625 5	0.629 3	0.633 1	0.636 8	0.640 6	0.644 3	0.648 0	0.651 7
0.4	0.655 4	0.659 1	0.662 8	0.666 4	0.670 0	0.673 6	0.677 2	0.680 8	0.684 4	0.687 9
0.5	0.691 5	0.695 0	0.698 5	0.701 9	0.705 4	0.708 8	0.712 3	0.715 7	0.719 0	0.722 4
0.6	0.725 7	0.729 1	0.732 4	0.735 7	0.738 9	0.742 2	0.745 4	0.748 6	0.751 7	0.754 9
0.7	0.758 0	0.761 1	0.764 2	0.767 3	0.770 3	0.773 4	0.776 4	0.779 4	0.782 3	0.785 2
0.8	0.788 1	0.791 0	0.793 9	0.796 7	0.799 5	0.802 3	0.805 1	0.807 8	0.810 6	0.813 3
0.9	0.815 9	0.818 6	0.821 2	0.823 8	0.826 4	0.828 9	0.831 5	0.834 0	0.836 5	0.838 9
1.0	0.841 3	0.843 8	0.846 1	0.848 5	0.850 8	0.853 1	0.855 4	0.857 7	0.859 9	0.862 1
1.1	0.864 3	0.866 5	0.868 6	0.870 8	0.872 9	0.874 9	0.877 0	0.879 0	0.881 0	0.883 0
1.2	0.884 9	0.886 9	0.888 8	0.890 7	0.892 5	0.894 4	0.896 2	0.898 0	0.899 7	0.901 5
1.3	0.903 2	0.904 9	0.906 6	0.908 2	0.909 9	0.911 5	0.913 1	0.914 7	0.916 2	0.917 7
1.4	0.919 2	0.920 7	0.922 2	0.923 6	0.925 1	0.926 5	0.927 8	0.929 2	0.930 6	0.931 9
1.5	0.933 2	0.934 5	0.935 7	0.937 0	0.938 2	0.939 4	0.940 6	0.941 8	0.943 0	0.944 1
1.6	0.945 2	0.946 3	0.947 4	0.948 4	0.949 5	0.950 5	0.951 5	0.952 5	0.953 5	0.954 5
1.7	0.955 4	0.956 4	0.957 3	0.958 2	0.959 1	0.959 9	0.960 8	0.961 6	0.962 5	0.963 3
1.8	0.964 1	0.964 8	0.965 6	0.966 4	0.967 1	0.967 8	0.968 6	0.969 3	0.970 0	0.970 6
1.9	0.971 3	0.971 9	0.972 6	0.973 2	0.973 8	0.974 4	0.975 0	0.975 6	0.976 2	0.976 7
2.0	0.977 2	0.977 8	0.978 3	0.978 8	0.979 3	0.979 8	0.980 3	0.980 8	0.981 2	0.981 7
2.1	0.982 1	0.982 6	0.983 0	0.983 4	0.983 8	0.984 2	0.984 6	0.985 0	0.985 4	0.985 7
2.2	0.986 1	0.986 4	0.986 8	0.987 1	0.987 4	0.987 8	0.988 1	0.988 4	0.988 7	0.989 0
2.3	0.989 3	0.989 6	0.989 8	0.990 1	0.990 4	0.990 6	0.990 9	0.991 1	0.991 3	0.991 6
2.4	0.991 8	0.992 0	0.992 2	0.992 5	0.992 7	0.992 9	0.993 1	0.993 2	0.993 4	0.993 6
2.5	0.993 8	0.994 0	0.994 1	0.994 3	0.994 5	0.994 6	0.994 8	0.994 9	0.995 1	0.995 2
2.6	0.995 3	0.995 5	0.995 6	0.995 7	0.995 9	0.996 0	0.996 1	0.996 2	0.996 3	0.996 4
2.7	0.996 5	0.996 6	0.996 7	0.996 8	0.996 9	0.997 0	0.997 1	0.997 2	0.997 3	0.997 4
2.8	0.997 4	0.997 5	0.997 6	0.997 7	0.997 7	0.997 8	0.997 9	0.997 9	0.998 0	0.998 1
2.9	0.998 1	0.998 2	0.998 2	0.998 3	0.998 4	0.998 4	0.998 5	0.998 5	0.998 6	0.998 6
3.0	0.998 7	0.999 0	0.999 3	0.999 5	0.999 7	0.999 8	0.999 8	0.999 9	0.999 9	1.000 0

注：表中末行系函数值 $\Phi(3.0),\Phi(3.1),\cdots,\Phi(3.9)$.

附表4 χ^2 分布表

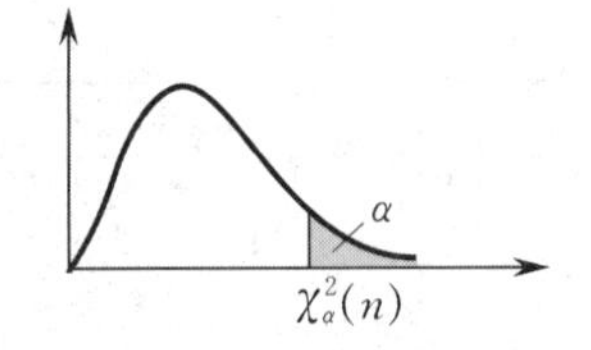

$$P\{\chi^2(n) > \chi^2_\alpha(n)\} = \alpha$$

n	$\alpha = 0.995$	0.99	0.975	0.95	0.90	0.75
1	—	—	0.001	0.004	0.016	0.102
2	0.010	0.020	0.051	0.103	0.211	0.575
3	0.072	0.115	0.216	0.352	0.584	1.213
4	0.207	0.297	0.484	0.711	1.064	1.923
5	0.412	0.554	0.831	1.145	1.610	2.675
6	0.676	0.872	1.237	1.635	2.204	3.455
7	0.989	1.239	1.690	2.167	2.833	4.255
8	1.344	1.646	2.180	2.733	3.490	5.071
9	1.735	2.088	2.700	3.325	4.168	5.899
10	2.156	2.558	3.247	3.940	4.865	6.737
11	2.603	3.053	3.816	4.575	5.578	7.584
12	3.074	3.571	4.404	5.226	6.034	8.438
13	3.565	4.107	5.009	5.892	7.042	9.299
14	4.075	4.660	5.629	6.571	7.790	10.165
15	4.601	5.229	6.262	7.261	8.547	11.037
16	5.142	5.812	6.908	7.962	9.312	11.912
17	5.697	6.408	7.564	8.672	10.085	12.792
18	6.265	7.015	8.231	9.390	10.865	13.675
19	6.844	7.633	8.907	10.117	11.651	14.562
20	7.434	8.260	9.591	10.851	12.443	15.452
21	8.034	8.897	10.283	11.591	13.240	16.344
22	8.643	9.542	10.982	12.338	14.042	17.240
23	9.260	10.196	11.689	13.091	14.848	18.137
24	9.886	10.856	12.401	13.848	15.659	19.037
25	10.520	11.524	13.120	14.611	16.473	19.939
26	11.160	12.198	13.844	15.379	17.292	20.843
27	11.808	12.879	14.573	16.151	18.114	21.749
28	12.461	13.565	15.308	16.928	18.939	22.657
29	13.121	14.257	16.047	17.708	19.768	23.567
30	13.787	14.954	16.791	18.493	20.599	24.478
31	14.458	15.655	17.539	19.281	21.434	25.390
32	15.134	16.362	18.291	20.072	22.271	26.304
33	15.815	17.074	19.047	20.867	23.110	27.219
34	16.501	17.789	19.806	21.664	23.952	28.136
35	17.192	18.509	20.569	22.465	24.797	29.054
36	17.887	19.233	21.336	23.269	25.643	29.973
37	18.586	19.960	22.106	24.075	26.492	30.893
38	19.289	20.691	22.878	24.884	27.343	31.815
39	19.996	21.426	23.654	25.695	28.196	32.737
40	20.707	22.164	24.433	26.509	29.051	33.660
41	21.421	22.906	25.215	27.326	29.907	34.585
42	22.138	23.650	25.999	28.144	30.765	35.510
43	22.859	24.398	26.785	28.965	31.625	36.436
44	23.584	25.148	27.575	29.787	32.487	37.363
45	24.311	25.901	28.366	30.612	33.350	38.291

续表

n	$\alpha=0.25$	0.10	0.05	0.025	0.01	0.005
1	1.323	2.706	3.841	5.024	6.635	7.879
2	2.773	4.605	5.991	7.378	9.210	10.597
3	4.108	6.251	7.815	9.348	11.345	12.838
4	5.385	7.779	9.488	11.143	13.277	14.860
5	6.626	9.236	11.071	12.833	15.086	16.750
6	7.841	10.645	12.592	14.449	16.812	18.548
7	9.037	12.017	14.067	16.013	18.475	20.278
8	10.219	13.362	15.507	17.535	20.090	21.955
9	11.389	14.684	16.919	19.023	21.666	23.589
10	12.549	15.987	18.307	20.483	23.209	25.188
11	13.701	17.275	19.675	21.920	24.725	26.757
12	14.845	18.549	21.026	23.337	26.217	28.299
13	15.984	19.812	22.362	24.736	27.688	29.819
14	17.117	21.064	23.685	26.119	29.141	31.319
15	18.245	22.307	24.996	27.488	30.578	32.801
16	19.369	23.542	26.296	28.845	32.000	34.267
17	20.489	24.769	27.587	30.191	33.409	35.718
18	21.605	25.989	28.869	31.526	34.805	37.156
19	22.718	27.204	30.144	32.852	36.191	38.582
20	23.828	28.412	31.410	34.170	37.566	39.997
21	24.935	29.615	32.671	35.479	38.932	41.401
22	26.039	30.813	33.924	36.781	40.289	42.796
23	27.141	32.007	35.172	38.076	41.638	44.181
24	28.241	33.196	36.415	39.364	42.980	45.559
25	29.339	34.382	37.652	40.646	44.314	46.928
26	30.435	35.563	38.885	41.923	45.642	48.290
27	31.528	36.741	40.113	43.194	46.963	49.645
28	32.620	37.916	41.337	44.461	48.278	50.993
29	33.711	39.087	42.557	45.722	49.588	52.336
30	34.800	40.256	43.773	46.979	50.892	53.672
31	35.887	41.422	44.985	48.232	52.191	55.003
32	36.973	42.585	46.194	49.480	53.486	56.328
33	38.058	43.745	47.400	50.725	54.776	57.648
34	39.141	44.903	48.602	51.966	56.061	58.964
35	40.223	46.059	49.802	53.203	57.342	60.275
36	41.304	47.212	50.998	54.437	58.619	61.581
37	43.383	48.363	52.192	55.668	59.892	62.883
38	43.462	49.513	53.384	56.896	61.162	64.181
39	44.539	50.660	54.572	58.120	62.428	65.476
40	45.616	51.805	55.758	59.342	63.691	66.766
41	46.692	52.949	56.942	60.561	64.950	68.053
42	47.766	54.090	58.124	61.777	66.206	69.336
43	48.840	55.230	59.304	62.990	67.459	70.616
44	49.913	56.369	60.481	64.201	68.710	71.893
45	50.985	57.505	61.656	65.410	69.957	73.166

附表5　t 分布表

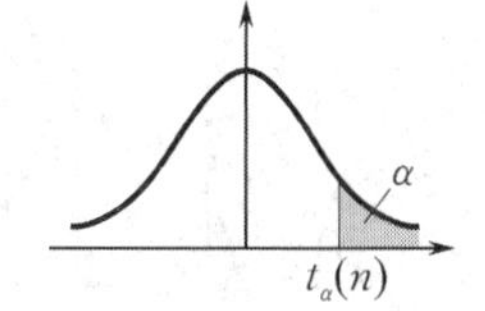

$$P\{t(n) > t_\alpha(n)\} = \alpha$$

n	$\alpha=0.25$	0.10	0.05	0.025	0.01	0.005
1	1.000 0	3.077 7	6.313 8	12.706 2	31.820 7	63.657 4
2	0.816 5	1.885 6	2.920 0	4.302 7	6.964 6	9.924 8
3	0.764 9	1.637 7	2.353 4	3.182 4	4.540 7	5.840 9
4	0.740 7	1.533 2	2.131 8	2.776 4	3.746 9	4.604 1
5	0.726 7	1.475 9	2.015 0	2.570 6	3.364 9	4.032 2
6	0.717 6	1.439 8	1.943 2	2.446 9	3.142 7	3.707 4
7	0.711 1	1.414 9	1.894 6	2.364 6	2.998 0	3.499 5
8	0.706 4	1.396 8	1.859 5	2.306 0	2.896 5	3.355 4
9	0.702 7	1.383 0	1.833 1	2.262 2	2.821 4	3.249 8
10	0.699 8	1.372 2	1.812 5	2.228 1	2.763 8	3.169 3
11	0.697 4	1.363 4	1.795 9	2.201 0	2.718 1	3.105 8
12	0.695 5	1.356 2	1.782 3	2.178 8	2.681 0	3.054 5
13	0.693 8	1.350 2	1.770 9	2.160 4	2.650 3	3.012 3
14	0.692 4	1.345 0	1.761 3	2.144 8	2.624 5	2.976 8
15	0.691 2	1.340 6	1.753 1	2.131 5	2.602 5	2.946 7
16	0.690 1	1.336 8	1.745 9	2.119 9	2.583 5	2.920 8
17	0.689 2	1.333 4	1.739 6	2.109 8	2.566 9	2.898 2
18	0.688 4	1.330 4	1.734 1	2.100 9	2.552 4	2.878 4
19	0.687 6	1.327 7	1.729 1	2.093 0	2.539 5	2.860 9
20	0.687 0	1.325 3	1.724 7	2.086 0	2.528 0	2.845 3
21	0.686 4	1.323 2	1.720 7	2.079 6	2.517 7	2.831 4
22	0.685 8	1.321 2	1.717 1	2.073 9	2.508 3	2.818 8
23	0.685 3	1.319 5	1.713 9	2.068 7	2.499 9	2.807 3
24	0.684 8	1.317 8	1.710 9	2.063 9	2.492 2	2.796 9
25	0.684 4	1.316 3	1.708 1	2.059 5	2.485 1	2.787 4
26	0.684 0	1.315 0	1.705 6	2.055 5	2.478 6	2.778 7
27	0.683 7	1.313 7	1.703 3	2.051 8	2.472 7	2.770 7
28	0.683 4	1.312 5	1.701 1	2.048 4	2.467 1	2.763 3
29	0.683 0	1.311 4	1.699 1	2.045 2	2.462 0	2.756 4
30	0.682 8	1.310 4	1.697 3	2.042 3	2.457 3	2.750 0
31	0.682 5	1.309 5	1.695 5	2.039 5	2.452 8	2.744 0
32	0.682 2	1.308 6	1.693 9	2.036 9	2.448 7	2.738 5
33	0.682 0	1.307 7	1.692 4	2.034 5	2.444 8	2.733 3
34	0.681 8	1.307 0	1.690 9	2.032 2	2.441 1	2.728 4
35	0.681 6	1.306 2	1.689 6	2.030 1	2.437 7	2.723 8
36	0.681 4	1.305 5	1.688 3	2.028 1	2.434 5	2.719 5
37	0.681 2	1.304 9	1.687 1	2.026 2	2.431 4	2.715 4
38	0.681 0	1.304 2	1.686 0	2.024 4	2.428 6	2.711 6
39	0.680 8	1.303 6	1.684 9	2.022 7	2.425 8	2.707 9
40	0.680 7	1.303 1	1.683 9	2.021 1	2.423 3	2.704 5
41	0.680 5	1.302 5	1.682 9	2.019 5	2.420 8	2.701 2
42	0.680 4	1.302 0	1.682 0	2.018 1	2.418 5	2.698 1
43	0.680 2	1.301 6	1.681 1	2.016 7	2.416 3	2.695 1
44	0.680 1	1.301 1	1.680 2	2.015 4	2.414 1	2.692 3
45	0.680 0	1.300 6	1.679 4	2.014 1	2.412 1	2.689 6

附表6 F 分布表

$$P\{F(n_1,n_2)>F_\alpha(n_1,n_2)\}=\alpha$$

$\alpha=0.10$

n_2	n_1																		
	1	2	3	4	5	6	7	8	9	10	12	15	20	24	30	40	60	120	∞
1	39.86	49.50	53.59	55.83	57.24	58.20	58.91	59.44	59.86	60.19	60.71	61.22	61.74	62.00	62.26	62.53	62.79	63.06	63.33
2	8.53	9.00	9.16	9.24	9.29	9.33	9.35	9.37	9.38	9.39	9.41	9.42	9.44	9.45	9.46	9.47	9.47	9.48	9.49
3	5.54	5.46	5.39	5.34	5.31	5.28	5.27	5.25	5.24	5.23	5.22	5.20	5.18	5.18	5.17	5.16	5.15	5.14	5.13
4	4.54	4.32	4.19	4.11	4.05	4.01	3.98	3.95	3.94	3.92	3.90	3.87	3.84	3.83	3.82	3.80	3.79	3.78	3.76
5	4.06	3.78	3.62	3.52	3.45	3.40	3.37	3.34	3.32	3.30	3.27	3.24	3.21	3.19	3.17	3.16	3.14	3.12	3.10
6	3.78	3.46	3.29	3.18	3.11	3.05	3.01	2.98	2.96	2.94	2.90	2.87	2.84	2.82	2.80	2.78	2.76	2.74	2.72
7	3.59	3.26	3.07	2.96	2.88	2.83	2.78	2.75	2.72	2.70	2.67	2.63	2.59	2.58	2.56	2.54	2.51	2.49	2.47
8	3.46	3.11	2.92	2.81	2.73	2.67	2.62	2.59	2.56	2.54	2.50	2.46	2.42	2.40	2.38	2.36	2.34	2.32	2.29
9	3.36	3.01	2.81	2.69	2.61	2.55	2.51	2.47	2.44	2.42	2.38	2.34	2.30	2.28	2.25	2.23	2.21	2.18	2.16
10	3.29	2.92	2.73	2.61	2.52	2.46	2.41	2.38	2.35	2.32	2.28	2.24	2.20	2.18	2.16	2.13	2.11	2.08	2.06
11	2.23	2.86	2.66	2.54	2.45	2.39	2.34	2.30	2.27	2.25	2.21	2.17	2.12	2.10	2.08	2.05	2.03	2.00	1.97
12	3.18	2.81	2.61	2.48	2.39	2.33	2.28	2.24	2.21	2.19	2.15	2.10	2.06	2.04	2.01	1.99	1.96	1.93	1.90
13	3.14	2.76	2.56	2.43	2.35	2.28	2.23	2.20	2.16	2.14	2.10	2.05	2.01	1.98	1.96	1.93	1.90	1.88	1.85
14	3.10	2.73	2.52	2.39	2.31	2.24	2.19	2.15	2.12	2.10	2.05	2.01	1.96	1.94	1.91	1.89	1.86	1.83	1.80
15	3.07	2.70	2.49	2.36	2.27	2.21	2.16	2.12	2.09	2.06	2.02	1.97	1.92	1.90	1.87	1.85	1.82	1.79	1.76
16	3.05	2.67	2.46	2.33	2.24	2.18	2.13	2.09	2.06	2.03	1.99	1.94	1.89	1.87	1.84	1.81	1.78	1.75	1.72
17	3.03	2.64	2.44	2.31	2.22	2.15	2.10	2.06	2.03	2.00	1.96	1.91	1.86	1.84	1.81	1.78	1.75	1.72	1.69
18	3.01	2.62	2.42	2.29	2.20	2.13	2.08	2.04	2.00	1.98	1.93	1.89	1.84	1.81	1.78	1.75	1.72	1.69	1.66
19	2.99	2.61	2.40	2.27	2.18	2.11	2.06	2.02	1.98	1.96	1.91	1.86	1.81	1.79	1.76	1.73	1.70	1.67	1.63

续表

n_2	n_1																		
	1	2	3	4	5	6	7	8	9	10	12	15	20	24	30	40	60	120	∞
20	2.97	2.59	2.38	2.25	2.16	2.09	2.04	2.00	1.96	1.94	1.89	1.84	1.79	1.77	1.74	1.71	1.68	1.64	1.61
21	2.96	2.57	2.36	2.23	2.14	2.08	2.02	1.98	1.95	1.92	1.87	1.83	1.78	1.75	1.72	1.69	1.66	1.62	1.59
22	2.95	2.56	2.35	2.22	2.13	2.06	2.01	1.97	1.93	1.90	1.86	1.81	1.76	1.73	1.70	1.67	1.64	1.60	1.57
23	2.94	2.55	2.34	2.21	2.11	2.05	1.99	1.95	1.92	1.89	1.84	1.80	1.74	1.72	1.69	1.66	1.62	1.59	1.55
24	2.93	2.54	2.33	2.19	2.10	2.04	1.98	1.94	1.91	1.88	1.83	1.78	1.73	1.70	1.67	1.64	1.61	1.57	1.53
25	2.92	2.53	2.32	2.18	2.09	2.02	1.97	1.93	1.89	1.87	1.82	1.77	1.72	1.69	1.66	1.63	1.59	1.56	1.52
26	2.91	2.52	2.31	2.17	2.08	2.01	1.96	1.92	1.88	1.86	1.81	1.76	1.71	1.68	1.65	1.61	1.58	1.54	1.50
27	2.90	2.51	2.30	2.17	2.07	2.00	1.95	1.91	1.87	1.85	1.80	1.75	1.70	1.67	1.64	1.60	1.57	1.53	1.49
28	2.89	2.50	2.29	2.16	2.06	2.00	1.94	1.90	1.87	1.84	1.79	1.74	1.69	1.66	1.63	1.59	1.56	1.52	1.48
29	2.89	2.50	2.28	2.15	2.06	1.99	1.93	1.89	1.86	1.83	1.78	1.73	1.68	1.65	1.62	1.58	1.55	1.51	1.47
30	2.88	2.49	2.28	2.14	2.05	1.98	1.93	1.88	1.85	1.82	1.77	1.72	1.67	1.64	1.61	1.57	1.54	1.50	1.46
40	2.84	2.44	2.23	2.09	2.00	1.93	1.87	1.83	1.79	1.76	1.71	1.66	1.61	1.57	1.54	1.51	1.47	1.42	1.38
60	2.79	2.39	2.18	2.04	1.95	1.87	1.82	1.77	1.74	1.71	1.66	1.60	1.54	1.51	1.48	1.44	1.40	1.35	1.29
120	2.75	2.35	2.13	1.99	1.90	1.82	1.77	1.72	1.68	1.65	1.60	1.55	1.48	1.45	1.41	1.37	1.32	1.26	1.19
∞	2.71	2.30	2.08	1.94	1.85	1.77	1.72	1.67	1.63	1.60	1.55	1.49	1.42	1.38	1.34	1.30	1.24	1.17	1.00

续表

$\alpha = 0.05$

n_2	n_1=1	2	3	4	5	6	7	8	9	10	12	15	20	24	30	40	60	120	∞
1	161.4	199.5	215.7	224.6	230.2	234.0	236.8	238.9	240.5	241.9	243.9	245.9	248.0	249.1	250.1	251.1	252.2	253.3	254.3
2	18.51	19.00	19.16	19.25	19.30	19.33	19.35	19.37	19.38	19.40	19.41	19.43	19.45	19.45	19.46	19.47	19.48	19.49	19.50
3	10.13	9.55	9.28	9.12	9.01	8.94	8.89	8.85	8.81	8.79	8.74	8.70	8.66	8.64	8.62	8.59	8.57	8.55	8.53
4	7.71	6.94	6.59	6.39	6.26	6.16	6.09	6.04	6.00	5.96	5.91	5.86	5.80	5.77	5.75	5.72	5.69	5.66	5.63
5	6.61	5.79	5.41	5.19	5.05	4.95	4.88	4.82	4.77	4.74	4.68	4.62	4.56	4.53	4.50	4.46	4.43	4.40	4.36
6	5.99	5.14	4.76	4.53	4.39	4.28	4.21	4.15	4.10	4.06	4.00	3.94	3.87	3.84	3.81	3.77	3.74	3.70	3.67
7	5.59	4.74	4.35	4.12	3.97	3.87	3.79	3.73	3.68	3.64	3.57	3.51	3.44	3.41	3.38	3.34	3.30	3.27	3.23
8	5.32	4.46	4.07	3.84	3.69	3.58	3.50	3.44	3.39	3.35	3.28	3.22	3.15	3.12	3.08	3.04	3.01	2.97	2.93
9	5.12	4.26	3.86	3.63	3.48	3.37	3.29	3.23	3.18	3.14	3.07	3.01	2.94	2.90	2.86	2.83	2.79	2.75	2.71
10	4.96	4.10	3.71	3.48	3.33	3.22	3.14	3.07	3.02	2.98	2.91	2.85	2.77	2.74	2.70	2.66	2.62	2.58	2.54
11	4.84	3.98	3.59	3.36	3.20	3.09	3.01	2.95	2.90	2.85	2.79	2.72	2.65	2.61	2.57	2.53	2.49	2.45	2.40
12	4.75	3.89	3.49	3.26	3.11	3.00	2.91	2.85	2.80	2.75	2.69	2.62	2.54	2.51	2.47	2.43	2.38	2.34	2.30
13	4.67	3.81	3.41	3.18	3.03	2.92	2.83	2.77	2.71	2.67	2.60	2.53	2.46	2.42	2.38	2.34	2.30	2.25	2.21
14	4.60	3.74	3.34	3.11	2.96	2.85	2.76	2.70	2.65	2.60	2.53	2.46	2.39	2.35	2.31	2.27	2.22	2.18	2.13
15	4.54	3.68	3.29	3.06	2.90	2.79	2.71	2.64	2.59	2.54	2.48	2.40	2.33	2.29	2.25	2.20	2.16	2.11	2.07
16	4.49	3.63	3.24	3.01	2.85	2.74	2.66	2.59	2.54	2.49	2.42	2.35	2.28	2.24	2.19	2.15	2.11	2.06	2.01
17	4.45	3.59	3.20	2.96	2.81	2.70	2.61	2.55	2.49	2.45	2.38	2.31	2.23	2.19	2.15	2.10	2.06	2.01	1.96
18	4.41	3.55	3.16	2.93	2.77	2.66	2.58	2.51	2.46	2.41	2.34	2.27	2.19	2.15	2.11	2.06	2.02	1.97	1.92
19	4.38	3.52	3.13	2.90	2.74	2.63	2.54	2.48	2.42	2.38	2.31	2.23	2.16	2.11	2.07	2.03	1.98	1.93	1.88
20	4.35	3.49	3.10	2.87	2.71	2.60	2.51	2.45	2.39	2.35	2.28	2.20	2.12	2.08	2.04	1.99	1.95	1.90	1.84
21	4.32	3.47	3.07	2.84	2.68	2.57	2.49	2.42	2.37	2.32	2.25	2.18	2.10	2.05	2.01	1.96	1.92	1.87	1.81
22	4.30	3.44	3.05	2.82	2.66	2.55	2.46	2.40	2.34	2.30	2.23	2.15	2.07	2.03	1.98	1.94	1.89	1.84	1.78
23	4.28	3.42	3.03	2.80	2.64	2.53	2.44	2.37	2.32	2.27	2.20	2.13	2.05	2.01	1.96	1.91	1.86	1.81	1.76
24	4.26	3.40	3.01	2.78	2.62	2.51	2.42	2.36	2.30	2.25	2.18	2.11	2.03	1.98	1.94	1.89	1.84	1.79	1.73

续表

n_2	n_1																		
	1	2	3	4	5	6	7	8	9	10	12	15	20	24	30	40	60	120	∞
25	4.24	3.39	2.99	2.76	2.60	2.49	2.40	2.34	2.28	2.24	2.16	2.09	2.01	1.96	1.92	1.87	1.82	1.77	1.71
26	4.23	3.37	2.98	2.74	2.59	2.47	2.39	2.32	2.27	2.22	2.15	2.07	1.99	1.95	1.90	1.85	1.80	1.75	1.69
27	4.21	3.35	2.96	2.73	2.57	2.46	2.37	2.31	2.25	2.20	2.13	2.06	1.97	1.93	1.88	1.84	1.79	1.73	1.67
28	4.20	3.34	2.95	2.71	2.56	2.45	2.36	2.29	2.24	2.19	2.12	2.04	1.96	1.91	1.87	1.82	1.77	1.71	1.65
29	4.18	3.33	2.93	2.70	2.55	2.43	2.35	2.28	2.22	2.18	2.10	2.03	1.94	1.90	1.85	1.81	1.75	1.70	1.64
30	4.17	3.32	2.92	2.69	2.53	2.42	2.33	2.27	2.21	2.16	2.09	2.01	1.93	1.89	1.84	1.79	1.74	1.68	1.62
40	4.08	3.23	2.84	2.61	2.45	2.34	2.25	2.18	2.12	2.08	2.00	1.92	1.84	1.79	1.74	1.69	1.64	1.58	1.51
60	4.00	3.15	2.76	2.53	2.37	2.25	2.17	2.10	2.04	1.99	1.92	1.84	1.75	1.70	1.65	1.59	1.53	1.47	1.39
120	3.92	3.07	2.68	2.45	2.29	2.17	2.09	2.02	1.96	1.91	1.83	1.75	1.66	1.61	1.55	1.50	1.43	1.35	1.25
∞	3.84	3.00	2.60	2.37	2.21	2.10	2.01	1.94	1.88	1.83	1.75	1.67	1.57	1.52	1.46	1.39	1.32	1.22	1.00

$\alpha = 0.025$

续表

n_2	n_1																		
	1	2	3	4	5	6	7	8	9	10	12	15	20	24	30	40	60	120	∞
1	647.8	799.5	864.2	899.6	921.8	937.1	948.2	956.7	963.3	368.6	976.7	984.9	993.1	997.2	1 001	1 006	1 010	1 014	1 018
2	38.51	39.00	39.17	39.25	39.30	39.33	39.36	39.37	39.39	39.40	39.41	39.43	39.45	39.46	39.46	39.47	39.48	39.49	39.50
3	17.44	16.04	15.44	15.10	14.88	14.73	14.62	14.54	14.47	14.42	14.34	14.25	14.17	14.12	14.08	14.04	13.99	13.95	13.90
4	12.22	10.65	9.98	9.60	9.36	9.20	9.07	8.98	8.90	8.84	8.75	8.66	8.56	8.51	8.46	8.41	8.36	8.31	8.26
5	10.01	8.43	7.76	7.39	7.15	6.98	6.85	6.76	6.68	6.62	6.52	6.43	6.33	6.28	6.23	6.18	6.12	6.07	6.02
6	8.81	7.26	6.60	6.23	5.99	5.82	5.70	5.60	5.52	5.46	5.37	5.27	5.17	5.12	5.07	5.01	4.96	4.90	4.85
7	8.07	6.54	5.89	5.52	5.29	5.12	4.99	4.90	4.82	4.76	4.67	4.57	4.47	4.42	4.36	4.31	4.25	4.20	4.14
8	7.57	6.06	5.42	5.05	4.82	4.65	4.53	4.43	4.36	4.30	4.20	4.10	4.00	3.95	3.89	3.84	3.78	3.73	3.67
9	7.21	5.71	5.08	4.72	4.48	4.32	4.20	4.10	4.03	3.96	3.87	3.77	3.67	3.61	3.56	3.51	3.45	3.39	3.33
10	6.94	5.46	4.83	4.47	4.24	4.07	3.95	3.85	3.78	3.72	3.62	3.52	3.42	3.37	3.31	3.26	3.20	3.14	3.08
11	6.72	5.26	4.63	4.28	4.04	3.88	3.76	3.66	3.59	3.53	3.43	3.33	3.23	3.17	3.12	3.06	3.00	2.94	2.88
12	6.55	5.10	4.47	4.12	3.89	3.73	3.61	3.51	3.44	3.37	3.28	3.18	3.07	3.02	2.96	2.91	2.85	2.79	2.72
13	6.41	4.97	4.35	4.00	3.77	3.60	3.48	3.39	3.31	3.25	3.15	3.05	2.95	2.89	2.84	2.78	2.72	2.66	2.60
14	6.30	4.86	4.24	3.89	3.66	3.50	3.38	3.29	3.21	3.15	3.05	2.95	2.84	2.79	2.73	2.67	2.61	2.55	2.49
15	6.20	4.77	4.15	3.80	3.58	3.41	3.29	3.20	3.12	3.06	2.96	2.86	2.76	2.70	2.64	2.59	2.52	2.46	2.40
16	6.12	4.69	4.08	3.73	3.50	3.34	3.22	3.12	3.05	2.99	2.89	2.79	2.68	2.63	2.57	2.51	2.45	2.38	2.32
17	6.04	4.62	4.01	3.66	3.44	3.28	3.16	3.06	2.98	2.92	2.82	2.72	2.62	2.56	2.50	2.44	2.38	2.32	2.25
18	5.98	4.56	3.95	3.61	3.38	3.22	3.10	3.01	2.93	2.87	2.77	2.67	2.56	2.50	2.44	2.38	2.32	2.26	2.19
19	5.92	4.51	3.90	3.56	3.33	3.17	3.05	2.96	2.88	2.82	2.72	2.62	2.51	2.45	2.39	2.33	2.27	2.20	2.13
20	5.87	4.46	3.86	3.51	3.29	3.13	3.01	2.91	2.84	2.77	2.68	2.57	2.46	2.41	2.35	2.29	2.22	2.16	2.09
21	5.83	4.42	3.82	3.48	3.25	3.09	2.97	2.87	2.80	2.73	2.64	2.53	2.42	2.37	2.31	2.25	2.18	2.11	2.04
22	5.79	4.38	3.78	3.44	3.22	3.05	2.93	2.84	2.76	2.70	2.60	2.50	2.39	2.33	2.27	2.21	2.14	2.08	2.00
23	5.75	4.35	3.75	3.41	3.18	3.02	2.90	2.81	2.73	2.67	2.57	2.47	2.36	2.30	2.24	2.18	2.11	2.04	1.97
24	5.72	4.32	3.72	3.38	3.15	2.99	2.87	2.78	2.70	2.64	2.54	2.44	2.33	2.27	2.21	2.15	2.08	2.01	1.94

续表

n_2	n_1																		
	1	2	3	4	5	6	7	8	9	10	12	15	20	24	30	40	60	120	∞
25	5.69	4.29	3.69	3.35	3.13	2.97	2.85	2.75	2.68	2.61	2.51	2.41	2.30	2.24	2.18	2.12	2.05	1.98	1.91
26	5.66	4.27	3.67	3.33	3.10	2.94	2.82	2.73	2.65	2.59	2.49	2.39	2.28	2.22	2.16	2.09	2.03	1.95	1.88
27	5.63	4.24	3.65	3.31	3.08	2.92	2.80	2.71	2.63	2.57	2.47	2.36	2.25	2.19	2.13	2.07	2.00	1.93	1.85
28	5.61	4.22	3.63	3.29	3.06	2.90	2.78	2.69	2.61	2.55	2.45	2.34	2.23	2.17	2.11	2.05	1.98	1.91	1.83
29	5.59	4.20	3.61	3.27	3.04	2.88	2.76	2.67	2.59	2.53	2.43	2.32	2.21	2.15	2.09	2.03	1.96	1.89	1.81
30	5.57	4.18	3.59	3.25	3.03	2.87	2.75	2.65	2.57	2.51	2.41	2.31	2.20	2.14	2.07	2.01	1.94	1.87	1.79
40	5.42	4.05	3.46	3.13	2.90	2.74	2.62	2.53	2.45	2.39	2.29	2.18	2.07	2.01	1.94	1.88	1.80	1.72	1.64
60	5.29	3.93	3.34	3.01	2.79	2.63	2.51	2.41	2.33	2.27	2.17	2.06	1.94	1.88	1.82	1.44	1.67	1.58	1.48
120	5.15	3.80	3.23	2.89	2.67	2.52	2.39	2.30	2.22	2.16	2.05	1.94	1.82	1.76	1.69	1.61	1.53	1.43	1.31
∞	5.02	3.69	3.12	2.79	2.57	2.41	2.29	2.19	2.11	2.05	1.94	1.83	1.71	1.64	1.57	1.48	1.39	1.27	1.00

续表

$\alpha = 0.01$

n_2	n_1=1	2	3	4	5	6	7	8	9	10	12	15	20	24	30	40	60	120	∞
1	4 052	4 999.5	5 403	5 625	5 764	5 859	5 928	5 982	6 022	6 056	6 106	6 157	6 209	6 235	6 261	6 287	6 313	6 639	6 366
2	98.50	99.00	99.17	99.25	99.30	99.33	99.36	99.37	99.39	99.40	99.42	99.43	99.45	99.46	99.47	99.47	99.48	99.49	99.50
3	34.12	30.82	29.46	28.71	28.24	27.91	27.67	27.49	27.35	27.23	27.05	26.87	26.69	26.60	26.50	26.41	26.32	26.22	26.13
4	21.20	18.00	16.69	15.98	15.12	15.21	14.98	14.80	14.66	14.55	14.37	14.20	14.02	13.93	13.84	13.75	13.65	13.56	13.46
5	16.26	13.27	12.06	11.39	10.97	10.67	10.46	10.29	10.16	10.05	9.89	9.72	9.55	9.47	9.38	9.29	9.20	9.11	9.02
6	13.75	10.92	9.78	9.15	8.75	8.47	8.26	8.10	7.98	7.87	7.72	7.56	7.40	7.31	7.23	7.14	7.06	6.97	6.88
7	12.25	9.55	8.45	7.85	7.46	7.19	6.99	6.84	6.72	6.62	6.47	6.31	6.16	6.07	5.99	5.91	9.82	5.74	5.65
8	11.26	8.65	7.59	7.01	6.63	6.37	6.18	6.03	5.91	5.81	5.67	5.52	5.36	5.28	5.20	5.12	5.03	4.95	4.86
9	10.56	8.02	6.99	6.42	6.06	5.80	5.61	5.47	5.35	5.26	5.11	4.96	4.81	4.73	4.65	4.57	4.48	4.40	4.31
10	10.04	7.56	6.55	5.99	5.64	5.39	5.20	5.06	4.94	4.85	4.71	4.56	4.41	4.33	4.25	4.17	4.08	4.00	3.91
11	9.65	7.21	6.22	5.67	5.32	5.07	4.89	4.74	4.63	4.54	4.40	4.25	4.10	4.02	3.94	3.86	4.78	3.69	3.60
12	9.33	6.93	5.95	5.41	5.06	4.82	4.64	4.50	4.39	4.30	4.16	4.01	3.86	3.78	3.70	3.62	3.54	3.45	3.36
13	9.07	6.70	5.74	5.21	4.86	4.62	4.44	4.30	4.19	4.10	3.96	3.82	3.66	3.59	3.51	3.43	3.34	3.25	3.17
14	8.86	6.51	5.56	5.04	4.69	4.46	4.28	4.14	4.03	3.94	3.80	3.66	3.51	3.43	3.35	3.27	3.18	3.09	3.00
15	8.68	6.36	5.42	4.89	4.56	4.32	4.14	4.00	3.89	3.80	3.67	3.52	3.37	3.29	3.21	3.13	3.05	2.96	2.87
16	8.53	6.23	5.29	4.77	4.44	4.20	4.03	3.89	3.78	3.69	3.55	3.41	3.26	3.18	3.10	3.02	2.93	2.84	2.75
17	8.40	6.11	5.18	4.67	4.34	4.10	3.93	3.79	3.68	3.59	3.46	3.31	3.16	3.08	3.00	2.92	2.83	2.75	2.65
18	8.29	6.01	5.09	4.58	4.25	4.01	3.84	3.71	3.60	3.51	3.37	3.23	3.08	3.00	2.92	2.84	2.75	2.66	2.57
19	8.18	5.93	5.01	4.50	4.17	3.94	3.77	3.63	3.52	3.43	3.30	3.15	3.00	2.92	2.84	2.76	2.67	2.58	2.49
20	8.10	5.85	4.94	4.43	4.10	4.87	3.70	3.56	3.46	3.37	3.23	3.09	2.94	2.86	2.78	2.69	2.61	2.52	2.42
21	8.02	5.78	4.87	4.37	4.04	3.81	3.64	3.51	3.40	3.31	3.17	3.03	2.88	2.80	2.72	2.64	2.55	2.46	2.36
22	7.95	5.72	4.82	4.31	3.99	3.76	3.59	3.45	3.35	3.26	3.12	2.98	2.83	2.75	2.67	2.58	2.50	2.40	2.31
23	7.88	5.66	4.76	4.26	3.94	3.71	3.54	3.41	3.30	3.21	3.07	2.93	2.78	2.70	2.62	2.54	2.45	2.35	2.26
24	7.82	5.61	4.72	4.22	3.90	3.67	3.50	3.36	3.26	3.17	3.03	2.89	2.74	2.66	2.58	2.49	2.40	2.31	2.21

续表

n_2	n_1																		
	1	2	3	4	5	6	7	8	9	10	12	15	20	24	30	40	60	120	∞
25	7.77	5.57	4.68	4.18	3.85	3.63	3.46	3.32	3.22	3.13	2.99	2.85	2.70	2.12	2.54	2.45	2.36	2.27	2.17
26	7.72	5.53	4.64	4.14	3.82	3.59	3.42	3.29	3.18	3.09	2.96	2.81	2.66	2.58	2.50	2.42	2.33	2.23	2.13
27	7.68	5.49	4.60	4.11	3.78	3.56	3.39	3.26	3.15	3.06	2.93	2.78	2.63	2.55	2.47	2.38	2.29	2.20	2.10
28	7.64	5.45	4.57	4.07	3.75	3.53	3.36	3.23	3.12	3.03	2.90	2.75	2.60	2.52	2.44	2.35	2.26	2.17	2.06
29	7.60	5.42	4.54	4.04	3.73	3.50	3.33	3.20	3.09	3.00	2.87	2.73	2.57	2.49	2.41	2.33	2.23	2.14	2.03
30	7.56	5.39	4.51	4.02	3.70	3.47	3.30	3.17	3.07	2.89	2.84	2.70	2.55	2.47	2.39	2.30	2.21	2.11	2.01
40	7.31	5.18	4.31	3.83	3.51	3.29	3.12	2.99	2.89	2.80	2.66	2.52	2.37	2.29	3.20	2.11	2.02	1.92	1.80
60	7.08	4.98	4.13	3.65	3.34	3.12	2.95	2.82	2.72	2.63	2.50	2.35	2.20	2.12	2.03	1.94	1.84	1.73	1.60
120	6.85	4.79	3.95	3.48	3.17	2.96	3.79	2.66	2.56	2.47	2.34	2.19	2.03	1.95	1.86	1.76	1.66	1.53	1.38
∞	6.63	4.61	3.78	3.32	3.02	2.80	2.64	2.51	2.41	2.32	2.18	2.04	1.88	1.79	1.70	1.59	1.47	1.32	1.00

续表

$\alpha = 0.005$

n_2	n_1 = 1	2	3	4	5	6	7	8	9	10	12	15	20	24	30	40	60	120	∞
1	16 211	20 000	21 615	22 500	23 056	23 437	23 715	23 925	24 091	24 224	24 426	24 630	24 836	24 940	25 044	25 148	25 253	25 359	25 465
2	198.5	199.0	199.2	199.2	199.3	199.3	199.4	199.4	199.4	199.4	199.4	199.4	199.4	199.5	199.5	199.5	199.5	199.5	199.5
3	55.55	49.80	47.47	46.19	45.39	44.84	44.43	44.13	43.88	43.69	43.39	43.08	42.78	42.62	42.47	42.31	42.15	41.99	41.83
4	31.33	26.28	24.26	23.15	22.46	21.97	21.62	21.35	21.14	20.97	20.70	20.44	20.17	20.03	19.89	19.75	19.61	19.47	19.32
5	22.78	18.31	16.53	15.56	14.94	14.51	14.20	13.96	13.77	13.62	13.38	13.15	12.90	12.78	12.66	12.53	12.40	12.27	12.14
6	18.63	14.54	12.92	12.03	11.46	11.07	10.79	10.57	10.39	10.25	10.03	9.81	9.59	9.47	9.36	9.24	9.12	9.00	8.88
7	16.24	12.40	10.88	10.05	9.52	9.16	8.89	8.68	8.51	8.38	8.18	7.97	7.75	7.56	7.53	7.42	7.31	7.19	7.08
8	14.69	11.04	9.60	8.81	8.30	7.95	7.69	7.50	7.34	7.21	7.01	6.81	6.61	6.50	6.40	6.29	6.18	6.06	5.95
9	13.61	10.11	8.72	7.96	7.47	7.13	6.88	6.69	6.54	6.42	6.23	6.03	5.83	5.73	5.62	5.52	5.41	5.30	5.19
10	12.83	9.43	8.08	7.34	6.87	6.54	6.30	6.12	5.79	5.85	5.66	5.47	5.27	5.17	5.07	4.97	4.86	4.75	4.64
11	12.23	8.91	7.60	6.88	6.42	6.10	5.86	5.68	5.54	5.42	5.24	5.05	4.86	4.76	4.65	4.55	4.44	4.34	4.23
12	11.75	8.51	7.23	6.52	6.07	5.76	5.52	5.35	5.20	5.09	4.91	4.72	4.53	4.43	4.33	4.23	4.12	4.01	3.90
13	11.37	8.19	6.93	6.23	5.79	5.48	5.25	5.08	4.94	4.82	4.64	4.46	4.27	4.17	4.07	3.97	3.87	3.76	3.65
14	11.06	7.92	6.68	6.00	5.56	5.26	5.03	4.86	4.72	4.60	4.43	4.25	4.06	3.96	3.86	3.76	3.66	3.55	3.44
15	10.80	7.70	6.48	5.80	5.37	5.07	4.85	4.67	4.54	4.42	4.25	4.07	3.88	3.79	3.69	3.58	3.48	3.37	3.26
16	10.58	7.51	6.30	5.64	5.21	4.91	4.69	4.52	4.38	4.27	4.10	3.92	3.73	3.64	3.54	3.44	3.33	3.22	3.11
17	10.38	7.35	6.16	5.50	5.07	4.78	4.56	4.39	4.25	4.14	3.97	3.79	3.61	3.51	3.41	3.31	3.21	3.10	2.98
18	10.22	7.21	6.03	5.37	4.96	4.66	4.44	4.28	4.14	4.03	3.86	3.68	3.50	3.40	3.30	3.20	3.10	2.99	2.87
19	10.07	7.09	5.92	5.27	4.85	4.56	4.34	4.18	4.04	3.93	3.76	3.59	3.40	3.31	3.21	3.11	3.00	2.89	2.78
20	9.94	6.99	5.82	5.17	4.76	4.47	4.26	4.09	3.96	3.85	3.68	3.50	3.32	3.22	3.12	3.02	2.92	2.81	2.69
21	9.83	6.89	5.73	5.09	4.68	4.39	4.18	4.01	3.88	3.77	3.60	3.43	3.24	3.15	3.05	2.95	2.84	2.73	2.61
22	9.73	6.81	5.65	5.02	4.61	4.32	4.11	3.94	3.81	3.70	3.54	3.36	3.18	3.08	2.98	2.88	2.77	2.66	2.55
23	9.63	6.73	5.58	4.95	4.54	4.26	4.05	3.88	3.75	3.64	3.47	3.30	3.12	3.02	2.92	2.82	2.71	2.60	2.48
24	9.55	6.66	5.52	4.89	4.49	4.20	3.99	3.83	3.69	3.59	3.42	3.25	3.06	2.97	2.87	2.77	2.66	2.55	2.43

续表

n_2	n_1																		
	1	2	3	4	5	6	7	8	9	10	12	15	20	24	30	40	60	120	∞
25	9.48	6.60	5.46	4.84	4.43	4.15	3.94	3.78	3.64	3.54	3.37	3.20	3.01	2.92	2.82	2.72	2.61	2.50	2.38
26	9.41	6.54	5.41	4.79	4.38	4.10	3.89	3.73	3.60	3.49	3.33	3.15	2.97	2.87	2.77	2.67	2.56	2.45	2.33
27	9.34	6.49	5.36	4.74	4.34	4.06	3.85	3.69	3.56	3.45	3.28	3.11	2.93	2.83	2.73	2.63	2.52	2.41	2.29
28	9.28	6.44	5.32	4.70	4.30	4.02	3.81	3.65	3.52	3.41	3.25	3.07	2.89	2.79	2.69	2.59	2.48	2.37	2.25
29	9.23	6.40	5.28	4.66	4.26	3.98	3.77	3.61	3.48	3.38	3.21	3.04	2.86	2.76	2.66	2.56	2.45	2.33	2.21
30	9.18	6.35	5.24	4.62	4.23	3.95	3.74	3.58	3.45	3.34	3.18	3.01	2.82	2.73	2.63	2.52	2.42	2.30	2.18
40	8.83	6.07	4.98	4.37	3.99	3.71	3.51	3.35	3.22	3.12	2.95	2.78	2.60	2.50	2.40	2.30	2.18	2.06	1.93
60	8.49	5.79	4.73	4.14	3.76	3.49	3.29	3.13	3.01	2.90	2.74	2.57	2.39	2.29	2.19	2.08	1.96	1.83	1.69
120	8.18	5.54	4.50	3.92	3.55	3.28	3.09	2.93	2.81	2.71	2.54	2.37	2.19	2.09	1.98	1.87	1.75	1.61	1.43
∞	7.88	5.30	4.28	3.72	3.35	3.09	2.90	2.74	2.62	2.52	2.36	2.19	2.00	1.90	1.79	1.67	1.53	1.36	1.00

续表

$\alpha = 0.001$

n_2	n_1 = 1	2	3	4	5	6	7	8	9	10	12	15	20	24	30	40	60	120	∞
1	4 053†	5 000†	5 404†	5 625†	5 764†	5 859†	5 929†	5 981†	6 023†	6 056†	6 107†	6 158†	6 209†	6 235†	6 261†	6 287†	6 313†	6 340†	6 366†
2	998.5	999.0	999.2	999.2	999.3	999.3	999.4	999.4	999.4	999.4	999.4	999.4	999.4	999.5	999.5	999.5	999.5	999.5	999.5
3	167.0	148.5	141.1	137.1	134.6	132.8	131.6	130.6	129.9	129.2	128.3	127.4	126.4	125.9	125.4	125.0	124.5	124.0	123.5
4	74.14	61.25	56.18	53.44	51.71	50.53	49.66	49.00	48.47	48.05	47.41	46.76	46.10	45.77	45.43	45.09	44.75	44.40	44.05
5	47.18	37.12	33.20	31.09	27.75	28.84	29.16	27.64	27.24	26.92	26.42	25.91	25.39	25.14	24.87	24.06	24.33	24.06	23.79
6	35.51	27.00	23.70	21.92	20.81	20.03	19.46	19.03	18.69	18.41	17.99	17.56	17.12	16.89	16.67	16.44	16.21	15.99	15.57
7	29.25	21.69	18.77	17.19	16.21	15.52	15.02	14.63	14.33	14.08	13.71	13.32	12.93	12.73	12.53	12.33	12.12	11.91	11.70
8	25.42	18.49	15.83	14.39	13.49	12.86	12.40	12.04	11.77	11.54	11.19	10.84	10.48	10.30	10.11	9.92	9.73	9.53	9.33
9	22.86	16.39	13.90	12.56	11.7	11.13	10.70	10.37	10.11	9.89	9.57	9.24	8.90	8.72	8.55	8.37	8.19	8.00	7.81
10	21.04	14.91	12.55	11.28	10.48	9.92	9.52	9.20	8.96	8.75	8.45	8.13	7.80	7.64	7.47	7.30	7.12	6.94	6.76
11	19.69	13.81	11.56	10.35	9.58	9.05	8.66	8.35	8.12	7.92	7.63	7.32	7.01	6.85	6.68	6.52	6.35	6.17	6.00
12	18.64	12.97	10.80	9.63	8.89	8.38	8.00	7.71	7.48	7.29	7.00	6.71	6.40	6.25	6.09	5.93	5.76	5.99	5.42
13	17.81	12.31	10.21	9.07	8.35	7.86	7.49	7.21	6.98	6.80	6.52	6.23	5.93	5.78	5.63	5.47	5.30	5.14	4.97
14	17.14	11.78	9.73	8.62	7.92	7.43	7.08	6.80	6.58	6.40	6.13	5.85	5.56	5.41	5.25	5.10	4.94	4.77	4.60
15	16.59	11.34	9.34	8.25	7.57	7.09	6.74	6.47	6.26	6.08	5.81	5.54	5.25	5.10	4.95	4.80	4.64	4.47	4.31
16	16.12	10.97	9.00	7.94	7.27	6.81	6.46	6.19	5.98	5.81	5.55	5.27	4.99	4.85	4.70	4.54	4.39	4.23	4.06
17	15.72	10.66	8.73	7.68	7.02	6.56	6.22	5.96	5.75	5.58	5.32	5.05	4.78	4.63	4.48	4.33	4.18	4.02	3.85
18	15.38	10.39	8.49	7.46	6.81	6.35	6.02	5.76	5.56	5.39	5.13	4.87	4.59	4.45	4.30	4.15	4.00	3.84	3.67
19	15.08	10.16	8.28	7.26	6.62	6.18	5.85	5.59	5.39	5.22	4.97	4.70	4.43	4.29	4.14	3.99	3.84	3.68	3.51
20	14.82	9.95	8.10	7.10	6.46	6.02	6.69	5.44	5.24	5.08	4.82	4.56	4.29	4.15	4.00	3.86	3.70	3.54	3.38
21	14.59	9.77	7.94	6.95	6.32	5.88	5.56	5.31	5.11	4.95	4.70	4.44	4.17	4.03	3.88	3.74	3.58	3.42	3.26
22	14.38	9.61	7.80	6.81	6.19	5.76	5.44	5.19	4.99	4.83	4.58	4.33	4.06	3.92	3.78	3.63	3.48	3.32	3.15
23	14.19	9.47	7.67	6.69	6.08	5.65	5.33	5.09	4.89	4.73	4.48	4.23	3.96	3.82	3.68	3.53	3.38	3.22	3.05
24	14.03	9.34	7.55	6.59	5.98	5.55	5.23	4.99	4.80	4.64	4.39	4.14	3.87	3.74	3.59	3.45	3.29	3.14	2.97

注:† 表示要将所列数乘以 100.

续表

n_2	n_1																		
	1	2	3	4	5	6	7	8	9	10	12	15	20	24	30	40	60	120	∞
25	13.88	9.22	7.45	6.49	5.88	5.46	5.15	4.91	4.71	4.56	4.31	4.06	3.79	3.66	3.52	3.37	3.22	3.06	2.89
26	13.74	9.12	7.36	6.41	5.80	5.38	5.07	4.83	4.64	4.48	4.24	3.99	3.72	3.59	3.44	3.30	3.15	2.99	2.82
27	13.61	9.02	7.27	6.33	5.73	5.31	5.00	4.76	4.57	4.41	4.17	3.92	3.66	3.52	3.38	3.23	3.08	2.92	2.75
28	13.50	8.93	7.19	6.25	5.66	5.24	4.93	4.69	4.50	4.35	4.11	3.86	3.60	3.46	3.32	3.18	3.02	2.86	2.69
29	13.39	8.85	7.12	6.19	5.59	5.18	4.87	4.64	4.45	4.29	4.05	3.80	3.54	3.41	3.27	3.12	2.97	2.81	2.64
30	13.29	8.77	7.05	6.12	5.53	5.12	4.82	4.58	4.39	4.24	4.00	3.75	3.49	3.36	3.22	3.07	2.92	2.76	2.59
40	12.61	8.25	6.60	5.70	5.13	4.73	4.44	4.21	4.02	3.87	3.64	3.40	3.15	3.01	2.87	2.73	2.57	2.41	2.23
60	11.97	7.76	6.17	5.31	4.76	4.37	4.09	3.87	3.69	3.54	3.31	3.08	2.83	2.69	2.55	2.41	2.25	2.08	1.89
120	11.38	7.32	5.79	4.95	4.42	4.04	3.77	3.55	3.38	3.24	3.02	2.78	2.53	2.40	2.26	2.11	1.95	1.76	1.54
∞	10.83	6.91	5.42	4.62	4.10	3.74	3.47	3.27	3.10	2.96	2.74	2.51	2.27	2.13	1.99	1.84	1.66	1.45	1.00

附表 7　正态总体均值、方差的置信区间与单侧置信限（置信度为 $1-\alpha$）

	待估参数	其他参数	枢轴量 W 的分布	置信区间	单侧置信限
单正态总体	μ	σ^2 已知	$Z=\dfrac{\overline{X}-\mu}{\sigma/\sqrt{n}}\sim N(0,1)$	$\left(\overline{X}\pm\dfrac{\sigma}{\sqrt{n}}z_{\alpha/2}\right)$	$\overline{\mu}=\overline{X}+\dfrac{\sigma}{\sqrt{n}}z_{\alpha}$　$\underline{\mu}=\overline{X}-\dfrac{\sigma}{\sqrt{n}}z_{\alpha}$
	μ	σ^2 未知	$t=\dfrac{\overline{X}-\mu}{S/\sqrt{n}}\sim t(n-1)$	$\left(\overline{X}\pm\dfrac{S}{\sqrt{n}}t_{\alpha/2}(n-1)\right)$	$\overline{\mu}=\overline{X}+\dfrac{S}{\sqrt{n}}t_{\alpha}(n-1)$ $\underline{\mu}=\overline{X}-\dfrac{S}{\sqrt{n}}t_{\alpha}(n-1)$
	σ^2	μ 未知	$\chi^2=\dfrac{(n-1)S^2}{\sigma^2}\sim\chi^2(n-1)$	$\left(\dfrac{(n-1)S^2}{\chi^2_{\alpha/2}(n-1)},\dfrac{(n-1)S^2}{\chi^2_{1-\alpha/2}(n-1)}\right)$	$\overline{\sigma^2}=\dfrac{(n-1)S^2}{\chi^2_{1-\alpha}(n-1)}$　$\underline{\sigma^2}=\dfrac{(n-1)S^2}{\chi^2_{\alpha}(n-1)}$
双正态总体	$\mu_1-\mu_2$	σ_1^2,σ_2^2 已知	$Z=\dfrac{(\overline{X}-\overline{Y})-(\mu_1-\mu_2)}{\sqrt{\dfrac{\sigma_1^2}{n_1}+\dfrac{\sigma_2^2}{n_2}}}\sim N(0,1)$	$\left(\overline{X}-\overline{Y}\pm z_{\alpha/2}\sqrt{\dfrac{\sigma_1^2}{n_1}+\dfrac{\sigma_2^2}{n_2}}\right)$	$\overline{\mu_1-\mu_2}=\overline{X}-\overline{Y}+z_{\alpha}\sqrt{\dfrac{\sigma_1^2}{n_1}+\dfrac{\sigma_2^2}{n_2}}$ $\underline{\mu_1-\mu_2}=\overline{X}-\overline{Y}-z_{\alpha}\sqrt{\dfrac{\sigma_1^2}{n_1}+\dfrac{\sigma_2^2}{n_2}}$
	$\mu_1-\mu_2$	$\sigma_1^2=\sigma_2^2=\sigma^2$ 未知	$t=\dfrac{(\overline{X}-\overline{Y})-(\mu_1-\mu_2)}{S_w\sqrt{\dfrac{1}{n_1}+\dfrac{1}{n_2}}}\sim t(n_1+n_2-2)$ $S_w^2=\dfrac{(n_1-1)S_1^2+(n_2-1)S_2^2}{n_1+n_2-2}$	$\left(\overline{X}-\overline{Y}\pm t_{\alpha/2}(n_1+n_2-2)\cdot S_w\sqrt{\dfrac{1}{n_1}+\dfrac{1}{n_2}}\right)$	$\overline{\mu_1-\mu_2}=\overline{X}-\overline{Y}+t_{\alpha}(n_1+n_2-2)S_w\sqrt{\dfrac{1}{n_1}+\dfrac{1}{n_2}}$ $\underline{\mu_1-\mu_2}=\overline{X}-\overline{Y}-t_{\alpha}(n_1+n_2-2)S_w\sqrt{\dfrac{1}{n_1}+\dfrac{1}{n_2}}$
	$\dfrac{\sigma_1^2}{\sigma_2^2}$	μ_1,μ_2 未知	$F=\dfrac{S_1^2/S_2^2}{\sigma_1^2/\sigma_2^2}\sim F(n_1-1,n_2-1)$	$\left(\dfrac{S_1^2}{S_2^2}\dfrac{1}{F_{\alpha/2}(n_1-1,n_2-1)},\dfrac{S_1^2}{S_2^2}\dfrac{1}{F_{1-\alpha/2}(n_1-1,n_2-1)}\right)$	$\overline{\dfrac{\sigma_1^2}{\sigma_2^2}}=\dfrac{S_1^2}{S_2^2}\dfrac{1}{F_{1-\alpha}(n_1-1,n_2-1)}$ $\underline{\dfrac{\sigma_1^2}{\sigma_2^2}}=\dfrac{S_1^2}{S_2^2}\dfrac{1}{F_{\alpha}(n_1-1,n_2-1)}$

附表 8　正态总体均值、方差的假设检验

	原假设 H_0	检验统计量	备择假设 H_1	拒绝域
σ^2 已知	$\mu \leqslant \mu_0$ $\mu \geqslant \mu_0$ $\mu = \mu_0$	$Z = \dfrac{\overline{X} - \mu_0}{\sigma / \sqrt{n}}$	$\mu > \mu_0$ $\mu < \mu_0$ $\mu \neq \mu_0$	$\{Z \geqslant z_\alpha\}$ $\{Z \leqslant -z_\alpha\}$ $\{\|Z\| \geqslant z_{\alpha/2}\}$
σ^2 未知	$\mu \leqslant \mu_0$ $\mu \geqslant \mu_0$ $\mu = \mu_0$	$t = \dfrac{\overline{X} - \mu_0}{S / \sqrt{n}}$	$\mu > \mu_0$ $\mu < \mu_0$ $\mu \neq \mu_0$	$\{t \geqslant t_\alpha(n-1)\}$ $\{t \leqslant -t_\alpha(n-1)\}$ $\{\|t\| \geqslant t_{\alpha/2}(n-1)\}$
σ_1^2, σ_2^2 已知	$\mu_1 - \mu_2 \leqslant \delta$ $\mu_1 - \mu_2 \geqslant \delta$ $\mu_1 - \mu_2 = \delta$	$Z = \dfrac{(\overline{X} - \overline{Y}) - \delta}{\sqrt{\dfrac{\sigma_1^2}{n_1} + \dfrac{\sigma_2^2}{n_2}}}$	$\mu_1 - \mu_2 > \delta$ $\mu_1 - \mu_2 < \delta$ $\mu_1 - \mu_2 \neq \delta$	$\{Z \geqslant z_\alpha\}$ $\{Z \leqslant -z_\alpha\}$ $\{\|Z\| \geqslant z_{\alpha/2}\}$
$\sigma_1^2 = \sigma_2^2 = \sigma^2$ 未知	$\mu_1 - \mu_2 \leqslant \delta$ $\mu_1 - \mu_2 \geqslant \delta$ $\mu_1 - \mu_2 = \delta$	$t = \dfrac{(\overline{X} - \overline{Y}) - \delta}{S_w \sqrt{\dfrac{1}{n_1} + \dfrac{1}{n_2}}}$ $S_w^2 = \dfrac{(n_1 - 1)S_1^2 + (n_2 - 1)S_2^2}{n_1 + n_2 - 2}$	$\mu_1 - \mu_2 > \delta$ $\mu_1 - \mu_2 < \delta$ $\mu_1 - \mu_2 \neq \delta$	$\{t \geqslant t_\alpha(n_1 + n_2 - 2)\}$ $\{t \leqslant -t_\alpha(n_1 + n_2 - 2)\}$ $\{\|t\| \geqslant t_{\alpha/2}(n_1 + n_2 - 2)\}$
μ 未知	$\sigma^2 \leqslant \sigma_0^2$ $\sigma^2 \geqslant \sigma_0^2$ $\sigma^2 = \sigma_0^2$	$\chi^2 = \dfrac{(n-1)S^2}{\sigma_0^2}$	$\sigma^2 > \sigma_0^2$ $\sigma^2 < \sigma_0^2$ $\sigma^2 \neq \sigma_0^2$	$\{\chi^2 \geqslant \chi_\alpha^2(n-1)\}$ $\{\chi^2 \leqslant \chi_{1-\alpha}^2(n-1)\}$ $\{\chi^2 \geqslant \chi_{\alpha/2}^2(n-1)$ 或 $\chi^2 \leqslant \chi_{1-\alpha/2}^2(n-1)\}$
μ_1, μ_2 未知	$\sigma_1^2 \leqslant \sigma_2^2$ $\sigma_1^2 \geqslant \sigma_2^2$ $\sigma_1^2 = \sigma_2^2$	$F = \dfrac{S_1^2}{S_2^2}$	$\sigma_1^2 > \sigma_2^2$ $\sigma_1^2 < \sigma_2^2$ $\sigma_1^2 \neq \sigma_2^2$	$\{F \geqslant F_\alpha(n_1 - 1, n_2 - 1)\}$ $\{F \leqslant F_{1-\alpha}(n_1 - 1, n_2 - 1)\}$ $\{F \geqslant F_{\alpha/2}(n_1 - 1, n_2 - 1)$ 或 $F \leqslant F_{1-\alpha/2}(n_1 - 1, n_2 - 1)\}$
成对数据	$\mu_D \leqslant 0$ $\mu_D \geqslant 0$ $\mu_D = 0$	$t = \dfrac{\overline{D}}{S_D / \sqrt{n}}$	$\mu_D > 0$ $\mu_D < 0$ $\mu_D \neq 0$	$\{t \geqslant t_\alpha(n-1)\}$ $\{t \leqslant -t_\alpha(n-1)\}$ $\{\|t\| \geqslant t_{\alpha/2}(n-1)\}$

习题参考答案

习　题　1.1

基础练习

1.(1) $\Omega_1=\{$正品,次品$\}$； (2) $\Omega_2=\{0,1,2,3\}$；

(3) $\Omega_3=\{5,6,7,\cdots\}$； (4) $\Omega_4=\{t \mid 0\leqslant t\leqslant 10\}$.

2.(1) $\overline{A}_1\overline{A}_2\overline{A}_3$； (2) $\overline{A}_1A_2\overline{A}_3$； (3) $\overline{A_1A_2A_3}$ 或 $\overline{A}_1\cup\overline{A}_2\cup\overline{A}_3$；

(4) $A_1\overline{A}_2\overline{A}_3\cup\overline{A}_1A_2\overline{A}_3\cup\overline{A}_1\overline{A}_2A_3$； (5) $A_1\cup A_2\cup A_3$.

进阶训练

1.(1) $\Omega_1=\{$HHH,HHT,HTH,THH,HTT,THT,TTH,TTT$\}$；

(2) $\Omega_2=\{$00,100,0100,0101,0110,1100,1010,1011,0111,1101,1110,1111$\}$.

2.$\overline{A}\overline{B}\overline{C}\cup A\overline{B}\overline{C}\cup\overline{A}B\overline{C}\cup\overline{A}\overline{B}C$ 或 $\overline{A}\overline{B}\cup\overline{B}\overline{C}\cup\overline{A}\overline{C}$或 $\overline{AB\cup BC\cup AC}$.

3.略.

习　题　1.2

基础练习

1.0.504. 2.$\frac{252}{2\,431}$. 3.$\frac{22}{35}$. 4.$\frac{2}{5}$. 5.$\frac{1}{4}$. 6.$\frac{11}{12}$.

7.(1) 0.7； (2) 0.45； (3) 0.5.

进阶训练

1.$\frac{3}{8},\frac{9}{16},\frac{1}{16}$. 2.$\frac{1}{4}+\frac{1}{2}\ln 2$.

3.当 $AB=A$ 时 $P(AB)$ 取到最大值 0.6,当 $A\cup B=\Omega$ 时 $P(AB)$ 取到最小值 0.3.

习　题　1.3

基础练习

1.(1) 0.327 6； (2) 0.678 6. 2.$\frac{1}{3}$. 3.$\frac{1}{3}$. 4.0.18. 5.$\frac{3}{2}p-\frac{1}{2}p^2$.

6. 0.897 5.　7. 0.021 2.　8. (1) 2.703%；(2) 30.77%.　9. 0.057.

进阶训练

1. 略.　2. (1) 0.758；(2) 0.908.　3. (1) 0.417；(2) 白球.

4. (1) 0.4；(2) 0.485 6.

习　题　1.4

基础练习

1. 0.664.　2. 0.876.　3. 0.398.　4. 略.　5. $\frac{2}{3}$.

6. (1) $C_5^3(0.8)^3(0.2)^2$；(2) $1-(0.2)^5$.　7. (1) 0.513 8；(2) 0.224 1.

进阶训练

1. 0.458.　2. $p^5-2p^4-p^3+3p^2$.　3. 五局三胜制.

总　习　题　一

一、1. $\Omega=\{0,1,2,3,4,5\}$.　2. $AB\overline{C}\cup A\overline{B}C\cup\overline{A}BC$.　3. 0.3.　4. 0.6.　5. $\frac{1}{3}$.

二、1. B.　2. D.　3. B.　4. D.　5. C.

三、1. (1) $\frac{C_{90}^{15}C_{10}^{5}}{C_{100}^{20}}$；(2) $\frac{C_{90}^{20}+C_{90}^{19}C_{10}^{1}}{C_{100}^{20}}$.　2. 0.68.

3. $\frac{1}{5}$.　4. (1) 0.874；(2) 甲机床.

5. (1) 0.56；(2) 0.94；(3) 0.38.

四、1. ～2. 略.

五、1. $\frac{1}{4}$.　2. C.　3. D.　4. D.　5. $\frac{5}{8}$.

习　题　2.1

基础练习

1. (1) $a=0,b=1,c=-1,d=1$；(2) $1-\frac{e}{2}\ln 2$.　2. 0.7, 0.6, 0.1.

进阶训练

1. $a=\frac{5}{16},b=\frac{7}{16}$.　2. $F(x)=\begin{cases}0, & x<-1,\\ \frac{5x+7}{16}, & -1\leqslant x<1,\\ 1, & x\geqslant 1.\end{cases}$

习　题　2.2

基础练习

1. (1) $P\{X=k\}=\left(\frac{3}{8}\right)^{k-1}\frac{5}{8}, k=1,2,\cdots$;　(2) $\frac{165}{512}$.

2. 设 X 表示所取 3 个产品中合格品的个数，则 $X=1,2,3$.

$P\{X=1\}=\frac{C_8^1C_2^2}{C_{10}^3}=\frac{1}{15}, P\{X=2\}=\frac{C_8^2C_2^1}{C_{10}^3}=\frac{7}{15}, P\{X=3\}=\frac{C_8^3}{C_{10}^3}=\frac{7}{15}$.

$$F(x)=\begin{cases}0, & x<1,\\ \frac{1}{15}, & 1\leqslant x<2,\\ \frac{8}{15}, & 2\leqslant x<3,\\ 1, & x\geqslant 3.\end{cases}$$

3.

X	0	1	3	5
p	$\frac{1}{4}$	$\frac{1}{12}$	$\frac{1}{6}$	$\frac{1}{2}$

4. (1) 0.474;　(2) 8.　5. 0.206.　6. 0.960.　7. 9.

进阶训练

1.

X	1	2	3	4	5	6
p	$\frac{1}{12}$	$\frac{1}{12}$	$\frac{1}{12}$	$\frac{1}{4}$	$\frac{1}{4}$	$\frac{1}{4}$

2. (1) $(0.94)^n$;　(2) $C_n^{n-3}(0.94)^{n-3}(0.06)^3$;　(3) $1-0.06n(0.94)^{n-1}-(0.94)^n$.

3. $\frac{(\lambda p)^k}{k!}e^{-\lambda p}, k=0,1,2,\cdots$.

习　题　2.3

基础练习

1. (1) $f(x)=\begin{cases}xe^{-x}, & x>0,\\ 0, & x\leqslant 0;\end{cases}$　(2) $2e^{-1}-3e^{-2}$.

2. (1) $a=\frac{1}{2}$;　(2) $F(x)=\begin{cases}0, & x<-\frac{\pi}{2},\\ \frac{1}{2}(\sin x+1), & -\frac{\pi}{2}\leqslant x<\frac{\pi}{2},\\ 1, & x\geqslant\frac{\pi}{2};\end{cases}$　(3) $\frac{\sqrt{3}}{4}$.

3. 0.5. 4. e^{-2}. 5. (1) 0.341 3; (2) 0.864 1; (3) $a=6.29$. 6. 0.869 8.

7. (1) 0.022 8; (2) 81.163 5.

进阶训练

1. (1) 0.46; (2) 0.75. 2. 0.201. 3. (1) $\mu=70, \sigma=12.5$; (2) 0.561.

习 题 2.4

基础练习

1. (1)

Y_1	-5	1	4	7
p	0.2	0.3	0.1	0.4

(2)

Y_2	0	1	4
p	0.3	0.1	0.6

2. (1)

Y_1	-1	0	1
p	0.3	0.4	0.3

(2)

Y_2	-3	-1	1
p	0.2	0.6	0.2

3.

Y	-1	1
p	$\frac{2}{3}$	$\frac{1}{3}$

4.

Y	$-\frac{3}{2}$	1
p	$\frac{9}{16}$	$\frac{7}{16}$

$$F_Y(y)=\begin{cases}0, & y<-\frac{3}{2}, \\ \frac{9}{16}, & -\frac{3}{2}\leqslant y<1, \\ 1, & y\geqslant 1.\end{cases}$$

5. $$f_Y(y)=\begin{cases}\frac{1}{2}\sqrt{\frac{2}{y-1}}\frac{1}{\sqrt{2\pi}}e^{-\frac{y-1}{4}}, & y>1, \\ 0, & y\leqslant 1.\end{cases}$$

6. (1) $f_{Y_1}(y)=\begin{cases}\dfrac{1}{2y}, & e^2<y<e^4,\\ 0, & \text{其他};\end{cases}$ (2) $f_{Y_2}(y)=\begin{cases}\dfrac{1}{2}e^{-y/2}, & 0<y<+\infty,\\ 0, & \text{其他}.\end{cases}$

7. $f_Y(y)=\begin{cases}\dfrac{4\sqrt{2y}}{m^{3/2}a^3\sqrt{\pi}}e^{-\frac{2y}{ma^2}}, & y>0,\\ 0, & y\leqslant 0.\end{cases}$

进阶训练

1. $F_Y(y)=\begin{cases}0, & y<0,\\ \dfrac{1}{6}, & 0\leqslant y<\dfrac{1}{4},\\ \dfrac{2}{3}, & \dfrac{1}{4}\leqslant y<\dfrac{3}{4},\\ 1, & y\geqslant\dfrac{3}{4}.\end{cases}$ 2. $f_Y(y)=\begin{cases}\dfrac{2}{\pi}\dfrac{1}{\sqrt{1-y^2}}, & 0<y<1,\\ 0, & \text{其他}.\end{cases}$

3. $f_Y(y)=\begin{cases}\dfrac{1}{\sqrt{y-1}}-1, & 1\leqslant y<2,\\ 0, & \text{其他}.\end{cases}$

总 习 题 二

一、1. $e^{-\lambda}$. 2. $\dfrac{1}{6},\dfrac{5}{6}$. 3. $\dfrac{1}{2},e^{-\frac{1}{2}}-e^{-1},0$. 4. $1-e^{-2}$.

5. $F(x)=\begin{cases}\dfrac{1}{2}e^x, & x<0,\\ 1-\dfrac{1}{2}e^{-x}, & x\geqslant 0.\end{cases}$

二、1. D. 2. B. 3. A. 4. C. 5. B.

三、1. $P\{X=0\}=\dfrac{C_4^2}{C_6^2}=\dfrac{2}{5},P\{X=1\}=\dfrac{C_4^1C_2^1}{C_6^2}=\dfrac{8}{15},P\{X=2\}=\dfrac{C_2^2}{C_6^2}=\dfrac{1}{15}$.

$$F(x)=\begin{cases}0, & x<0,\\ \dfrac{2}{5}, & 0\leqslant x<1,\\ \dfrac{14}{15}, & 1\leqslant x<2,\\ 1, & x\geqslant 2.\end{cases}$$

2. (1) $A=\dfrac{1}{\pi}$; (2) $\dfrac{1}{3}$; (3) $F(x)=\begin{cases}0, & x<-1,\\ \dfrac{1}{\pi}\arcsin x+\dfrac{1}{2}, & -1\leqslant x<1,\\ 1, & x\geqslant 1.\end{cases}$

3. (1) 0.143; (2) 4; (3) 1 或 2 艘. 4. 0.632 1. 5. 甲厂,乙厂.

四、1. ～ 2. 略.

五、1. C.　2. A.　3. A.　4. B.　5. A.

习　题　3.1

基础练习

1. (1) $A=1$；(2) $e^{-1}-2e^{-2}+e^{-3}$；(3) $f(x,y)=\begin{cases} e^{-(x+y)}, & x>0,y>0, \\ 0, & 其他. \end{cases}$

2. (1) $a=0.1$；(2) 0.3, 0.8.

3. (1)

Y	X		
	1	2	3
0	$\frac{1}{7}$	0	$\frac{1}{7}$
1	$\frac{1}{7}$	$\frac{1}{7}$	$\frac{1}{7}$
2	0	$\frac{1}{7}$	$\frac{1}{7}$

(2) $\frac{2}{7}$.

4. (1) $f(x,y)=\begin{cases} \frac{3}{4}, & x^2 \leqslant y \leqslant 1, \\ 0, & 其他; \end{cases}$　(2) $\frac{7}{8}$.　5. $\frac{1}{2}$.

进阶训练

1. $\frac{3}{4}$.

2. $P\{X=-1,Y=-1\}=\frac{1}{4}$, $P\{X=-1,Y=0\}=0$,

$P\{X=0,Y=-1\}=\frac{1}{2}$, $P\{X=0,Y=0\}=\frac{1}{4}$.

3. (1) $k=2$；(2) $\frac{2}{3}$；(3) $F(x,y)=\begin{cases} (1-e^{-x})(1-e^{-2y}), & x>0,y>0, \\ 0, & 其他. \end{cases}$

习　题　3.2

基础练习

1. $F_X(x)=\begin{cases} 1-e^{-x}, & x>0, \\ 0, & 其他, \end{cases}$　$F_Y(y)=\begin{cases} 1-e^{-y}, & y>0, \\ 0, & 其他. \end{cases}$

2.

X	1	2	3
p	0.4	0.4	0.2

Y	1	2
p	0.6	0.4

3. $f_X(x)=\begin{cases}\frac{3}{4}(1-x^2), & -1\leqslant x\leqslant 1,\\ 0, & \text{其他},\end{cases}$ $f_Y(y)=\begin{cases}\frac{3}{2}\sqrt{y}, & 0\leqslant y\leqslant 1,\\ 0, & \text{其他}.\end{cases}$

4. $f_X(x)=\begin{cases}1-|x|, & -1\leqslant x\leqslant 1,\\ 0, & \text{其他},\end{cases}$ $f_Y(y)=\begin{cases}2y, & 0<y<1,\\ 0, & \text{其他}.\end{cases}$

5. $f_X(x)=\begin{cases}e^{-x}, & x>0,\\ 0, & \text{其他},\end{cases}$ $f_Y(y)=\begin{cases}2e^{-2y}, & y>0,\\ 0, & \text{其他}.\end{cases}$

进阶训练

1. (1)

Y	X			
	1	2	3	4
1	$\frac{1}{4}$	$\frac{1}{8}$	$\frac{1}{12}$	$\frac{1}{16}$
2	0	$\frac{1}{8}$	$\frac{1}{12}$	$\frac{1}{16}$
3	0	0	$\frac{1}{12}$	$\frac{1}{16}$
4	0	0	0	$\frac{1}{16}$

(2) $P\{Y=j\}=\sum_{i=j}^{4}\frac{1}{4i}, j=1,2,3,4.$

2. $f_X(x)=\begin{cases}\frac{1}{4}x^2(3-x), & 0<x<2,\\ 0, & \text{其他},\end{cases}$

$f_Y(y)=\begin{cases}\frac{1}{4}y(4-y)(2-y), & 0\leqslant y\leqslant 2,\\ 0, & \text{其他}.\end{cases}$

习 题 3.3

基础练习

1. (1)

$X=k$	1	2	3
$P\{X=k\mid Y=1\}$	$\frac{1}{3}$	$\frac{1}{2}$	$\frac{1}{6}$

(2)

$Y=k$	0	1
$P\{Y=k\mid X=2\}$	$\frac{3}{4}$	$\frac{1}{4}$

2.(1)

$Y=k$	0	1	2
$P\{Y=k\mid X=1\}$	$\frac{1}{6}$	$\frac{2}{3}$	$\frac{1}{6}$

(2)

$X=k$	0	1	2	3
$P\{X=k\mid Y=0\}$	0	$\frac{3}{10}$	$\frac{6}{10}$	$\frac{1}{10}$

3.(1) $f_{X|Y}(x|1)=\begin{cases}e^{-x}, & x>0,\\ 0, & 其他;\end{cases}$ (2) $f_{Y|X}(y|2)=\begin{cases}2e^{-2y}, & y>0,\\ 0, & 其他.\end{cases}$

4.当 $0<y<1$ 时,$f_{X|Y}(x|y)=\begin{cases}\dfrac{1}{2y}, & |x|\leqslant y,\\ 0, & 其他,\end{cases}$

当 $-1<x<1$ 时,$f_{Y|X}(y|x)=\begin{cases}\dfrac{1}{1-|x|}, & |x|\leqslant y<1,\\ 0, & 其他.\end{cases}$

进阶训练

1.(1) 当 $0<y\leqslant 1$ 时,$f_{X|Y}(x|y)=\begin{cases}\dfrac{1}{2\sqrt{y}}, & -\sqrt{y}\leqslant x\leqslant\sqrt{y},\\ 0, & 其他;\end{cases}$

(2) 当 $-1<x<1$ 时,$f_{Y|X}(y|x)=\begin{cases}\dfrac{1}{1-x^2}, & x^2\leqslant y\leqslant 1,\\ 0, & 其他;\end{cases}$

(3) $\dfrac{7}{8}$.

2.(1) 对于任意的 $y>0$,$f_{X|Y}(x|y)=\begin{cases}e^{-(x-y)}, & x>y,\\ 0, & 其他;\end{cases}$

(2) 对于任意的 $x>0$,$f_{Y|X}(y|x)=\begin{cases}\dfrac{1}{x}, & 0<y<x,\\ 0, & 其他;\end{cases}$

(3) $F_{X|Y}(x|0.3)=\begin{cases}1-e^{-(x-0.3)}, & x>0.3,\\ 0, & 其他.\end{cases}$

习 题 3.4

基础练习

1. 不相互独立. 2. $a=0.36, b=0.24$. 3. 相互独立. 4. 不相互独立.

进阶训练

1. 略. 2. 不相互独立.

习 题 3.5

基础练习

1.(1)

$X+Y$	-3	-2	0	1	2
p	0.2	0.2	0.1	0.2	0.3

(2)

XY	-2	-1	0	2
p	0.1	0.1	0.6	0.2

(3)

$\max\{X,Y\}$	-1	0	1	2
p	0.2	0.2	0.2	0.4

2.(1)

$X+Y$	0	1	2	3
p	$\frac{1}{84}$	$\frac{18}{84}$	$\frac{45}{84}$	$\frac{20}{84}$

(2)

$\max\{X,Y\}$	0	1	2	3
p	$\frac{1}{84}$	$\frac{42}{84}$	$\frac{37}{84}$	$\frac{4}{84}$

(3)

$\min\{X,Y\}$	0	1
p	$\frac{44}{84}$	$\frac{40}{84}$

3.(1) $f_{X+Y}(z)=\begin{cases}2(\mathrm{e}^{-z}-\mathrm{e}^{-2z}), & z>0,\\ 0, & \text{其他};\end{cases}$

(2) $f_{\max\{X,Y\}}(z)=\begin{cases}\mathrm{e}^{-z}+2\mathrm{e}^{-2z}-3\mathrm{e}^{-3z}, & z>0,\\ 0, & \text{其他};\end{cases}$

(3) $f_{\min\{X,Y\}}(z)=\begin{cases}3e^{-3z}, & z>0,\\ 0, & \text{其他}.\end{cases}$

4. (1) $f_Z(z)=\begin{cases}2(z-\ln z-1), & 1<z<2,\\ \dfrac{2}{z-1}+2\ln\left(1-\dfrac{1}{z}\right), & z\geqslant 2,\\ 0, & \text{其他};\end{cases}$ (2) $f_M(z)=\begin{cases}\dfrac{1}{z^2}, & z>1,\\ 0, & \text{其他};\end{cases}$

(3) $f_N(z)=\begin{cases}2z, & 0\leqslant z\leqslant 1,\\ 0, & \text{其他}.\end{cases}$

进阶训练

1. $f_{\frac{X}{Y}}(z)=\begin{cases}\dfrac{2}{(z+2)^2}, & z>0,\\ 0, & \text{其他}.\end{cases}$ 2. $f_Z(z)=\begin{cases}\dfrac{z}{\sigma^2}e^{-\frac{z^2}{2\sigma^2}}, & z>0,\\ 0, & \text{其他}.\end{cases}$

总 习 题 三

一、1. $\dfrac{\sqrt{3}-1}{12}$. 2. 0.2. 3. 9. 4. X 与 Y 不相互独立. 5. 0.158 7.

二、1. D. 2. B. 3. D. 4. C. 5. B.

三、1.

Y	X				$P\{Y=y_j\}$
	0	1	2	3	
0	0	$\frac{3}{35}$	$\frac{6}{35}$	$\frac{1}{35}$	$\frac{2}{7}$
1	$\frac{2}{35}$	$\frac{12}{35}$	$\frac{6}{35}$	0	$\frac{4}{7}$
2	$\frac{2}{35}$	$\frac{3}{35}$	0	0	$\frac{1}{7}$
$P\{X=x_i\}$	$\frac{4}{35}$	$\frac{18}{35}$	$\frac{12}{35}$	$\frac{1}{35}$	

X 与 Y 不相互独立.

2. (1)

$X=k$	0	2	4	6
$P\{X=k\mid Y=2\}$	$\frac{7}{31}$	$\frac{5}{31}$	$\frac{10}{31}$	$\frac{9}{31}$

(2)

$Y=k$	0	1	2
$P\{Y=k\mid X=4\}$	$\frac{7}{23}$	$\frac{6}{23}$	$\frac{10}{23}$

(3)

Z	0	1	2	3	4	5	6	7	8
p	0.10	0.05	0.20	0.10	0.12	0.06	0.18	0.10	0.09

(4)

M	0	1	2	4	6
p	0.10	0.05	0.35	0.23	0.27

(5)

N	0	1	2
p	0.50	0.26	0.24

3.(1) $f_X(x)=\begin{cases}1-|x|, & -1<x<1,\\ 0, & \text{其他},\end{cases}$ $f_Y(y)=\begin{cases}2y, & 0<y<1,\\ 0, & \text{其他};\end{cases}$

(2) 当 $0<y<1$ 时, $f_{X|Y}(x|y)=\begin{cases}\dfrac{1}{2y}, & -y\leqslant x\leqslant y,\\ 0, & \text{其他},\end{cases}$

当 $-1<x<1$ 时, $f_{Y|X}(y|x)=\begin{cases}\dfrac{1}{1-|x|}, & |x|<y<1,\\ 0, & \text{其他}.\end{cases}$

4.(1) $f(x,y)=\begin{cases}\dfrac{1}{2}e^{-2y}, & 0<x<4,y>0,\\ 0, & \text{其他};\end{cases}$ (2) $\dfrac{1}{8}(1-e^{-8})$;

(3) $f_Z(z)=\begin{cases}\dfrac{1}{4}(1-e^{-2z}), & 0<z<4,\\ \dfrac{1}{4}(e^8-1)e^{-2z}, & z\geqslant 4,\\ 0, & \text{其他};\end{cases}$

(4) $f_M(z)=\begin{cases}\dfrac{1}{4}[1+(2z-1)e^{-2z}], & 0<z<4,\\ 2e^{-2z}, & z\geqslant 4,\\ 0, & \text{其他};\end{cases}$

(5) $f_N(z)=\begin{cases}\dfrac{9-2z}{4}e^{-2z}, & 0<z<4,\\ 0, & \text{其他}.\end{cases}$

5. $f_U(z)=\begin{cases}\dfrac{1}{2z^2}, & z\geqslant 1,\\ \dfrac{1}{2}, & 0<z<1,\\ 0, & \text{其他},\end{cases}$ $f_V(z)=\begin{cases}\dfrac{200^2}{z^2}\ln\dfrac{z}{200^2}, & z\geqslant 200^2,\\ 0, & \text{其他}.\end{cases}$

四、1. ～ 2. 略.

五、1. $P\{Z=z\}=\begin{cases}\dfrac{\lambda^{|z|}}{2(|z|!)}e^{-\lambda}, & z=\pm1,\pm2,\cdots,\\ e^{-\lambda}, & z=0.\end{cases}$

2. (1) $f_Z(z)=\begin{cases}(1-p)e^{-z}, & z>0,\\ pe^{z}, & 其他;\end{cases}$ (2) 不相互独立.

3. $P\{Z_1=0,Z_2=0\}=\dfrac{1}{4}, P\{Z_1=0,Z_2=1\}=\dfrac{1}{2}$,

$P\{Z_1=1,Z_2=0\}=0, P\{Z_1=1,Z_2=1\}=\dfrac{1}{4}$.

4. (1) $F(x,y)=\dfrac{1}{2}(\Phi(x)\Phi(y)+\Phi(\min\{x,y\}))$; (2) 略.

5. (1) 不相互独立; (2) $f_Z(z)=\begin{cases}2z, & 0\leqslant z<1,\\ 0, & 其他.\end{cases}$

习　题　4.1

基础练习

1. (1) 0.3; (2) 不存在; (3) 1; (4) $\dfrac{\pi}{2}$; (5) 不存在; (6) 2.

2. 0.1, 2.3, 0.4, 0.4, −0.1.　3. $\dfrac{22}{9},\dfrac{14}{9}$.　4. 0, 2.　5. $0,\dfrac{7}{15},\dfrac{7}{9},\dfrac{7}{11},0$.

进阶训练

1. 3.75.　2. $\dfrac{\sqrt{\pi\theta}}{2},\theta$.　3. $\dfrac{2}{\sqrt{2\pi}}$.

习　题　4.2

基础练习

1. (1) 0.61; (2) $2\theta(1-\theta)$; (3) 1; (4) $\pi-3$; (5) 不存在; (6) $1-\dfrac{2}{\pi}$.

2. $a=-1, b=3$.　3. 2.29, 0.24, 1.29.　4. $\dfrac{7}{15},\dfrac{28}{891},\dfrac{21}{65}$.

5. $P\{|X-E(X)|\geqslant 2\}\leqslant\dfrac{1}{2}$.

进阶训练

1. $\dfrac{n+3}{n}\sigma^2,\dfrac{n-1}{n}\sigma^2$.　2. 5.　3. $\mu(\sigma^2+\mu^2)$.

习 题 4.3

基础练习

1.5. 2. -0.14, -0.189. 3.0,0. 4. -1.

进阶训练

1.0. 2. -1.

习 题 4.4

基础练习

1.(1) 0.9,0.324; (2) 11,0; (3) $\frac{2}{5}$, $-\frac{1}{135}$.

2.$\lambda^3+3\lambda^2+\lambda$. 3.$6\theta^3$. 4.(1) 0; (2) 0. 5.(1) 0; (2) 0.

进阶训练

1.(1) 0; (2) $\frac{2}{9}$. 2.相互独立,原因略.

总 习 题 四

一、1.3. 2.8. 3.216. 4. -28. 5. $-\frac{\sqrt{2}}{10}$.

二、1.B. 2.B. 3.B. 4.A. 5.D.

三、1.$\frac{1}{2}$,$\frac{5}{4}$,4. 2.$\frac{3}{8}$,$\frac{77}{192}$. 3.1,$\frac{1}{6}$,$\frac{1}{3}$. 4.55.760 2 元. 5.$\frac{1}{36}$,$\frac{1}{2}$,$\frac{1}{6}$.

四、1. ～2.略.

五、1.λ. 2.$p=0.5$. 3.$\frac{1}{3}$. 4.$2\ln 2-1$. 5.$\frac{1}{5}$. 6.0. 7.不存在.

习 题 5.1

基础练习

1.略. 2.不服从. 3.服从.

进阶训练

1.略. 2.$\frac{7}{2}$. 3.(1) $\frac{\theta}{2}$; (2) $\frac{\theta^4}{5}$; (3) θ.

习 题 5.2

基础练习

1.C. 2.D. 3.B. 4.254 个. 5.233 739.71 元. 6.0.987 6.

进阶训练

1.(1) 0.125 1； (2) 0.006 2. 2.(1) 0.180 2； (2) 443.

3.(1) $\overline{X} \sim N(2.2, 0.037\,7)$, 0.151 5； (2) 0.076 4. 4. 162 5 个.

总 习 题 五

一、1. 1. 2. 1, 0. 3. $N(0, n\sigma^2)$. 4. $\Phi\left(\dfrac{\beta - np}{\sqrt{np(1-p)}}\right) - \Phi\left(\dfrac{\alpha - np}{\sqrt{np(1-p)}}\right)$.

5. $\sum\limits_{i=440}^{560} C_{1\,000}^{i} (0.5)^{1\,000}$, 0.930 6, 1.

二、1. A. 2. D. 3. C. 4. B. 5. C.

三、1. 9 487.5 万元. 2. 0.971 3. 3. 121 只.

4. (1) $2\Phi(\sqrt{3n}\varepsilon) - 1$； (2) 0.916 4； (3) 47.

5. (1) 0.888 2； (2) 86.58Q.

四、1. ～ 2. 略.

五、1. 略. 2. 98 箱. 3. $\dfrac{1}{2}$. 4. A. 5. B.

习 题 6.1

基础练习

1. 总体是表示五号电池寿命的随机变量 X，抽取的每粒电池的寿命对应一个个体，抽取的 2 000 粒五号电池的寿命 $X_1, X_2, \cdots, X_{2\,000}$ 构成一个样本，样本容量为 2 000.

2. $P\{X_1 = x_1, X_2 = x_2, \cdots, X_n = x_n\} = \dfrac{\lambda^{\sum\limits_{i=1}^{n} x_i} e^{-n\lambda}}{\prod\limits_{i=1}^{n} x_i!}, x_i = 0, 1, 2, \cdots, i = 1, 2, \cdots, n.$

3. $f(x_1, x_2, \cdots, x_n) = \begin{cases} \dfrac{1}{\theta^n} e^{\frac{-\sum\limits_{i=1}^{n} x_i}{\theta}}, & x_1, x_2, \cdots, x_n > 0, \\ 0, & \text{其他}. \end{cases}$

进阶训练

1. $P\{X_1 = x_1, X_2 = x_2, X_3 = x_3, X_4 = x_4\} = \left(\dfrac{3}{5}\right)^{\sum\limits_{i=1}^{4} x_i} \left(\dfrac{2}{5}\right)^{4 - \sum\limits_{i=1}^{4} x_i}, x_i = 0, 1, i = 1, 2, 3, 4.$

2. $P\{X_1 = x_1, X_2 = x_2, \cdots, X_{30} = x_{30}\} = p^{\sum\limits_{i=1}^{30} x_i} (1-p)^{6\,000 - \sum\limits_{i=1}^{30} x_i} \prod\limits_{i=1}^{30} C_{200}^{x_i}$,

$x_i = 0, 1, 2, \cdots, 200, i = 1, 2, \cdots, 30.$

3. 0.499 0.

习 题 6.2

基础练习

1.(1) 不是； (2) 是； (3) 是； (4) 不是； (5) 是.

2.略.

3.(4.8,5.0,5.2,5.5,6.4,7.3,7.6,7.8,8.2,8.6)，6.85，6.64，3.8，2.0538，1.4331.

4.(1) (−2.3，−2.0，−1.6，−1.6,1.3,1.3,2.0,2.4,2.4,3.0)，

$$F_{10}(x)=\begin{cases}0, & x<-2.3,\\ 0.1, & -2.3\leqslant x<-2.0,\\ 0.2, & -2.0\leqslant x<-1.6,\\ 0.4, & -1.6\leqslant x<1.3,\\ 0.6, & 1.3\leqslant x<2.0,\\ 0.7, & 2.0\leqslant x<2.4,\\ 0.9, & 2.4\leqslant x<3.0;\\ 1, & x\geqslant 3.0.\end{cases}$$

(2) 0.5.

5.(1) 略； (2) $\dfrac{\mu-a}{c}$，$\dfrac{\sigma^2}{c^2}$.

进阶训练

1.170.3，7.9715.

2. $$F_{30}(x)=\begin{cases}0, & x<0,\\ \dfrac{6}{30}, & 0\leqslant x<1,\\ \dfrac{9}{30}, & 1\leqslant x<2,\\ \dfrac{10}{30}, & 2\leqslant x<3,\\ \dfrac{20}{30}, & 3\leqslant x<6,\\ \dfrac{25}{30}, & 6\leqslant x<7,\\ \dfrac{27}{30}, & 7\leqslant x<8,\\ 1, & x\geqslant 8,\end{cases}$$

$F(5)=\dfrac{2}{3}$.

3. $\dfrac{\theta+1}{\theta+2}$，$\dfrac{\theta+1}{n(\theta+3)(\theta+2)^2}$.

习　题　6.3

基础练习

1.(1) 6.843, 41.422, 94.797 6;　(2) 20.483;　(3) 0.05.

2.(1) 1.372 2, −2.086, 1.96;　(2) 1.812 5.

3.(1) 2.41, 0.320 5, 0.374 5;　(2) 2.77.

4. ～5.略.

进阶训练

1.$\chi^2(2)$,2.　2.略.　3.$F(1,1)$.

习　题　6.4

基础练习

1.(1) 0.972 2;　(2) 0.065 8.　2.(1) 0.925;　(2) $0.2\sigma^4$.　3.190 只.

进阶训练

1.$t(n-1)$.　2.0.165 6,1.408.　3.$2(n-1)\sigma^2$.

总　习　题　六

一、1.0.220 3.　2.$F(n_1,n_2)$.　3.$\sqrt{\dfrac{m}{n}}$.　4.4,0.　5.$\dfrac{27}{2}$.

二、1.B.　2.C.　3.C.　4.D.　5.B.

三、1.(1) $P\left\{\sum_{i=1}^{n} X_i = k\right\} = C_n^k p^k (1-p)^{n-k}, k=0,1,2,\cdots,n$;

(2) $\dfrac{n-1}{n}p(1-p)$;　(3) 略.

2.$C=\sqrt{\dfrac{3}{2}}$.

3.(1) 19;　(2) 9.　4.0.05.　5.(1) $\alpha=0.233\,6$;　(2) $\beta=0.042\,1$.

四、1. ～2.略.

五、1.C.　2.D.　3.B.　4.C.　5.B.

习　题　7.1

基础练习

1.3 143.75,194 173.44,221 912.5.

2.$\hat{p}_{矩}=\dfrac{1}{nm}\sum_{i=1}^{m}k_i, \hat{p}_L=\dfrac{1}{nm}\sum_{i=1}^{m}k_i$.

3. $\hat{\theta}_{矩}=\overline{X}-1,\hat{\theta}_{L}=\min\{X_1,X_2,\cdots,X_n\}$.

4. $\hat{\theta}_{矩}=\dfrac{1-\overline{X}}{\overline{X}},\hat{\theta}_{L}=-\dfrac{1}{n}\sum\limits_{i=1}^{n}\ln X_i$.

5. $\hat{\theta}=1.2$.

进阶训练

1. $\hat{c}=x_1,\hat{\theta}=\overline{x}-x_1$.

2.(1) $\hat{\theta}=2\overline{X}$； (2) $D(\hat{\theta})=\dfrac{\theta^2}{5n}$.

习 题 7.2

基础练习

1.(1) T_1,T_3 是 μ 的无偏估计量； (2) T_3 更有效.

2.(1) 略； (2) $a=\dfrac{n_1}{n_1+n_2},b=\dfrac{n_2}{n_1+n_2}$.

进阶训练

1. $c=\dfrac{1}{2(n-1)}$. 2. ～ 3. 略.

习 题 7.3

基础练习

1.(1) (24.08,27.48)； (2) (25.1,26.45). 2.(6.56,14.8). 3.(−6.04,−5.96).
4.(−0.000 8,0.007 5). 5.(0.222,3.601).

进阶训练

1. $n\geqslant\dfrac{4\sigma^2 z_{\alpha/2}^2}{L^2}$. 2.(1) $e^{\mu+\frac{1}{2}}$； (2) (−0.98,0.98)； (3) $(e^{-0.48},e^{1.48})$.

3. $\left(\dfrac{\sum\limits_{i=1}^{n}(X_i-\mu)^2}{\chi_{\frac{\alpha}{2}}^2(n)},\dfrac{\sum\limits_{i=1}^{n}(X_i-\mu)^2}{\chi_{1-\frac{\alpha}{2}}^2(n)}\right)$.

习 题 7.4

基础练习

1.(1) 27.2； (2) 26.33. 2. 25.66.

进阶训练

1. $\overline{X}-\overline{Y}-z_\alpha\sqrt{\dfrac{\sigma_1^2}{m}+\dfrac{\sigma_2^2}{n}}$. 2. $\dfrac{S_1^2}{S_2^2 F_\alpha(m-1,n-1)}$.

总 习 题 七

一、1. $\frac{1}{n}\overline{X}$. 2. (73.69,76.3). 3. (5.79,6.21).

4. (223.01,2 976.09). 5. $\frac{24S^2}{\chi^2_{0.975}(24)}$.

二、1. D. 2. B. 3. C. 4. A. 5. B.

三、1. $3\overline{X}$. 2. $\hat{\theta}_{矩}=\frac{2}{9}$, $\hat{\theta}_L=\frac{1}{6}$. 3. $c=\frac{1}{n}$. 4. 0.95. 5. 2.84.

四、1. ～2. 略.

五、1. (1) $\hat{\beta}=\frac{\overline{X}}{\overline{X}-1}$; (2) $\hat{\beta}=\frac{n}{\sum_{i=1}^{n}\ln X_i}$; (3) $\hat{\alpha}=\min\{X_1,X_2,\cdots,X_n\}$.

2. $\hat{\theta}=\frac{N}{n}$. 3. (1) $\hat{\theta}=2\overline{X}-\frac{1}{2}$; (2) 不是,理由略.

4. (1) $f(t)=\begin{cases}\frac{9t^8}{\theta^9}, & 0<t<\theta,\\ 0, & 其他;\end{cases}$ (2) $a=\frac{10}{9}$.

5. (1) $e^{-\left(\frac{t}{\theta}\right)^m}$, $e^{\left(\frac{s}{\theta}\right)^m-\left(\frac{s+t}{\theta}\right)^m}$; (2) $\hat{\theta}=\left[\frac{1}{n}\sum_{i=1}^{n}(t_i)^m\right]^{1/m}$.

6. A.

习 题 8.1

基础练习

1. ～3. 略.

进阶训练

1. 均为 0.05. 2. $2-2\Phi\left(\frac{5}{3}\right)$, $\Phi(5)-\Phi\left(\frac{5}{3}\right)$.

习 题 8.2

基础练习

1. 该复合材料含碳量正常.

2. 认为该批矿砂的含镍量为 3.05%.

3. 两批棉纱断裂强度的均值无显著性差异.

4. 该银行的措施有效.

进阶训练

1. 认为这批铁钉的平均长度大于 1.25 cm.

2.(1) $\left\{|\overline{X}|\geqslant\frac{1}{\sqrt{10}}z_{0.005}\right\}$；(2) 拒绝 H_0.

习 题 8.3

基础练习

1.认为新生产的一批导线的稳定性有变化. 2.接受 H_0.

进阶训练

1.认为利润的方差有所上升.

2.不认为甲机床的精度比乙机床的高.

习 题 8.4

基础练习

1.接受 H_0. 2.拒绝 H_0.

进阶训练

1.接受 H_0. 2.认为总体服从参数为 0.8 的泊松分布.

总 习 题 八

一、1. $Z=\frac{\overline{X}-10}{\sigma/\sqrt{n}}$. 2. $Z=\frac{\overline{X}-10}{S/\sqrt{n}}$. 3.拒绝.

4. $\left\{\frac{(n-1)S^2}{9}\leqslant\chi^2_{1-\alpha/2}(n-1)\text{ 或 }\frac{(n-1)S^2}{9}\geqslant\chi^2_{\alpha/2}(n-1)\right\}$. 5.减小.

二、1.D. 2.B. 3.A. 4.C. 5.C.

三、1. 0.022 8, 0.022 8. 2.认为 $\mu\geqslant 72.1$.

3.在显著性水平 $\alpha=0.05$ 下认为该测距机存在系统误差，在显著性水平 $\alpha=0.01$ 下认为该测距机存在系统误差.

4.认为早晨身高比晚上高. 5.拒绝 H_0. 6.认为尺寸的偏差服从 $N(5,1)$.

四、1.略.